Rich致富 357

有錢人都在用！

財富
關鍵字

看財經新聞學知識，股票、納稅、資產管理等
260個幫你賺錢的必懂術語

임현우
林賢禹

著

蔡佩君

譯

高寶書版集團

進入之前 ————————

了解財經新聞後，
看這個世界的眼光就會改變

　　「好難喔、好生硬、看不下去」——這些都是剛下定決心要開始學習理財，開始閱讀財經新聞的人們，最先會遇到的障礙。大家都知道，成功的國內外企業家和投資者們，都是透過閱讀財經新聞作為一天的開始。許多人也想養成相同的習慣，但是入門門檻卻不簡單。

　　事實上，經濟日報並非受大眾歡迎的人氣商品，Naver 新聞消費量統計數據就反映出，演藝與運動新聞受歡迎的程度遠遠超過財經新聞的一倍，其次則是政治與社會，而財經新聞卻是排在遙遠的第五名。財經新聞確實有些部分不這麼親切，用語也比較枯燥，如果沒有足夠的背景知識，就很容易找不到頭緒。記者為了簡化內容也付出了許多努力，但即便如此也不可能每次都從 A 解釋到 Z，因此就省略了一些對於從事經濟活動的人而言比較熟悉的概念。反過來說，只要稍微克服眼前的障礙，財經新聞也能像演藝新聞一樣輕鬆閱讀。

　　這本書是為了所有想更了解財經新聞的人所寫成的指南書。書中篩選出財經新聞裡經常出現的重要概念，跟各位一起解讀近期的新聞，把焦點放在每個單字是什麼意思、裡面出現了什麼脈絡、在大框架之下幫助各位進行理解。書裡也果斷過濾掉了初學階段不需要死記硬背的部分，對於立場分為兩邊，評價正反兩極的案例，也會全盤介紹雙方的觀點。

　　書中的統計數據，是出版當時能獲得的最新數據。讀者可以從第一章依

序閱讀，也可以遇到好奇的單字時，再拿出來查詢。

　　持續閱讀財經新聞的話，不僅利於理財與就業，長期下來也可以幫助我們拓展看待這個世界的視角。如果可以好好運用經濟學裡最具代表性的費用與效力等基礎原理，就更可以更清楚了解複雜現象的本質。

　　不管你是待業人士，還是社會新鮮人，不需要因為財經新聞難懂而感到焦躁。等自身的經濟活動經驗值累積起來後，理解程度自然而然也就會提升。等你開始領月薪繳稅金的時候，看到四大保險（譯按：韓國的社會保險，包含國民年金、雇用保險、健康保險與工傷保險）和年末精算的新聞，就會自然而然有不同層面的感觸。等你開始投資股票或是買房子，在閱讀證券或不動產的新聞時也會更加清楚。我們看待經濟的眼光，就是像這樣一點一滴累積起來的。

　　如果你覺得「財經新聞好難」，希望這本書可以縮短這份令人茫然的距離感。感謝書的庭院幫助我順利完成出版，也感謝我愛的家人們，以及韓經大家庭裡的成員們。

閱讀財經新聞的方法

1. 如果想要持續閱讀財經新聞，比起使用入口網站或是社群軟體，我會更建議閱讀報紙，這個方式等同於用「最具性價比」的方式，接觸到「最精簡的資訊」。線上新聞雖然快速又免費，但缺點是會只挑自己想讀的新聞來閱讀。在報紙上，新聞價值越高的新聞，就會大大出現在頭版上，不會錯過重要的新聞。一樣的新聞，在手機上閱讀跟在紙本上閱讀的感受完全不同。

2. 在朝鮮、中央、東亞等綜合日報，經濟版會壓縮在與貼近消費者生活的新聞裡，雖然閱讀起來比經濟日報更容易，但是量上面感覺有點不足。韓經、每經、西經等經濟日報，財經新聞的質量與深度都勝過綜合日報，但是裡頭包含專業用語，所以可能會稍感困難。

3. 第一次閱讀經濟日報的讀者應該怎麼做？財經新聞光是本報（A版），每天的量就在四十面左右，所以想從頭精讀到尾不是一件簡單的事。首先要集中閱讀身為新聞「顏面」的頭版，以及扮演「甘草」角色的第二面，還有刊載了各種分析與企劃的第三到第十面。如果出現共同被刊登在各大頭版的新聞，就可以確認這是重要的新聞。而第二面則是會登載吸睛且具話題性的新聞，而從第三面開始，就會詳細登載探討頭版或是經濟領域裡主要未解的問題。

4. 再往後翻一點，就會出現上頭大大掛著「產業」或「證券」的版面。

這部分也是報社花費精力整理出企業與股市主要新聞的版面，最好可以關注一下。由於韓國的經濟與證券市場中，大企業的佔比較高，所以經常會出現三星、現代汽車、SK、LG 等企業的新聞。如果可以把新聞和身為韓國主要輸出品的半導體、汽車、螢幕、石油化學、鋼鐵等產業狀況串連起來閱讀會更好。在這裡，我們也可以詳細看到利率、匯率和油價等外部變數對企業造成的影響。

5. 在評論和社論方面，我們可以獲取看待經濟議題的觀點。其實所有財經新聞，都很重視市場經濟原則與企業活動自由，所以會持有保守的論調。對於抱持不同政治觀點的讀者而言，偶爾也會出現閱讀起來不舒服的報導。其實很多時候，各間輿論媒體對於相同的主題，會提出不同的主張。如果可以將各個媒體的文章進行比較，找出雙方的論據，會有助於讀者建立自己個人的想法。

6. 上頭掛有「經濟」、「金融」、「IT」、「中小企業」、「生活經濟」、「房地產」的版面，就可以選擇吸睛的新聞進行閱讀。我認為在 A 版以外的 B、C、D 等版面，可以用閒暇的時間，以輕鬆的態度進行閱讀就好。

CONTENTS

第一章｜新聞頭版最常出現的基本用語

第二章｜驅動經濟的經濟主力

第三章｜景氣與不景氣的季節變化：經濟循環

第四章｜我繳的稅金都用在哪裡：財政與稅金

第五章｜人類最強經濟發明：貨幣與金融

第六章｜賺錢經濟學：所得與勞動

第七章｜漲也煩惱、跌也煩惱：房地產

第八章｜影響國內物價漲跌的原因：全球經濟

第九章｜不論規模大小都是一樣：企業

第十章｜以數字作為攻防的連續劇：併購

第十一章｜資本主義之花：股票市場

第十二章｜以企業為中心的資金流動：資本市場

第十三章｜為了讓明天比今天更好：革新與規範

第一章
新聞頭版最常出現的基本用語

　　如果你不知道要從哪裡開始熟悉這些陌生的經濟用語，那就從財經新聞頭版裡最常出現的核心概念開始著手吧。為什麼經濟成長率是最重要的統計指標；為什麼通貨膨脹率總是跟體感不同；基準利率不就只是漲個0.25%，為什麼好像天下大亂了一樣；為什麼匯率上升要煩惱，下跌也要煩惱？讓我們一起找出解答吧。

001　經濟成長率

實質國內生產毛額（GDP）的增減比率，綜合反映出一定時間內國家經濟規模的增長。

> 2019 年韓國經濟成長率為 2.0%，是 2009 年受到國際金融危機餘波影響後（0.8%）十年來的新低，這個數字也低於潛在成長率（韓國銀行預估值為 2.5% ～ 2.6%）。
>
> 韓國銀行在 22 日時，公佈今年實質國內生產毛額（GDP·速報值）為 1,884 兆 263 億韓元，相較去年增長了 2.0%，雖然高於市場預估的 1.9%，不過仍然低於 2017 年的 3.2% 與 2018 年的 2.7%。
>
> ——金翼煥，〈財政投入……2% 成長「壓線過關」〉，
>
> 《韓國經濟》2020.01.23

　　如果要從財經新聞裡滿山遍野的指標中，選擇出最重要的一個指標，絕對非經濟成長率莫屬，因為這個數值裡濃縮了國家經濟現況以及未來的潛在成長率。對政府而言，經濟成長率是運用於經濟政策的重要指標，也是體現出結果的綜合成績單。

　　經濟成長率指的是實質國內生產毛額（GDP）的增減。「GDP」則是指一定時間內，在一個國家領土中，家庭、企業、政府等所有經濟體的生產附加價值總合，可以體現出一個國家的經濟規模。之所以前面要加上「實質」，是為了排除物價變動所引發的錯覺，單純計算生產量的變動。而「增減比率」的部分，就是為了看出與過去相比的增減。

　　實質 GDP 成長，就意味著企業的生產與投資活躍，國民的所得增加，投資與就業也會增加。

韓國的經濟成長率（單位：%）

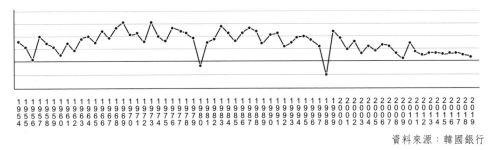

資料來源：韓國銀行

　　韓國在 1970 年到 1980 年代，是經濟成長率的高度成長期，數值落在 10% 左右，直到 1997 年發生外匯危機前都保持在 7% 左右，但是近年來連要達到 3% 都有些勉強。經濟成長率下跌的現象，是經濟發展的過程中無法避免的事。拿零分的學生想要拿五十分並不困難，而拿九十分的學生想要達到九十五分就不是件簡單的事。但是經濟成長率下跌，就意味著經濟活躍度較為冷卻，不能把這件事認為「理所當然」就這麼蒙混過關。

　　韓國銀行會以季或年為單位發佈經濟成長率，這個指標對於許多企業和投資人來說，是進行決定的重要指標，多數人都會急著想得知最新的統計數字，所以會以速報值→暫定值→確切值為序進行公佈。速報值會在一個季度結束後的二十八天左右公佈，暫定值則是會經過更正確的計算，大約在七十天左右公佈，當暫定值低於速報值的時候，就會對投資心理產生負面影響。確切值則是以年為單位公佈，由於只會對暫定值進行微調，所以並不受到關注。

002　通貨膨漲率

消費者物價指數變化率，選出消費者最常購入的 460 個品項進行計算。

> 　　消費者物價指數花了十三個月恢復了 1% 左右，根據 4 日統計處所公佈的消費者物價指數走勢指出，1 月份消費者物價指數較去年同月上漲 1.5%，是自從 2018 年 12 月（1.3%）以來，首次消費者物價指數上升比率超過 1%。消費者物價指數去年 9 月創下史上第一次負成長（-0.4%），接著就連續四個月呈上漲狀態。
>
> 　　以各品項來說，農畜水產品類與去年同月相比上漲了 2.5%，以蘿蔔（126.6%）、大白菜（76.9%）、生菜（46.2%）等價格上漲幅度最高。此外，工業產品上漲 2.3%，其中以石油類上升 12.4% 最為劇烈，引起整體消費者物價上升比率上漲了 0.49%。
>
> ——安仲昡，〈通貨膨脹率時隔十三個月首次突破 1% 大關〉，
>
> 《朝鮮日報》2020.02.05

　　應該沒有任何指標能比通膨率更容易挨罵了吧，因為消費者總感覺政府所公佈的物價，和自己購物車裡面的物價根本兜不起來。如果了解通貨膨脹率的統計原理，這個誤會應該可以被解開吧。

　　所謂的物價是指市場上交易的商品與服務的整體價格水準，物價指數的存在，就是為了讓我們能更容易掌握難以捉模的物價概念。主要的物價指數包含了消費者物價指數、生產者物價指數、進出口物價指數等。而經常被提到的通貨膨脹率，意味著消費者物價指數與前一年相比成長的幅度。

　　消費者物價指數是通膨中最具代表性的指標，韓國統計處會以月為單位公佈，選出家庭最常購買的 460 種品項（以 2019 年為準），再以重要的程度進行加權計算，把 2015 年的物價設定為 100，再計算出的物價水平。其中調

查的對象包含米、蘋果、豬五花等食品，以及大眾運輸費用、學費、電話費等各種我們熟悉的品項。舉例來說，假如這個月的消費者物價指數是 121，而前一年則是 110，通貨膨脹率就是 10%。也可以解釋為，這個月份與基準年份（2015 年）相比，購買相同的商品與服務，總消費會增加 21%。

　　之所以體感物價和統計物價會不同，是因爲大眾購買的商品價格變動，只會部分反映在通貨膨脹率上。另有一部分原因則是，人們比較容易記得價格上漲，但是卻不太會記得價格下跌這件事。

　　物價會在景氣處於上升趨勢時，因為需求增加而上漲。而景氣下跌的時候，也會因為需求減少影響物價下跌。但是大幅度的通膨，會導致貨幣的購買力下跌，導致不確定性增加影響經濟萎縮。這也是為什麼政府與中央要在不影響經濟成長的前提下，制定「物價穩定目標」進行管理。勞工的薪資、國民年金、最低生活費等都必須根據通貨膨脹率進行調整，所以是一個跟全國民生計有直接關聯的指標。

　　生產者物價指數，就不是以家庭為概念，而是以企業立場計算出的物價指數，會以韓國國內生產者向市場提供的商品與服務的價格波動進行計算，總共有 878 個調查品項（以 2019 年為準）。進出口物價指數則是用於掌握進口或出口商品的價格走勢，也是為了事先調查會影響韓國國內物價而存在的物價指數，總共有 206 個出口與 230 個進口調查品項（以 2019 年為準）。

003　匯率

兩個不同國家之間貨幣交換的比率，對韓國經濟來說最重要的匯率就是韓元兌美金的匯率。

> 　　由於新型冠狀病毒（COVI-19）感染擴散，引發美國股市崩跌，韓元兌美金創下十年來新高，來到 1,240 元左右。
>
> 　　17 日首爾外匯市場中，韓元兌美元匯率與前日相比上漲了 17.50（韓元貶值），美金匯率收在 1,243.50 元。截至 17 日之前，韓元已經連續上漲四天，這段時間裡匯率足足上漲了 50.50 元。
>
> 　　因為國際股價崩跌狀態持續不斷，美金作為無風險資產因而需求增加，助長匯率攀升。外資拋售股票，連帶引發美元匯出與新興國貨幣疲軟等因素，都影響了韓幣價值下跌。
>
> 　　　　　　　　　　　　── 李泰勳，〈韓元兌美金創十年來新高〉，
>
> 　　　　　　　　　　　　　　　　　　　　《韓國經濟》2020.03.18

　　平常對匯率毫不關心的人，要出國旅行或進行海外購物時，也會對匯率的變動變得敏感，更何況是每天都在國際市場上打滾的企業們。以航空公司或煉油公司來說，就算其他因素都維持不變，但只要韓元兌美金匯率稍微上漲 10 元，也會造成帳面上數百億元的虧損（匯損）。隨著國與國之間越來越開放，匯率對於國家經濟的影響程度也變得更加強勁。

　　「匯率」與「韓元價值」是呈現反向走勢，這一點是剛開始閱讀財經新聞時很容易搞混的部分。假設韓元兌美金的匯率昨天是 1,000，而今天是 2,000，那麼匯率就是一天內「上漲」了一倍。但是昨天只要花 1,000 塊錢就可以買到 1 美金，但是今天卻必須花 2,000 塊錢才能換到 1 美金，所以韓幣的價值「下跌」了一半。請記得，匯率上升時，韓元價值就會下跌；匯率下

跌時，韓元價值就會上漲。

匯率改變的話，會對國內經濟造成什麼影響？這種時候就會跟「一個賣傘、一個賣扇」的故事一樣，出現一則以喜一則以憂的情況。

匯率上漲的時候，對出口企業來說是利多消息。在賣相同產品的情況下，以韓元換算的價格會增加，所以利潤就會增加。同時也可以執行將海外售價調降，並提高競爭力的策略。反之，匯率上漲對進口企業來說是壞消息。因為進口相同的產品，但是卻必須要支付更多韓元。如果要反映出匯率上漲的部分，就必須要調高國內販售價格，或是自行吸收匯率成本。

超過適當水平的匯率上升會對資本市場產生劇烈衝擊。韓元價值下跌的話，投資韓國的外資就可能拋售韓國的股票或債券，引發「Sell Korea」的現象。對於子女居住海外，需要定期匯款的大雁爸爸（編按：獨自留在韓國賺錢，供妻子與孩子出國的爸爸）來說，匯率上漲也不是好消息。另外一個層面則是償還外債所需的韓元會增加，對政府與民間來說，償還外債的負擔則會增加。

韓國在很多部分都仰賴著出口，面對天然資源不足的原油等各種原物料，又相當依賴進口。匯率上漲一方面活躍了出口企業的生產，但同時影響進口企業成本增加，導致物價不穩，是一把「雙面刃」。

匯率變動會產生雙面影響，因此速度比方向更重要。如果短期內匯率出現動盪，就會導致進出口的不確定性增加，引發貿易萎縮，各處都可能發生意料以外的投資虧損。韓國在 1997 年外匯危機與 2008 年金融危機時，都發生過韓元兌美金匯率動盪，引發大範圍混亂的經驗。

004　國際收支 Balance of Payments

一定期間內一個國家的居住者與非居住者之間所發生的商品、服務、資本等所有經濟交易收入與支出間的順差。

> 2019 年韓國經常帳順差約為 600 億美元，創下七年來最低。中美貿易、半導體價格下跌等因素，對出口不振產生巨幅影響。
>
> 韓國銀行 6 日指出，2019 年經常帳為 599 億 7 千萬美元，是自從 2012 年（487 億 9 千萬美元）至今七年以來最低，推估與去年國內生產毛額（GDP）相比，經常帳盈餘比率落在 3.5 ～ 3.6% 左右。
>
> 順差減少的主要原因是出口萎靡。2019 年商品輸出（約 5,619 億美元）與去年相比減少了 10.3%，統計局局長朴洋洙指出：「隨著半導體的超級循環結束，半導體單價大幅下跌，此外中美貿易戰、英國脫歐、香港示威遊行等事件亦引發了國際景氣鈍化，導致出口萎靡。」此外，在收益方面也比去年減少了 6%，坐落在 4,851 億美元左右。
>
> ——印賢宇，〈去年經常帳 600 億美元……七年來最低〉，
>
> 《韓國日報》2020.02.07

　　一個國家不可能獨自生產所有必需品，必須要透過跟其他國家進行貿易來解決這個問題。韓國人除了去海外創業，也會到海外旅行，只要是跨國境交易，就一定會有外匯的往來。所謂的國際收支，就是以國家為單位系統性地記錄下這些外匯的收支。當進來本國的外匯大於付出時，就稱為國際收支順差，反之則稱國際收支逆差。

　　國際收支根據交易類型，大致上由經常帳、資本收支與金融帳戶所組成，這當中最受財經新聞矚目的當然就是經常帳了，它可以呈現出會對國家經濟產生劇烈影響的進出口結果，因此非常重要。

韓國的經常帳（單位：億美元）

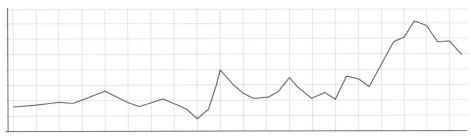

1980　1982　1984　1986　1988　1990　1992　1994　1996　1998　2000　2002　2004　2006　2008　2010　2012　2014　2016　2018

資料來源：韓國銀行

經常帳可以分為體現商品進出口成果的商品收支、運輸、旅行等服務交易的服務收支、作為使用勞動與資本代價（薪水、利息）的總所得收支，以及不求回報提供的無償援助等過往所得收支。當我們能夠出口越多的商品與服務，企業的生產活動就會更活躍，工作機會也會增加，隨之國民所得也會跟著上漲。因此這當中，又以商品收支與服務收支更為重要。1997 年外匯危機發生的時候，當時韓國持有的外匯不足，可以被視作為長期發生經常帳逆差的原因。

但是順差如果太大也會有問題，因為進來的錢比出去的錢還多，最終會導致貨幣價值下跌，引發物價動盪。經常帳發生逆差的國家也有更高的可能性發生貿易摩擦，美國前總統唐納・川普上任後，就一直緊咬著韓國對美貿易數值順差太高的問題。

綜合來看，國際收支大規模順差不一定就是好事，必須要達到均衡才是合乎情理的。像韓國這類型資源不足且仰賴出口的經濟型態，保持適當的國際收支才是最理想的狀態。韓國銀行每個月都會公佈國際收支的統計，單位不會以韓元，而是會以美金標示。

005 就業率／失業率

就業率指的是工作年齡人口中就業者的佔比；失業率是指經濟活動人口中失業者的佔比。

> 統計處 10 日公佈的 6 月就業動向同時存在著光和影。上個月 15 歲以上的就業率為 61.6%，創下 1997 年（61.8%）以後同月最高，就業人口比 2018 年同月高出 28 萬 1,000 人，比政府目標（20 萬人）多出 8 萬人。
>
> 但是失業率（4.0%）也比 2018 年高出 0.3%，是繼 1999 年 6 月（6.7%）後最高。今年以來失業率已經連續六個月高於 4%，僅次於 1999 年 6 月到 2000 年 5 月連續十二個月保持 4% 以上的紀錄。包含應屆畢業生，青年擴散失業率（體感失業率）也創下史上最高，來到 24.6%。
>
> 企劃財政部相關人士解釋：「就業市場的就業機會增加，使成功就業的人口增加的同時，求職的人口也增加了。」但是專家們並不這麼認為，他們認為就業人口增加，是受到政府動用稅金推出的「高齡者就業機會」所影響，至於失業人口增加，則是因為民間難以找到高質量工作所致，也就是說財政就業的錯視現象，進而導致就業指標失準。
>
> ──徐敏俊，〈就業率「歷年來最高」……30、40 歲有 21 萬個工作機會↓，60 歲以上有 37 萬個↑〉，《韓國經濟》2019.07.11

　　文在寅總統在青瓦台辦公室裡，設置了一個「就業狀況板」，在偌大的電視畫面上，一目瞭然地呈現了就業率、失業率、就業人口數、青年失業率、散工比重、工作時數等數值。狀況板上最前面的兩個指標就是就業率和失業率，因為它們是掌握就業市場最重要的指數。

　　失業率指的是經濟活動人口（滿 15 歲以上的人口中就業與失業人士的總和）失業人士的佔比，可以體現出想求職但找不到工作的人的比率。如果把待業者和放棄求職者（幾乎完全放棄找工作的人）想成「失業人口」的話，事情會變得比較簡單，但是統計處並不會把這些人納入失業率當中，求職不等於失業，他們會被納入非經濟活動人口中，所以長期就業困難導致待業者與放棄求職者增加的話，失業率反而會出現下跌的情況。

　　就業率是指工作年齡人口（滿 15 到 64 歲）裡就業人口的佔比，是一個能夠反映出國家經濟的實質創造就業能力的指標，該指標上升的話失業率就會下降；但如果就業率下跌失業率就會上升，兩者處於反向指標。

　　如果單純只看失業率，在觀察確切的就業動向時會容易遇到瓶頸，所以統計專家們共同認為，就業指標應該要同時間一起觀察。

　　除了這兩項指標以外，輿論媒體經常提到的青年失業率是指青少年層，也就是統計上滿 15 到 29 歲的經濟活動人口中失業的佔比。

006　股價指數 Stock Price Index *

為了掌握股票市場全盤的走勢，以特定時間的股價為基準所形成的指數。

> 新型冠狀肺炎（COVID-19，武漢肺炎）擴散至世界各地，恐懼支配了全世界的股票市場。世界各國股市崩盤，隨著武漢肺炎確診人數突破 2,000 人，KOSPI（韓國股價綜合指數）也於 28 日跌破 2,000 點。
>
> 28 日 KOSPI 指數大跌 67.88 點（3.30%），收在 1,987.01。這是 2019 年 9 月 4 日至今，睽違六個月以來，KOSPI 再次跌破 2,000 點，當天股票總市值蒸發了 55 兆 6,000 億韓元。外資連續五個交易日賣超拉低整體指數，從 24 日起開始，五天內外資累積賣超金額就高達 3 兆 4,544 億韓元。
>
> 而「一支獨秀」的美國市場也開始進入修正的局面。當地時間 27 日，美國道瓊指數與那斯達克指數皆各別大跌 4.42% 與 4.61%，相較 19 日的高點大約崩跌了 12%。紐約股市崩盤也進一步影響到日經平均指數與上海指數，分別跌落 3.67% 與 3.71%。
>
> ——金基萬，〈武漢肺炎確診人數突破 2,000 人當日，
> KOSPI 跌破 2,000 點〉，《韓國經濟》2020.02.29

　　韓國股票市場有超過 2000 支上市股票。但是當有人問說「今天的股市如何？」我們應該要怎麼回答呢？「三星電子漲了 1%，現代汽車跌了 3%，SK 海力士漲了 2%，Naver 跌了 7%……」這樣一支一支羅列出來，只會讓聽者與說者彼此頭都很痛。這時候我們只要活用股價指數，就能夠簡單進行說明——「今天 KOSPI 指數漲了 5%，KOSDAQ 指數漲了 7%，很不錯吧？」

　　所謂的股價指數，綜合了無數股票的波動，能夠體現出整體市場現況

的好壞。韓國最具代表性的股票指數就是「KOSPI 指數」與「KOSDAQ 指數」，它們會在韓國股票開盤時間內（早上 9 點至下午 3 點半），以每 10 秒為單位進行更新。

KOSPI 指數是有價證券市場內所有上市普通股的市價總額，從 1980 年 1 月 4 日開始，以 100 為計算基準。舉例來說，現在的 KOSPI 指數是 2,300 點，那麼就代表有價證券的上市股票價值總額，比當年的基準日期（1980 年 1 月 4 日）高出 23 倍。而 KOSDAQ 跟 KOSPI 指數的原理基本相同，基準時間點則是 1996 年 7 月 1 日，KOSDAQ 的市場總額則是以 1,000 為單位進行比較。

而美國最具代表性的則是「道瓊指數」，全名為道瓊工業平均指數。道瓊指數會選出紐約證券交易所裡最具代表性的 30 支績優股，顯示當前的市價波動。除此之外，我們在美國相關的經濟報導中也能經常看見納斯達克市場的「納斯達克指數」與信用評等公司標準普爾（Standard & Poor's）所創辦的「S&P 500 指數」，而日本的「日經平均指數」與英國的「FTSE100」等指數也都是具有影響力的股價指數。

股價指數不僅可以反映出股市與經濟的趨勢，同時也能成為投資商品的一種。大家耳熟能詳的指數型基金與指數股票型基金（ETF）等，就是根據特定的股價指數變化決定收益率的代表性產品。像期貨、期權等延伸金融信商品的投資對象也會廣泛使用股價指數。

* 編按：台灣以加權指數（TAIEX）為主。另外最具代表性的指數為「元大台灣50」。

007　基準利率

代表國家利率的政策型利率，是市場各種利率的基準點。

> 韓國銀行於 16 日臨時召開金融通貨委員會，將基準年利率從 1.25% 調降至史上最低的 0.75%，同時也表示韓國經濟也邁向了「零利率時代」。由於新冠肺炎擴散，導致發生金融危機的可能性提高，因此政府決定採取對應措施。
>
> 韓國銀行一口氣將利率調降 0.5 個百分比，是自從 2009 年 2 月金融危機末期以來首度如此「大刀闊斧」。韓國銀行為了將貨幣政策的效果最佳化，選擇在 17 日，國會通過武漢肺炎預算追加案前將利率調降。美國中央銀行（Fed）於當地時間 15 日將基準利率調降的行為，也對韓國銀行的利率決策造成了影響。
>
> 韓銀總裁李住烈對於利率調降則表示「武漢肺炎擴散全球，導致全球金融市場產生劇烈變化，為了緩和金融市場的變動，並降低對經濟成長及物價所產生的影響，認為這次的調降是必要的動作」。除此之外，他也暗示了基準利率可能再次調降。李柱烈總裁表示「武漢肺炎所帶來的經濟衝擊，比任何時期都要更為嚴峻，當然不排除也可能對金融市場產生衝擊。而韓銀則會採用一切手段，做好萬全的準備」。
>
> ——金翼煥，〈韓銀調降利率……韓國史上第一次的「零利率時代」〉，《韓國經濟》2020.03.17

　　有很多人說已經享受不到儲蓄的樂趣了，韓國在十年前儲蓄年利率仍然有 5 至 6%，但現在已跌到 1% 左右。現在不管存再多錢，錢都不會變多。2008 年金融危機後，世界各國都推出了大幅調降利率的政策，韓國當然也不例外。這是為了引導消費與投資，讓整體市場重新找回活力。

韓國基準利率

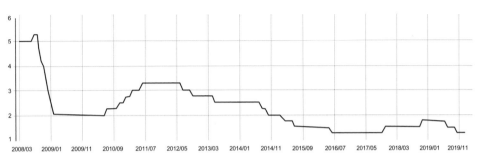

資料來源：韓國銀行

　　政府究竟是如何依據市場原理決定利率的呢？這時候就要動用到我們經常在新聞裡看到的基準利率了。所謂的基準利率是代表國家的政策型利率，由各國的中央銀行所定義。中央銀行的角色是「銀行們的銀行」，一般來說雖然不會實際經營業務，但是會跟金融公司有著資金往來，並參與金融市場。當中央銀行調漲或調降適用在這些交易上的基準利率時，銀行就會根據該利率，調整針對企業及個人的存款及貸款利率。由於金錢的價值改變了，因此對債券、股票、房地產等市場也會造成極大的影響。

　　基準利率會經過各種管道對實體經濟產生影響。調降基準利率會產生金錢流入市場的效果。隨著市場利率降低，儲蓄的誘因也會隨之降低，貸款投資或消費就會變得更加容易。但是利率降低的話，意味著金融商品的收益率也會降低，導致外資對國內的投資減少，既有外資出場也會成為韓幣貶值（匯率上升）的原因，當韓幣貶值，就會提高國內出口產品的價格競爭力。

　　但是調降基準利率並不能保障就可以挽回景氣。調降基準利率可能導致房地產貸款劇增，引發「資產泡沫」的副作用，特別是最近利率已經到了最低點更容易引發這種狀況。當家庭與企業間對未來產生不安全感，即便利率調降，市場的通貨量增加，但是消費與投資卻可能不會隨之增加，此時就可能落入「流動性陷阱」之中。

008　家計部門債務／國家債務

家計部門債務是指家庭的貸款、預支購物等債務的總額；國債則是政府所需要償還的債務總額。

朴槿惠政府時期，由於家計部門負債與當時的政府國債急速增加，導致「雙胞胎（家庭＋政府）債務」走入低成長的局面，有些人出面指責這將成為壓垮韓國經濟最大的風險。

昨日韓國企劃財政部指出，因為政府的大幅超額預算，國債預計將從 2018 年的 680 兆 5,000 億韓元，於 2023 年增加至 1,061 兆 3,000 億韓元。公務機關的舉債也將從 2017 年的 384 兆 4,000 億韓元，於 2023 年增加至 477 兆 2,000 億韓元，預估將增加 100 兆左右。根據統計指出，「公務部門債務（D3）」從 2017 年相較於 GDP 的 56.9% 與 2019 年的 59.2%，至 2023 年將激增至 67.4%。負債比例 67%，比歐盟（EU）利用財政推估所計算的 60% 高出了 7%。

家計部門債務（包含自營運者貸款），對比 2013 年的 1,019 兆元，已經於 2018 年增加至 1,737 兆元，預計今年底將直接突破 1,800 兆元大關，高達 GDP 的 92%，目前的數值遠遠超出國際社會通用的家計部門負債臨界值（相較 GDP 的 75 ～ 85%）。專家們共同呼籲，這種急速增長的負債會導致民間消費萎縮，進而可能導致通貨緊縮（物價急速下跌）的發生。

——徐民俊、金翼煥，〈被「雙胞胎債務」壓垮的大韓民國〉，

《韓國經濟》2019.09.09

記得 2000 年代的「無貸款經營」一度成為企業間的熱門話題。外匯危機發生時，盲目貸款迅速擴張的財閥們紛紛宣布倒閉，這個現象被視作反指

標，許多公司開始轉向保守經營。其實債務並不一定是壞的，經濟生活中支付適當的利息讓金錢得以流通，反而會增加資金效益。家庭的債務是家計債務；國家的債務是國家債務，經濟規模擴張的過程中資產與負債同時增加是非常自然的現象。然而問題通常是出在膨脹過於快速，或是債務已經到了吃不消的程度。家計部門債務與國家債務的走勢，是經濟學者與媒體們以「鷹眼」在監視的重點。

家計部門債務可以從韓國銀行每一季發表的「家計信用」中找到。所謂的家計信用指的是家庭貸款與銷售信用的總和。家庭貸款就是從銀行、儲蓄銀行、互惠信貸、保險公司、信用卡公司、國民住宅基金、住宅金融公社等機構所借取的所有貸款；銷售信用則是透過信用卡公司、資本公司等管道所進行的預支交易。總而言之，一般家庭所要償還的所有債務，都會包含在家計信用之中。隨著家計債務近幾年來快速增長，許多人開始擔心韓國的經濟可能將成為一顆「定時炸彈」。2014 年舉債突破 1,000 兆韓元時，就引起了許多人的嘩然，才經過短短四年，2018 年卻已超過 1,500 兆韓元。

國家債務範圍的確認方式就有很多種，根據國際貨幣基金會（IMF）的定義，指的是國家有義務必須直接償還本金的債務，包含政府的貸款、國債與國庫債務負擔。廣義來說，國家債務包含了政府與地方自治團體，還有各種公共企業與公共團體的債務。這些機構一但無法承擔債務時，就會由國家出面填補。國家債務合適的範圍很難被定義。2018 年韓國的國債比重將近國內生產毛利（GDP）的 40%，比一口氣直接超過 100% 的經濟合作暨發展組織（OECD）會員國平均水準來得低。但是 2000 年以後，韓國的國家債務增加速度，卻成為 OECD 國家中的第四名。

現在輿論也開始出現定義範圍比國家債務更廣的「國家負債」，這個用語在批評政府忽略評估財政健全性的政策時經常被提及。所謂的國家負債，不僅包含了國家債務，更包含了國民年金、軍公教年金等預估負債，也包含了健保、金融保險、勞保等，概括了國家未來所需支付的所有費用。

009　盈利衝擊／盈利意外 Earning Shock／Earning Surprise

盈利衝擊指企業業績低於市場預期的狀況；盈利意外指業績大幅高於市場預期的狀況。

> 「面板、記憶體產業比預期弱勢，第一季電子業績預計將低於市場預期。」
>
> 26日上午三星電子破例提前十天公佈今年第一季（1到3月）業績，業績公告預定日期為4月5日，這是三星第一次提前公開資料。三星電子表示「由於部分事業表現不佳，導致業績大幅低於市場預期，為了幫助投資者了解狀況，選擇提前公開資料」。三星電子在小額股東大幅增加的狀態下，第一季業績表現大幅低於市場預期，為了減緩「盈利衝擊」，為此先打了預防針。
>
> ——朴順粲，〈到底多不景氣？……三星電子提前承認第一季盈餘衝擊〉，《朝鮮日報》2019.03.27

　　每當三星電子與現代汽車每三個月公佈季報時，財經新聞頭版就會大舉宣傳。為什麼這兩間公司的業績特別受到矚目呢？由於它們是韓國的「代表性企業」，所以對經濟產生的影響非常劇烈，三星電子與現代汽車的銷售總合，幾乎佔韓國國內生產毛額（GDP）的20%，它們的業績不只會影響無數的股票投資人，同時也會對合作企業、相關產業產生影響。

　　上市公司每年要發佈四次季報，企業接連公佈業績的時期被稱為「財報季（earning season）」。倘若業績遠遠高出市場預期，投資人會嚇一大跳，所以被稱為「盈利意外」。相反的，如果業績比預期差就會對投資人產生衝擊，所以稱作「盈餘衝擊」。如果業績與預期差距不大，股價反應就會較為平靜。

　　企業所公布的財報裡雖然包含了各式指標，但是核心只有三個──銷售額（sales）、營業利益（operating profit）、淨利（net profit）。

　　銷售額指銷售商品、提供服務等企業透過主要營業活動賺取的金額。傢俱公司 A 如果生產了價值 1 千億韓元的傢俱並銷售出去的話，就會產生 1 千億韓元的銷售額。銷售額是反映企業「成長潛力」的主要指標，銷售持續成長企業才能壯大。

　　營業利益是從銷售額中扣除製造成本、廣告費用、薪資等的金額，可以反映出企業透過主要營業活動所賺取的利潤，體現企業的「收益性」。營業利益在銷售額中的佔比被稱為營業利益率，可以用來比較企業間的收益性。舉例來說，如果三星電子的營業利益率為 10%，蘋果為 20%，就代表銷售一樣的產品，蘋果所賺取的錢更多。

　　淨利則可以反映出，企業從主要營業活動與營業外活動所獲得的利益。當 A 公司進行透過傢俱銷售無關的營業外活動，例如不動產銷售、股票處分等，使得收益提高時，就會被納入淨利當中。因此我們經常會看見，發生一次性因素時，營業利益與淨利之間產生的大幅差異。

第二章

驅動經濟的經濟主力

　　為什麼美國中央銀行主席的一句話就可以使金融市場動盪；為什麼穆迪發布韓國的信用評等就會天下大亂；這次我們邀請來了幾位在市場中能夠撼動國內外經濟的「貴客們」，讓我們從世界霸權 G2 之間的競爭開始，讓我們一起與投資市場裡的大戶——年金與私募基金，還有勞動市場的主軸——大企業與工會相遇吧。

010 中央銀行 Central Bank

以貨幣發行、通貨政策、平衡金融體系等目的運營的銀行。

> 「因為『一群傻子』錯失了一輩子只有一次的機會。美國中央銀行（Fed）的利率必須調降到零甚至更低。」
>
> 美國總統川普 11 號時在推特上留下這則留言。從 2018 年開始，川普就持續向 Fed 施壓調降基準利率，甚至口出穢言要求調降至負利率。
>
> 全球經濟鈍化持續，導致美國、印度、土耳其、墨西哥等世界各國中央營行的獨立性受到威脅。想透過刺激景氣獲得選票的政治人物動搖了中央銀行，甚至發生解僱或要求銀行總裁辭退的事件。傳統觀點認為中央銀行為確保通貨政策的信賴性，需要能夠獨立作業，但是仍有部分人士主張，在低利率、通貨緊縮的時代下，中央銀行更應該重視與行政部的政策合作，而非保持獨立。
>
> 保羅・沃克（Paul Volcker）、艾倫・葛林斯潘（Alan Greenspan）、班・柏南奇（Ben Bernanke）、珍妮特・葉倫（Janet Yellen）等 4 名美國前 Fed 主席，在 8 月 6 日時共同於華爾街日報（WSJ）上投稿表示「美國需要獨立中央銀行」，內容指出中央銀行在短期政治壓力下如果擁有自由，將可以取得更好的經濟成果。
>
> ——金賢碩，〈川普要求「負利率」……世界中央銀行的「苦難時代」〉，《韓國經濟》2019.10.15

　　韓國的韓國銀行、美國的中央銀行（Fed）、歐洲的歐洲中央銀行（ECB）、中國的人民銀行、日本的日本銀行（BOJ）、英國的英格蘭銀行（BOE）……，我們平時雖然完全不會和這些銀行有交易往來，但是它

們卻會對全國人民的金融生活與經濟產生巨大影響。保羅‧薩繆森（Paul Samuelson）在著作《經濟學》當中說道：「火、輪子、中央銀行是人類最偉大的三項發明。」火帶領人們走出原始時代，輪子帶來交通與物流革命，而中央銀行扮演著什麼角色？為什麼會被並列為是人類的三大發明？

中央銀行有三大特徵，是唯一可發行貨幣的「發行銀行」，同時也是為金融公司提供存款及貸款的「銀行的銀行」，也是為政府保管稅金與國庫資金的「政府銀行」。

我們所使用的所有貨幣與零錢都是由韓國銀行製造，我們可能會誤以為這只是一個「印鈔的機構」，但其實韓國銀行最重要的任務是穩定金錢的價值，也就是穩定物價。韓國銀行會訂定好通膨目標，接著運營各種通貨政策以達成目標，這種方式被稱為「通膨目標制」。2019 年韓國銀行制定的通膨率目標為 2%，當市面上流通的錢過多，導致物價敗壞的話，中央銀行就會減少貨幣量，反之則會增加金錢的供給量，此外中央銀行也會直接從市場買賣證券（公開市場操作）、強制銀行將部分存款存放至中央銀行（準備金制度）、提供銀行存款與貸款交易服務（貼現窗口制度）。

中央銀行的歷史沒有想像中悠久，韓國銀行始於 1950 年，美國的 Fed 也是 1913 年才創立。不管是哪一個國家，都會確保中央銀行具有獨立性，在沒有政府的干預下執行的中立貨幣政策，才能夠穩定金錢的價值。遏止像川普這種胡言亂語的推特歪風盛行，也是中央銀行首長的能力之一。

011　國際金融機構 International Financial Institutions

金融圈裡以建立各國合作關係與資金支援為目的的國際機構。

> 　　國際貨幣基金組織（IMF）與世界銀行（WB）在當地時間 2 日宣布，為支持各國應對新冠肺炎，將提供緊急資金貸款。IMF 總裁克里斯塔利娜・格奧爾基耶娃（Kristalina Georgieva）與世界銀行總裁戴維・馬爾帕斯（David Malpass）透過共同聲明表示：「兩大機構已經準備好要協助會員國對應因新冠肺炎引起的人道及經濟問題」，此外更表示「他們會特別關注保健系統較弱勢的低所得國家，以最大限度使用緊急貸款、政策諮詢、技術支援等所有手段，特別是為了對應各國大範圍的需求，設置了快速貸款的窗口」。
>
> 　　有分析指出，IMF 與世界銀行聯手站出來，是為了降低籠罩在全世界金融市場的不安感。
>
> ──金賢碩、金東旭、姜景旻，〈對付「新冠衝擊」刺激全球景氣⋯⋯ IMF 與世界銀行「已準備好緊急貸款」〉，《韓國經濟》2020.03.04

　　需要依靠先進國家援助的國家，唯一只有韓國，在經歷不過半個世紀的時間，就創下了爆發性的經濟成長，搖身一變成為能夠協助其他人的國家。從韓國在各個國際金融機構中所佔的地位，就能看出韓國發展的力度。所謂的國際金機構，是指金融圈裡為追求各國建立合作關係所存在的國際機構。國際金融機構的類型可分為管理金融體制穩定性的「國際通貨機構」，以及負責協助低發展國家的「多邊開發銀行」。

　　國際金融機構的形成，可以追朔到 1944 年的布列敦森林會議 (Bretton Woods Conference)。在經歷兩次世界大戰後，人們認知到新國際貨幣制度的必要性，經由 45 個聯合國代表協議後，成立了國際貨幣基金組織（IMF）及

國際復興開發銀行（IBRD）。國際舞台上，「強國優先」的冷血原則也適用在金融機構之上，IBRD 的總裁一直以來都是美國人，IMF 的總裁則是歐洲人，有些人批評這是一種「瓜分」。

　　IMF 為了穩定匯率與國際貨幣體制，會實行各種監督手段。1997 年韓國發生外匯危機時，就是透過向 IMF 貸款緊急滅了一場大火，同時也必須依照 IMF 的要求，進行嚴厲的結構改組。2019 年之際，韓國已經持有 1.8% 的 IMF 股份，在總共 189 個會員國中排名第 16 位，得以行使重要發言權。

　　IBRD 與國際開發協會（IDA）、國際金融公司（IFC）、多邊投資擔保機構（MIGA）被併稱為世界銀行（WB），目標是向開發中國家提供財政與技術支援，使其富裕。2012 年至 2019 年時，韓裔美國人金墉曾擔任世界銀行總裁。除了 IBRD 以外，為了支援各地區經濟發展所成立的亞洲開發銀行（ADB）、美國開發銀行（IDB）、非洲開發銀行（AfDB）、歐洲復興開發銀行（EBRD）、亞洲基礎設施投資銀行（AIIB）等，也都被納入主要多邊開發銀行之中。

　　韓國從 1955 年，以 IMF 和 IBRD 作為開端，已經加入大部分的國際金融機構，也有更多人才正在勇於嘗試進入這些機構內就職，不過這些機構雇用的人員數少，而且需要碩士以上且流暢的外語能力，所以想成功就職並不容易。

012 G2／G7／G20 Group of 2／7／20

G2 指 2 大經濟體——美國與中國；G7 指主要 7 大國；G20 則是由 20 個國家組成的協議團體。

> 「G20 因川習會談失去關注。」這是金融時報（FT）在 28 日對日本大阪 G20 峰會的報導標題。29 日即將展開的美國總統川普與中國國家主席習近平的會談結果，將會影響整體世界經濟，導致 G20 峰會失去外界關注。
>
> 布魯日經濟政策研究院的西蒙尼·塔利亞皮特拉（Simon Tagliapietra）研究員指出「各國在預測國際貿易市場走向時所需的資訊，並不會從 G20 獲得解答，而是要從美中峰會得出。全世界都在關注美國與中國之間的 G2 會談」。
>
> 儘管如此，各國首腦與國際機構代表表示，28 日主要以「世界經濟·貿易與投資」、「改革（數位經濟、人工智能）」兩大部分，共同討論世界經濟未來的走向，同時各國也討論了塑膠垃圾的問題。日本方面提出了「大阪藍海願景」，在 2050 年時要將海洋塑膠垃圾排放量減為零。
>
> ──宣韓潔，〈被 G2 貿易戰爭遮蔽風采的 G20 大阪峰會〉，
>
> 《韓國經濟》2019.06.29

G2、G7、G20……，閱讀國際新聞的時候，經常會看到英文字母 G 後面加上各種數字，指的是外交舞台上具有高度影響力的先進國家間的聚會（Group）。

先進國聚會最早可追溯至 1975 年的 G6，當時為了應對石油風波，法國作為主導國，招集了西德、日本、英國、美國、義大利等 6 個先進國。第二

年加拿大加入後，每年都會招開 7 國集團首腦峰會（G7）。1997 年時因俄羅斯加入曾經變為 G8，但是後續因烏克蘭衝突問題，俄羅斯於 2014 年退出，又再次回歸 G7。長期以來 G7 都被視為是討論世界經濟問題的「先進國家俱樂部代名詞」，但是 G20 迅速崛起之後，存在感便有所降低。

G20 成立於 1999 年亞洲外匯危機後，被視作為聚集主要國家首腦的國際會議，原本是各國財務長官與中央銀行行長為尋求合作所成立的非正式聚會，但自從 2008 年美國爆發金融危機動搖世界經濟後，由於各國產生共識，認為需要一個比 G7 更廣泛的國際互助，G20 便從長官級會議一舉躍升為首腦級會議。相信各位都還記得，2010 年首爾舉辦 G20 峰會時，到處都戒備森嚴的情況吧。包括之前的 G7 在內，亞洲、中南美、歐洲、非洲等地區核心國家大部分都是 G20 的會員國。

G2 跟 G7 和 G20 不同，不是一個正式的協議團體，而是指世界兩大經濟大國 —— 美國與中國，2006 年彭博有限合夥企業的專欄作家威廉・佩西（William Pesek）提到「未來世界經濟將由 G2 主導」，因此 G2 才被廣為使用。挑戰美國堡壘的中國，以及美國牽制中國的氣勢越來越強烈，以致於 G2 短時間內成為受到熱烈關注的新造詞。

013　金融中心 Financial Hub

世界級金融公司或相關機構密集且經濟交易活躍，在國際金融產業中佔有一席之地的地區。

> 文在寅總統大選時提出的全北金融中心指定案政見正式流標。政府判斷，在現有金融中心首爾與釜山無法發揮作用的情況下，若是再將全北納入指定金融中心，將會浪費行政資源。
>
> 金融委員會在 12 日結束金融中心促進委員會討論後，認為全北並不具備成為成為第三金融中心全北革新都市的條件，與其討論將全北追加納入，更重要的應該是強化現有金融中心的角色。金融委員會金融政策局長崔勳表示：「金融中心企劃，不應該是互相掠奪的零和關係」，此外也應該「讓全羅北道推行的農生命與年基金特色金融企劃變得更加具體化」。
>
> ——金亨旼、朴英旼，〈文總統政見「全北金融中心」確定流標〉，《東亞日報》2019.04.13

　　不管是誰都會先將美國紐約的華爾街視為世界金融的心臟。從百老匯大道到東河一帶，聚集了美國交易證券所、票據交換所、紐約聯邦銀行、花旗銀行、大通銀行、摩根士丹利等核心的金融機構與企業總部。歐洲的金融中心則是英國倫敦，一個比汝夷島還小的行政區——金融城裡，集結了 5,000 間金融公司。到 1997 年為止，曾經身為英國殖民地的香港，則是引導著亞洲金融。

　　當世界著名的金融公司與跨國企業聚集發揮協同效應，形成金融產業發達的地區，就被稱作金融中心。英國和美國之間賭上自尊心爭奪著金融霸主的地位，但是近來中東和中國的聲勢也非常浩大。受到經濟能力快速成長與

Fintech（金融技術）創業熱潮影響，上海、北京、杜拜、深圳等金融中心的排行正在攀升。許多國家也已經感受到以傳統製造業為中心的成長性有限，因而開始培養服務業中收益性與就業機會創造效果較佳的金融業。

世界都市金融競爭力排行

第 1 名	紐約	第 4 名	新加坡	第 7 名	北京	第 10 名	雪梨
第 2 名	倫敦	第 5 名	上海	第 8 名	杜拜	第 36 名	首爾
第 3 名	香港	第 6 名	東京	第 9 名	深圳	第 44 名	釜山

2019年9月統計，資料來源：英國Z／Yen

金融中心並不是政府下定決心就能夠培育而成的。海外金融公司已經在香港或新加坡設立了亞洲總部。如果想要吸引它們就必須提高韓國的魅力，然而苛刻的金融體制、僵化的勞動市場，以及語言的隔閡，都是這條路上的阻礙。海外城市裡，也有以專業化取代大型化成功轉型的金融中心，例如芝加哥的金融衍生產品、蘇黎世的保險、波士頓的資產管理等，都非常具有代表性。

014　年金基金／主權財富基金

年金基金是年金支付的資金來源；主權財富基金是政府將部分外匯存底作為投資用途的基金。

> 全球投資市場正在急速運轉，已超過 5 京規模的全球年金、主權財富基金，為了至少能再提高 0.1% 的報酬率，正展開著一場跨國境的「無子彈戰爭」，目的是為了擺脫低利率的束縛，增加國民們的老年資產與國家財富。
>
> 國際顧問公司韜睿惠悅與投資銀行（IB）產業 19 日指出，世界年金基金與主權財富基金投資規模，估計在 2015 年底已經高達 46 兆美元，比前一年高出 3 兆美元左右，創下史上最高的紀錄。高齡化的趨勢導致年金資產增加，引發主要國家主權財富基金規模擴大。
>
> ——李建浩，〈年金基金、主權財富基金「年收益 2,700 兆」
> 展開世界大戰〉，《韓國經濟》2016.01.20

　　不論是誰只要投資都可能有賺有賠，但是有些投資如果不小心虧損就會引發罵聲四起，也就是由國民掏錢匯集而成的年金基金與主權財富基金。

　　年金基金結合了年金與基金兩個字彙，其中最具代表性的有國民年金、公務員年金、私學年金等。年金的主要目標是將這筆以個人所得組合而成基金進行適當投資，等待加入者年邁時再進行返還，作為年老時安定的所得。韓國國民年金的資產規模在 2019 年 12 月時為 737 兆韓元，已達到國內生產毛額（GDP）的 37%，繼日本年金與挪威主權財富基金成為世界第三大的「投資市場大戶」。

　　年金基金投資獲得的收益全部會歸於年金被保人所有，如果投資錯誤導致虧損的話，就會使年金枯老期提前到來，成為被保人的負擔。韓國 1988

年國民年金創立後，直到 2019 年為止年均累積報酬率為 5.7%，在韓國國內上市公司中，國民年金持有 5% 以上股份的上市公司超過 300 家。身為國民年金首席投資官（CIO）的基金運營本部長被稱為「資本市場的總統」，如果到訪坐國民年金辦公大樓一樓的咖啡廳，就可以看見國內外重量級金融人士為了獲得投資基金來來往往的景象。

　　主權財富基金*是政府將部分外匯存底作為投資用途的基金。就像一般人會將閒置的金錢放在銀行儲蓄或投資基金、股票、房地產一樣，國家財政運營出現盈餘或是資源輸出時產生閒置資金時，就會利用這些錢進行投資。主要的主權國富基金除了韓國投資公司（KIC）以外，還有新加坡的淡馬錫與新加坡政府投資公司（GIC）、阿拉伯聯合大公國（UAQ）的阿布達比投資局等。

　　主權財富基金的投資對象多元，除海外國債與公司債以外，還有金融公司、能源公司、港灣、通信、原物料、私募基金等。各國政府運營主權財富基金是為了在國際舞台上拓展政治影響力，美國與歐洲還以保安問題為由，限制海外主權財富基金對戰略產業進行投資。

＊編按：台灣尚未成立主權財富基金。

015　私募基金／避險基金 Private Equity Fund／Hedge Fund

私募基金是匯集少數投資者資金進行營運的基金；避險基金是追求高風險、高收益且具有攻擊性的私募基金。

> 外界指責以營運收益為目標的投資型私募基金（避險基金）成長幅度高於以支撐市場為目標的私募股權基金（PEF），跟當初放寬私募基金規定以活躍冒險資本的目的背道而馳。
>
> 根據 21 日國會政務委員會成員諸閏景與共同民主黨議員從金融會員會收到的資料指出，2015 年修改資本市場法放寬私募基金規範後，避險基金成長速度卻勝過 PEF。
>
> 避險基金的設定額從 2014 年底的 173 兆，在今年 6 月底達到 380 兆，共成長了 119%。營運避險基金的私募基金公司數量，也從 2015 年 20 間成長到了 186 間，漲幅高達 830%。與此相比，同時期的 PEF 支出金額從 31 兆 7 千億韓元成長至 55 兆 7 千億韓元，漲幅 75%，營運 PEF 的一般合夥人（GP）數量從 167 間成長至 271 間，漲幅僅有 62%。
>
> ——趙敏貞，〈私募基金規範放寬後，避險基金成長幅度勝過 PEF〉，《聯合新聞》2019.10.12

　　把許多人的錢集結起來，對多方資產進行投資，再一同共享收益的金融商品，稱作為基金（Fund）。基金可以分成公募基金與私募基金，區分的標準非常簡單，根據投資基金籌措人數的多寡，如果超過 50 人以上（包含法人），就會被判定為向非特定多數人進行銷售，列為公募基金；如果只將基金銷售給 49 人以下的少數限定投資人，就會被列為私募基金。

　　基金和銀行的存款不同，並不會保障本金，只要把錢託付給基金，就會

被視為不管賺或賠都能自己承擔。私募基金幾乎沒有限制投資對象，可以保障匿名性，最低加入金額也是以億計算，主要參與者以資產家或投資專家為主。公募基金方面，就算是投資知識不足的一般民眾，都可以透過銀行或證券大量購買，所以對於投資者保護機制會更加嚴格。

　　韓國境內的私募基金市場，是從 1997 年外匯危機後，隨著不良企業合併與收購（M&A）案件激增而出現。當時孤星基金、新橋資本、凱雷等海外私募基金透過低價買進韓國企業再高價賣出，賺取了高額獲利。韓國政府意識到國家財富外流之後，便開始培養本土私募基金。並於 2004 年引進私募股權基金（PEF），允許企業進行資本投資、經營參與與事業結構改組等。現在 PEF 收購案已經很常見了，一般來說會在五年左右盡可能提升企業價值後，再重新賣出。

　　私募基金裡針對高收益進行具攻擊性投資的基金，稱作為避險基金。避險基金在 1949 年首次於美國出現，1980 年代隨著金融自由化開始走向國際。特徵是會避開限制，大範圍在股票、債券、金融衍生產品、貨幣、黃金、原油、天然氣、糧食等標的進行資產投資。

016 三大信用評等公司

指評價國家與企業信用等級的世界權威公司——穆迪、標準普爾（S&P）、
惠譽。

　　國際信用評等公司穆迪警告，明年韓國企業整體信用等級很可能
會集體下滑。除了美中貿易戰與香港事態導致全球經濟不明朗以外，
再加上韓國國內景氣停滯，以及對日本的出口規範，預估企業業績將
會走低。

　　19 日在首爾汝矣島康萊德酒店舉辦的「2020 韓國信用展望」研
討會中，穆迪評價的二十四間韓國民間企業（排除金融公司、國營企
業）中，有一半以上總共十四間企業的預估信用等級「不樂觀」，代表
日後這些企業的信用等級很可能會走跌。

　　　　　　　——金子玹，〈穆迪：「明年韓國企業的信用等級很可能會
　　　　　　　　　　集體下滑。」〉，《東亞日報》2019.11.20

　　就像個人信用評比分數較低的人無法向銀行貸款一樣，國家與企業的
信用等級優良，才能夠在需要資金的時候順利進行調度。調查信用等級的機
構，並不是具有公信力的國際機構，而是民間專門進行信用評價的公司。世
界信用評價市場是由三大公司所掌控。身為三大信用評等公司的穆迪、S&P
和惠譽會對主要國家與企業進行長、短期的信用等級評估，並隨時可能重新
評價。

　　業界人士憑什麼評斷別人？因為他們分別累積超過一百年的業務能力，
並獲得了世界權威的認可。國際金融市場的投資人，都會參考三大公司的信
用等級後再確定是否進行投資。這三間公司裡，只要有一間公司調高韓國的
國家信用等級，都會成為財經新聞裡的頭版新聞，倘若下滑的話更是如此。

　　穆迪是在 1900 年由出版業者約翰・穆迪（John Moody）所創立，1909 年在美國首次發表了 200 多個鐵道債券的等級，成為了美國首屈一指的信用評等公司。1929 年美國經濟大蕭條，當時有無數間的公司倒閉，但被穆迪評價為優良的公司卻全部都生存了下來，因而獲得聲譽。

　　S&P 在 1860 年創辦於美國，是三大信用評價公司中歷史最悠長的公司。然而直到專門進行公司債信用評價的 Standard Statistics 和 Poor's 在 1941 年進行合併，才成為現在的 S&P。它除了進行個別國家和企業的信用評等以外，同時以提供大規模投資情報著名。海外股票新聞中每天都會出現的 S&P 股價指數就是由 S&P 公司所創辦。

　　惠譽是 1913 年所成立的後起之秀，總部位於美國紐約和英國倫敦，1975 年的時候，成為三大信用評等公司裡第一個受到美國國家公認信用評價機關認證的公司，不過跟穆迪和 S&P 比較起來，市占率還是稍嫌不足，很多人認為惠譽給的分數都比較偏高。

　　韓國 2020 年 1 月的國家信用評等，穆迪為 Aa2（第三級）、S&P 為 AA（第三級）、惠譽為 AA-（第四級），在全世界名列前茅。1997 年外匯危機時曾經被降為投機級，不過最後仍然迅速化解危機恢復正軌。三大信用評等公司在評價國家信用等級時，除了單純的經濟指標以外，也會大範圍考慮政治狀態、政府規章、社會與文化因素等部分。它們不斷建議，韓國如果想獲得更高的評價，就應該要強化結構改革，例如改善高費用低效率的結構、提高勞動市場的生產力等。

第三章
景氣與不景氣的季節變化：經濟循環

　　經濟就像一年有四季一樣，會週期性地在景氣與不景氣中反覆循環。如果能夠四季如春當然最好，但冬天還是免不了會到來。要怎麼判斷經濟是好是壞；景氣好跟不好的時候會發生什麼事，這章節就讓我們一起看看景氣循環的過程中，會發生的各式現象吧。

017　景氣循環 Business Cycle

景氣反覆發生蕭條期→復甦期→繁榮期→衰退期的循環現象。

> 政府於 20 日正式公告「韓國景氣於 2017 年 9 月達到巔峰，目前正迎接第二十四個月的跌勢」。考慮到美中貿易等對外條件惡化，以及國際景氣鈍化等因素，本次跌勢可能創下產業化後的最長紀錄。
>
> 統計處當天與民間和官方經濟專家組成的統計處國家統計委員會招開分科會議，確定將近期景氣循環基準日（景氣頂點）暫定為 2017 年 9 月。國家統計處會觀察數年來的各種經濟指標，決定景氣的頂點與低點。如果過去的某個時間點被列為頂點，就代表目前的景氣正在下滑；反之，如果政府宣布特定時間點為低點，就代表當前景氣正在攀升。
>
> 目前韓國經濟正處在第十一次循環，從 2013 年 3 月的低點開始，韓國歷經五十四個月「歷史最長上升期」後，於 2017 年 9 月受挫，截至本月已經持續下跌了二十四個月。
>
> ——成守瑛，〈景氣兩年前開始受挫……
> 政府指澆了一盆「冷水」〉，《韓國經濟》2019.09.21

「最近景氣真的太差了」、「景氣已經碰到低點要開始好轉了」。我們日常生活中經常提到的「景氣」就是指國民經濟的整體活動水平。就像一年會有四季，景氣也會反覆上升和下降。經濟學中景氣活動好壞交替的現象就稱為景氣循環，這個現象讓我們在穿過不景氣的漫長隧道時，還能懷抱著期待，認為總有一天「景氣會觸底反彈」。

景氣循環理論

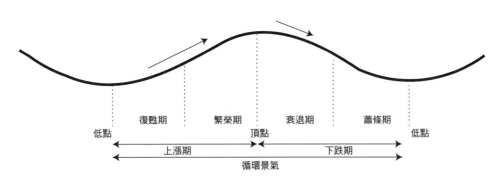

根據經濟循環的理論指出，經濟會反覆出現蕭條期、復甦期、繁榮期、衰退期。蕭條期時經濟會嚴重衰退，企業利潤減少，倒閉的公司則會增加。復甦期時，在低利率與投資和消費需求的引領下，企業生產則會回暖。繁榮期的時候會出現經濟活動變得活躍，物價和薪資上漲，庫存和失業率減少，企業利潤增加等情況。當景氣觸及高點進入衰退期的時候，經濟活動又會再次面臨萎縮。

要區分景氣循環狀態的方式有很多種，但大多會採用低點到頂點成長與頂點到低點萎縮的二分法。從低點到下一個低點或是從高點到下一個高點，這段時間就稱為循環週期，而最高峰和最低谷之間的差就稱為循環震幅。景氣循環不僅會發生在各別國家，也會體現在全球經濟層面上，從十年週期說開始到五十、六十年大循環為止，存在著各式各樣的理論。

018　景氣綜合指數 Composite Economic Indexes

為了測定景氣變動的情況與轉捩點、速度與振幅所設計的景氣指標之一。

> 面對韓國經濟不斷走跌，再加上日本出口限制令，外界擔憂韓日後景氣走向將會「長期停滯」。
>
> 統計處於 5 日公佈 6 月同時指標綜合指數與領先指標綜合指數，分別較前一個月下降了 0.1% 及 0.2%，是睽違三個月後又再次出現「共同下跌」的趨勢。
>
> 體現目前景氣的同時指標綜合指數為 98.5%，而體現未來景氣走勢的領先指標綜合指數為 97.9%。同時、領先綜合指數的基準值為 100，若高於 100 代表景氣佳，如果低於 100 則表示景氣不佳。
>
> ——朴勇俊，〈景氣同時、領先指數雙雙下跌……是「景氣停滯」的信號嗎？〉，《世界日報》2019.08.06

　　物流業相關人士對景氣有著各自不同的「直覺」。像是化妝品店裡全效合一的產品熱銷、超市裡的便當盒很受歡迎、超市裡彩券的銷售量增加，都是典型的景氣蕭條訊號。據說美國前中央銀行（Fed）主席艾倫會隨時觀察洗衣店裡累積了多少待洗衣物；也有些 CEO 會透過社區的廚餘殘量衡量社會底層的景氣。

　　但是國家並不能收集這些資訊來判斷景氣。統計處會選出 20 個能夠確實反映出生產、消費、就業、金融、投資等各類景氣走勢的經濟指標，於每月計算出「景氣綜合指數」。將基準年度（2015 年）的數值設定為 100，呈現出景氣相對水平，如果數值高於前一個月表示景氣上升；如果低於前一個月則表示景氣下跌，景氣的增減率大小為景氣變動產生的振幅。

　　景氣綜合指數可分為領先、同時、落後三種。韓國領先指標綜合指數

由 8 項指標（存貨量綜合指標、消費者期待指數、建設承包額、機械類內外銷指數、進出口物價比率、KOSPI 指數、長短期利息差額、求職比率）所組成。這些指標具有領先性質，可以用來預測未來六到九個月的景氣。同時指標則是由 7 個指標（工礦業生產指數、服務業生產指數、零售業銷售指數、內銷出貨指數、建設完成額、進口額、非農林漁業就業指數）所組成，走幅與目前景氣非常類似的指標。

　　落後綜合指數則包含了 5 個指標（製造業存貨指數、消費者物價指數變化比率、消費品進口額、就業指數、CP 流通收益率），因為反映的是過去的指標，所以比較不受到關注。報導裡所提到的「循環變動值」是為了正確進行比較，將季節因素與不規則變動等因素剔除後的數值。

019　綠皮書 Green Book

一份每月由政府進行分析國內外景氣走勢的經濟動向報告書。

> 企劃部於 15 日發佈的「最近經濟動向（綠皮書）」11 月刊中指出，「韓國第三季經濟，消費與生產維持穩定上漲的同時，出口和建設投資仍持續減少，抑制了經濟成長。」也就是說從 4 月刊開始，政府形容景氣狀態的用語從「蕭條」轉為成「成長抑制」。
>
> 先前七個月的景氣蕭條，創下綠皮書 2005 年 3 月首次發刊後的最長紀錄。政府 4、5 月在綠皮書裡提到「礦工業生產、設備投資、出口萎靡」，但從 6 月開始改口為「出口與投資蕭條走勢仍未停歇」。
>
> ——朴世仁，〈「指標不再惡化」……政府睽違八個月取消「景氣蕭條」一說〉，《韓國日報》2019.11.16

　　企劃財政部定期會發佈〈最近經濟動向〉報告書，每個月會由韓國銀行金融通貨委員會展開一次會議，這本報告書被稱為「綠皮書」的原因很簡單，只是因為書封是綠色的而已。

　　這份資料的宗旨是要幫助韓國民眾了解經濟動向，以統計處調查等為基礎編制而成。2005 年 3 月首次發行，總共包含了民間消費、設備投資、建設投資、進出口等支出類，以及產業生產、服務業活動等生產類，還有就業、金融、國際指數、物價、房地產等總共 12 個領域。

　　綠皮書不僅羅列了各種數據，還收錄了對於經濟狀態的診斷與評估。這份資料表述了站在官方立場上政府如何看待當前景氣，因此非常受到輿論關注。當綠皮書總評價裡初次或是連續出現「景氣蕭條」的字眼，就會成為經濟日報裡的重點新聞。

　　綠皮書是效仿美國中央銀行（Fed）每年會發行 8 次的當前經濟情勢評

論報告書——褐皮書（Beige Book）而成，這份資料也是因為封面為褐色，所以被稱為褐皮書。褐皮書裡收錄了 Fed 旗下地方聯邦儲備銀行對企業家、經濟學者等市場專家的見解與各地區產業生產活動、消費動向、物價、勞動市場現況等經濟指標的分析內容，是美國討論利率政策時的主要參考資料。

020　潛在成長率 Potential Growth Rate

意指一個國家的經濟，在動用所有資本、勞動力與資源等生產要素，且沒有物價上漲等副作用發生的情況下，能達到的最大經濟成長預估值。

> 經濟合作暨發展組織（OECD）分析結果公佈，韓國潛在成長率遭調降至 2% 左右。
>
> 　　OECD 28 日宣布，推估韓國今年潛在成長率為 2.5%，比前一年（2.7%）低了 0.2%，更比 2020 年（3.9%）下降了 1.4 個百分點。2009 年韓國潛在成長率為 3.8% 首次跌至 3 字頭，接著在 2018 年之際跌至 2.9%，正式進入 2 字頭，而且下跌趨勢未見緩解。2019 年與 2020 年的數值，都比前一年少了 0.2%。
>
> 　　——何南賢、金道念，〈潛在成長率只剩十八年前的一半……
> 如果無法刺激投資將進入 1 字頭〉，《中央日報》2020.01.29

　　頭腦聰明但是不認真讀書，總是維持在班上 20 幾名的國中生 A 同學，進到高中之後下定決心，要減少跟朋友遊戲和睡覺的時間，要把時間盡可能花在讀書上，也按時服用保健品。見過無數學生的班導，在跟 A 同學父母商談的時候打包票說「A 同學如果持續保持認真學習的態度，一定可以考到前三名」。

　　潛在成長率指的是一個國家動員所持有的資本、勞動力、資源等，能夠達成經濟成長率的最大值，就跟班導認為，A 同學如果專注一切在學習上的話，就可能考進前三名一樣的概念。不過潛在成長率有個先決條件，必須要避免景氣過熱導致物價上漲等副作用發生，也就是說果每天晚上都熬夜讀書，最後就會昏倒。

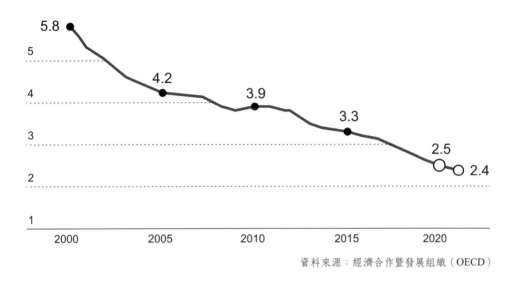

OECD 推算之韓國潛在成長率（單位：％）

資料來源：經濟合作暨發展組織（OECD）

　　潛在成長力經常作為國家經濟成長潛力的指標，韓國的潛在成長率除了 1990 年代末期的外匯危機、2000 年代末期的金融危機這類的特殊狀況以外，大部分都跟實際成長率走勢相符。政府與韓國銀行通常會考慮五到十年之間的預估成長率，計算出潛在成長率。

　　韓國潛在成長率下跌可以從兩個層面來看。首先，由於韓國經濟已經進入成熟階段，潛在成長率下跌是無法避免的現象，不管是哪個國家進到先進國階段，成長率都會鈍化。另一點則是，儘管如此韓國還是需要找到提高潛力的破口，既然已經都決定要認真讀書了，那麼就要考到第一名，絕對不能拿到第三名就心滿意足，不是嗎？

　　提升潛在成長率，做起來比說起來困難太多。低生育與老年化快速發展，導致勞動投入量難以增加。經濟規模已經擴大，資本投入量能夠增加的也有限，因此提高生產率是唯一的方法。許多專家建議，應該將效率低落的公共、勞動、金融部門進行結構改組，提高韓國的成長潛在力。

021　金髮女孩經濟 Goldilocks Economy

經濟穩健增長且物價保持穩定的理想景氣狀態。

> 美國經濟連日為世界經濟帶來「Supirse（驚喜）」。除了高度成長率與低廉物價以外，這次還傳出五十年來最低事業率的消息。有消息指出，美國正在追求經濟不過熱、不冷卻，被稱為理想狀態的「金髮女孩」經濟。
>
> 美國勞動部於 3 日時指出，美國上個月的失業率為 3.6%，相較前一個月份低了 0.2%，是繼 1969 年 12 月（3.5%）後睽違五十年迎來的最低數值。目前美國經濟正在刷新成長率、物價、勞動生產性等各個領域的先前紀錄，第一季成長率為 3.2%（對比前一季度年率換算），創下四年來最高數值（以 1 月為基準）。通貨膨脹率為 1.55%，低於美國中央銀行（Fed）持續關注的 2%，勞動生產性也創下了八年半以來的最高成長幅度，使得納斯達克指數在 3 日時又再次創下史上最高點。
>
> ——金賢碩，〈成長、物價、就業「三擊全壘打」……美國經濟睽違二十年迎來金髮女孩〉，《韓國經濟》2019.05.05

英國童話「金髮女孩和三隻熊」裡，有一位名為歌蒂拉（Goldilock）的金髮女孩。在森林裡徘徊的歌蒂拉因緣際會進到一間房子，看到桌上有三隻熊煮好放在桌上的熱湯，她喝了第一碗湯覺得太熱，第二碗湯又覺得太冷，第三碗湯才是最剛好的溫度。喝完這碗溫度纖纖合度，不會過熱也不會太冷的湯，歌蒂拉便進入了甜甜的夢鄉裡，沉沉睡去。

1992 年美國經濟學家大衛・舒爾曼（David Shulman）將經濟成長率與通貨膨脹率全部維持在穩定的水平，且經濟持續成長的狀態，以童話裡出現的女孩作為比喻，稱之為「金髮女孩經濟」。隨著這個說法越來越受到歡

迎，金髮女孩也就成為了一種經濟用語。

　　成長、就業、物價同時亮綠燈的金髮女孩經濟，是所有國家夢寐以求的經濟走勢。最具代表性的金髮女孩經濟，就是 1996 年至 2005 年美國長時間維持的繁榮景氣，當時美國經濟每年都創下 4% 以上的高成長率，而且物價並沒有巨幅動盪，這一切都歸功於技術資訊（IT）產業與網路的發達，促使了企業的成長性大幅增加。

　　金髮女孩的概念也被引用在行銷策略裡，稱為「金髮女孩價格（Goldilocks pricing）」，意指同時陳列高價商品、低價商品與中間價商品，引導消費者購買中間價格的商品，這個方式是利用人類在面對兩個極端值的時候，會選擇接近平均值的心理作用。

022　充分就業 Full Employment

意指有工作意向與能力且希望就業的人全部受到雇用的情況，通常失業率落在 2 至 3% 就可以被視為是充分就業。

　　日本的大學畢業生與高中畢業生就業率分別接近100%。據分析指出，是安倍經濟學引發經濟活躍與海外觀光客激增的效果，使得日本年輕人迎來真實的「充分就業」。

　　18 日亞洲新聞報導，日本厚生勞動省與文部科學省於前一天公佈了全國 24 間公立大學與 38 間私立大學畢業生的就業現況分析結果，今年 3 月畢業生當中，43 萬 6,700 名希望就業人口中，有 42 萬 6,000人共 97.6% 已經找到工作。2018 年的就業記錄，是 1997 年調查啟動至今的最佳紀錄，日本政府表示，雖然今年的紀錄仍比去年高 0.4%，但仍然是史上第二佳的紀錄。

　　　　　　　　　　　——朴亨俊，〈日本今年大學生就業率 97.6%……
　　　　　　　　　　　達到「充分就業」〉，《韓國經濟》2019.05.05

　　失業率沒有歸零，為什麼可以被稱為充分就業？經濟學者對於充分就業的定義，並不是「失業者歸零」。充分就業指的是有工作意向與能力且希望就業的人，在原則上都能夠全部受雇的情況，也就是說勞動市場的需求與供給達到一致的狀態。充分就業的反義詞是「未充分就業」，指的是工作機會無法足以供給有工作能力與意向且希望就業的人士。

　　失業率 0% 在現實中是不可能實現的。不管景氣再怎麼好，求職、離職等過程都可能造成暫時失業，當經濟在維持充分就業狀態下，依然持續發生的失業率，被稱作為「自然失業率」。

　　目前沒有確切基準表示失業率落在多少才可以被稱為充分就業，過去失

業率 6% 也可以視為是充分就業，但是最近這個的比率調降至 2 至 3%。有分析指出，美國 2019 年 4 月的失業率（3.6%）創下五十年來新低，已接近充分就業的狀態。日本 2012 年座落在 4% 左右的失業率，在 2019 年下滑至 2% 後，也被評價為正式進入充分就業狀態。

　　但是相同時期韓國的失業率雖然為 3 至 4%，但卻沒有被形容為充分就業，因為實際上韓國的勞動市場氛圍非常冷卻。韓國的失業率本來就比國外低，主要原因是失業統計上剔除的高齡者、職涯中斷女性等非求職活動人口數量較多。

023　財富效應 Wealth Effect

股票、房地產、債券等資產價值上升，連動影響消費增加的現象。

> 6月中旬中國股票市場大跌，股票市場泡沫化快速成為牽制實體經濟的威脅。
>
> 摩根士丹利與瑞士信貸集團等機構觀測認為，中國股票跌勢若繼續下去，將會成為威脅中國實體經濟的實質因素。首先，如股票市場陷入停滯，交易量減少會導致金融部門在國內生產毛額（GDP）上的貢獻度降低。此外，分析也指出，爭相進入股市的個人投資者蒙受虧損，會導致汽車等耐久財消費鈍化，引發「逆財富效應」。
>
> 反之，高盛與富國銀行等機構指出，就算中國股市崩跌，對實體經濟產生的影響也不會太大。高盛指出，中國股票個人投資戶佔比超過80%，股票佔整體家計資產的比重僅有9.4%，認為股票崩跌對消費產生的影響並沒有想像中劇烈。
>
> ——金動允，〈上海指數「不穩定的暴漲暴跌」……
> 外界擔心是否引發消費鈍化〉，《韓國經濟》2015.07.16

　　若股票市場與房地產持續走高，連帶著進口車和名牌錶的銷售也會變好。其實持有資產的價值變高，如果沒有立刻售出套現，也不會真的就擁有一筆大錢，不過光是想到口袋鼓鼓的，就可以刺激消費者果斷打開錢包。消費隨著股票、房地產、債券等資產價值上漲而增加，被稱作為「財富效應」，也就是說現階段的消費會受到未來收入的影響。

　　以英國亞瑟・皮古（Arthur Pigou）為首，許多經濟學家認為資產價值是決定消費的重要因素。人們會想要將這輩子的預期所得與財富有效率地進行分配，當資產價值提高的時候，等同於未來賺取的資產增加，就會減少儲

蓄增加消費。

　　財富效應在韓國長期以來受到公認。2000 年代的「房地產不敗」神話，很多人花錢花得非常開心。但是受到未來高齡化的影響，有研究報告指出，財富效應的效果已經不如以往。高價住宅多數由高齡層持有，因為擔心養老金或是遺產的問題，無法刺激消費增加的問題越來越常見。

　　資產價值減少導致消費萎縮就稱作為「逆財富效應」。1990 年代陷入長期蕭條的日本，由於股票、房地產等資產價值崩跌，家庭消費開始減少。美國也在 2008 年金融危機以後房價崩跌，開始出現消費減少的逆財富效應。

024　基本面 Fundamental

呈現國家或企業健康程度的綜合基礎條件。

> 日本將韓國從白名單（出口程序簡化國）中剔除，美國將中國列為匯率操縱國等，這些圍繞著韓國經濟的對外環境正在惡化。許多人正在擔心是否會發生像 1997 年外匯危機或 2008 年國際金融危機等級的「天搖地動（各種不利因素聚集在一起所形成的超大型危機）」。
>
> 政府與青瓦台表示「韓國的基本面（基礎體能）還不錯」。副總理兼企劃財政部長官洪楠基在 7 日表示：「韓國經濟對外的健全性跟過去比起來已經有了劃時代的改善」；青瓦台政策室長在前一天也說道：「韓國現在的金融與經濟基本面跟過去比起來已經完全不同了」。
>
> 多數評價認為外匯存底、短期外匯負債率等金融指標也比過去良好，但是經濟成長率、出口、投資等宏觀指標表現卻差於 2008 年的金融危機。專家們指責「在出口等其餘部分下跌速度飛快的情況下，如果又發生了強勁的外部衝擊，經濟恐怕會陷入混亂」。
>
> ——李泰勳、金益煥、徐敏俊，〈外匯存底、短期外債表現「良好」……出口、投資等實體經濟卻是「史上最糟」〉，
>
> 《韓國經濟》2019.08.08

韓國是一個仰賴出口生存的國家，屬於對外依賴性較高的經濟結構。當國外發生無法預測的突發變數時，就會有很多人開始擔心「韓國經濟是否能撐過去」。經濟官員經常提到的基本面，以人類作為比喻的話就是「基礎體能」。英文字典對 fundamental 的解釋是「基本的、根本的」，這句話被套用在經濟用語裡，意指國家或企業的健康程度。

國家的基本面，是考量經濟成長率、通貨膨脹率、財政收支、經常收

支、外匯存底等宏觀指標所得出的綜合經濟條件，支撐國家經濟能夠正常運轉的法律與制度也是基本面的要素之一。一個基本面穩健的國家，在面對海外景氣不穩時也具有相當程度的免疫力，可以被評價為具有危機應變能力的意思。

　　基本面在證券新聞裡也會經常看見，以「○○企業的基本面在股票市場裡被低估」、「半導體、面板等國內主力產業的基本面非常穩健」這類的新聞最具代表性。

　　個別企業或產業的基本面，是指銷售與淨利是否良好，未來成長潛力高不高等意思。特定股票市場裡提到基本面良好，就可以解釋為已上市的主要股票具有值得投資的價值與魅力。

025　牛市／熊市 Bull Market／Bear Market

股市裡牛市意味著市場趨勢走高（多頭市場）；熊市意味著市場趨勢走低（空頭市場）。

基於對美中貿易協議的期待，道瓊指數在 15 日時創下史上最高紀錄，突破 28,000 點。消費、就業穩定及基準利率調降，第三階段中人們對貿易衝突的擔憂逐漸平息，對「美國經濟即將復甦」的期待點燃了投資者的信心。

美國這波牛市創下第二次世界大戰後的最長紀錄（128 個月），超越了 1949 到 1956 年的 454% 漲幅（以 S&P 500 為基準）創下史上最高漲幅（473%）。

今年以來，由於紐約金融市場裡的長、短期國債報酬率曲線呈現逆轉趨勢，人們擔心經濟將陷入衰退，但這些憂慮都在本月份一掃而空。第三季 S&P 500 企業 70% 以上的業績都超過市場預期，股市的上升走勢也為這些企業帶來一臂之力。北方信託首席長鮑伯・布朗尼（Bob Bronny）在 WSJ 中說道：「過去一個月大部分的拉力賽都受益於經濟衰退的擔憂減少。」他預估「這個走勢將延續至年底」。

——金鉉碩，〈美中即將達成協議，就業轉好、消費增加……「美國牛市拉力賽持續進行式」〉，《韓國經濟》2019.11.18

首爾汝矣島的韓國金融投資協會與位在釜山的韓國交易所，建築物前都豎立一了一個巨大的公牛銅像。在美國紐約、中國上海、德國法蘭克福等金融中心也都可以看見雄偉的公牛銅像。為什麼證券界要紛紛樹立公牛像？因為牠象徵著股票市場趨勢走高。

經濟用語裡有很多從動物延伸而來的用詞。當股票市場走揚，就會被

稱作為 bull market，也就是「牛市」；而當股票市場走跌，就會被稱為 bear market，也就是「熊市」。

　　這兩隻動物被作為象徵意義的原因，有許多不同的假說。其中最具說服力的假說是兩隻動物的動作與攻擊傾向，公牛會高舉牛角，在攻擊其他動物的時候會向上撞擊；熊的動作則是比較緩慢，在攻擊的時候會將對方向下壓制，這就是公牛代表走揚，大熊代表走跌的原因。

　　美國作家查爾斯・約翰遜（Charles Johnson）1715 年出版的書中，也以公牛和熊來代表股市走強和走弱，從這點我們就能看出這是歷史久遠的用詞。到 1990 年代為止，據說公牛與熊對打的運動在美國加利福尼亞還是非常受到歡迎，這也與股票會隨時漲跌，令投資者緊張不已的股票市場屬性非常吻合。

026　R的恐懼

面對景氣衰退（Recession）的不安感。

> 　　美國長、短期利率發生逆轉引發「R的恐懼」，一路蔓延到亞洲金融市場。韓國以及日本、中國等亞洲股市在 25 日當天，同時下跌了 1 ～ 3% 以上。
>
> 　　當天 KOSPI 指數下跌了 42.09 點（1.92%）收在 2,144.86 點。創下自 2018 年 10 月 23 日美中貿易戰危機達到最高潮（55.61 點）以來的最大跌幅。外資與法人分別賣超 703 億與 2241 億韓元。KOSDAQ 指數則是下跌 16.76 點（2.25%）收在 727.21 點。日本日經 225 指數下跌 3.01%；中國上海綜合指數下跌 1.97%；香港恆生指數下跌 2.1%；台灣加權指數下降 1.5%。
>
> 　　上週美國中央銀行（Fed）宣布利率凍結，正在進行的資產縮減將會於 9 月結束，加上美國長、短期利率逆轉、主要國家製造業指標同步下降等利空消息，引發經濟衰退的憂慮。分析指出，受到上述因素影響，上週五美國股票大跌近 2%，甚至對亞洲市場也產生了影響。
>
> 　　——姜瑛燕、姜東勻，〈「R的恐懼」正在擴散……亞洲股市同步下跌〉，《韓國經濟》2019.03.26

　　英文裡「fuck」這個單字，是俗語中非常低級的髒話。當要提及這個人們不願意開口的單字時，文雅的人士或輿論就會以「F word」稱呼，委婉地說出「F 開頭的字」。

　　金融市場裡，人們也有一個不願提及的單字，也就是象徵經濟衰退的「recession」。財經新聞上經常看見的「R 的恐懼」，就是指對經濟衰退的不安感。主要國股市同步崩跌，或是非風險資產需求增加等不尋常跡象出現

時，就會出現很多分析指稱「R 的恐懼」正在擴散。

　　經濟衰退的正式定義為實質國內生產毛額（GDP）成長率連續兩季出現負成長。經濟進入衰退期的話，就會開始接連出現導致生活拮据的利空消息，企業營業活動也會萎縮，投資與就業減少，失業者開始增加，購買力衰退的消費者拒絕打開荷包。供過於求的狀態下，也會接連出現庫存累積、商品與服務價格下跌的狀況。

　　還有另一個跟「R 的恐懼」類似的詞彙，叫作「D 的恐懼」，是指面對物價持續下跌導致「通貨緊縮（deflation）」的不安感。經濟學者認為，通貨緊縮比物價持續上升引發的通貨膨脹（inflation）更具威脅性。1930 年代美國大恐慌與 1990 年代日本長期景氣衰退等都是始於通貨緊縮。

　　還有另一個類似 R 的恐懼與 D 的恐懼，但不常使用不過流行於一時的用語，叫作「J 的恐懼」，指面對失業者（jobless）增加的危機意識。

027　黑天鵝 Black Swan

屬於極度例外、幾乎沒有發生的可能，然而一但發生就會帶來劇烈衝擊的事件。

　　川普宣布美國政府將強制提高中國價值2千億美元的商品關稅，中國也採取報復性關稅迎戰，國際金融市場籠罩著緊張氛圍。世界經濟最大利空消息中美貿易戰場面擴大，「金融危機十年週期」爭論逐漸升溫。

　　擔心金融危機發生的專家們提出警告，月底美國中央銀行（Fed）調升基準利率，金融危機隨時有可能真的爆發。即便這次逃過一劫，中國負債危機與英國「硬脫歐」等利空消息層出不窮，一刻都不容掉以輕心。

　　反之，大部分專家指出，只要國際經濟支柱美國不動搖，新興國家危機全方位擴散的可能性就不高，否決掉了金融危機爆發的隱憂。部分人士反駁，金融危機論是放大了阿根廷、土耳其等部分經濟體質較弱的新興國危機。

　　彭博社於當地時間17日指出，素有「黑天鵝指數」之稱的芝加哥期權交易所（CBOE）S&P500 SKEW指數已經超過150，接近歷史最高值。SKEW指數是將看漲期權與看跌期權之間的差距指數化的投資心理指標，以100作為基準值，越高表示看跌股價的人越多。

——李賢日，〈「貿易大戰是『黑天鵝』」vs
「不要誇大新興國危機」〉，《韓國經濟》2018.09.19

　　Black Swan就是我們所謂的「黑天鵝」。我想任誰都會想問：「天鵝本來不是黑色的嗎？黑天鵝是想像出來的嗎？」黑天鵝只不過是不常見，但

卻是實際存在的動物。1697 年荷蘭探險家威廉・德・弗拉明（Willem de Vlamingh）在澳大利亞西部發現了被稱為黑天鵝的新品種，對於先前認為天鵝只有白色的歐洲人而言，這是一個驚為天人的發現。

　　這也成為了契機，讓黑天鵝成為比喻「認為不可能會發生，但是卻可能成真的現象」。近期韓國輿論在形容可能對經濟造成劇烈衝擊的突發狀況時，也經常使用黑天鵝作為形容詞。

　　2007 年華爾街投資專家納西姆・尼可拉斯・塔雷伯（Nassim Nicholas Taleb）的著作《黑天鵝效應》是將這個詞彙推向經濟學界的契機。這本書除了批判華爾街的存在所造成的問題外，成功預言了第二年次級信貸事件的爆發，因此聲名大噪。同時也定義了黑天鵝的三個屬性——脫離一般預期的事件、伴隨著劇烈的衝擊，必須現實化後才能夠對其進行事後的解釋，其中最具代表性的就是讓美國人飽受衝擊的大恐慌與 911 事件。經濟上有時候會因為過分悲觀的理論導致市場動盪自我加劇，但是也發生過不少次超大型危機在所有人都沉浸在樂觀論時找上門來。經濟官僚與投資人務必要銘記，黑天鵝隨時有可能浮出水面。

028　軟著陸／硬著陸 Soft Landing／Hard Landing

軟著陸指經濟逐漸放緩；硬著陸指經濟急劇下滑。

　　有警告指出，部分指標雖然出現回溫跡象，但是出口、投資又再次鈍化，可能會陷入「雙股衰退」的情況。現代經濟研究院在 8 日於「景氣探底中仍可能雙股衰退」報告書中指出：「從第二季開始雖然就已經出現景氣探底論，但若是下跌中又出現危險，不排除可能出現雙股衰退。」研究院提出近期的景氣指標，指責反彈信號非常微弱。能夠綜合反映當前景氣的同時指標綜合指數，雖然從 7 月的 99.3 於 9 月小幅上漲至 99.5，但是 10 月又重新回跌至 99.4。第三季的經濟成長率僅有 0.4%，低於市場預估值（0.5 ～ 0.6%），難以保證年成長率可達到 2% 左右。

　　韓國經濟研究院評估，韓國經濟走勢取決於中印（Chindia）景氣與設備投資能否復燃。有預測指出，明年中國經濟成長率將低於 6.0%，印度的成長率也是正在鈍化中。研究院表示，如果中印經濟無法復甦，韓國的出口景氣恢復時間點就會向後推延。

　　現代經濟研究院經濟研究室長朱元建議：「為了對應中國與印度經濟硬著陸，韓國應該開發更多 ASEAN（東南亞國家協會）出口市場」。

　　——金益煥，〈「經濟探底論太草率……可能出現雙股衰退」〉，

《韓國經濟》2019.12.09

　　沒有人會樂見經濟衰退發生，但是誰都無法避免經濟衰退定期發生的經濟法則，最好的方法就是將衝擊降到最低。接下來就讓我們一起看經濟陷入衰退到恢復的過程裡相關的經濟用語吧。

　　軟著陸與硬著陸是將經濟衰退比喻成飛機著陸的樣子。軟著陸是從形

容飛機以輕柔的力道降落在跑道而來，不會引發急劇的經濟衰退或失業率增加，指經濟慢慢下跌的狀態。反之，硬著陸是飛機像是快解體般粗暴地著陸，指景氣突然降到冰點，如想要恢復對家計、企業、政府所帶來的衝擊，必須要花上很長的一段時間。

所謂的雙股衰退（double dip）是指景氣一度出現好轉跡象，卻又再度陷入停滯的狀況，是結合了意味著兩次的「double」和意味著急劇下跌的「dip」所組合而成的詞彙。即便企業生產出現反彈跡象，但如果消費無法支撐的話，景氣就可能再度陷入蕭條。

景氣恢復過程中出現暫時性鈍化稱作為「階段性疲軟（soft patch）」，這個用詞是來自於高爾夫球場上，形容草皮養的不好球難以進洞。2002 年當時的美國中央銀行主席艾倫在表示經濟短期不確定性增加，但確信很快就可以恢復時，首次使用了這個字彙。

經濟短時間內急速下跌，花了很長時間才慢慢復甦，被稱為「nike curve」，稍微回想一下知名的美國品牌 Nike 的 Logo 就可以理解。這個詞彙出現在 2008 年各界爭執經濟何時復甦的過程，在股價預測等各種領域當中，被用來形容「急速下跌，緩慢復甦」的現象。

029　無風險資產 Riskless Asset

虧損風險極小的投資資產，以黃金、美元、先進國國債等最具代表性。

> 隨著被稱作「武漢肺炎」的新型冠狀病毒擴散至世界，金融市場出現無風險資產傾斜的現象，人們大量偏好最具代表性的無風險資產——美元、黃金、美國國債。
>
> 28 日首爾外匯市場，韓元兌美元比前一個交易日上漲並收在 1,176.70 元，是今年以來的最高價格。
>
> 當天匯率因武漢肺炎爆發，急速上漲了 9.80 元，開在 1,178.50 元後呈現平穩走勢。匯率後來跌至 1,175.30 元，上漲幅度趨緩，最後收在 1,176.70 元。春節連假期間，武漢肺炎確診者增加，被視為是無風險資產的美元處於強勢狀態，反之，被視為是風險資產的日圓則呈現弱勢狀態。
>
> ——金碁赫，〈大量資金湧入無風險資產〉，
> 《首爾經濟》2020.01.29

　　無風險資產指的是投資後幾乎不可能虧損的資產。一般來說，進行金融資產投資時都會產生風險，資產的實際價值可能會因為市場價格變動或通貨膨脹（物價上升）而下跌，債券方面則會出現呆帳風險。無風險資產主要用來形容沒有債務、不履行風險的資產。

　　黃金可以隨時隨地輕鬆轉換成其他資產，加上它不會生鏽與磨損，可以持續維持原本價值，所以被譽為無風險資產。以第二次世界大戰為契機成立的布列敦森林體系，直到 1971 年為止都一直以金本位制度營運，當時全世界的貨幣都以與黃金的交換價值進行評價。越是混亂的局勢裡，淘金的人就越是增加，1970 年代石油危機發生的時候，金價更是三年內就上漲了 3 倍。

2008 年美國爆發金融危機與 2011 年歐債危機發生時，金價都處於漲停價。

　　除了黃金以外，提到最具代表性的無風險資產，當然不能漏掉美金。美金是國際貿易與金融交易中，全世界通用的國際儲備貨幣。在眾多的貨幣中，美金之所以被選為最無風險，正是因為美國是世界最大的經濟體。發展中國家或落後國家如果經濟發生動盪，時而可以聽見貨幣價值崩跌變壁紙的事件發生，但是我們普遍認為美國幾乎不可能滅亡。

　　美國、日本、德國、瑞士等先進國所發行的債券，因為幾乎沒有呆帳的可能，所以也被列為無風險資產。景氣下滑期，我們會看見這些國家的債券需求會增加，引發價格大幅上漲（債券利率下跌）的狀況發生。

030　口紅效應 Lipstick Effect

景氣蕭條時，消費者更願意購買金額相對較低的奢侈品來維持生活品味，其中最具代表性的商品為口紅，所以便以其命名。

> 　　年末到來，消費心理降到冰點，但是內需股中仍可看見，以低價產品或奢侈替代品為主力的股票正在走強。有分析指出，股票市場裡出現了「口紅效應」，所謂的口紅效應是指景氣蕭條時，與口紅同類型的低價化妝品銷售量會增加。
>
> 　　金融資訊分析業者 FnGuide 於 17 日指出，在有價證券市場與 KOSDAQ 市場上市的 220 支內需相關股當中，以低價商品作為主力商品的股票，今年股價上漲率（以今年年初至 16 日為基準）較為突出。
>
> 　　最具代表性的就是被稱作為「平民酒」的燒酒相關類股。燒酒製造業者舞鶴今年就上漲了 95.57%，真露在同時期也上漲了 10.66%，漲勢強勁。就像俗語所說「女人在猶豫要不要買昂貴的衣服時，內衣與口紅的銷售量就會增加」，南營 Vivian（28.28%）與新榮華歌爾（13.82%）也都有不錯的表現。
>
> 　　此外，由於家庭外食負擔增加，低價的零食類股漲勢也非常強勁。以豆沙包作為主力產品的 Samlip 食品，除了作為冬天特需股以外，也同時在不景氣中坐享好景氣，今年共上漲了 138.37%。以即溶咖啡著名的東西食品，今年初股價也上漲了 41.84%
>
> 　　　　　　──金東旭，〈「零錢商品」內需股一支獨秀〉，
> 　　　　　　　　　　　　　　　　《韓國經濟》2014.12.18

　　經濟學家在分析過去美國 1930 年代經濟大恐慌時期的產業銷售時，發現了一個有趣的現象，在當時消費極度萎縮的狀態下，口紅銷售量卻持續成

長。學者們得到的結論是該現象反映出「消費者在節約時想盡可能滿足自我的消費心理」。口紅是一個只要擦上嘴就能改變一個女人的產品，而且價格又比其他化妝品便宜，因此誕生出了時常出現在蕭條期經濟動向分析新聞裡的用語——「口紅效應」。

口紅效應是起因於人們在景氣蕭條的時候仍無法放棄景氣良好時的消費習慣。不只是口而已，也可以應用在使用合理消費就可以追逐到高滿足感的各種消費性產品上，類似的用語還有領帶效應、迷你裙效應、指甲油效應等等。

美國化妝品公司雅詩蘭黛在 2001 年開始，會根據口紅的銷售量作為經濟指標，發表「口紅指數」。但是近期有些人開始指責，口紅效應跟現實並不吻合，隨著消費者使用的化妝品種類增加，單純以口紅銷售量已經失去了作為經濟指標的影響力。

值得關注的部分是，大眾的消費模式正在以「價值消費」為中心進行改變，所謂的價值消費是指不在意產品價格，果斷買進自己認為有價值的產品，對於自己認為不重要的產品就傾向不掏錢消費。景氣好的炫耀式消費與景氣差的節約性消費，這種傳統式的二分法已經行不通了。

031　節儉矛盾 Paradox of Thrift

過度儲蓄增加會導致總需求減少，物價降低，連帶著薪資也會降低，社會整體財富反而也會隨之減少的理論。

> 　　消費往往被稱為日本經濟復甦的最後一塊「拼圖」。這是因為日本的國內生產毛額（GDP）與出口指標、就業指標等主要指標雖然已經接近第二次世界大戰後最長期的景氣復甦水準，但是消費指標的表現一直不如預期。
>
> 　　儘管宏觀指標改善、物價下跌，但消費遲遲無法增加的「謎團」，起因來自日本國民特有的勤儉節約。即便零利率不斷持續施行，但 8 月日本銀行的存款餘額仍高達 684 兆日圓，今年增長了 4.5%。
>
> 　　　　　　　　　　──金東旭，〈增加貨幣、刺激深夜觀光……
> 日本「全力以赴」刺激消費〉，《韓國經濟》2017.09.29

　　韓國社會長期以來都將儲蓄視為一種美德，韓國政府從 1964 年開始，將 10 月的最後一天訂定為「儲蓄日」，會舉辦盛大的活動，例如對儲蓄有功者頒發勳章等。有一段時期為了鼓勵所有國小生開戶，還會頒獎給儲蓄最多的學生。所有人都認為避免過度消費，提倡儲蓄是一件理所當然的事，但所有人都「過度用心儲蓄」的話，反而會對經濟造成傷害，也就經濟學者約翰・梅納德・凱因斯（John Maynard Keynes）主張的「節儉矛盾」的核心。

　　所謂的節儉矛盾，就是指人們儲蓄增加雖然個人會變得富有，但是總需求萎縮會導致整體社會財富減少，在形容對個人而言是對的選擇，但對整體來說是錯誤現象的「合成謬誤」中，節儉矛盾作為代表性案例經常被提及。

　　儲蓄增加代表會減少相對金額的消費，如果商品無法銷售且庫存累積的話，就會抑制企業們的生產、就業與投資，進而導致國民所得減少，引發經

濟蕭條。

　　日本長期經濟蕭條被稱為「失去的二十年」，而這種惡性循環就出現在了日本。1990 年，日本人把錢緊緊捆著藏在櫃子或存在銀行裡，盡可能減少支出，反而導致日本陷入通貨緊縮的局面。結果日本政府只好推出撒幣政策，分發 7 億元的商品券，附加「六個月內不使用就會失效」的條件。

　　節儉矛盾是因為儲蓄的錢跟投資無法進行連結而導致，越是進入低成長期，資金週轉不靈比資金不足更會引發嚴重的問題。韓國引以為傲且歷史悠久的儲蓄日最後在 2015 年無聲無息地消失了，韓國成為一個不再將儲蓄視為美德的社會。

韓國家庭儲蓄率（單位：％）

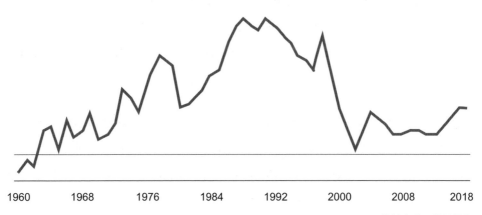

| 1960 | 1968 | 1976 | 1984 | 1992 | 2000 | 2008 | 2018 |

資料來源：韓國銀行

032　黑色星期一 Black Monday

1987 年 10 月 19 日星期一，美國股市創下史上最大跌幅。

> 結束為期 10 天的春節假期後，中國股市開盤三天大跌將近 8%。擔心新型冠狀病毒擴散，橫掃連續假期後的股市，中國股市不出意料迎來「黑色星期一」，其他亞洲股市也同時走弱，金融市場持續受到新冠肺炎的恐懼所壓制。
>
> 中國上海綜合指數相較前一個交易日（上個月 23 日）大跌 7.72%，收在 2,746.61 點。這是繼 2015 年 8 月 24 日因「人民幣貶值衝擊」而股市崩跌（收盤價基準 8.49%）後，睽違四年創下的最大跌幅。根據路透社推測，當天中國股市蒸發了 4,200 億美元市價總值。
>
> ——趙美麗，〈中國股市「新冠肺炎引發黑色星期一」……一天蒸發 4,200 億美元市值〉，《韓國日報》2020.02.04

　　美國最具代表的道瓊指數經常發生崩跌的情況，但是歷史上衝擊最大的跌幅發生在 1987 年 10 月 19 日。當天道瓊指數大跌 22.6%，受到驚嚇的投資者們紛紛拋售股票，導致交易陷入癱瘓，這是美國股票市場史上單日最高跌幅，至今仍無法打破這個紀錄。從那天開始，只要星期一股票大跌，黑色星期一就會像是一般用詞被拿來使用。

　　當年大崩盤以前，道瓊指數連續五年走揚，卻突然瞬間崩盤。原因可以歸咎在對利率調漲、貿易赤字與通膨的擔憂，加上股價過度飆漲的不安感等綜合因素。當時重擊紐約的黑色星期一也蔓延到海外，截至當年 10 月底香港（-45%）、澳洲（-41%）、英國（-26%）等世界股市也跟著崩跌。

　　「黑色之日」的起源可以追溯到 1929 年。扣下大恐慌扳機的 1929 年 10 月 24 日星期四，紐約股市崩跌被稱為「黑色星期四」，直到 1987 年轉才

變成「黑色星期一」。

　　大部分會讓投資者驚嚇的股價崩盤都發生在星期一，平均來說星期一的報酬率都低於其他星期，也就是所謂的「週末效應（weekend effect）」。企業傾向將對自己不利的情報，在禮拜五收市前進行公告。韓國股市由於地理特性，星期一會最早進行開始，所以也會最先反映出對外的不利因素，當然這只是缺乏驗證的假說。

　　韓國史上最大跌幅出現在 2001 年 9 月 12 日，美國 911 事件公布的隔天。當天綜合股價指數大跌 12.02%，當天韓國交易所因為擔心股市產生衝擊，比平時晚 3 個小時開放交易，但是一開盤之後跌停的股票不斷湧現，這個紀錄至今也仍未被打破。

033　沉沒成本 Sunk Cost

一但支出就無法回收的費用。

> 隨著政府取消六座核電站的建設計畫，沉沒成本引發各界討論。
>
> 24 日根據韓國水力電子力提交給自由韓國黨尹漢洪議員的資料指出，新核電廠中斷所產生的沉沒成本，新韓蔚三、四號機為 1,539 億韓元，天地一、二號機為 3,136 億韓元，總共 4,675 億韓元，其中包括了已經支出的設計費與土地補償金等。據悉，另外兩台名字與場所還未決定的機台，還沒有投入任何費用。
>
> 但是尹議員當天在國政監察會上指出，他個人分析推算新韓蔚三、四號機與天地一、二號機的沉沒成本為 9,955 億韓元。
>
> ——張世勳，〈「4,675 億」、「逼近 1 億」……四座核電廠計畫取消，沉沒成本引發爭議〉，《首爾新聞》2017.10.25

所謂的沉沒成本就是只已經支付出去，不管最後做什麼決定都不能回收的費用，顧名思義就是石沉大海的錢。

沉沒成本在政府政策和企業經營上是非常重要的考慮因素，就像上述報導提到的一樣，雙方會在廢核電爭議及減少核能發電所的過程中，因為費用產生損失而展開激烈的攻防戰。如果一切按照原定計畫，就可以毫無問題啟動專案，不過爭議點就是政府已經投入以兆為單位的沈沒成本，是不是真的要取消計畫。

有多時候應該吸收沉沒成本，放棄繼續投資，但是卻因為覺得沉沒成本很可惜，因而做出錯誤的決定，也就是經濟學教材上出現的「協和效應」。1969 年英國與法國攜手一起開發世界第一台超音速客機，當時雄心壯志地訂下要將巴黎到紐約的航程從 7 小時縮減至 3 小時的目標。1976 年協和號雖然

成功展開第一次商業飛行，但是卻同時浮現出許多問題。飛機的燃料消耗量過大，不符合收益平衡，機體缺陷和噪音問題也很嚴重。當時外界提出指責要他們「就此收手」，但是兩國政府認為不能白白浪費掉這段時間投注的研究開發（R&D）費用，選擇繼續進行投資。

協和號飛機最後的結果是什麼？以結局來說，兩國投入共 190 億美元，最後飛機在 2003 年中斷營運，事情的發展如同專家所擔憂，累積赤字像雪球般越滾越大，這種錯誤通常發生在決策時注重過去勝過於未來價值的時候，就像是硬是吞下吃剩的食物最後脹氣，或是一場不好看的表演因為覺得票錢可惜所以看到最後一樣。

034　金融救助 Bailout

企業或國家面臨破產或無力支付等危機時，為幫助他們所提供的資金援助。

> 美國政府已經與目前遇到經營困難的美國航空公司協議好金融救助方案。財務部與航空公司共同討論在 2 兆美元規模的景氣振興計畫中，配發給航空業的資金應該要怎麼花、花在誰身上。
>
> 當地時間 14 日，美國華爾街日報（WSJ）與金融時報（FT）指出，美國財務部長官史蒂芬·梅努欽（Steven Mnuchin）當天與達美航空、美國航空、聯合航空、西南航空、捷藍航空等十家美國航空公司，共同討論出 250 億美元規模的貸款方案。航空公司日後要償還貸款金額的 30%，其餘 10% 要以新股認購權的方式提供給財政部，也就是說美國政府將成為各家航空公司的股東。
>
> 美國議會上個月通過了 2 兆美元規模的經濟振興計畫，預計美國航空公司最多將可收益 500 億美元。當天財務部與航空公司協議的 250 億美元救助金，是為了維持 75 萬人的雇用規模。
>
> ——龐成勛，〈美國財務部與金融業者達成
> 250 億美元金融救助案〉，《Edaily》2020.04.16

金融救助顧名思義，就是在某個人陷入困境的時候，為了「救助」而提供的資金援助，有的方法是借出新資金，或是提供延遲還款的方式。

韓國 1997 年外匯危機時程接受過金融救助，在外匯存底見底的時候，金融救助在解決燃眉之急上給予極大貢獻。但是根據 IMF 的要求，韓國在執行殘酷的結構重組過程中，需要許多企業與國民共同分擔痛苦。

金融救助的對象可以是國家或企業。韓國外匯危機當時，政府為了整理國內經營不善的金融企業，曾經以「國有資金」的名義提供金融援助。國有

資金在 1997 年到 2002 年之間，總共投入了 168 兆韓元，2019 年底回收了 69%（116 兆韓元）。

　　美國政府在 1930 年代的大恐慌、1970 年代洛克希德航空破產危機、1980 年代儲蓄貸款業破產事態等，都提供了大規模的金融援助。2008 年以雷曼兄弟為首，首屈一指的投資銀行接連倒閉，導致金融危機無法控制向外擴散，當時美國也投入了 7,000 億美元的金融援助，這筆資金提供給了 AIG、房利美、房地美等各間金融公司。2008 年金融救助橫掃財經新聞，還被辭典出版社梅里安 - 韋伯斯特（Merriam-Webster）票選為「年度單字」。

　　金融救助的目的，是為了防止特定的國家或企業產生資金困難後向外波及，引發強烈衝擊。但是金融救援也有負面的一面，因為它違背了自由市場的原則。面臨倒閉的地方就應該倒閉，但是拖延不當處理，反而引發道德危機。但是從經濟與金融市場會定期發生危機的特性來看，主流觀測認為金融救助並不會消失。

035　信用違約交換 CDS，Credit Default Swap

一種金融合約，保障企業或國家交易破產風險的衍生金融產品。

> 韓國國家破產危險降至史上最低。雖然美中貿易、英國脫歐等國際不確定性持續擴散，但是國際投資者對韓國經濟基本面表達出信任。
>
> 6 日企劃財政部表示，當地時間 5 日紐約市場上流通的五年期韓國 CDS（Credit Default Swap，信用違約交換）的議價達到 27bp（1bp 為 0.01%p）。韓國政府表示，在流動環境改變等狀態下，2008 年以後開始便可進行有意義的分析，會持續關注 CDS 議價的走勢。
>
> ——閔東勳，〈比外匯危機時還辛苦……
> 「國家破產風險歷史最低」〉，《Money Today》2019.11.07

　　信用違約交換是一般人沒機會交易到，令人感到陌生的衍生金融商品。但是每當國家內外發生動盪時，就會在報紙上出現這個字彙。只要追蹤這個產品的交易走勢，就可以了解海外投資人對韓國現狀嚴重程度的判斷。

　　所謂的 CDS，是為了讓企業或國家可以將「破產風險」進行交易而出現的衍生金融產品。交易者其中一方會向另一方支付手續費，當特定企業或國家破產或是無法履行債務的時候，就可以從對方身上獲得補償金，有點類似保證或保險契約。舉例來說，A 企業破產的話，持有 A 公司債券的投資人就等於錢打了水漂，但如果能夠運用 CDS，就能夠擺脫虧損的風險。

　　CDS 買家將風險轉移給 CDS 賣家的代價，就是定期支付「CDS 溢價」，其中會以 bp（0.01%）作為單位表是信用風險程度。CDS 溢價較低的話，就該企業或國家在市場中發生破產的風險較低。

　　這也是為什麼，當內外條件紛亂的時候，韓國的 CDS 溢價會以「國家破產風險指標」作為修飾詞出現在財經新聞上。韓國的 CDS 溢價會大幅受

到國際情勢影響。先前也發生過好幾次，因為北韓執行核試驗加劇國家安全風險，CDS 數值會因此飆漲，後來才逐漸趨於平緩的案例。

　　CDS 溢價是信用評等公司在計算信用等級與企業和國家穩定性時的重要指標。

036　空屋率（空置率）

產業用房地產當中，未能出租的閒置空間佔比。

> 　　今年韓國國內商務空間空屋率達到統計以來的新高。26 日韓國銀行所發表的「2019 年下半季金融穩定報告書」中指出，韓國中大型商務空間的空屋率，在今年第三季（7 至 9 月）底，統計為 11.5%，達到 2013 年第一季（1 到 3 月）至今以來最高點。特別是首都圈與地方空屋率差距非常鮮明，首都圈的空屋率為 9.6%，落在平均值以下，但是地方廣域市（13.3%）與其他地方（14.6%）等非首都地區的空屋率都相對較高。
>
> ——金子賢、朴瑛珉，〈倒閉的自營業……
> 商務空間空屋率達史上最高〉，《東亞日報》2019.12.27

　　當景氣降到冰點，財經新聞上經常出現的照片之一，就是各處建築物上高掛著「出租」橫幅的景象，然後伴隨著「主要商圈的空屋率急速攀升」的新聞內容。空屋顧名思義，就是閒置下來的房間或房子，所謂的空屋率就是指商業空間、辦公大樓等商業用房地產未能出租的閒置空間佔比。

　　空屋率也是會強烈受到景氣影響的指標之一。景氣好的時候，新創或是辦公室需求增加，空屋率就會降低；反之景氣不好的時候，接連的休業或人力縮編，就會使空屋率增加。在相關業界裡面，一般空屋率超過 10% 的話，就會被視作為景氣狀況不佳的信號。

　　但有時候也會出現跟景氣無關，是因為建物本身的問題導致空屋率較高。當巨大的地標性建築進駐，但是周邊的流動人口或是租屋需求沒有非常發達時，就必須要承受一段時間的高空屋率。舉例來說，當汝夷島 IFC 大樓與蠶室樂天世界塔等首爾代表性超高層建物完工時，為了填滿辦公室就花費

了不少心思。

　　對建物所有者而言，空屋率如果增加的話，虧損可不容小覷。為了填滿空間使用率，他們會提供租金減免或是給予免費租賃期間（rent free），甚至協助裝潢工程費用等，推出各種具有誘因的政策。

韓國中大型商業空間空屋率（單位：%）

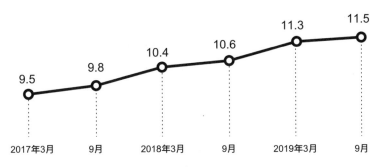

資料來源：韓國房地產委員會

037 違約／暫緩銀行還貸供期 Default／Moratorium

違約是宣示無法償還債務；暫緩銀行還貸供期是宣布暫緩償還債務。

> 陷入債務不履行（違約）危機的阿根廷政府，推出「猛藥」管制外匯。阿根廷下週將舉辦總統大選，隨著左派民粹主義（大眾迎合主義）候補人執政可能增加，引起貨幣價值與股價暴跌，國家信用等級跌近破產。
>
> 阿根廷政府在當地時間1日時，透過官方電報公佈，為縮小外匯市場變動性等因素，將實施緊急措施，根據電報指出，從2日至年末為止，阿根廷企業若想購買美金等外匯，匯款至其他國家，需要先取得中央銀行的許可。企業也不能夠以持有為目的買入外匯。
>
> 阿根廷總外債超過2,000億美元，阿根廷政府單方面宣佈，將推遲償還其中1,010億美元的債務，目前國外相關債券機關尚未對此作出反應。
>
> ——安婷樂，〈阿根廷，外匯交易全面管制……政府無能解決違約危機〉，《韓國經濟》2019.10.02

　　真的還不出錢的時候，只剩下兩條路可以走。一是「要錢沒有要命一條」，二是「我會還但再給我多一點時間」。財政瀕臨破產的國家，如果選擇前者就會違約；如果選擇後者就是暫緩銀行還貸供期。

　　違約就是宣示自己無法償還債務，會被翻譯為「債務不履行」，也就是說債務人無法依照契約償還利息與本金。當債權人判斷債務人無法償還債務，債權人可提前宣布違約執行提前回收。

　　暫緩銀行還貸供期是指有想還錢的意願，但是目前沒有閒錢，希望對方多給予一點寬限期，以白話來說就是「延期償還」。一但國家宣布暫緩銀行

還貸供期，借錢出去的債權人就會成立債權團進行協商，共同討論要減少多少債務、延期償還的期限多長、何時要還清減免的債務等問題。

　　國家層面的違約屬於「下下策中的下下策」，在現實中發生的案例寥寥無幾，若國家判斷外債償還可能會發生問題時，可以先宣布暫緩銀行還貸供期，與債權人進行協商。墨西哥、阿根廷、巴西、委內瑞拉、俄羅斯等國家都曾經選擇進行暫緩銀行還貸供期。

　　然而不管是選擇違約還是暫緩銀行還貸供期，都會對該國家造成無法挽回的衝擊。一般會發生貨幣價值崩跌、利率飆升、實體經濟倒台等問題，最重要的是該國家會被長期被貼上「借錢但還不了錢」的標籤。

038　通貨膨脹 Inflation

物價整體持續上漲的現象。

> 土耳其為了控制脫韁的通貨膨脹，推出了一系列的特別措施。企業與商家們「自發性」開始推出商品全面九折的活動，並決策電費、瓦斯費等將全面凍漲至年底，其中也包含銀行對高利息貸款的利息減免方案。
>
> 但是專家指出，採用這種變相方式還是難以控制物價，如果不能找出重新提升里拉價值的根本方案，雖然過程痛苦，但還是得要透過經濟蕭條讓物價自然下跌。據金融時報（FT）於當地時間 10 日發表的報導指出，土耳其於前一天宣布將展開「與通膨的戰爭」。
>
> ──宋京材，〈土耳其宣布展開「與通膨的戰爭」……外界指責「傻瓜計畫」〉，《FN News》2018.10.10

美國經濟學家喬治‧威爾遜（George Wilson）將通貨膨脹形容成天氣，表示通膨跟天氣一樣，是一個所有人日常都會討論到的主題，但卻任誰都無法隨心所欲掌控。通貨膨脹根據起因，可以分成「需求拉動型通貨膨漲」與「成本推動型通貨膨脹」，前者是因為景氣過熱，後者則是因為原物料價格上升等因素。

超越底線的通貨膨脹，會形成經濟層面的不安因子，當通膨發生時，貨幣價值會下跌，房地產等實體資產的價值則會上升。如果所得沒有跟物價一起上漲，就會對領取薪資或年金的族群產生不利，引發民眾不再努力儲蓄，而是把錢轉為投資在房地產等標的。勞動意願低下與生產活動萎縮，將會成為健康經濟的絆腳石，進口商品價格相對低廉、出口商品昂貴，也會對國際收支產生惡性影響。

　　但是經濟成長的過程中，也會自然而然發生物價上升的現象。韓國1963 年最早推出的泡麵──三養拉麵，當年價格只有 10 塊錢，但是如今已經漲到一包 800 韓元，同時期只要 15 塊的炸醬麵，如今要 5,000 韓元；當年12 塊的電影票，現在已經超過 1 萬韓元。只比較帳面價格的話，會發現上漲幅度非常劇烈，但是這段時間內韓國的經濟規模早已擴大，生活也變得更加豐富。

　　韓國、美國、日本、歐盟等國的中央銀行，將通貨膨脹率的中期目標值抓在 2% 左右，也就是說物價如果完全沒有上漲也不是個好現象，最好是在經濟得以承受的範圍內穩定增長。

　　財經新聞裡通貨膨脹相關的新造語不斷出現，例如因中國內需消費與原材料飆漲引起海外物價上漲的 Chinaflation（China+inflation）；糧食價格上漲引發消費者物價整體上漲的 Agflation（agriculture+inflation）；與鋼鐵相關的Ironflation（iron+inflaton）等。

039　惡性通貨膨脹 Hyper Inflation

物價上漲（通貨膨脹）嚴重到無法控制的程度。

> 　　南美最大產油國委內瑞拉的玻利瓦淪為壁紙已經許久，使用玻利
> 瓦紙鈔製成的工藝品甚至還開始流行了起來。IMF 等機構指出，今年
> 委內瑞拉的通貨膨脹率預計將會達到 100 萬％，甚至有調查指出，委
> 內瑞拉國民因為飢餓，2017 年體重平均減少了 11 公斤。
>
> 　　委內瑞拉的危機大幅受到油價下跌，以及美國經濟制裁的影響，
> 但是從本質上來看，則是因委內瑞拉前總統烏戈・查維茲（Hugo
> Chávez）與他的政接班人尼古拉斯・馬杜洛（Nicolás Maduro）的錯誤
> 政策所導致。他們不但沒有改革總出口 90% 仰賴原油與瓦斯的脆弱經
> 濟結構，反而還急著導入過去高油時帶的攏絡性政策，加上委內瑞拉
> 政府為了彌補財政上的不足，隨意印刷鈔票，成為了委內瑞拉進入惡
> 性通膨（物價脫離控制上漲至數百％以上）的導火線。
>
> 　　　　　　　　　　　　　　──李鉉日，〈甜蜜福利宴會的最後結局〉，
> 　　　　　　　　　　　　　　　　　　　　　　　《韓國經濟》2018.10.30

　　Hyper 意指「超級」，再加上意指物價上漲的 inflation，就組成了 hyper inflation 這個詞彙。一般來說單月通貨膨脹率超過 50% 就會被視為惡性通膨，一但進入惡性通膨的話，國民的生活會有什麼改變呢？會發生以貨幣為主的以物以物交易系統崩潰、生產緊縮、國民所得減少、失業增加等狀況。

　　讓我們先一起探究發生在 2000 年代，在委內瑞拉進入惡性通膨以前，發生在非洲辛巴威的案例吧。當時辛巴威人如果想去商店買東西，就必須把一大捆錢載上卡車，即時拿著「100 兆辛巴威幣」也只能買到 3 顆雞蛋。因為物價以不可控的速度增長，導致貨幣價格不斷貶值。最後辛巴威政府於

2009 年全面中斷使用辛巴威幣，決定轉為使用美金，宣布放棄「貨幣主權」。

　　惡性通膨通常出現於國家因戰爭、革命等因素陷入混亂，或者是政府財政結構鬆散的國家。第一次世界大戰後，德國為了籌措戰爭費用與賠償金，過度提高貨幣發行量，因此付出了慘痛的代價，1922 年 8 月的時候，德國通貨膨脹率超過了 50%，1923 年 11 月當時，物價更是飆升到了 100 億倍，導致 1923 年產業生產率比前一年下降近 40%，失業率達到了 30%。辛巴威的混亂也是因為導入無償分發等攏絡性政策，隨意印刷鈔票而引發的風暴。

　　政府若想提高財政支出，常見的做法是增加稅收或是減少其他開銷。從歷史上的經驗看來，中央政府如果選擇印鈔票這條唾手可得的道路，以長遠來看反而會迎來更大的痛苦。

040　通貨緊縮 Deflation

物價持續下跌的現象，通貨膨脹的相反。

　　史上第一次出現的物價負增長持續了兩個月，若物價持續下跌，會引發消費萎縮，陷入「內需停滯 → 企業業績惡化 → 就業率下跌 → 所得減少」的惡循環，人們越來越擔心日本式長期消停將會現實化。

　　統計處於 1 日公佈上個月消費者物價比去年同月下跌了 0.4%。8 月份（-0.04%）是 1965 年統計以來第一次通貨膨脹率低於「0」，至今已持續兩個月。去年通貨膨脹率為 1.5%，今年以來每個月都在 0 附近徘徊，從 8 月開始正式進入負成長。

　　——徐敏俊，〈物價連續兩個月負成長……D 的恐懼逐漸擴散〉，

《韓國經濟》2019.10.02

　　很多人認為物價下跌是一件好事，但其實根本不是。物價上漲太多是問題，下跌也是問題。景氣停滯物價又持續走跌，就被稱為通貨緊縮。當然，若物價只是稍微跌個一兩個月並不會被列為通貨緊縮，依照國際貨幣基金組織（IMF）的定義，物價下跌必須持續兩年以上才屬於通貨緊縮。

　　在這種情況下，與其把錢立刻花掉，還不如選擇把錢留下更好，反正物價會越來越低，沒有必要急著買進。正在計畫新投資案的企業們，也會預期到日後房地產與機器的價格會下跌，所以把企劃推延。所有人都開始減少開支，市場上的錢就無法運轉，銷售萎縮的企業，也就只能減少投資與雇用，勞工的薪資無法上漲，失業率也會隨之增加，接著再度引發家計所得減少進入消費停滯的惡循環裡。

2019 年韓國通貨膨脹率（單位：%）

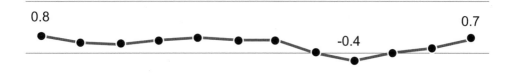

0.8　　　　　　　　　　　　　　　　　　　　　0.7

　　　　　　　　　　　　　　　　-0.4

| 2019年 | 2019年 | 2019年 | 2019年 | 2019年 | 2019年 | 2019年 | 2019年 | 2019年 | 2019年 | 2019年 | 2019年 |
| 01月 | 02月 | 03月 | 04月 | 05月 | 06月 | 07月 | 08月 | 09月 | 10月 | 11月 | 12月 |

資料來源：統計處

　　這對貸款買房或投資股市的人也會帶來巨大衝擊，通貨緊縮越變越嚴重，這些人所持有的資產價值就會自動減少。通貨膨脹率下跌就代表實際利率（名義利率減去通貨膨脹率）上升，使債務負擔加重。急著還清債務的群眾開始拋售房子與股票時，實體經濟將會陷入更深一層的停滯，也就代表長期蕭條將會現實化。2019 年 8 月到 9 月韓國通貨膨脹率發生史上第一次負成長，就像我們前面看到的一樣，所有財經新聞都非常擔心「D 的恐懼」。

　　陷入通貨緊縮的經濟，被比喻成得了無氣力症的病患，面對過度興奮的人只要給予鎮定劑就能解決，但想讓一個什麼都不想做的人找回活力，是一件非常困難的事。因此經濟專家們才會異口同聲表示「通貨緊縮比通貨膨脹更危險」。

041　停滯性通貨膨脹 Stagflation

景氣處在停滯狀態下物價反而上升的現象。

> 　　經濟活動停止的狀態下物價持續上漲，中國經濟籠罩在停滯性通貨膨脹的陰影之下。中國 1 月份消費者物價指數（CPI）暴漲超過 5%，除了非洲豬瘟（ASF）擴散導致豬肉價格飆漲，也受到春節連休與新冠肺炎（武漢病毒）。此外，中國經濟成長率繼 2019 年創下二十九年以來的新低，這次又遇到新冠肺炎影響，恐怕無法避免再次下滑。
> 　　　　　　　——辛政恩，〈籠罩中國經濟的停滯星通膨陰影……
> 　　　　　　　1 月物價暴漲 5.4%〉，《Edaily》2020.02.11

　　一般來說通貨膨脹會發生在景氣膨脹的過程中，當經濟成長過熱，供不應求的時候，物價就會上漲。但是景氣不好，在生產活動萎縮、失業率增加的狀態下，也可能會發生通膨，也就是所謂的停滯性通貨膨脹。

　　停滯性通貨膨脹（stagflation）是停滯（stagnation）與通貨膨脹（inflation）合併而得，這個字彙首次出現於 1970 年代第一次與第二次石油危機衝擊世界經濟時。核心原物料石油的價格暴漲，企業們為了挽回增加的生產費用，將產品價格調漲，消費者被接連暴漲的物價給震攝，把錢包收得緊緊的。當時企業必須減少投資與雇用，部分企業因無法承受收益率惡化因而倒閉。結果是景氣形式一團糟，但是物價卻突飛猛進。

　　在這之前經濟學者們深信著薪資成長率（通貨膨脹率）與失業率成反比的「菲利浦曲線」，換句話說，經濟成長與物價穩定只要放棄其中一方，另一方就能夠自動達成，但是停滯性通貨膨脹打破了這個一分為二的規則。

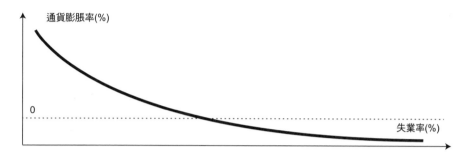

菲利浦曲線

　　停滯性通貨膨脹可怕的地方是，政府無法提出有效的解決方法。如果增加貨幣供應量，就會刺激物價上漲，反之則會導致景氣凍結。政府左右為難，而國民很可能就得持續承受雙重痛苦。如果形容通貨緊縮是無氣力症，那麼停滯性通貨膨脹就是疑難雜症。

第四章

我繳的稅金都用在哪裡：財政與稅金

　　有句話說，每個人都逃不掉的就是「死亡」與「稅金」。政府每年超過500 兆韓元的預算，主要都是從個人與企業徵收的稅金而來。政府會運用財政，從事國防、行政、福祉等民間無法執行的事物。但如果政府沒辦法細心照料人民的生活，反而可能會為家庭和企業帶來「麻煩」。就讓我們來看看政府財政與稅金的相關概念吧。

042　乘數效果／排擠效果 Multiplier Effect／Crowding-out Effect

乘數效果指政府支出增加，創造出比該金額更高的需求現象；排擠效果指政府支出增加，民間投資相對減少的現象。

> 　　韓國銀行研究結果指出，政府實施「驚為天人」的 1 兆韓元財政支出，將會產生五年內國內生產毛額（GDP）增加 1 兆 2,700 億元的效果。與之前提出，政府的財政支出會排擠掉民間消費與民間投資，導致經濟振興效果並卓越的研究結果背道而馳。政府追加更正預算的效果，也比想像中更好。
>
> 　　韓國銀行財政研究院副研究委員朴廣鎔於 16 日發表了「韓國財政支出乘數效應採用新式財政識別法之預估」，他表示「預估五年內累積的政府財政支出將會帶來 1.27 的乘數效應。如果政府將國民預期外的財政支出增加至 1 兆元，五年內將可帶來 1 兆 2,700 億元左右的經濟振興效果」。
>
> ──金靜玹，〈6 兆元追加更正預算五年內 GDP 提升 7.6 兆……超越預期的驚人效果〉，《Edaily》2019.09.17

　　政府除了國防、外交、治安、行政等國家基本業務以外，還需要負責不能交給民間負責的外交、教育等各種業務，這些全部都需要花錢。政府的主要收入來源有兩種，不是徵稅收現，就是發行國債。政府的各種收入支出活動，被稱作為「財政」。

　　政府也可以將財政作為應對景氣變化的政策手段。在經濟不景氣的時候，透過提高財政支出、降低稅金的「擴張性政策」刺激經濟，相反的，若景氣過熱就會減少財政支出，將稅金提高，採取「緊縮性政策」穩定經濟。當經濟困難的時候，部分人士主張必須活用財政調整，也是基於對乘數效果

的信任。

　　所謂的乘數效果，是指政府提高支出的話，就會增加高於此金額的國民經濟規模。例如政府為了建設新公路投入了 100 億韓元的預算，如此一來建築公司的利益就會立刻增加，雇用人數也會增加。若政府沒有課稅，不把利潤的一部分留給企業，回歸到勞工與股東的所得就會增加 100 億的等額。如果人們將其中的 50 億元用於消費支出，總需求也會提高同等金額，以結論來說，擴張性財政的效果可以達到 250 億元（＝ 100 億元＋ 100 億元＋ 50 億元）。

　　但是經濟是在各個主體的相互作用下運行，光依靠政府增加支出，景氣並不會自動好轉，正面駁回乘數效果的就是排擠效果。

　　所謂的排擠效果，就是指政府若增加支出，民間投資則會萎縮的現象。如果政府舉債增加財政支出，流入家計與企業的金錢就會減少同等金額，進而引發市場利率走高。利率如果上升，投資的機會費用就會增加，民間投資就會減少。由於排擠效果中，政府的支出會排擠掉民間投資，所以又被稱為「擠出效果」。

　　財政政策的「藥效」，一直以來都是經濟學界爭論的焦點。古典學派認為「政府支出不過就只是把應該回到民間的資金拿來用罷了」，而凱恩斯學派認為「景氣停滯的話，政府應該提高短期支出，應對國民所得下降的情況」，兩大學派一直處於對立狀態，根據時代背景不同，就會決定哪一派的主張更有力量。乘數效應大於排擠效果時，擴張性財政效果就會顯現出來，但若發生相反的情況，可能就不會產生什麼效果。

043　統合財政收支／管理財政收支

統合財政收支指的是政府的總收入與總支出的差；管理財政收支是將統合財政收支裡扣掉國民年金等社會保障性基金所獲得的值。

被稱為政府收支記帳本的「管理財政收支」，預估 2019 年的赤字規模將會比當初計畫更大。包括國民年金等社會保障性基金的「統合財政收支」，繼 2015 以來，時隔四年再現赤字。

8 日企劃財政部所公佈的「每月財政動向」1 月號指出，去年 11 月管理財政收支虧損 45 兆 6,000 億韓元，超過去年政府進行預估財政預算編制時（42 兆 3,000 億元）的金額。按照這個趨勢，政府預估到 12 月為止的虧損幅度也將高於預期。

——朴世仁，〈去年財政收支時隔四年面臨赤字……「漏洞百出的稅收、房地產撐腰」〉，《韓國日報》2020.01.09

　　不論是家庭還是企業，只有最大限度增加收益並盡可能減少支出，大量賺取利益才能獲得好評，但是政府就有點不同了。許多經濟專家認為，財政收益與支出達到一致的均衡，才是最理想的狀態。財政盈餘（收益＞支出），代表政府向人民徵收了超過需求的資金；財政赤字（收益＜支出）則代表國民未來要償還的債務增加。

　　國家的財政是盈餘還是赤字、規模有多大，都可以透過統合財政收支進行了解，其中會扣除政府所有收入中的支出，包含一般會計、特別會計和基金。但是統合財政收支中的國民年金、私學年金、就業保險與工傷保險等社會保障性基金的順差會被列為財政收入，但是這筆錢是為了未來支出所累積來的金額，難以被視為是政府可拿來運用的財政餘力。為了彌補統合財政收支在這方面上的不足，才共同制定了管理財政收支。

　　管理財政收支，會將統合財政收支中的社會保障性基金收支剔除，使我們能夠更加明確的觀察國家實質的財政狀態。政府將財政對經濟產生的影響，以統合財政收支作為管理對象數值的標準進行判斷。不過所謂的管理財政收支是韓國自行創造出來的指標，所以很難與其他國家進行比較。

　　韓國的統合財政收支與管理財政收支，從 1990 年代後就根據景氣的狀況，反覆在盈餘、平均與赤字中徘徊。文在寅政府接管後，因積極擴大政府支出導致兩個財政收支的赤字規模急遽增加，引發了爭議。

044 財政健全度 Fiscal Soundness

政府考慮收入進行合理的支出,穩定管理國家債務,維持可持續性的財政狀態。

> 各界越來越擔心,受到今年第一季「成長率衝擊(-0.3%)」的影響,韓國財政健全度將會急速惡化。如果國家支出越來越大,但是象徵國名所得的國內生產毛額(GDP)增加率停滯,債務的負擔將無可避免地增加。據觀察指出,2016 至 2018 年連續三年被控制在 38.2%的國家財務比率,今年可能飆漲到 40%。
>
> 28 日據企劃財政部指出,今年中央與地方政府負債(國家債務)為 731 兆 8,000 億韓元,預估國家債務比率為 GDP 的 39.5%,該數值包含了本次追加修訂預算所發行的 3 兆 6,000 億元赤字國債。政府的「財政健全度」逼近 40% 標準。
>
> ——徐敏俊,〈受「成長率衝擊」影響⋯⋯
> 國家債務比率逼近 40%〉,《韓國經濟》2019.04.29

財政健全度是非常抽象的概念,所以很難用統一的標準進行評估。歐洲中央銀行(ECB)將財政健全度定義為「短期財政的穩定性與長期的可持續性」。韓國的國家財政法則規定「為了維持財政健康,要盡力將國改債務維持在適當的水準」。

儘管如此,財政健全度非常重要,因為這是發生緊急狀況的時候,財政是否能夠發揮原本作用的前提條件。在不景氣的時候,政府需要提高財政支出刺激經濟,但如果財政健全度不良,就很難確保政府擁有「真槍實彈」。財政健全度也是三大信用評等公司在計算國家信用度的時候,重要的評估項目之一。

　　財政赤字嚴重或國家債務過高的國家，想要對外進行融資並不容易。從2010年代初，希臘、葡萄牙等接踵而來的歐洲財政危機中就能看出，鬆散的財政運營將會帶來無法控制的混亂，就好比平常花錢大手大腳容易欠錢的人，一但資金週轉困難就容易受到動搖一般。

　　評估財政健全度並非完全沒有標準。歐盟（EU）建議會員國的財政赤字不要超過國內生產毛額（GDP）的3%、國家債務的60%。如果依照歐洲的標準來看，韓國的財政健全度並沒有到瀕臨危險的程度，但是日後才是問題，國家債務增加速度過快，加上低成長、低生育、高齡化逐漸固化，外界不斷指責韓國政府應該更加關注健康財政度，因為經濟成長鈍化會導致稅收不如既往，老年層增加的話社會福祉支出也會激增，冷靜檢驗選舉人為了獲得選民青睞，推出代表「民粹主義」的善心性政策，也變得更為重要了。

045 原預算／追加修正預算

原預算是每年經由國會同意確認後一年內的預算；追加修正預算是根據國內外情勢追加編列的預算。

> 國會於 17 日為應對新冠肺炎（COVID-19）事態，通過追加修正預算。政府原案中總額維持不變，將降低部分事業預算，大邱、慶北地區之原預算增加約 1 兆韓元。
>
> 國會當天招開全體會議，以 222 票同意、1 票反對、2 票棄權通過了 11 兆 7,000 億元規模的追加修正案，從政府於 5 日向國會提出修正案，僅花了十二天。國會在政府案中，將原先為 3 兆 2,000 億元規模的年度修訂預算刪減了 2 兆 4,000 億元，並將部分年度事業支出減少 7,000 億元。反之，將從刪減的額度中編列 1 兆元支援大邱、慶北地區，並將 2 兆 1,000 億元轉以支援小型工商業、自營業者、民生穩定事業與感染病應對事業。
>
> ——任都元、朴材沅，〈國會通過「新冠肺炎追加修正案」……
> 增列 1 兆支援大邱、慶北〉，《韓國經濟》2019.04.29

　　國家預算大部分源自國民的稅金，政府不得隨意編列。每一年要花費的總額與哪個事業要用多少錢，都要寫出具體的計畫經過國會同意。韓國憲法規定，新年開時前三十天*，也就是最晚至 12 月 2 日為止，預算案就必須拍板定案（但因為朝野爭執，所以經常沒有遵守法定時效在 12 月 2 日以前公佈，國會議員明目張膽違反法律規定）。

　　政府會在每年 9 月展開的定期國會上，提交接下來一年的預算案，國會會對其進行審查與決議，並在 12 月左右定案。政府從第二年的 1 月開始到 12 月為止，會以國會通過的金額與用途運用資金。經過這些過程，首次拍板

定案的預算，就稱作為原預算。

　　但是國家運營中途，可能會出現無法預期需要用錢的情況，這個時候若要追加原預算額或是進行預算變更，就稱作為追加修正預算。追加修正預算，只有在經濟停滯、大量失業、戰爭、大規模災害等對內外條件發生重大變化的時候才能進行編列。追加修正預算的金錢來源，主要來自發行國債或前一個年度剩餘的稅金、韓國銀行盈餘、這種基金的閒置資金等。追加預算與原預算一樣，都需要經由國會同意（想要編列追加預算的政府與執政黨，和反對編列追加預算的在野黨，每年都反覆上演著你爭我奪的戲碼）。

　　追加預算的原則是只有在危急狀況才能進行編列，但大部分政府並沒有好好遵守，與政權無關，幾乎每年都在編列追加預算。雖然我們不能說所有追加預算都是不必要的編制，不過這也是為什麼政府經常被批評「習慣性追加預算」的原因，也有人批評這反映出政府沒有落實稅收預估與景氣評估。

* 編按：台灣立法院審議總預算時間為會計年度開始前一個月。

046　美國政府關閉 Shutdown

美國聯邦政府因預算案延遲暫時性關閉業務的狀態。

> 　　美國聯邦政府關閉（暫時關閉業務），川普與民主黨第一人美國眾議院長南希·佩洛西（Nancy Pelosi）的角力，在三十五天後終於在川普總統的慘敗下告一段落。川普不但沒有獲得任何一分一毛的邊境牆預算，還只能妥協選擇限時恢復政府營運。
>
> 　　美國總統川普與朝野領導層於當地時間 25 日達成協議，限時在下個月 15 日之前，三週內要解除關閉重啟政府運作，接受了民主黨的要求，先重啟政府再進行邊境牆協商。參眾兩院立刻全數通過臨時預算案，川普最後也只能在預算案上簽字。也就是說，川普上個月 22 日提出 57 億美元邊境牆預算，主動選擇關閉聯邦政府，但在三十五天後一切卻都回到原點。
>
> 　　──朴容煥，〈美國政府重啟……川普歷經三十五天角力後慘敗〉，
> 《京鄉新聞》2019.01.27

　　每隔幾年國際版新聞就會出現美國聯邦政府進入關閉狀態導致業務癱瘓的報導。當政府進入關閉狀態時，除了國防、保安、消防等必須領域以外，其餘的公務員都會接到「暫時解雇」的通知，也就代表國家沒有支付薪資的預算，因此強制放無薪假。美國聯邦整府關閉，包含川普、歐巴馬、克林頓等歷屆政府內發生 19 次。如果長期處於此狀態下，美國各處將會開始癱瘓，因此被分類在重要新聞當中。

　　關閉之所以會發生，就是因為議會尚未通過預算案，大部分是起因於美國兩大政黨──共和黨與民主黨之間的政治角力。美國法律規定，若議會無法通過預算案，除了治安等必要服務以外，公共部門的營運都必須中斷。

　　當美國政府機能停止運作，對經濟會產生劇烈打擊，歷史上最長的關閉紀錄，就是 2018 年底川普總統在任時，整整持續了三十五天。根據美國預算局分析，受到此次關閉影響，美國經濟承受了 110 億美元的直、間接虧損，因為美國政府除了財政執行延遲以外，除了 100 萬名左右的公務員以外，民間企業的生產活動也隨之減少。

047 國債 Government Bonds

國家為確保公共目的所需要的資金，或是為償還目前國債所發行的債券。

> 今年上半季國債發行規模，以半季為準首次超過 100 兆韓元。國債是政府保障的債券，也是遲早要償還的「國家債務」。
>
> 3 日金融投資協會公佈，上半季國庫債券與財政債券等國債發行額為 104 兆 8,000 億元，比 2018 年同期的 67 兆 6,552 億元高出 55.8%。先前最高額度為 2015 年上半季的 87 兆 2,000 億元，剩餘的發行人債務餘額為 691 兆元。
>
> ——金子賢，〈「國債」發行，上半季首次超越百兆〉，
>
> 《東亞日報》2019.07.04

　　需要一大筆錢但是存款又不足的時候，人們就會透過貸款進行週轉，而政府也不例外。四處都需要花到錢，然而稅金收入不足的話，政府就會發行債券借錢。債券就是將約定好「要借多少、什麼時候會還完、要給幾 % 的利息」的內容記錄下來的借據，國家所發行的債券，就稱作為國債。

　　韓國目前所發行的國債有四種*。①為了籌措財政政策所需資金的國庫債券，②用於穩定匯率的外幣標價外匯平衡基金債券（外平債），③籌措國民住宅事業資金的國民住宅債券，④彌補暫時性財政資金不足額的財政債券。

　　國債中發行數量最多且交易最活躍的就是國庫債。特別是三年期國庫債流動收益率，還被作為反映市場資金狀況的指標利率。至於國民住宅債券是購買房地產的人都有義務必須買進的國債，所以大家應該都耳熟能詳。

　　國債是由政府保障會支付本息，優點是比企業所發行公司債更加安全。一般來說國債發行的利率會反映出未來的經濟成長率與通貨膨脹率，因此新

興國家的國債利率通常比先進國家高。美國等先進國家的國債因為不會有呆帳的疑慮，所以被分類為「無風險資產」，當世界經濟陷入混亂時需求就會飆漲。但是政府也不能因為國債發行簡單、利率低廉就隨意發行，因為政府所發行的國債每一筆都屬於國家的債務。

* 編按：台灣公債分為甲、乙兩類，由中華郵政代售。

048 社會間接資本 SOC，Social Overhead Capital

非直接用於生產，而是以間接的方式協助生產，或指國民生活上不可或缺設施，以道路、港口、鐵路等最具代表性。

> 多虧第四季經濟成長率出現「驚人成長」，相較前期高出 1.2%，使 2019 年韓國終於好不容易達成 2% 左右的經濟成長率。有評價指出，這是政府為了刺激景氣，大舉展開建設、土木世界所獲得的成效。若仔細分析去年第四季的成長率內容，會發現建設的效果如實體現，去年第四季建設投資成長率為 6.3%，是 2001 年第三季以後，時隔十八年三個月的最高值。以各個行業類別來看，社會間接資本（SOC）引領了第四季的成長趨勢。製造業與服務業的成長率分別為 1.6%、0.7%，但是建設業漲幅為 4.9%，電力、天然氣、水利事業則成長 3.9%。去年第四季 1.2% 的成長率中，建設投資就貢獻了 0.9%，貢獻率高達 75% 左右。
>
> ——高京奉，〈不打振興牌？……土木工程大舉提前「成長率達 2%」〉，《韓國經濟》2020.01.22

韓國 SOC 預算規模（單位：兆元）

2010	2011	2012	2013	2014	2015	2016	2017	2018	2019	2020
25.1	24.4	23.1	24.3	23.7	24.8	23.7	22.1	19	19.8	23.2

資料來源：企劃財政部

　　每次去鄉下的時候，就會覺得世界真是變得太美好了。小時候從首爾坐木槿花號到光州需要花 6 個小時，但最近搭 KTX 卻只需要 2 個小時。原本需要翻山越嶺才能抵達的江原道，現在隨處可見貫穿山脈的隧道。交通之所以變得便利，就是因為政府對社會間接資本（SOC）不斷進行投資。

　　SOC 除了道路以外，還包含了港口、鐵路、電力、天然氣等基礎公共設施。SOC 雖然不能直接用於生產，但是卻是國民與企業活動中不可或缺的設施。SOC 建設上需要投入高額費用，但它的特色是，一但建好之後，利益不局限於特定階層，而是會回饋至整個社會。

　　基於這種特性，SOC 若交由市場原理掌管，將會無法達成供給，所以一般都是由政府進行投資，並直接持有與掌管。近期也開始活用收益型民間投資計畫（BTO）或租賃型民間投資計畫（BTL）等民間融資方式。但是在這種狀態下營運或持有 SOC 的民間企業，大部分都會受到政府的控制。

　　就像上述新聞所提到的，SOC 也會被用作為政府刺激景氣的手段。因為政府若在開拓道路、鋪設鐵路等事業上投入國家預算，就會對製造工作機會與活躍內需產生極大助益。如果在落後地區進行大規模 SOC 投資的話，就可以活躍地方經濟，同時謀求均衡方展。不過由於建築、土木工程只圖利部分大企業，因此部分人士對 SOC 投資仍保持批判性立場。

049　收益型民間投資計畫／租賃型民間投資計畫 BTO／BTL

透過民間投資建設公共設施最具代表性的兩種方式。BTO 是由民間機構建設並在期間內直接營運；BTL 則是由政府租賃。

> 京畿研究院於 2018 年年底預估，部分區間開工的首都圈廣域鐵道（GTX）票價，將會比既有的廣域鐵道與巴士票價高出 2 倍以上。
>
> 京畿研究院 5 日透過「GTX 第二輪問題與解決方案」報告書中提到上述內容。研究院表示「GTX 建設計畫不是財政計畫，而是轉以民間投資計畫（BTO）的方式進行，並提出了高票價的疑慮」，他們主張「BTO 是利用使用者費用回收民間投資的費用，普遍來說收費較高」。
>
> ——梁吉成，〈「GTX 票價高、車站距離遠效率不佳」〉，
>
> 《韓國經濟》2019.03.06

　　道路、鐵道、港口、學校等社會基礎建設（SOC），一般來說是由政府直接提供的公共財產。但是隨著經濟發展，SOC 的需求激增，光靠政府有限的預算難以滿足所有。為了解決這個問題，人們開始想「如果公共設施由民間新建，政府在租賃過來使用，是否會更有效率？」為了吸引民間投資拓展SOC，其中對具代表性的方式就是收益型民間投資計畫（BTO）與租賃型民間投資計畫（BTL）。

　　BTO 是由民間建設（Build）、所有權會轉移（Transfer）給政府，並由民間機構在期間內直接營運（Operate），投資的金額則透過民眾的通行費或使用費等進行回收。BTO 是透過 1994 所制定的「吸引民間資本投資社會間接資本設施促進法」為契機而引進韓國。相對近期才開發的道路或鐵路經常使用這個方式，其中又以首爾地鐵九號線、新盆唐線、仁川機場高速公路、釜山金海輕軌最具代表性。

BTO、BTL 的差別

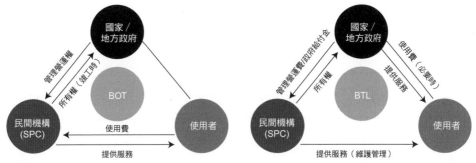

資料來源：韓國開發研究院（KDI）

　　有一陣子政府為了吸引民間機構，採用了引誘政策，提供保障最低營運收入（MRG）制度。如果使用者不夠多收益太低，政府就會支付補助金滿足一定水準的收益率。但是先前因為錯誤的需求預測，引發副作用使政府需支付鉅額公帑，因此 2009 年以後推動的民間投資計畫便廢除了 MRG 條款。

　　BTL 是由民間投資進行建設（Build），將所有權轉移（Transfer）後租賃給政府（Lease），透過租金的名義，由政府分期償還建設費與利潤，以此方式回收投資金額。BTL 比 BTO 晚一些，於 2005 年引進韓國，主要適用於難以從使用者身上獲取使用費的學校、宿舍、軍隊、福利設施、文化設施等。

　　民間投資計畫除了 BTO 與 BTL 以外還有很多種類型。BOT（Build-Own-Transfer）是建設後，民間機構在期間內持有所有權與營運權，等到期滿再移轉給政府，但是因為稅金負擔較重，所以企業並不偏好這個方式。BOO（Build-Own-Operate）則是完工後所有權與營運權會持續由民間企業持有，因為容易引起特別待遇的爭議，所以不太被採用。此外，還出現了分散風險型民間投資（BTO-rs），是採用 BTO 的方式建造，再由政府與民間以一定比例進行損益分潤。

050　租稅負擔率／國民租稅負擔率

租稅負擔率指國內生產毛額（GDP）中國民支付之稅金佔比；國民租稅負擔率指 GDP 中國民支付之稅金與社會安全繳款的佔比。

各種稅金與準租稅大幅上漲，國家從人民所得中課取的稅賦越變越多。考慮到高齡化趨勢與福利擴大政策，有預測指出在不久的將來，數值將會超越經濟合作暨發展組織（OECD）的平均值。

國會預算政策處 12 日表示，2018 年國民租稅負擔率為 26.8%。所謂國民租稅負擔率是一年內，國民所支付的稅金除以國民年金保險費、健康保險費、就業保險費等社會安全繳款加上國內生產毛額（GDP）後所計算而得。國民租稅負擔率增加，就表示國民實際支付的稅金與準租稅負擔增加。

韓國目前的國民租稅負擔率低於 OEDC 會員國平均值（2017 年基準為 34.2%），但是稅負增加的速度卻是 OECD 平均的 3 倍之高。OECD 會員國平均國民租稅負擔率從 2013 年 33.4% 增加至 2017 年 34.2%，五年內僅增長了 0.8%，但相同時期內韓國國民租稅負擔率上升了 2.3%。文在寅政府時代正式展開福利拓展政策，光 2018 年一年的負擔率就上升了 1.4%。

——成遂永，〈從月薪扣除的稅金正在增加……又要再繼續增稅？〉，《韓國經濟》2020.01.13

納稅、國防、勞動、教育在憲法上被稱作「國民四大義務」。韓國國民每年給付了超過 300 兆韓元的稅金。政府 2018 年所徵收的國稅與地方稅合計 378 億元，相較前一年增加了 32 兆元。我們要如何知道韓國人民的稅金負擔對比所得佔多少程度，又該怎麼知道這個佔比與其他國家人民的相較水

平呢？能告訴我們正確答案的指標，正是租稅負擔率與國民租稅負擔率。

韓國國民租稅負擔率比較（單位：%）

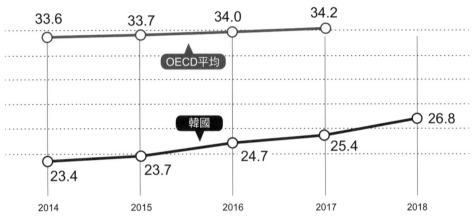

資料來源：國會預算政策處

　　租稅負擔率指 GDP 中租稅（國稅＋地方稅）的佔比，簡單來說就是國民從所得中付出了多少稅金。一般來說，開發中國家在往先進國邁進時，租稅負擔率就會出現走高的傾向。隨著國民所得提高，也更有餘力負擔租稅，因為在國家福利強化的過程中，會需要大量財政支撐。

　　但是租稅負擔率只局限於 GDP 對比稅金的總額度，無法體現出課稅的公平性。除了租稅負擔率以外，還有一部分不是稅金但事實上卻是強制繳納的國民年金、健康保險、就業保險、工傷保險等，這部分並沒有包含在其中。所以經濟合作暨發展組織（OECD）才將稅金再加上年金、社會保險給付額，額外計算出國民租稅負擔率。

　　韓國的租稅負擔率與國民租稅負擔率低於 OECD 會員國平均，但是增加的速度比 OECD 平均高出 3 倍。要防止國民對納稅產生抵抗，就必須要讓國民在實際生活中感受到與納稅增加額相等的福利。

051　直接稅／間接稅

直接稅指納稅義務人與實際稅務負擔人為同一人；間接稅是指納稅義務人與實際稅務負責人不同，納稅義務人將稅務負擔轉嫁給他人。

> 　　韓國經濟新聞 18 日收到韓國租稅財政研究院的委託，「OECD 國家的直接稅與間接稅比例」資料顯示，韓國直接稅佔比為 57.3%，間接稅占比為 42.7%。而 OECD 平均直接稅為 51.6%，間接稅為 48.4%。
>
> ——金日奎，〈韓國間接稅佔比 42.7%……
> 低於 OECD 平均 5.7%P〉，《韓國經濟》2017.08.18

　　我們在生活中要支付各式各樣的稅金，其中有必須由我支付的稅金，也有不應該由我支付，但是卻由我代為支付的稅金。稅金會以納稅負擔人有無進行轉嫁，分作直接稅與間接稅。

　　直接稅指負擔稅金的人與繳稅的人為同一人，包含所得稅、法人稅、綜合不動產稅、繼承稅、贈與稅等。間接稅則指負擔稅金的人與支付稅金的人為不同對象，其中最典型的就是增值稅。需要向國家繳交增值稅的對象為企業，但是實際負擔稅金的人是購買商品的消費者，企業會將自己需負擔的增值稅包含在產品的價格當中，把納稅義務轉嫁給消費者。

　　人類的心理很微妙，支付直接稅的時候，就會強烈認為「這筆稅金是用我的錢付的」，但是付間接稅卻不會感覺到「我有付稅金」。因此直接稅被認為相對容易引起稅務反彈，反之，間接稅的稅務反彈就相對較低，且優點是稅務的行政費用較少，不過由於對所有納稅人都採取統一的稅率，所以較難以引起所得再分配的效果。

　　有看法指出，若是要應對急速增加的福利財政需求，比起直接稅，提高稅收增加效果較好的間接稅會更有效率。但是若想要實踐累進式徵稅的宗

旨，讓富有階層負擔更多稅務，也有不少人主張應該對直接稅進行增稅。

052　累進稅／累退稅

累進稅泛指因所得或財產增加引發稅率增加的稅金；累退稅則是稅率減少的稅金。

> 　　政府為緩解油價上升加重一般民眾與自營業者的負擔，決議從下個月 6 號開始，為期六個月調降 15% 汽油等品項之燃油稅，預期此次調降汽油價格將從每公升最高 123 韓元降至最高 87 韓元。
>
> 　　部分人士指出，國際油價持續上漲，調降燃料稅的效果並不會太好，甚至有分析指出，調降燃油稅反而會對高所得族群有利，因為高所得族群的燃油消費量有可能相對更高。企劃財政部第一高官高炯權也表示「確實存在反面效果」。但是韓國境內所有小客車中，未滿 2,500cc 的比重佔 84%，其中由小規模自營業者運行的貨車中 1 噸以下的卡車佔比 80%，政府解釋該政策對於弱勢群體也會帶來幫助。
>
> 　　──金日奎，〈油價給公升 123 元降至 87 元〉，
> 《韓國經濟》2018.10.25

　　夏天在家裡不能一直開著冷氣，就是因為電費採用的是累進稅制度。如果用電量超出 10 倍，電費不只會增加 10 倍，而是會高達 10 倍以上，像雪球般越滾越大。

　　稅金會根據增加的幅度，區分為累進稅、比例稅、累退稅三種類型。稅務依據所得、財產等課稅標準上升引發平郡稅率增加，就稱作為累進稅。稅務若與課稅標準無關，平均稅率固定，就稱為比例稅。而稅率反而減少的話，就稱為累退稅。

　　累進稅最典型的案例就是所得稅。以 2019 年來說，年所得（課稅標準）在 1,200 萬以下的民眾需繳付 6%，年所得越高的人稅率也會越高，若年

所得在 5 億以上的話，就必須繳交 42%。這種方式使富有的人就必須支出更多稅金，因此具有較高的財富再分配效果。

比例稅最具代表性的案例為增值稅。增值稅與課稅標準無關，平均稅率通常保持一致，不會因為越富有就必須支付越多。不管是財閥或是遊民在超市買菜，增值稅都是物品價值的 10%。

累退稅是指越有錢稅率負擔反而越低的稅金，在現實中並不存在。不過食品等生活必需品所徵收的比例稅，被視為具有「累退稅的性質」。所得水平越高不代表食量就會越大，但是以結果論來看，就等同於低所得者承受比高所得者更重的稅務負擔。

053　地下經濟 Underground Economy

無法掌握資訊，未被列入正式統計的經濟活動。

> 　　韓國租稅財政研究院推測，韓國地下經濟規模為 124 兆韓元，達到國內生產毛額（GDP）的 8.0%，由於國內外研究機構的預估值差異過大，導致該規模的妥當性引發爭議。這段時間以來，根據國內外研究機構或學者推測，地下經濟的規模至少會達到 GDP 的 17% 左右，最多則為 25%。
>
> 　　由於地下經濟規模預估數值最多可以差到數百兆元，引發各界好奇。對此專家表示「因為依據的假設與變數不同，會引發地下經濟的預估數值產生極端的變化。比起觀察絕對的規模，更好的方式是觀察年度的趨勢變化」。
>
> 　　──李相烈，〈124 兆～ 290 兆……地下經濟規模是「橡皮筋」嗎？〉，《韓國經濟》2017.02.18

　　「用現金支付的話可以便宜 2 萬元。」去到電子街或服飾街，就可以看到店家為了避免信用卡結帳或開發票，引導消費者使用現金結帳的現象，雖然這種行為實際上是違法的，但為了省錢，還是有很多人會順應這樣的要求。對於無法掌握交易內容的稅務當局而言，這就是攔截稅收的「地下經濟」。

　　所謂的地下經濟，就是無法掌握資訊，不被包含在社會正式統計的經濟活動預估值中的經濟活動。其中以毒品、性交易、走私等這類暗地裡的非法行為最具代表性，但這些並非地下經濟的所有。進行合法經濟行為但是為了避稅，採用現金或非資金交易等行為，都可以納入地下經濟的範疇內。

韓國的 GDP 對比地下經濟比重（單位：%）

30.04%

19.83%

1998年

2015年

資料來源：國際貨幣基金組織（IMF）

　　至於地下經濟為什麼不好？倘若逃稅的行為非常明目張膽，會造成財政赤字擴大，增加納稅人的負擔，引發工作意願下降，導致經濟資源分配扭曲，對國家經濟整體產生惡性影響。也就是說為了確保稅源、提高中長期經濟透明性與效率性，將地下經濟良性化是非做不可的事。

　　國際貨幣基金組織（IMF）報告書指出，2015 年韓國的地下經濟規模，預估相當於國內生產毛額（GDP）19.83%，比 1998 年的 30.04% 大幅下降許多，可以看到歷代政府經由鼓勵使用信用卡、加強稅務調查，持續推動地下經濟良性化所造成的影響。地下經濟規模不可能有正確的估算值，但是綜合幾位學者的研究，越是先進的國家，地下經濟規模就會明顯減少，也就代表該國的經濟體系更加嚴謹。

054　避稅天堂 Tax Haven

完全免除或是明顯減輕法人稅、所得稅等稅金的國家或地區。

> 朴洗瑥 2 日表示，共同民主黨議員室收到的關稅廳、金融監督院等國政監察資料指出，到 8 月底為止，韓國國內登錄的 4 萬 2692 名外國投資人（法人與個人）中，最少有 1 萬 2,785 名（29.9%）的國籍來自避稅天堂。
>
> 在本次調查的避稅天堂投資人當中，以開曼群島國籍者最多，共有 3,274 名，其次為加拿大（2,459 名）、盧森堡（1,768 名）、愛爾蘭（1,242 名）、香港（1,046 名）、美屬維京群島（877 名）等。朴議員表示，「美國投資人 1 萬 4,243 名當中，並沒有特別將避稅天堂德拉威爾州的投資者分類計算，預估當中最少有 1 萬 2,785 名。」
>
> ——金柱完，〈海外投資人中 30% 國籍位於避稅天堂〉，
>
> 《韓國經濟》2016.10.02

　　雖然我們平常不會直接到訪開曼群島、百慕達、美屬維京群島、巴拿馬……等地，但是在新聞卻經常可以聽到他們被稱作「避稅天堂」。蘋果、Google、Facebook 等跨國企業會積極使用避稅天堂，經常為人詬病，因為他們可以將各個進出口國產生的銷售額，列給設立在避稅天堂的企業，藉此減少稅金負荷。韓國財閥也經常受到質疑，懷疑他們在這些地區建立幽靈公司藉此避稅。

　　避稅天堂，顧名思義就是可以避開稅金負擔的地區。經濟合作暨發展組織（OECD）將沒有所得稅或附加稅，或者稅率在 15% 以下的國家與地區定義為避稅天堂。並不是說稅率低就一定是避稅天堂，還要考慮到租稅行政是否透明、租稅資訊是否有與外部共享、企業是否有進行實質的經濟活動等因

素，也就是說要綜合利於避稅的環境。地球上總共有 40 個左右的地方被列為避稅天堂。

避稅天堂的稅務類型可分成三大類：①避稅天堂（tax paradise）是指所有稅金都以低稅率徵收或是免稅的地方，最典型的例子有巴哈馬、百慕達、開曼群島等；②租稅庇護所（tax shelter）是給予海外進來的所得優惠的地方，有香港、賴比瑞亞、巴拿馬等；③租稅聖地（tax resort）會給予特定業種優惠，例如盧森堡、荷蘭、瑞士等地。

把財產藏在國外避免租稅的方式，首次出現於 1789 年法國大革命時器，一切起源於社會在混亂狀態時期，貴族支付手續費給瑞士銀行，接受「秘密服務」開始。隨著現代主義落地深根，商品與資本的移動不限國境，避稅天堂也就更加繁榮了。

流入避稅天堂的資金規模蒙上一層神秘面紗，無法準確得知。各個機構推測的規模也不同，少則 5 兆美金，多則 20 兆美金以上。有分析指出，全世界有 30% 外商直接投資（FDI）都是經由避稅天堂。雖然這些資金在追求「合法節稅」，不過也破壞了政府的稅收平衡性，而且很可能被利用在洗錢、恐怖主義、金融犯罪等地方，因此受到各界批評。

055　數位稅

針對跨國境銷售額高且稅金低的國際資訊技術（IT）企業所徵收的稅金。

> 「鯨戰蝦死」，這句話概括形容了引發世界爭論的「數位稅」對韓國產生的影響，文句裡的鯨魚指美國與歐洲，蝦則是指包含韓國等中等發達國家，在爭鬥的過程中，中等發展國家不可避免會遭受到某個程度的影響。
>
> 　　上個月 27 至 30 日，國際社會商議後，決定對面向消費者的製造業徵收數位稅。起初徵收對象的範圍僅有 Google、Facebook 等「資訊技術（IT）大廠」，但是現在徵收對象的範圍卻大幅擴張，按照此決議，三星電子、LG 電子、現代汽車等韓國跨國企業都會被列入數位稅徵收範圍。
>
> 　　至於數位稅要怎麼課、要課多少仍尚未定案，不過截至當前討論的內容看來，預計將會透過下列過程徵收。例如三星電子目前主要繳交稅金給韓國，但是日後在英國等海外地區銷售超過一定比例（假設 20%），就必須向當地稅務處繳交稅金。也就是說三星向韓國提交的納稅金額將會減少，海外銷售的 20% 會被視為是受到數位環境幫助所獲得的「超額利益」。
>
> ──徐敏俊，〈三星必須支付稅金給銷售自家電視與手機的國家……憂恐衝擊國內稅收〉，《韓國經濟》2020.02.01

　　「法國打算對我（美）國偉大的 IT 企業徵收數位稅，我們會盡快發佈對付馬克宏愚蠢行為的措施。」美國總統川普 2019 年 7 月在推特上，公開大罵法國總統艾曼紐‧馬克宏。法國通過大型 IT 企業在法國境內需要每年繳納銷售額 3% 的數位稅法案，馬克宏所瞄準的數位稅徵收公司為 Google、

Apple、Amazon、Facebook 等，大部分屬於美籍公司。川普表示，美國也可以向法國特產葡萄酒徵收報復性關稅。

　　世界各國在導入向跨國 IT 企業徵收數位稅一事展開了激烈的心理戰。數位稅的制度與國家內有無企業總部無關，而是會依據數位服務的銷售額徵收稅金。現行的國際稅收條約是以各國國內固定的事業單位及有形資產為依據，向企業徵收稅賦。但是 IT 企業大部分的情況不會在各個國家設立生產、銷售設施，而是以數據或特定的無形資產進行銷售，因此難以找到課稅依據。

　　由於各界批判進行跨國事業的 IT 企業，明明賺了大筆鈔票卻不需要依法被課稅，有悖於稅收的公平性，因而促成了數位稅的出現。由於這當中最具代表性的案例就是 Google，所以數位稅又被稱作為「谷歌稅（Google Tax）」。而韓國國內也開始提出類似的問題。Google 在韓國光是廣告費收入一年就有將近 5 兆韓元的銷售額，但是幾乎不需要繳稅，然而規模比 Google Korea 還小的 Naver 卻每年要繳交數千億元的法人稅，形成強烈對比。

　　若想穩定數位稅，就必須要多個國家進行協議同時導入才行，不過執行起來並不容易。美國就強烈反對導入數位稅，歐盟也曾嘗試推動導入共同數位稅，但是受到愛爾蘭、荷蘭、瑞典、丹麥等國反對而破局。韓國國內的 IT 企業也不贊成數位數，倘若數位稅擴大徵收，將會加重韓國企業在進軍海外市場時的稅務負擔。

056　稅務調查

稅務局調查納稅義務人是否有確實申報並繳納稅金的程序。

> 　　國稅局長金鉉峻在 12 日於釜山南浦洞扎嘎其市場舉辦的一場以傳統市場店家為對象的稅務支援座談會中宣布，對自營業者與工商業者的稅務調查將延期長一年至 2020 年底。金局長表示：「預估明年自營業者跟工商業者在經營上仍會持續遇到困境，因此稅務檢查排除辦法將延長一年，稅金繳納與暫緩滯納處分也會繼續實行」。
>
> 　　　　　　　　　　　　——趙在吉，〈明年底前不會展開自營業者稅務調查〉，
>
> 　　　　　　　　　　　　　　　　　　　　　　《韓國經濟》2019.12.13

　　景氣不好的時候，我們經常可以看到像上面這種國稅局長宣布「盡可能限制或免除稅務調查」的新聞。進行稅務調查，確認納稅對象是否有如實支付稅金，是國稅局應盡的業務之一。但是對於接受檢查的單位來說，不管有沒有逃漏稅，檢查本身都是一件令人感到負擔且壓迫的事情。以現實來說，限制稅務調查是為了振興經濟而祭出的貼心之舉（？）。

　　國稅局不可能無時無刻都在監控所有的納稅人，因此稅務調查會以定期調查與不定期調查交叉進行。以常態來說，企業會以每五到十年的週期接受調查。輿論上受到矚目的調查為，首爾地方國稅局投入四大調查局所進行的不定期調查，又被稱為「特別稅務調查」。首爾四大調查局又被稱為「國稅局的中央調查部」，他們會掌握企業具體的狀況，追查有無逃漏稅、秘密資金等嫌疑，因此被企業們稱作是「陰間使者」。

　　國稅局大舉揭發逃漏稅的藝人、運動選手、YouTuber 等新聞，也不時會受到國民們的關注。除此之外，非企業的個人戶也可能成為稅務調查的對象，主要以資金來源不明、購買鉅額不動產、持有資產大量超過所得等為調

查對象。

　　稅務調查結果若被發現逃漏稅，國稅局就會追討這段時間內未繳納的稅金，根據情況的不同也可能伴隨刑事處罰。若無法接受國稅局通報的稅務調查結果，可以透過異議申請、審查請求、審判請求等進入調查不符程序。隨著納稅人的稅收不服申訴被接受，國稅局退還的金額每年都有增加的趨勢。有分析指出，可能是政府為了擴大稅收，所以過度展開稅務調查而導致，也有部分人士指責，每年都改的稅法越改越爛，稅務局執行不合理課稅的情況增加所導致。

057　拉弗曲線 Laffer Curve

解釋稅率與政府稅收所得之間的關係曲線，當稅率超過適當水平，就會導致經濟主體積極性下降，從而導致稅收減少。

> 　　年收入超過 1 億韓元的 80 萬名高所得者僅佔了整體勞動者的 4.3%，不過他們卻負擔了一半以上的全體勞動所得稅。反之，勞動所得者當中 10 個人裡面就有 4 個人不需要繳交任何稅金。以高所得族群與大企業為目標徵收的「富人稅」，從 2012 年以後已經執行了八年，外界批判該方針打破「拓寬稅源、降低稅率」的稅收政策基本原則，反而助長了「稅負不平等」。
>
> 　　國稅局 12 日公開的資料顯示，2018 年全體勞工（1,857 萬名）中，年薪超過 1 億元的所得者為 80 萬 1,839 名，佔整體 4.3%，然而卻支付了整體勞動所得稅（38 兆 3,078 億元）的 55.4%（21 兆 2,066 億元），他們的所得佔全體勞工比重的 18.1%。
>
> 　　從統計上也能發現，韓國高所得族群的稅務負擔比其他先進國家來得更為沉重。國會預算政策處表示，2017 年綜合所得前 10% 佔整體比重的 36.8%，但是他們卻支付了整體所得稅的 78.5%，為同時期美國（70.6%）、英國（59.8%）、加拿大（53.8%）等先進國家中的佔比最高。該現象是受到韓國政府從 2012 年以後，持續提升所得稅最高稅率（35%→42）等富人稅政策所影響。
>
> 　　——吳相憲、徐敏俊，〈收入前 10% 需要負擔「79% 所得稅」的國家〉，《韓國經濟》2020.01.13

　　2013 年法國有錢人紛紛拋棄國籍、企業將總公司移轉至其他國家，掀起了一場「逃亡潮」，這是有進步傾向的前法國總統法蘭索瓦・歐蘭德

（François Hollande）執政後立刻推動的「富人徵稅」，所帶來的反彈效應。歐蘭德在一年前舉行的總統大選上提出政策，要向年所得超過 100 萬歐元以上的高所得族群徵收 75% 的稅金，並且提出要降低過去給予大企業的稅金減免優惠。

　　歐蘭德當選後開始推動增稅政策，引起在法國被稱為國民演員的傑哈・德巴狄厄（Gérard Depardieu）表示不滿，並隨後取得俄國國籍。在瑞士、英國、比利時等地，也不斷傳出法國首富與企業們的「稅金流亡」消息。

拉弗曲線

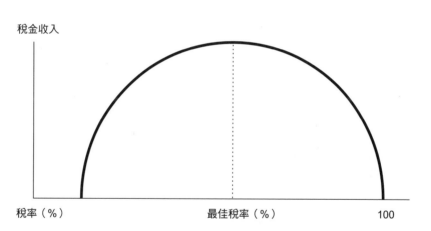

　　拉弗曲線是美國供給面主義代表人物，身為經濟學者的阿瑟・拉弗（Arthur Laffer）所設計，可以作解釋為什麼當年法國會發生該事件的依據。拉弗曲線是用來體現稅率與政府稅收所得之間的關係，看起來形似一個倒 U 型。

　　一般稅收理論中，稅率越高稅收就會增加，但是拉弗並不這麼看。他認為一定水準內的稅率會使稅收所得增加，但是一但稅率超過標準水平（最佳稅率）就會導致經濟主體積極性下降，導致稅收所得減少。簡單來說，就是

會導致民眾認為「收這麼多的稅要做什麼？」這種情況下把稅率調降，才能夠復甦景氣，同時使稅收增加，對政府來說有利無弊。

拉弗在 1974 年理查‧尼克森（Richard Nixon）任職總統時擔任白宮預算局首席經濟學家，同時完成了拉弗曲線。拉弗曲線成為 1980 年代隆納‧雷根（Ronald Reagan）任職總統時，推行減稅政策的理論基礎。雷根政府透過減稅提升經濟活動力，但在這個過程中也造成了鉅額的財政赤字。

058　皮古稅 Pigouvian Tax

為減少環境污染的負面的外部效應，向問題製造者徵收的稅金。

> 　　政府為擴大親環境冰袋生產，正在討論要向使用高吸水性樹脂的冰袋製造、進口商收取廢棄物負擔款。在此之前，政府決定將居家消費所使用的冰袋在傳統市場中進行重複利用。
>
> 　　環境部 11 日公佈，為擴大親環境冰袋生產，正在討論對使用高吸水性樹脂作為填充物質的冰袋製造與進口業者徵收「廢棄物負擔款」。
>
> 　　——林在熙，〈環境部正在討論向使用微塑料的冰袋徵收「廢棄物負擔款」〉，《紐西斯》2019.12.11

　　工廠排放污染物質造成許多人深受其害，就是典型的負面外部效應案例。政府有很多種方法可以減少負面外部效應，其中最簡單的方式就是下達「所有工廠必須將污染物排放量降低至 100 噸以下」的命令。但是這種直接性的限制會對產業活動造成非常大的負擔，而且工廠也沒有動機會想把排放量降到比 100 噸更低。

　　經濟學家主張，對造成外部效應的問題製造者徵收稅金相對更有效率，也就是徵收「矯正稅（corrective tax）」。「皮古稅」的名稱，取自第一位提出這個想法的英國學家亞瑟·塞西爾·皮古（Arthur Cecil Pigou）的名字。

　　按照皮古稅的方式進行的話，政府只需要公告「每噸污染物質必須支付100 萬元稅金」即可，等於是出售污染物質的排出權利。如此一來工廠為了讓自己的利潤最大化，就會開始尋找方法。工廠可能會選擇減少產量，或是導入親環境設備，但也可能會有工廠因為收支不平衡而倒閉。皮古稅證實了透過課稅，政府能夠使經濟主體的行為產生變化。

　　我們日常生活中最熟悉的皮古稅，就是「垃圾重量制」。政府雖然沒有

規定每家每戶的垃圾排放量，但是如果想要丟棄垃圾的話，就必需花錢購買重量制垃圾袋，這個制度於 1995 年 1 月 1 日全國開始實施，初期雖然有部分人士反對，但最後仍成功落腳。環境部指出，導入重量制度二十年來，韓國生活廢棄物的排放量減少了 15%。

　　生產或進口一次性用品、合成樹脂、有毒物質的公司，必須支付部分垃圾處理費用的「廢棄物負擔款制度」，也是應用了皮古稅原理的政策之一。

059　民粹主義 Populism

以批判性角度指迎合大眾口味的政治行為。

> 　　澳洲、加拿大、印尼、以及民主國家中人口最多的印度等國，今年將舉辦選舉，此外歐盟（EU）議會選舉也預計將於今年舉行。將這些舉辦選舉的國家人口合併計算的話，高達世界人口的三分之一。政治格局將會因為選舉版圖而產生劇烈變化，不止各國的政治圈，還有大規模投資人都只能繃緊神經。
>
> 　　今年世界各國選戰中，吹起一股民粹主義（迎合大眾口味的主義）風潮。左派與右派分別推出攏絡政策與反移民政策等，爭取選票。不管政治意向是左派還是右派，若只是為了贏得高人氣而推動不合理的政策，就會被看作為民粹主義，2018 年當選的墨西哥左派政權與巴西的右派政權就是代表性的案例。
>
> ──李玄逸，〈世界各地選戰掀起「民粹主義旋風」……全球經濟風險上升〉，《韓國經濟》2019.01.21

　　不知道各位是否記得 2007 年出來參與韓國總統大選的許京寧？除了他自稱自己 IQ 高達 430 的荒唐發言以外，還提出打破常理的「撒錢」政策，引起社會關注，政策內容為結婚給予 1 億韓元津貼、生育津貼 5,000 萬、全職主婦津貼 100 萬、老人津貼每個月 70 萬。當記者們問他如何籌措財政來源時，卻得到了這樣荒唐的答案：「禁止 1 萬韓元以上之消費使用現金付款，將逃稅額降至 200 兆，取消地方選舉還可以節省 160 兆……。」

　　就算不像許先生這麼極端，但是政治人物為了贏得大眾支持，大量推出攏絡性政策的情況仍隨處可見。諷刺這種迎合大眾主義的政治形態，就是所謂的民粹主義。

　　民粹主義（Populism）的語源來自於 1891 年在美國成立的人民黨（Populist Party），他們為了與美國兩大政黨民主黨與共和黨對抗，吸引農民與工會的支持，推出了忽略經濟合理性的政策。每當國內擴大免費供餐、基礎年金、兒童津貼等福利政策的對象與規模時，總會發生民粹主義的爭議。

　　原本民粹主義的核心是將一般大眾推向政治之前，具有反對被少數菁英階層統治的意識。但是持有民粹主義傾向的政治領導人，為了迎合大眾的口味，經常發生濫用攏絡性政策的案例，以至於外界對民粹主義者的批判色彩越演越烈。最近正在歐洲萌芽的義大利「五星運動」、法國「國民聯盟」、德國「德國另類選擇（AfD）」等政黨都是繼承了民粹主義勢力的延續。

060　年金改革

為了延緩年金破產並維持福利之公平性所做的制度修改。一般來說會以提高繳納額、降低給付額的方向調整，因此會引發強烈的反對聲浪。

政府 14 日公佈花了一年多時間作業的四項國民年金改革案。其中還包含了當初不在檢討案內的「維持現狀」，此外還有僅基礎年金上調 10 萬韓元的方案。其中也包含了保險費用上調方案，但分析指出該選項被選擇的可能性不大。專家指責政府實質上已放棄「年金改革」。

這當中最有力的草案，是國民年金維持不變，僅基礎年金上調至 40 萬元。基礎年金將全額以稅金補足，政府預估光明年預算就達到 11 兆 5,000 億元（以國家經費為基準），2020 年更會高達 20 兆 9,000 億元。

14 日保健福利部公佈「所得替代率（人生的平均所得對比年金金額）與保險費率」將會以四種方式，進行國民年綜合運營企劃案。

——金一圭，〈被總統退回最後「維持現狀」……迴避「多交少拿」的改革〉，《韓國經濟》2018.12.15

　　為了準備好穩定的退休資金，專家們強調務必要好好累積「三層年金」。第一層是國民年金、公務員年金、軍人年金、私學年金等公共年金；第二層是退休後的退職年金；第三層是個人可以選擇性追加儲蓄的個人年金。同時加入這三個種類的年金，確保退休後有足夠的所得，老後就不會遇到困境。

　　第一層的公共年金是由國家強制所有國民都必須加入，為保障民眾日後不管在什麼情況下都有給付可以領取，強制從所得的一部分扣除款項。但是隨著低生育、高齡化越來越嚴重，國民年金確定會於 2050 至 2060 年之間破

產，倘若基金見底，政府就必須投入預算。此外加入國民年金的民眾，也對於自身的福利低於公務員、軍人、私學年金感到不滿，從很久之前開始就已經有人主張應該果斷全面改革年金制度。

　　所有改革都很困難，但是年金改革更是難上加難，因為可能會損害到既有加入者的權益。如果大幅提升基金的投資報酬率，也許可以延緩破產年限，不過在現實上幾乎無法實現，最後還是只有提高繳款額或是降低給付額才是唯一的解決之道。但是全國民眾都是國民年金的利害關係人，而且這筆錢與退休生活息息相關，所以任誰都不會輕易讓步。

　　國民年金在保障退休生活的機能性上已經衰弱許多。所謂的「所得替代率」是指年金領取金額佔退休前月薪的比例。1988 年韓國導入國民年金制時，加入者的所得替代率為 70%，但是 2028 年加入的人卻只會剩下 40%。

　　歷屆整府都宣稱要進行年金改革，但最後都不了了之。國外也有相同的問題，法國總統馬克宏就為了將高達 42 個職業類別的年金統整合一，結果引發全國罷工且支持率下滑。就連俄羅斯擁有絕對權力的普丁總統，也無法抵抗輿論的壓力，只好放棄年金改革。年金改革若因為考慮到高齡層的選票，變質成為民粹主義，這種現象被稱為年金政治（pension politics）。

第五章

人類最強經濟發明：貨幣與金融

　　大部分的人都至少有一個帳戶或一張卡，即便如此金融對許多人而言仍是困難的領域。從印刷廠裡印出來的錢，是經過什麼樣的過程才得以進入市場供給；縮短致富時間的「七二法則」是什麼；韓國也能實現「無現金社會」與「負利率」嗎？讓我們一起探究關於金融的一切吧。

061　狹義貨幣／廣義貨幣 M1／M2

評估市場上貨幣流通量的指標。M1 為民間持有的現金加上高流動性的存款；M2 是基於 M1 再加上流動性較低的金融商品。

> 　　雖然市場中的流動資金急速增加，但是與消費、投資無關的「錢脈硬化」現象卻越來越明顯。專家指出這是因為國內外經濟不確定性增加，導致經濟主體投資心態萎靡而引起。
>
> 　　15 日韓國銀行表示，代表現金與現金性資產的流動資金，截至 6 月底共有 983 兆 3,875 億韓元，創下史上最高紀錄。然而代表資金運作機能的貨幣乘數（廣義貨幣＋貨幣基底）今年第一、第二季共為 15.7，創下歷史最低值。韓國貨幣乘數於 2014 年跌落至 20 以下，2017 年以後跌落的速度又進一步加快。
>
> 　　代表存款餘額與提款比率的活期存款周轉率 6 月為 17.3 次，也創下史上最低紀錄。2008 年金融危機以前，每個月平均都有 30 次以上，但在這之後就不斷下跌。這代表經濟主體強烈傾向持有現金，沒有將錢投入生產及投資活動，而是將其凍結在帳戶上。以年度名義國內生產毛額（GDP）除以市場貨幣流通量所計算而出的貨幣流動速度 2018 年為 0.72，也創下史上最低數值。
>
> 　　　　　　　——金翼煥，〈市場資金爆量……資金卻沒有運轉〉，
>
> 　　　　　　　　　　　　　　　　　　《韓國經濟》2019.09.16

　　經濟若想要穩定成長，錢就必須要流通。人們所使用的金錢，也就是貨幣，會與經濟規模成正比。正常來說，當國內生產毛額（GDP）增加時，貨幣量也會增加；而 GDP 如果不增加，貨幣量也不會增加。但是所謂的貨幣量，會根據如額定義貨幣範圍而產生不同的測量方式，因為金錢的形式有很

多種，可以是我們皮夾裡的紙鈔，也可以是薪轉戶上的一串數字，或是像定存、定儲這類的金融商品。

韓國的貨幣量（單位：兆元）

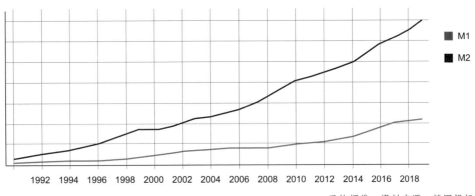

平均標準，資料來源：韓國銀行

貨幣量的基本來源是貨幣基底（monetary base），指中央銀行釋放出的第一批貨幣供給量，由貨幣發行額與金融機構準備金加總而得。舉例來說，如果韓國銀行印製了 1 兆元的貨幣，貨幣基底就會隨之增加 1 兆元。

貨幣指標的核心是 M1（狹義貨幣）與 M2（廣義貨幣），M 是取金錢「Money」的字首。M1 指標重視的是金錢作為物品交易支付手段的功能性，為民間持有的現金與可自由存取之結算性存款的總和。M1 之所以會包含活期存款與隨時存取式存款等，是因為裡面的存款可以隨時提領或轉帳，與現金基本上沒有區別。

M2 是基於 M1 之上，再加上定期存款或儲蓄、定期存款單（CD）、附買回協議（RP）、受益憑證、金融債等，這些商品不是即時交易的支付手段，是偏向為了累積財富的儲蓄性手段，但是只要放棄些許利息就可以立刻轉換成為現金，所以被包含在廣義貨幣中，不過期滿超過兩年的商品，會被認為是以長期投資為目的，所以會被排除在外。

　　貨幣指標之所以如此多樣化，正是因為不管選擇哪種方式為測定標準，都不能保證貨幣量可以準確被估算，因此透過各種角度進行觀察會更加有效率。若將 M2 除以貨幣基底，就可以求得「貨幣乘數」，從中就可以觀察韓國銀行供給的貨幣在市場上投放的狀態。而將名義 GDP 除以 M2 可以得出「貨幣流通速度」，就可以從中衡量景氣的活躍程度。

062　貨幣改值 Redenomination

將貨幣價值以均一比率調整為較小面額。

> 　　政治圈將公開討論貨幣改值（更改貨幣單位）一事，目的在於探討將貨幣單位以 1000:1 換算所投入的費用與便利性，並同時製造相關輿論。
>
> 　　17 日政治圈表示，國會企劃財政委員會李元旭、沈基俊以及民主黨議員等人，將於下個月 13 日在國會召開名為「貨幣改值討論」的政策討論會。這是首次由執政黨議員召開以貨幣改值為主題的公開討論會。2003 年至 2004 年盧武鉉政府時期，韓國銀行曾提出貨幣改值的必要性，引發熱烈討論，但企劃財政部擔心發生通貨膨脹表示反對，因而不了了之。
>
> 　　──高京鳳、金所炫，〈將 1 千元換成 1 元……貨幣改值議題再次抬頭〉，《韓國經濟》2019.04.18

　　近期韓國的咖啡廳或餐廳菜單上，經常可以看見省略 1,000 韓元以下單位的情況，舉例來說，4,000 元的美式咖啡就簡寫為「4.─」；1 萬 8,000 元的義大利麵則為「18.─」。價格上加了太多零反而顯得礙事，因此就自行將其省略了。但如果這種處理方式是由政府從國家層次正式執行的話，就會成為「貨幣改值」。

　　所謂的貨幣改值，就是不改變貨幣的實質價值，將貨幣單位向下調整，這與意味著實質貨幣價值降低的貨幣貶值（devaluation）是不同的概念。貨幣改值是為了解決物價上升導致貨幣面額增加，所引發在計算與支付上的不方便。舉例來說如果進行千分之一貨幣改值，那麼貨幣價值將會統一調整為 1 萬韓元→ 10 元；1 千韓元→ 1 元。

韓國貨幣改值案例

1953年	100元 ──────── 1圜
1962年	10圜 ──────── 1元

　　若實行貨幣改值，優點是會提高交易便利性、簡化會計處理、阻斷通膨預期心理、對外地位上升等，但同時也要承受貨幣單位改變所帶來的不安、房地產投機加劇、貨幣鑄造費用增加等鉅額的社會性費用。

　　韓國歷史上總共發生兩次貨幣改值。1953 年戰爭後因為物價飆漲，因此實施 100 元兌換 1 圜；1962 年為了將地下經濟良性化，實施把 10 圜兌換成現在的 1 元。後來每當政權交換，貨幣改值就會被拿出來討論，但是卻從來沒執行過，原因是難以預測正面功能與副作用之中，哪一方產生的作用會更大。

　　韓國銀行 2004 年實際計算過貨幣改值所需要的直接費用，預估為 2 兆 6,000 億元。預測指出，光是廢除現行貨幣印刷新幣就必須花費 3,000 億元。預估在更換金融公司結算系統、商店的菜單、ATM 與自動販賣機等部分，也必須要投入大筆費用。其中最大的障礙是物價上漲，原本 9,500 元的雪濃湯不會是 9 元而是 10 元，3 億 9,000 萬元的公寓不會是 390 萬，而是 400 萬，價格可能會悄悄上漲。韓國銀行的分析中，並不包含物價上升的可能性，與經濟混亂所帶來的間接費用。

063 關鍵貨幣 Key Currency

廣泛被使用在國際貿易與金融交易的貨幣，美元目前被公認為是最強大的關鍵貨幣。

目前歐盟（EU）執委會主席尚-克勞德·榮克（Jean-Claude Juncker）表示要讓歐元成為跟美元抗衡的國際金融市場關鍵貨幣。

美國自作主張單方面退出伊朗核問題全面協定後，以美元作為武器向歐洲施壓，將美金武器化，因此歐盟認為有必要對應此問題。

為了讓歐洲在外交政策上能夠統一口徑，榮克主席認為應該廢除共識決制度。提高歐洲地位與作為提高地位手段之一的關鍵貨幣議題正在歐洲崛起。

當地時間 12 日金融時報指出，榮克主席在聖特拉斯堡舉行的歐中會議上，透過施政演說表達了想把歐元推向關鍵貨幣的抱負。

——宋敬在，〈歐洲推動關鍵貨幣……對抗美元武器化〉，

《FN News》2018.09.14

　　世界各國雖然都會發行自己的貨幣，但最普遍通用的貨幣非美元莫屬。美元佔世界貿易交易的 50% 以上，外匯持有額的 60% 左右，不管去哪個國家都能輕易換匯。低開發國家中，甚至有不少地方直接使用美元替代國家貨幣，實行美元化（dollarization）。

　　想要成為關鍵貨幣發行國就必須要擁有力量，這股力量不只是經濟，還包含了政治影響力與軍事能力。因此羅馬帝國時的羅馬幣，與大英帝國全盛時期的英鎊，就扮演著關鍵貨幣的角色。關鍵貨幣必須獲得交易者的信賴，要隨時都能夠使用，在市場上供給充分。

　　美國佔領世界關鍵貨幣一角，發生在第二次世界大戰結束之際。金融危

機後，許多言論認為美元關鍵的貨幣地位受到威脅，歐盟（EU）的歐元、中國的人民幣被提為是關鍵貨幣的候選人，但是卻仍然無法受到認可成為超越美國的對抗者。

　　歐元交易規模雖然不亞於美元，但是歐洲部份國家正在經歷經濟危機，歐盟會員國之間也很常發生利害關係對立的情況，因此穩定性較低。人民幣則是因為中國政府強力控制資本市場，因此受到批判，認為人民幣無法滿足成為關鍵貨幣的基本條件。綜合上述，專家們大致上認為，就算美元作為關鍵貨幣的地位不如從前，但還是依然能維持相當長的一段時間。

064 **特別提款權** SDR，Special Drawing Rights

國際貨幣組織（IMF）的特別提款權，當 IMF 會員國陷入經濟危機時可以提領使用的假想貨幣。

> 下個月 1 日開始，中國人民幣將加入世界關鍵貨幣行列。這是國際貨幣組織（IMF）的特別提款權（SDR）中首次納入新興國家的貨幣，預計將會對以美國為中心的國際金融市場產生劇烈影響。特別是中國曾對以美金為中心的世界經濟表達過不滿，不願放棄國際金融市場主導權的美國與想要掌握主導權的中國，兩國之間的角力正要開始。
>
> 29 日 IMF 宣布下個月 1 日起，SDR 將納入人民幣，權重為 10.9%，是繼美金（41.7%）、歐元（30.9%）的第三大貨幣，權重超越日圓（8.4%）與英鎊（8.1%），意味著中國人民幣將與美元和歐元共同成為世界三大關鍵貨幣。IMF 針對人民幣 SDR 編列審查已進入第五年，終於在 2015 年 11 月的執行理事會中拍板定案，人民幣納入 SDR 至今只有十個月。
>
> ——邊太燮，〈人民幣納入 SDR……與美元打對台，
> 邁出「貨幣崛起」第一步〉，《韓國日報》2016.09.30

　　IMF 出借資金給陷入危機狀態的國家，所扮演的角色為「世界中央銀行」。SDR 就是 IMF 所發行的貨幣，就跟美國中央銀行（Fed）印美元、歐洲中央銀行（ECB）印歐元是類似的原理。但由於 IMF 是一個有 190 個國家加入的國際機構，因此 SDR 跟特定國家貨幣的性質不一樣。SDR 不是 100 元銅幣或 1 美元紙幣這種肉眼可見的貨幣，而是 IMF 與各國的政府、中央銀行之間交易時使用的虛擬貨幣。

　　1945 年成立的 IMF，初創時期只使用美金與黃金進行交易，但是隨著

世界貿易飛速成長，難以確保手中持有足夠的美金與黃金的數量。1969 年 IMF 會員國們共同協議創立新型貨幣 SDR，以各國出資的比例分配 SDR，允許在此限度內提領 SDR，這也是為什麼 SDR 被稱作是 IMF 會員國的「特別提款權」。由於 SDR 不是實質貨幣，所以清算時會兌換成美金等主要貨幣。各國所持有的 SDR，得以被承認為是國際儲備資產。

SDR 的價值由經常使用的五大主要貨幣加權平均決定。所謂的「貨幣籃」是將各種貨幣放入籃子計算匯率，SDR 是最具代表性的範例。目前 SDR 的貨幣籃，是由美金（41.73%）、歐元（30.93%）、日圓（8.33%）、英鎊（8.09%）、人民幣（10.92%）所組成，只有在國際社會上具有高度影響力的國家才能擠進這個行列。人民幣於 2015 年被納入 SRD，被視為是中國地位改變的象徵性事件。

國際預估韓元未來也很有可能被納入 SDR 的貨幣籃內，因為韓國的貿易規模名列世界前十大。韓國在 1997 年外匯危機當時，曾向 IMF 借貸 155 億 SDR，當時 SDR 兌換成美元後，韓國獲得了 201 億美元的援助。

065　加密貨幣 Cryptocurrency

沒有實體而是以區塊鏈為基礎所發行、流通的數位貨幣，沒有中央銀行而是由民間運營，其中以比特幣、以太幣、Libra 等最具代表性。

> 美國華爾街日報在當地時間 18 日的報導中指出，世界最大的社群平台 Facebook 將會於明天開始導入加密貨幣付款服務，加密貨幣名稱為「Libra」，取自於星座裡的天秤座。
>
> 　Facebook 表示明年開始 Messenger 與 WhatsAppp 等軟體上，將可以開始支援 Libra。使用加密貨幣就可以在線上購買東西或轉帳。華爾街日報預估，若實際用戶高達 24 億人的 Facebook 加入，將會主導整個加密貨幣的走勢，將從根本上影響市場格局。
>
> 　　　　——李載裕，〈「明年推出『Libra』加密貨幣服務」，
> Facebook 是否能撼動全球支付市場？〉，《首爾經濟》2019.06.20

　　2008 年 10 月 31 日，世界密碼學專家們都收到了一封來自中本聰的的謎樣郵件。中本聰寄送了一篇總共 9 頁的論文，說道「我正在研究一個不需要透過可信賴的中間人，直接以 P2P（個人對個人）的方式運營的新型電子貨幣系統」。這一天，成為了加密貨幣代名詞比特幣第一次問世的日子。隨著 2017 年韓國社會颳起一股比特幣投機狂熱後，加密貨幣已經變成全國人民熟悉的詞彙了。

　　加密貨幣有三大核心特徵：①不透過政府，由民間發行。②沒有實體，採用數位的方式進行流通。③透過區塊鏈技術加密，理論上無法進行串改或編造。雖然輿論上會交替使用虛擬貨幣或加密貨幣，但是嚴格來說像比特幣等貨幣，正確應該被稱為加密貨幣。所謂的虛擬貨幣（virtual currency）是指沒有實體的數位資產，包含了電子貨幣、點數與里程等。韓國政府則會使

用虛擬貨幣一詞，其中包含了違反法定貨幣概念，代表該貨幣不在制度內，無法受到承認的意思。

繼比特幣後，世界各地開發了以太幣、比特幣現金、萊特幣等超過一千種以上的加密貨幣。除了比特幣以外，其餘的加密貨幣都被稱為山寨幣（altcoin），到目前為止仍沒有出現任何山寨幣能夠超越比特幣的影響力。

區塊鏈業者為了籌措投資基金，經常利用首次代幣發行（ICO），這與在股票市場上市時需要經過首次公開發行（IPO）的概念相同。業者會公開含有自身技術與事業計畫資訊的白皮書，接著對於投入現金的人發放自己開發的加密貨幣。投資人所期待的是當加密貨幣在 UPbit、bithumb、Coinone 等加密貨幣交易所上市時，貨幣價值會大幅上升，便可賺取其中的差額。但是 ICO 的事業企劃監管嚴格，加上法律上沒有投資人保護機制，因此發生許多虧損案例。

加密貨幣目前評價兩極，一面是「未來革新技術」，另一面則是「超大型騙局」，想要知道結果究竟是哪方還需要一些時間。但隨著比特幣市價幾次崩跌後，加密貨幣交易與 ICO 明顯萎縮。但是摩根大通、Facebook 等世界企業仍持續進軍加密貨幣事業。目前也有很多公司，撇開加密貨幣專注於開發區塊鏈技術本體。

066　貨幣交換 Currency Swap

兩國在必要時，以事前決定好的匯率交換貨幣的外匯交易，經常作為預防經濟危機的方法。

> 　　韓國銀行與美國中央銀行（FED）簽訂了規模 600 億美元的貨幣交換契約。隨著近期美金需求急速飆升，韓元兌美元的匯率激增，預期對穩定韓國國內外匯市場將起到相當大的作用。
>
> 　　19 日韓國銀行宣布與 Fed 簽訂 600 億規模的貨幣交換契約，契約期間從當天起最少持續六個月（至 9 月 19 日）。韓銀預計立刻將貨幣交換所得的美元直接提供給金融市場。
>
> 　　Fed 表示當天除了韓國以外，也與丹麥、挪威、瑞典、澳洲、紐西蘭、巴西、墨西哥中央銀行及新加坡金融管理局簽訂了交換契約。Fed 先前也已經與歐盟（EU）、瑞士、日本、加拿大、英國等國簽訂了交換契約。
>
> 　　這是繼 2008 年 10 月 30 日全球金融危機時期簽訂的 300 億美元契約後，韓國第二次與美國簽訂貨幣交換契約，2008 年簽訂的契約已於 2010 年 2 月 1 日到期。外界期待透過這次的交換契約，可以使近期動盪的匯率與股票市場快速回穩。
>
> 　　——金翼煥，〈韓美簽訂 600 億美元貨幣交換契約〉，
>
> 《韓國經濟》2020.03.20

　　貨幣交換就是指兩種不同的貨幣互換（swap）。原本意指金融市場中，以規避風險或調節外匯為目的交易的衍生金融商品，但是更被廣為運用在指稱國家之間交換貨幣的契約。

　　貨幣交換簡單來說，就是必要時可以隨時向對方國家承諾借貸貨幣的

「外匯負存摺」。貨幣交換與外匯存底可以說是預防國家外匯危機的兩大安全網。韓國所簽訂的貨幣交換契約，以 2020 年 3 月為基準，規模座落在 2 千億美元以上，包含加拿大（無上限額）、美國（600 億美元）、瑞士（100 億法郎）、中國（3,600 億人民幣）、澳洲（120 億澳幣）、馬來西亞（150 億令吉）、印尼（115 兆印尼盾）、阿拉伯聯合大公國（200 億迪拉姆）、東協 10+3（384 億美元）等。

貨幣交換平時沒有什麼作用，在危機狀況下才會發揮它真實的價值，最好的例子就是 2008 年 10 月韓國與美國簽訂的 300 億美元貨幣交換契約。全球金融危機動搖世界景氣，即便韓國已經迅速調降國內金融市場的基準利率，但景氣仍然一落千丈。當時韓美簽訂貨幣交換的消息一出，一天內韓元價值就上漲 177 元，股價也跟著暴漲 12%，使市場的不安逐漸平息。

國際貨幣基金（IMF）在 2016 年的報告書中提到，新興國家面臨危機時可使用的流動性調整手段中，以貨幣交換最為有用，因為貨幣交換比消耗外匯存底或向 IMF 貸款更能迅速應對狀況，政治性負擔也較小。像韓國一樣的小規模開放經濟體，若能與主要先進國簽訂貨幣交換，被視為是更有效用的安全機制。

但由於這屬於國家之間的交易，外交情況就會是其中的變數，最具代表性的案例就是日韓貨幣交換。2001 年韓國與日本初次簽訂 20 億美元的貨幣交換契約，直到 2011 年規模已增加至 700 億美元。但由於李明博政府時期的獨島問題、朴槿惠政府時期的慰安婦少女銅像等因素，導致日本拒絕延長，契約已完全終止。

067　鑄幣稅 Seigniorage

貨幣鑄造差額收益，即國家在發行貨幣時，為貨幣帳面價值扣除製造成本所賺取的收益。

> 韓國鑄幣公社為迎接 5 萬元紙幣發行第十年，本月 18 日向媒體了公開位於慶北慶山市貨幣本部的貨幣製造過程。在一個如足球場大的工廠裡，一天可以生產約 10 萬張 5 萬元紙鈔。5 萬元貨幣不愧被稱為「趨勢貨幣」，是所有紙鈔中量最大的紙鈔。為了確保工序的精準度，溫度與濕度非常重要，工廠內一年四季都維持在「23±3 度」，並有兩千多盞白色螢光燈照亮每個角落。由於機器運作噪音一整天接連不斷，所以大多數員工都戴著耳塞作業。
>
> 座落在工廠裡的數十台機器，忙著將從扶餘造紙廠空運而來的白紙轉變成 5 萬元紙鈔，一張紙可以印出 28 張 5 萬元紙鈔。為了防止指紋與金額偽造，還必須經過全像圖貼附等總共八道製作工序。完成所有工序的紙鈔必須經過四十天，等餘墨全數乾了之後才能夠投放進市場。
>
> 這間工廠近十年已經印出 37 億 1,878 萬張 5 萬元紙鈔，共價值 185 兆 9,392 億元，若把這些紙鈔排成一排，可以繞地球 130 圈。
>
> ——金翼煥，〈5 萬元紙鈔製作耗時四十天……十年期間「完美驗收」〉，《韓國經濟》2019.06.20

上頭印著優雅的申師任堂肖像畫的 5 萬韓元紙鈔，製作成本究竟是多少呢？政府雖然沒有明確公開，但表示成本約莫在 100 至 200 元左右。當韓國銀行印出一張 5 萬元鈔票的瞬間，資產就會增加 5 萬元，等同於進帳 49,800 元的收益。

　　國家從貨幣帳面價值扣除貨幣製作成本所賺取的利差，就稱作為「貨幣鑄造差額收益」，在法文裡叫 seigniorage，這個名稱是從封建制度時期領主（seigneur）一詞而來，當時的鑄幣權掌握在領主身上，他們在收到的金或銀中摻入雜質，製造比帳面價值更低的貨幣，從中賺取差額。

　　現代社會的貨幣鑄造權由各國中央銀行所有。比韓國經濟規模更大的美國中央銀行（Fed）所享有的貨幣鑄造差額收益會越高，因為美金是世界需求最大的關鍵貨幣。若 Fed 印製 1 億美元，就等同於可以在世界任何一個國家行使相當於 1 億美元的給付能力。極端一點來說，美國就算債台高築，也只要印鈔票還錢就行了。

　　因此持有關鍵貨幣的國家，在經濟上會獲得非常有利的地位，這種現象就被稱為「鑄幣稅效應」。實際上美國在被財政赤字困擾的情況下，就會提高美金發行量，販售國債維持經濟。

　　大量鑄幣雖然可以將國家所獲得的鑄幣稅效應最大化，但仍有副作用，也就是物價上漲。當貨幣供給量上升就代表價格降低，大量發行貨幣就會引發貨幣價值下滑。政府發行貨幣調整財政來源時產生的物價上漲，就等同於向全國人民徵收稅金，因此被稱作為「通貨膨脹稅（inflation tax）」。

　　支持比特幣等虛擬貨幣的狂熱人士，對於鑄幣稅抱持的批判性的態度。他們主張應該透過虛擬貨幣的擴散，減少中央銀行霸佔鑄幣稅，以降低通貨膨脹稅。主要國家政府不承認虛擬貨幣並加以給予限制的原因，被認為是不願意放棄「貨幣權」。

068 無現金社會 Cashless Society

繳費與支付等行為建立於資訊技術（IT）之上，不需要使用紙鈔、錢幣等現金的社會。

> 隨著信用卡與行動支付增加，越來越多國家開始進入「無現金社會」，但與此同時高齡階層、身心障礙者等弱勢階層遭受排擠的副作用也越來越大，因此原本為「無現金社會」領頭羊的瑞典，開始將轉向往銀行現金辦理義務化的方向前進。
>
> 韓國銀行 6 日提交的報告書中，提及了 2000 年以後非現金支付方式使用率大幅上升的瑞典、英國、紐西蘭等 3 個國家的現況。以瑞典的現金支付比重 13.0% 為最低數值，其次為英國 28.0%、紐西蘭 31.0%，韓國的比重也偏低，坐落於 19.8%。
>
> ——崔珉瑛，〈在「無現金社會」裡受到排擠的人們〉，
>
> 《京鄉新聞》2020.01.07

最近上班族人士中，有許多人已經開始不帶皮夾，只隨身攜帶手機與信用卡，因為現在連幾百元的零錢都可以透過信用卡或手機結帳。口袋裡沉重且經常發出噪音的零錢，現今被視為是一種累贅。韓國人最常使用的結帳方式，2015 年為信用卡（39.7%），使用率超越了現金支付（36%）。

現金使用率降低是一種世界趨勢，有幾個先進國家還正式宣布要邁向「無現金社會」。瑞士的現金交易比重下滑至 20% 以下，有許多銀行開始不再儲備現金，所以還發生過有強盜闖進金庫，什麼都沒搶到就被抓的荒唐事蹟。丹麥還決定停止自行生產貨幣，需要時才會委託其他國家進行生產。法國、西班牙、比利時、以色列等國開始改變制度，禁止使用高額現金交易。

無現金社會的優點是透明、有效率、穩定、方便等。所有金融交易的內

容都會被記錄在伺服器上，預期可以減少逃稅、賄賂等非法交易，全世界已經開發了超過七百種以上取代現金的電子貨幣。但是這件事也不是完全沒有缺點，也有多數專家對於駭客、金融詐欺、侵犯私生活等副作用感到憂慮。也有聲音指責，對於不熟悉 IT 的老齡階層、殘障人士、低所得階層而言，這將會成為他們經濟生活上的絆腳石。

　　韓國銀行在無現金社會的前一個階段目標，是打造「無銅錢社會」，計畫要減少銅錢的數量。韓銀與主要流通企業簽訂協議，以電子貨幣、點數、預付卡等方式進行零錢的交換，因為不常被使用的銅錢，在製造與流通上必須投入大筆費用，韓國銀行每年需要花費 500 億元以上在製造新幣上。目前市場上流通的 10、50、100、500 元銅錢總共超過 200 億個，但由於都被人們亂丟，導致回收率只有 20% 左右。

069　鴿派／鷹派 The Doves／The Hawks

鴿派比喻主張調降基準利率的貨幣寬鬆論者；鷹派比喻主張提高基礎利率的貨幣緊縮論者。

> 　　韓國銀行金融貨幣委員會 4 名委員任期將於今年 4 月結束。市場專家指出，當金融委員有過半數任期結束，將成為利率政策的核心變數，面臨任期交替的委員很可能會將選票投向追加調降基準利率，目前外界已開始關心誰將成為下一位繼任者。
>
> 　　本月 2 日韓銀表示，李一炯、曹東徹、高承範、辛仁錫，4 名金融貨幣委員的任期將於 4 月 20 日結束。7 名金融貨幣委員中，除了韓銀總裁李住烈（兼任金融貨幣委員會主委）與尹勉植副總裁（直接任職）以及 2019 年 5 月受到任命的林知駕委員以外，其他 4 名委員將進行任期交替。根據韓銀法規定，金融貨幣委員任期滿四年後得以連任一次，但是 1998 年金融委員成為全職性職位後就不曾有過連任案例，從推測看來全員交替的可能性較高。
>
> 　　現任金融委員中，曹東徹、辛仁錫委員為「鴿派」（支持貨幣寬鬆）；李一炯、林知駕委員為「鷹派」（支持貨幣緊縮）；高承範委員則是「中立派」，也就是說 4 月份鴿派委員將全數離開。
>
> 　　——金翼煥，〈4 月韓銀 4 名金融貨幣委員任期交替……利率調降成變數〉，《韓國經濟》2020.01.03

　　國內外中央銀行相關報導中，經常出現「鷹」與「鴿」二字，前者象徵重視物價穩定性的貨幣緊縮論者，後者則是重視經濟成長的貨幣寬鬆論者。

　　中央銀行的決策，都是內部的鷹派與鴿派經過激烈討論後得出的結論。在貨幣政策上，鷹派與鴿派通常都持對立立場，互相針鋒相對。鷹派人士主

張，如果市場流通貨幣過多會導致市場過熱，應該提高基準利率回收市面上的貨幣。相反的，鴿派主張為了讓經濟運轉，應該調降基準利率，讓更多錢流入市場。而不是鷹派也不是鴿派，站在中間立場的一方，有時候又被稱為「貓頭鷹派」。

鷹與鴿的比喻，原本被應用在外交政策領域上。1960 年代越南戰爭時期，主張擴大戰爭的強硬派被比喻為鷹，希望將戰爭最小化的溫和派被比喻成鴿，後來才擴大被用於貨幣政策上。

經濟分析專家會將持有基準利率決定全的中央銀行內部人士區分為鷹派與鴿派，預測未來的政策走勢。但過去也發生過很多次因國內外經濟狀況導致立場改變的情形，因此很難進行判斷。2014 至 2018 年美國中央銀行主席珍妮特・葉倫（Janet Yellen）在美國經景氣優良的 1990 年代，被認為是鷹派代表，但是當上主席之後的政策卻比較接近鴿派。

070　泰勒法則 Taylor's Rule

中央銀行決定利率時，應該配合經濟成長率與通貨膨脹率進行調整的原則。

> 　　朝聖山學社（Mont Pelerin Society，MPS）會長約翰・泰勒（John Taylor）在本月 16 日於美國史丹佛大學胡佛研究所中舉辦的韓國財經新聞訪談中，強調「以市場為中心的政策，不管在哪個國家都是有效的成功方程式」。美國經濟好轉的根本原因，也是來自於政府的市場親近政策。
>
> 　　他分析「（川普政府行政部門）為了促進企業投資果斷減稅，並為了引導企業進行投資與創新，積極放寬規定，帶動了經濟成長」，同時附帶解釋了全世界因低利率政策，導致房價上漲問題的解決方法，他說：「最好的解決方法，就是放寬規定在閒置的土地上蓋更多住宅」。他解釋：「美國經濟之所以比中國經濟穩定，就是因為美國比政府更市場導向，中央政府的限制也相對較少」。
>
> 　　泰勒會長因制定了中央政府決定基準利率的「泰勒法則」而聞名。各界也熱烈討論他是否將成為美國中央銀行（Fed）主席。他指出：「現階段 Fed 的基準利率政策走在正確的道路上。」他在全世界都在關注今年 Fed 貨幣政策動向的情況下出此言論，意義非常重大。
>
> 　　——左東旭，〈「放寬規定、減稅促進投資……
> 川普政府親市場政策帶動美國經濟成長」〉，《韓國經濟》2020.01.18

　　隨著韓國銀行或美國中央銀行決定基準利率的時間點越來越近，財經新聞就會出現許多以專家之名預測基準利率動向的報導。許多人都知道，基準利率對於經濟具有重大影響力，但是它究竟是以什麼為基準而決定的呢？

　　主要國的中央銀行會以泰勒法則作為貨幣政策的基本模型。所謂的泰勒

法則就是指中央政府必須考慮物價上漲率和通貨膨脹率等基礎條件，在適當的範圍內決定政策利率的原則。泰勒一詞取自於 1993 年撰寫此論文的史丹佛大學教授約翰・泰勒。依據泰勒法則，中央銀行應該從顯示經濟成長率與潛在經濟成長率差額的 GDP 缺口，以及顯示實際物價上漲率與目標物價上漲率差額的通貨膨脹缺口中獲得加權值，進行利率調整。

　　舉例來說，如果物價上漲率超過目標值，經濟達到了充分就業的狀態，就應該將基準利率調高穩定景氣。泰特認為，中央銀行應對物價變動，主動調整利率是很重要的一件事。使用泰勒法則，還可以事後驗證過去的基準利率是否符合當時的經濟狀況，也可以看出中央銀行的態度是比較偏向穩定物價，或者是驅動經濟成長。泰勒以重視是有名的市場中心原則主義者，在川普政府時期曾被提名為有力的 Fed 主席候選人。為了讓經濟主體對貨幣政策產生信任，提高市場的可預估性，應該要透過法律明確規範像泰勒法則這類原則的貨幣政策運營方式。

071　公開市場操作 Open Market Operation

中央銀行透過在金融市場買賣債券等方式，以調整市場貨幣量與利率的政策手段。

> 　　韓國銀行變了。過去韓銀的安靜又消極，使它獲得了「佛系」稱號，但現在的韓銀已經變成了「格鬥系」。由於韓銀判斷新冠肺炎疫情比預期中嚴重，韓銀總裁李柱烈表示可能再進一步調降利率，從過去寬送量化程度有限的「韓國式」作風，轉變為美國與歐洲所使用的「一般型」作風。韓銀更決定積極買入國債，同時也打算購入產業銀行、進出口銀行、企業銀行的債券，代表韓銀將投放更多資金進入市場。韓銀表示，如果政府願意共同出手，就能夠像美國中央銀行（Fed）一樣，同時買進公司債與商業票據（CP）。
>
> 　　9 日韓銀進行公開市場操作，目的在於縮小國債與政府保證債，單純交易證券對象中，包含了產業金融債券（產金債）、中小企業金融債券（中金債）、進出口金融債券（進出口債）、住宅金融公社的房屋抵押證券（MBS）。這是繼 2008 年金融危機後，韓銀首次擴大單純買進證券對象。該政策將從本月 14 日開始，一直持續到明年的 3 月 31 日為止。
>
> 　　——金翼煥、林賢宇，〈韓銀「買進產銀等國家政策銀行債券」……提供足夠資金支援新冠肺炎〉，《韓國經濟》2020.04.10

　　公開市場運營長時間以來被稱為公開市場操作，但是「操作」一詞實在給人過於負面的形象，所以 2016 年開始，韓國將公開市場操作正名為公開市場運營。公開市場運營是中央銀行的主要政策手段之一，中央市場透過交易國債等各種證券，影響市場流通的貨幣量或利率標準。這個方式能夠軟性

調整規模與時機，使政策目標可以被精準達成，由於韓銀會進入市場與其他經濟主體進行直接交易，所以被評價為是非常貼近市場的方法。

這也是為什麼現今包含韓國以外的其他先進國家中央銀行，都積極使用這個方法。中央銀行可以透過公開市場操作，主動調整市場裡的貨幣量，而另一項優點是，當中央銀行下決策之後政策散播的效果將非常迅速。

如果中央銀行買進證券，作為買進金額支付出去的錢就會流入市場，使貨幣量增加。如果債券需求增加帶動債券價格上漲，那麼利率就會自動下跌。相反來說，如果中央銀行的目的是要減少貨幣量，只要賣出債券即可。

中央銀行在執行公開市場操作時，最重要的就是要精準掌握市場的資金動向。如果在流動充裕的情況下投入貨幣；在流動性不足的狀態下減少貨幣，都會造成反效果。中央銀行也必須與民間保持良好的溝通，必須在適當的情況下，跟市場參與者分享公開市場操作的規模、時機與目的。公開市場操作於 1830 年首次在英國被執行，前提是必須在債券數量豐富的情況下才能產生效果，所以只能應用在金融市場活躍的國家。

072 法定準備率 Reserve Reuirement Ratio

銀行收取的存款中，有義務提存於中央銀行的比率。

> 中國中央銀行——人民銀行本月 6 日宣布，本月 16 日起中國金融公司法定準備率將調降 0.5%。中國的準備率大型銀行為 13.5%、中小型銀行為 11.5%，但 16 日起將全面下調 0.5%。
>
> 這是中國今年 1 月以來首次全面調降法定準備率。中國 2018 年總共調降了四次準備率，今年 1 月也先後下調兩次，共下調 1%。人民銀行在調降準備率的同時，也決定針對規模較小的都市商業銀行準備率，再於 10 月 15 日及 11 月 15 日各調降 0.5%，總共 1%，而這筆資金只限定用在小企業或民營企業上。
>
> ——徐旭辰，〈中國準備率調降 0.5%……150 兆流動性供給〉，
> 《韓國經濟》2019.09.07

　　存戶委託給銀行的錢數以萬計，但如果銀行想提供給存戶事錢約定好的利息，那就不能只是把錢堆在那裡，而是要透過借貸等方式，滾動式賺取收益，這也是為什麼貸款利率總是高於存款利率。透過貸款利率與存款利率差額所賺取的收益，就稱為「存放款利差」，也是傳統銀行的核心收入來源。

　　假如銀行把存款全部拿去放款，就能夠將收益最大化，但是這個行為並不被中央銀行所允許。存戶具有隨時到銀行提款的權利，為了應對這個狀況，銀行有義務將部分存款以法定準備金的方式，交付給中央銀行。決定銀行要將所有存款的百分之幾作為法定準備金的比率，就稱為法定準備率，簡稱為「準備率」。

　　準備率跟基準利率不同，不會經常更動。2018 年 3 月以來，韓國國內銀行就根據存款種類，適用於 0 ～ 7% 的準備率，對銀行來說，準備率是越

低越好，準備率越高代表能夠用於貸款業務的資金變少，而且存入法定準備金並不會產生任何利息。

　　法定準備金起出的目的是保護存戶，但是實際上卻更多被作為金融政策手段。中央銀行調整準備率，就可以調節從銀行留到市場上的貨幣量。不過受到 1980 年代後，世界貨幣政策以貨幣量中心制轉為利率中心制所影響，韓國跟過去比起來已經鮮少使用這個方法。反而中國目前仍積極地使用調整準備率的方法，為了預防經濟成長率鈍化不斷調降準備率。

073 負利率 Negative Interest Rates

利率低於 0% 的狀態，為了讓資金注入市場，挽回景氣衰退的政策。

> 丹麥銀行世界首度推出負利率房屋抵押貸款，這代表貸款人不需要向銀行支付利息，而且償還金額還會低於貸款金額。有分析指出，負利率房屋抵押貸款的出現，是因為歐洲持續處在超低利率狀態，導致長期以來商品利率降至負數。丹麥的金準利率從 2012 年以來就維持在 0% 以下，目前的年利率維持在 -0.65%。
>
> 部分聲音指責，負利率房屋抵押的問題出在這會對在銀行儲蓄的人造成損失。《衛報》揭露「日德蘭銀行（Jyske Bank）等進入資本市場，從機構投資人身上以負利率借款，在將其轉嫁在顧客身上。」並表示「丹麥銀行的存款年利率為 0%，某天轉換成負數的可能性很高」。
>
> ——薛智妍，〈負利率房屋貸款……丹麥銀行世界首銷〉，
> 《韓國經濟》2019.08.15

最近韓國境內銀行的利息少之又少，但若是薪轉帳戶的話，至少也還有年利率 0.1%。但如果低利率轉變成極端情況，變成負利率的話會發生什麼事呢？會變成把錢存在銀行不是收利息，而是要以保管費的名義支付手續費給銀行；如果跟銀行借錢的話，不是要支付利息，而是要向銀行收利息。「負利率實驗」已經在海外某幾個國家實際上演。

負利率就是指利率低於 0% 的狀態。以由中央銀行向大量存放法定準備金的銀行收取手續費的方式進行，藉以引導銀行不大量累積資金，將金錢投放到企業與家庭上，以刺激景氣與促進物價上漲的政策。負利率首次發生在 2012 年，是由丹麥對銀行寄放在中央銀行的存款施行負利率，接著 2014 年瑞士與歐洲中央銀行（ECB）、2015 年瑞典、2016 年日本等相繼跟進。

　　反應通貨膨脹率的實質利率出現負利率的情況偶爾會出現，但是名義利率出現負利率這件事，是過去連想像都無法想像的事。這是金融危機以後低成長所導致的奇怪現象。

　　通常負利率只會出現在銀行與中央銀行的存款利率上，一般不適用於個人與企業存款。如果負利率被使用在一般顧客身上，就會使整個金融體系陷入極端的混亂之中。但是瑞士已經出現利率 -0.125% 的個人存款，丹麥也出現了還款金額比貸款額還低的方案。

　　負利率是為了刺激經濟所推出的極端處方簽，但背後也藏著致命的副作用，最代表性的案例就是，市場資金往不動產傾斜，導致家計債務激增。瑞典就因為無法承受房價暴漲，四年後於 2019 年選擇將基準利率調回 0%。目前各界仍針對負利率的實際效益進行爭論當中。

074　固定利率／機動利率

固定利率指數期初的約定利率到滿期為止都不會改變的利率；機動利率指一定週期裡會根據市場利率產生浮動的利率。

> 　　固定利率低於機動利率的逆轉情況延續，借貸人也越來越煩惱。貸款選擇利率較低的固定利率雖看起來較好，但機動利率也開始出現下跌的趨勢。再加上美國利率調降，韓國銀行也有可能跟著追加調降利率，使得利率選擇方式變得更加複雜。
>
> 　　連投資專家也難以確認哪種貸款方式會更有利，不過多數專價建議「利率預測誰也說不準，最好的方式就是再多加觀察市場狀況」。
>
> 　　　　　　——張允貞，〈固定利率與機動利率差距縮小……
> 　　　　　　貸款應該怎麼選〉，《東亞日報》2019.09.24

　　向銀行貸款的時候，大部分情況都可以選擇固定利率或機動利率。固定利率指的是，申請貸款時約定好的利率，會維持不變直到期滿。機動利率則通常會以三到六個月為單位，以市場利率調整約定利率。

　　一般來說，在其餘貸款條件相同的情況下，固定利率會高於機動利率，因為站在銀行的立場而言，如果以固定利率借出貸款，若日後市場利率上漲的話就會產生虧損，為了避免風險，會事前將利率定價提高。站在借貸人的立場來說，如果預期日後市場利率會上漲就選擇固定利率，若預期會下跌就選擇機動利率，會對自身更有利。

　　但像是長期需要花二十、三十年償還的房屋抵押貸款，民間銀行就不會販售利率完全固定的商品，大部分是前五年為固定利率，五年期滿改以機動利率計算的「混合型」貸款。但是政府以援助市民為目的而營運的房屋抵押貸款——愛巢貸款、墊腳石貸款等，最長可以固定利率借貸三十年。

　　像上述新聞一樣，機動利率高於固定利率的逆轉情況很少見，原因是兩個利率的基準點並不同。固定利率會以長期金融債券（五年期 AAA 信用評等）為基準，機動利率則是以即時反應市場波動數值的 COFIX 做連動。可能是因為當時景氣不確定性高，導致作為無風險資產的債券價格大幅上漲（債券利率下跌），因此才發生了這種現象。

075　七二法則 The Rule of 72

以複利為前提，計算資產倍增所需時間的方法，將七十二除以年利率就可以計算出所需時間。

> 　　總報酬（Totral Return，TR）指數股票型基金（ETF）市場快速成長，市場規模只花了兩年半的時間就增加了 7 倍，由於這類型基金具有自動配息再投入與稅金遞延的效果，使投資人興趣大增，即便近期受到新冠肺炎影響，將脫手韓國股票的外資仍持續在買進 TR ETF。資產運營公司為了搶佔這塊快速增長的市場，也接連推出了新產品。
>
> 　　韓國交易所 27 日指出，截至今年 26 日以來，外資投資前 10 大股票中，有 4 個是 TR ETF。TR ETF 是一種不將指數獲得之配息進行分配，自動將配息再投入的商品。未來資產 ETF 運營本部長金南基表示「部分稅金也會被用於再投資上，因此隨之而來的複利效果很顯著」。
>
> 　　──姜永沿，〈TR ETF 是何方神聖？……竟然得已佔據外資的
> 購物車〉，《韓國經濟》2020.02.28

　　「讓利息為你賺利息，享受複利效果。」新推出的金融商品廣告上，能看見複利的優點被搬了出來，實際上這類的商品很受到歡迎，銷量也非常好，因為複利對投資人而言是有利的。

　　計算利率的方式有單利與復利。所謂的單利是只有本金加上利息，舉例來說如果將 1 千萬拿去做年利率為 10% 的三年期存款，那麼第一年、第二年、第三年的利息都不會變，就是 100 萬元（＝ 1,000 萬元 ×10%），所以期滿總共會有 300 萬利息。而複利結構是把利息加上本金再重新計息，如果把我們前面說的存款改為複利，那麼第一年的利息是 100 萬韓元（＝ 1,000 萬元 ×10%）、第二年的利息是 111 萬元（＝ 1,100 萬元 ×10%）、第三年的利息

是 121 萬元（＝ 1,211 萬元 ×10%），期滿利息總共是 332 萬元。以相同利率來說，複利的利息會高於單利。

天才科學家阿爾伯特・愛因斯坦（Albert Einstein）曾說「複利是人類最偉大的發明」。因為投資時間越長，利息就會像雪球越滾越大，被稱為「複利的魔術」。有一個方法可以輕鬆計算在複利為前提下，資產增加 1 倍所需的時間，就是所謂的七二法則。將七十二除以收益率，就可以計算出大概的時間，舉例來說如果以每年 5% 的複利持續進行投資，那麼我的資產想要增加 1 倍所需的時間，就大約是 14.4 年（＝ 72÷5）。

另一種想要間接享受複利效果的方式，就是投資基金。複利的核心就是把利息加上本金後「再進行投資」。雖然基金不會像銀行一樣，承諾一個固定的利息，但是基金若獲得收益，就會將收益原封不動納入本金繼續滾動。但是基金不會保障本金，所以關鍵是要穩定管理報酬率。

債務也要注意複利的膨脹效果，像是上班族為了應急常申辦的負存摺。所謂的負存則就是提前約定好額度，在需要時可以將錢提領出來的即時存取帳戶。如果因為方便而習慣性使用它，很可能某天利息就會突然快速膨脹，導致難以清償債務。複利對於投資人來說是魔術，對於債務人來說卻是一種詛咒。

076　法定最高利率

為防止透過貸款獲取暴利，法律規定的利率最高上限。

> 2017 年超出法定最高利率的非法高利貸平均利率高達 1,170%。
>
> 11 日韓國貸款協會公佈，分析去年司法局與消費者舉報的 1,679 件非法高利貸受害案件貸款本金與償還金額後，統計出的平均利率結果為 1,170%。去年未登記貸款業者賺取了高達法定最高利率 27.9%（現 24%）42 倍的暴利。
>
> ——李鑌城，〈非法高利貸平均利率 1,170%……
> 賺取高於法定最高利率 42 倍的暴利〉，《韓國日報》2018.03.12

十六世紀莎士比亞所撰寫的話劇《威尼斯商人》中，有一位叫作夏洛克的高利貸商人。夏洛克想割下無法償還債務的安東尼的肉，但是在「割肉可以但不能流血」的判決下，他只好放棄。

使民眾泣不成聲的高利貸，為了防止這種情況發生，政府最近在制度性安全機制上，開始實行「法定最高利率」制度。根據韓國借貸業法與利息限制法中規定，貸款利率不能超過每年 24%（2020 年為準）。超過這個部分的利息就會被視為無效，就算是已經支付出去的利息也可以重新要求返還，除了第一、二、三金融圈貸款以外，也適用於個人與個人之間的借貸。

主要先進國中的美國部分州與英國、日本、法國等都設置了法定最高利率，其餘國家則將利率完全交由市場自由決定，主要致力於防止債務人受害及財務重建支援等。

政府訂定法定最高利率的目的，是為了保護平民階層，因為這些殺人性高利貸的受害者，大部分都是低所得與低信用的人。從經濟學角度出發，政府直接介入市場管制價格，確實存在一定的副作用。韓國適用於借貸業的法

定最高利率，從 2002 年年利率 66% 降到 2018 年的 24%，在這個極速下降的過程中，倒閉的借貸業者高達一萬間。根據推測指出，這其中有一部分業者可能會成為不向政府合法立案，持續發放高利貸的非法高利貸業者。也就是說，為了盡可能避免這種「氣球效應」，精準制定政策非常重要。

077　BIS資本適足率

國際清算銀行（BIS）所訂定的自有資本比率，是一個體現銀行健康程度的指標。

> 2020 年底銀行的資本比率相較前一年小幅滑落。
>
> 19 日金融監督院表示，去年底國內銀行的國際清算銀行（BIS）資本適足率為 15.25%，比前一年下降了 0.16%。此外資本比率（13.20%）與普通股權益比率（12.54%）也各自跌落 0.05% 與 0.12%。
>
> 金融監督院解釋，這是因為去年風險加權資產增加率（5.3%）小幅高於資本增加率（總資本 4.2%），引發資本比率下跌。
>
> ——金南權，〈去年底韓國國內銀行資本比率下跌 0.16%⋯⋯
>
> KBANK 下跌 5.65%〉，《聯合新聞》2020.03.19

去健康檢查的時候，如果體脂肪或血壓等數值較高，就會聽到醫院建議「該數值對健康有害，請好好控制」。BIS 資本適足率就是用來觀察銀行安全性與健康程度的指標，財經新聞上經常縮寫成「BIS 比率」。

BIS 資本適足率是將銀行自有資產除以風險加權資產再乘上 100 所得出，所謂的自有資產是銀行總資產扣除負債，風險加權資產是將總資產內依照不同風險係數各自進行風險加權後合計出來的數值，例如安全的現金風險加權值為 0%，民間貸款與股票等加權值為 100% 等。以結論來看，越是持有大量風險資產或大量放貸的銀行，BIS 資本適足率就會越低。

BIS 是 1930 年於瑞士巴賽爾成立的國際金融機構，原本是作為第一次世界大戰後，處理賠償問題的機構。隨著業務範圍逐漸擴張，制定了一套評估銀行健康程度的國際標準，扮演著增進國與國之間金融合作的角色。

BIS 於 1988 年設立的自有資本比例標準，從 1992 年開始建議銀行至少

要將數值維持在 8%。國內金融當局也接受了此標準，將其應用在銀行監督上。雖然名義上說是「建議」，但如果無法維持 8% 的銀行，在海外融資上的費用會變高，也會變成政府集中管理的對象，經營上會陷入困難。不過市面上的大型銀行 BIS 資本適足率都維持在 10% 以上，所以不需要擔心。

除了銀行以外，保險、證券業等也都有類似的準則。保險業者有保險業資本適足率（RBC），可以呈現出保險公司有無足夠資金支付契約人保險費，此比率必須超過 100%；而券商有證券商資本適足率（NCR），是代表公司資金調度與運營健康程度的指標，必須維持在 150% 以上。

078 壓力測試 Stress Test

假設在金融危機狀態下，評估金融公司財務健全性與潛在弱點的分析方法。

> 　　警告指出，美國等主要國家加速推動貨幣政策正常化的同時，若韓國國內市場利率飆漲的話，銀行在健全性方面可能會產生問題。
>
> 　　韓國銀行透過 20 日提交給國會的「金融安全報告書」，以檢察韓國銀行的健全性為由，進行了壓力測試，目的是要確認韓國銀行們面對市場利率上漲與景氣衰退等對外衝擊，是否有做好萬全準備。
>
> 　　測試結果指出，若韓國 2019 年底的市場利率比 2017 年底高出 2%，韓國銀行的國際清算銀行（BIS）適足率將會從 2017 年底的 15.2% 下跌至 14.4%；若高出 3% 的話，將會跌落至 13.7%。
>
> 　　韓銀假設受到景氣衝擊後，今年與明年的韓國國欵經濟成長率分別為 1.3% 與 1.2%，在這個情況下，BIS 比率將會跌至 14.3%。若是在今年與明年成長率分別為 -0.5% 與 -0.6% 的「嚴重景氣衰退」狀態下，BIS 預估將跌至 13.2%。
>
> ——金恩正，〈「若市場利率上漲超過 3%，銀行健全性將亮紅燈」〉，《韓國經濟》2018.06.21

　　壓力是萬病之根源，但如果可以適當管理、積極運用，也可以成為個人發展的助力。政府使用在金融公司管理、監督上的壓力測試，某方面看來也是「良藥壓力」。

　　壓力測試會設定一個假設的危機狀態，評估測試者的承受能力。此概念原先是使用在醫學領域的心臟機能檢驗，以及資訊技術（IT）領域的電腦網路驗證等，直到 2008 年美國發生金融危機後，才在金融領域中成為耳熟能詳的用語。

　　金融領域的壓力測試，會以過去的案例或是假設性狀況，或者假設匯率、利率、物價、油價等主要變數，評估虧損可能發生的程度。測試時所有金融公司不會採用統一的標準，因為每間公司的營業環境與持有資產不同，各國中央銀行與金融當局會開發各種壓力測試的模型並加以使用。

　　自從以次級信貸為首的「不實炸彈」擴散到整個金融圈後，美國當時決定對主要銀行進行壓力測試，目的是為了區分出體質不良銀行與健全銀行，消除市場的不安全感。2009 年 5 月公佈的結果中，19 間大型銀行裡有 10 間無法通過標準，但是反而消除了經濟主體原先茫然無從地不信任感，因此受到了好評。在經濟層面上，不確定性比不景氣來得更令人恐懼。

　　但如果沒有確實執行壓力測試的話，就無法帶來助益。2010 年歐洲財政危機當時，歐盟（EU）對 91 間銀行進行壓力測試，結果只有 7 間銀行沒有通過，被點出的不良銀行數目遠遠小於專家預期。原因是歐盟採用過度安逸的標準，無法測出銀行真正的危機應對能力，因此被批評為是「半瓶水響叮噹」。

079　銀行擠兌／基金擠兌 Bank-run／Fund-run

銀行擠兌指大規模提款事態；基金擠兌指投資人贖回引發的股票拋售現象。

> 　　部分人士主張，應該上調十八年來凍漲的存款保險限額（5,000 萬韓元）。研究結果指出存款保險制度在防止「銀行擠兌」（大量提款事態）的效果優良，研究結果一發表，就引發已經沉寂一陣子的「限額調高論」，又再度被拿出來討論。
>
> 　　根據存款保險公社的存款保險研究中心於 10 日公開的調查結果指出，2011 年 1 月 13 ～ 20 日銀行虧損事件爆發後，釜山儲蓄銀行的 5,000 萬韓元以上的存款人士中，提款比率為 14.7%，與 5,000 萬以下存款者提領比例（5%）相比，非保障性存款的提款風險高出將近 3 倍。存款保險制度可以作為金融安全網是眾所皆知的事，但這也是第一次有具體數字作為佐證。
>
> 　　當時儲蓄銀行正式出現虧損時，2011 年 1 月 14 日三和儲蓄銀行暫停營業，接著一個月後釜山儲蓄銀行也宣布暫停營業。雖然保障存款只從整體存款額中被領出 4.5%，但是非保障存款卻流失了 8.7%。
>
> 　　——趙庸澈，〈「提高存款保障限額，降低銀行擠兌可能性」〉，
>
> 　　《首爾新聞》2018.10.11

　　當某某銀行發生問題的消息傳開，會發生什麼事呢？某某銀行的存戶應該會一窩蜂衝去領錢。銀行因提款需求暴增陷入混亂狀態，就稱為「銀行擠兌」。當銀行擠兌將資金提領至見底，銀行就不可能再持續營業，而且將陷入經營困難的雙重惡性循環中。

　　作為「外匯危機主謀」的綜合金融公司，在歷經銀行擠兌事件之後大部分都已經倒閉。1998 年 1 月 5 日韓國全國上下每間綜合金融公司的分行，從

凌晨開始就大排長龍，這些都是自從前一個月 14 間綜合金融公司解除暫停營業後，紛紛前來提款的存戶。這些綜合金融公司在短短四天裡就迎來兩萬名存戶，提領走 1 兆 1,000 億元。當時整體綜合金融公司的個人存款規模流失了將近 40%。

　　政府為了防止這類的混亂事件發生，開始營運存款人保護制度。根據存款人保護制度規定，即便金融公司倒閉，政府也會保障給付一定的金額。而這筆錢的來源就是平時金融公司繳交給存款保護公社的保險費。每間金融公司可保障的金額，以一人 5,000 萬元（本金＋利息）為限（2020 年基準），如果把 5,000 萬分散存在不同的金融公司，就不需要擔心錢討不回來。

　　股票市場裡也可能出現類似銀行擠兌的事件，稱作為基金擠兌，也就是指基金投資人擔心收益下跌，爭先恐後要求贖回基金，如果投資人同時大量贖回，就會導致基金公司需要將持有的所有股票一口氣進行處分，引發股價跌勢加劇的惡行循環反覆發生。基金擠兌主要發生在股價崩跌，或長期走跌的時候。

080　私人銀行 PB，Private Banking

金融公司向高資產顧客提供的資產管理、投資顧問、財務及法律援助等綜合性管理服務。

> 成為銀行貴賓的話，就會擁有專屬的私人銀行。PB 可不是一般的銀行員工，想成為 PB 的話，資產管理經驗豐富且優秀是基本要求，同時還必須擁有國際認證高級理財規劃顧問（CFP）與特許金融分析師（CFA）證照。只有接受過專業教育及人性教育的 PB 才能擁有服務 VVIP 的「資格」，因為 VVIP 的 PB 等同於資產家的金融秘書。
>
> 韓國四大銀行（新韓、國民、KEB 韓亞、友立）都是將 VVIP 專責部門額外進行獨立管理。目前 VVIP 專用中心裡的專業 PB，新韓銀行最多，共有 128 位，其次則是國民銀行（99 位）、KEB 韓亞銀行（97 位）、友利銀行（52 位）。銀行業表示，一位 PB 約莫可以服務 20 位左右的 VVIP。
>
> ──鄭枝垠、鄭素蘭，〈存入 30 億就可以享受 PB「特殊服務」……幫你教小孩寫作業、還幫你做代理拍賣〉，《韓國銀行》2019.09.21

在韓國要有多少錢才算有錢人？「金融資產超過 10 億以上」大致看來比較合理，因為擁有這筆錢，就能夠擁有資格，使用金融公司只提供給有錢人的私人銀行。

KB 金融控股經營研究所公佈的〈2019 韓國富人報告書〉中指出，國內金融資產超過 10 億韓元以上的有錢人，推估大概有 32 萬 3,000 人。平均家庭所得為 2 億 2,000 萬，每月消費支出約為 1,040 萬元，是一般普通家庭的 4 倍。PB 針對這些資產家們所提供的服務，超出金融商品推薦、存款、股票、房地產等資產管理，還提供稅務諮商、繼承與贈與準備、子女教育與結

婚、企業繼承等全方位服務。

　　PB 是專職服務高額資產家的員工，同時也有私人銀行家（private banker）的意思。「曹國事態」發生時，PB 為他處理了所有大小事，震驚了全世界，其實 PB 有點接近個人秘書的角色。他們會替客戶張羅所有婚商喜慶，友未婚子女的話也會幫忙牽線安排項親。除了隨時邀約顧客參加公演以外，還會代理顧客參與美術品拍賣。最頂級的 PB 管理的顧客資產，一般都在數千億元，因為工作內容新股，年薪以億計算，同時可領取高額獎金。

　　在城市各處開設 VIP 專用 PB 中心，強化針對高資產客戶的業務，是目前金融公司的趨勢。它們也開始降低 PB 的門檻，試圖吸引「具有未來潛力的有錢人」，有部份已經銀行宣佈，只要金融資產達到 1 億元以上就可以使用 PB 服務。

081　機器人投資顧問 Robo-advisor

由人工智能（AI）為投資者進行分析，配合使用者類型協助資產管理的自動化服務。

> 　　在最近惡化的股票環境中，機器人投資顧問（RA）賺取的報酬率高過於指標（BM，benchmark）。
>
> 　　主要營運 RA 測試平台的 Koscom 於本月 8 日公開了各類別的報酬率。今年上半季風險中立型與積極投資型分別創下 7.90% 與 10.20% 的報酬率，高於 KOSPI200 指標（5.92%）。年初以來由於美中貿易戰，股市陷入衝擊，截至 5 月 KOSPI200 的累積報酬率僅有 0.73%，反之，風險中立型（6.05%）、積極投資型（7.63%）、穩健投資型（4.80%）的報酬率都維持在相對高點。
>
> 　　──姜承妍，〈機器人投資顧問在熊市表現更亮眼〉，
>
> 《先驅經濟》2019.08.08

　　過去「金融人」被視為是高學歷、高年薪的代名詞，但隨著 AI 時代來臨，他們地位已經不再像過往般崇高，因為機器人現在已經可以替代人類進行經濟分析與投資判斷。世界最大投資公司高盛集團，1990 年代聘請了高達 5、6 百名股票操盤手，但是 2010 後半年，就開除了所有人只留下兩位，這些人的空位都被名為「Kensho」的 AI 投資演算法所取代了。

　　反之，現在對消費者而言，只要透過機器人投資顧問就可以輕鬆獲得專業的資產管理建議。所謂的「機器人投資顧問（robo-advisor）」，就是由「機器人（robot）」與「顧問（advisor）」兩字所組成。AI 會綜合分析使用者所輸入的投資取向、資產詳情，以及股價、匯率、市場狀況等，再為使用者量身定做一套投資組合。

　　機器人投資顧問的優點是，過去專屬於資產家的資產管理服務，現在只要以低廉的手續費，就可以不受空間和地點限制進行使用。但是該服務目前在韓國還仍只是起步階段，2016 年韓國政府開放機器人投資顧問提供投資諮詢與資產運營的服務，機器人投資顧問才首次亮相。

　　韓國的機器人投資顧問雖然偶爾會創下高於市場平均的報酬率，但是仍有聲音指責它目前的營運規模太小，需要再觀察一下它「真正的實力」。現在市場已經出現以機器人投資顧問為主要業務的新創公司，消費者也可以從主要銀行的智慧型手機 APP 裡，使用初階水平的機器人投資顧問。為了立刻糾正 AI 的錯誤，還出現了加上大數據專家們的分析，被命名為「人性機器人投資顧問」的新型服務。

　　機器人投資顧問可以排除掉人類的「感覺」，不斷嘗試仰賴數字進行投資決策。利用數學模型的計量分析方法，找尋投資標的的量化（quant）投資，以及在電腦設定好一定的條件，自動進行買賣交易的程序化交易（system trading）等，對許多投資人而言都很熟悉。

第六章

賺錢經濟學：所得與勞動

　　一個健康的社會，建立在人民對於「不論是誰，只要努力工作就得以成功」的信念上，但是無法輕易被改善的兩極化問題，動搖了大家的信念。這個章節裡，我們將探究所得與勞動的相關部分，除了國民最所得以外，還包含最低薪資、一般薪資、薪資封頂制度、年末精算、退休年金等所有與「賺錢」相關的用語。

082　平均每人國民所得毛額 GNI，Gross National Income

一個國家的國民，在海內外賺取的所得合計，平均每人 GNI 是可以反映出國民生活水平的指標。

　　因低成長、低所得與韓圜走弱等綜合因素，使韓國 2019 年平均每人國民所得毛額出現十年來最大跌幅。

　　韓國銀行 3 日公佈的「2019 年國民所得」（暫定）中指出，去年平均每人國民所得毛額（GNI）為 3 萬 2,047 美元，比前一年（3 萬 3,434 美元）下跌 4.1%，國民所得減少第一次發生於 2015 年（-1.9%），這次的減少幅度是金融危機隔年 2009 年（-10.4%）以來的最大跌幅。

　　平均每人國民所得毛額是由實質成長率、物價（GDP 平減指數）與韓元匯率所組成，由於這三項指標皆達幅低於前一年表現，導致平均每人國民所得毛額銳減。去年韓元兌美元匯率，價值跌落 5.9%，因此換算成美元的國民所得也隨之減少。

　　此外，實質成長率也僅有 2.0%，是 2009 年（0.8%）以來的最低數值。物價方面則由正轉負為 0.9%。因此反映實質成長率物價的名義成長率也僅有 1.1%，是 1998 年（-0.9%）外匯危機以來的最低數值。

　　　　　　　　　　　　——金翼煥，〈平均每人國民所得倒退四年〉，

　　　　　　　　　　　　　　　　　　　　　　　《韓國經濟》2020.03.03

　　要看出一個國家經濟好壞的指標，就像本書中一開始說明的一樣，要看實質國內生產毛額（GDP）的增減，也就是所謂的經濟成長率。GDP 雖然可以體現一個國家的經濟實力，但不能反映出個體的生活質量。如果好奇一個國家的民眾過得有多好，那要看哪個指標呢？正確解答就是國民所得毛額

（GNI）除以人口總數所獲得的數值，也就是平均每人國民所得毛額。

GNI 是指國民參與國內外生產活動所賺取的總所得，把 GDP 加上自家國民的海外所得，再扣除支付給外國人的所得，就可以計算 GNI。將 GNI 除以人口數，就可以求出平均每人 GNI，反映國民平均的所得、生活水平。在歐洲與中東有很多平均每人 GNI 超越美國的小強國。

平均每人 GNI 若超過 3 萬美元，就會被列認為已開發國家。韓國於 2017 年創下 31,734 美元，是史上第一次超過 3 萬美元*。人口超過 5,000 萬，平均每人 GNI 超過 3 萬美元的國家，又被稱為「30-50 俱樂部」，進到該俱樂部的國家僅有美國、德國、英國、日本、法國、義大利，加上韓國總共 7 個國家。

韓國平均每人 GNI 在 1953 年韓戰結束後僅有 67 美元。爾後韓國踏上高速成長的道路，1977 年達到 1,000 美元、1994 年 1 萬美元、2006 年超過 2 萬美元，並在十一年後正式突破 3 萬美元。韓國不管從量或是質來看，都可以驕傲的擠進已開發國家的行列之中。

但是我們仍要考慮到平均每人 GNI 中隱藏著可能引發錯覺的因素。GNI 基本上是跟著 GDP 浮動，但是也很容易受到匯率影響，因為一般我們為了進行國家之間的比較，會將其轉換為美元。韓國的 GNI 長年以來在 3 萬美元的門檻前停滯，因為受到韓元在國際金融市場走強的助力，才一舉超過了 3 萬美元。

GNI 也可能出現與民眾體感經濟不同調的情況，因為 GNI 裡不只有家庭所得，還包含了企業與政府所得。韓國 GNI 的家庭收入占比從 2000 年 62.9% 減少至 2017 年 56%，也就是說這段期間裡，政府與企業收入的增長更加迅速。

---

* 編按：台灣於 2021 年突破 3 萬美元，來到 33,550 美元。2020 年為 29,202 美元。

083　涓滴效應／噴泉效應 Trickle Down Effect／Fountain Effect

涓滴效應指高所得階層、大企業的所得增加；噴泉效應指低所得階層、中小企業的所得增加進而促進經濟活絡的理論。

> 大企業與中小企業的營業利潤創下史上最大差距。隨著半導體出口仰賴增加，整體經濟結構轉變，難以再期待「涓滴效應」的發生。
>
> 韓國銀行 16 日指出，第三季（7 到 9 月）大企業的營業利潤為 8.39%，比前一年上漲 0.51%。這是 2015 年開始採用相同方式進行相關調查以來的最高數值。2015 年至 2016 年坐落於 5～6% 的大企業營業利潤，2017 年第一季攀升至 7%，並於今年第三季首次突破 8%。
>
> 中小企業的營業利潤率為 4.13%，相較前一年下滑的 2.48%。中小企業營業利潤率跌至 4% 是史上第一遭，創下了歷史最低數值。
>
> ——張鎮福，〈消失的涓效應……大企業與中小企業營業利潤史上最大差距〉，《首爾新聞》2018.12.17

　　所有國家都希望經濟發展，但是能夠用於經濟發展的資源是有限的，那麼究竟要集中支持哪一方才能夠將經濟發展的效果最大化呢？涓滴效應與噴泉效應各自代表了這兩個難分軒輊的對立視角。

　　涓滴效應主張，政府透過增加投資，首先提升大企業與富有階層的財富，隨著經濟復甦，中小企業與低所得階層也會同時受惠，對整體經濟產生利益，由形容水漸漸滲漏浸濕底層的「涓滴（trickle down）」一詞延伸而來。

　　支持涓滴效應的一方，重視成長勝過於分配，在政治上也傾向保守。1980 年代美國總統雷根與 1990 年代的布希總統，都是依據涓滴效應實施經濟政策，他們降低企業的法人稅與富有階層的所得稅，企圖復甦蕭條的景氣。韓國 1960 至 1970 年代處於高速成長期，當時也是集中支持大企業，快

速培育經濟發展，也是涓滴效應的案例之一。

　　而噴泉效應則是涓滴效應的反面理論，主張政府若是提升一般民眾與低所得階層的收入，就能夠刺激總需求與活絡景氣，最終也會連帶提高高所得階層的收入，由形容水由下往上湧浸濕周圍的「噴泉（fountain）」一詞延伸而來。

　　噴泉效應的支持者，大多數重視分配勝過於成長，具有進步傾向。他們認為比起富有階層，低所得階層若可以獲得政府援助就會更願意消費，就能夠幫助景氣恢復。噴泉效應同時也是「經濟民主化」與「所得主導成長」的理論根本。

　　究竟涓滴效應是正解，還是噴泉效應是正解，從古至今以來的爭論都非常激烈。涓滴效果因為把福利都集中在有錢人身上，被批判會反而因此加劇兩極化的情況產生。國際貨幣基金（IMF）於 2015 年發表了一則報告，宣佈涓滴效應是子虛烏有，他們分析了 150 幾個國家，發現前 20% 的所得若增長 1%，接下來五年的經濟成長率反而會下跌 0.08%。而涓滴效應在現實上也暴露出自身極限，歐盟（EU）部分國家為了製造涓滴效應，大幅提升福利支出，結果卻看不見效果，反而陷入了財政困難。

084 可支配所得 Disposable Income

所得扣除稅金、社會保險、利息費用等之後，實際可以使用在消費或儲蓄上的金額。

> 所得最低20%的家庭，今年第一季月均所得比前一年減少2.5%。低收入戶所得從2018年第一季開始，已經連續五季呈現減少趨勢。韓國整體家庭的可支配所得，也面臨十年來首次減少。
>
> 統計處於23日公佈的2019年第一季家計動向調查（所得部門）中指出，第一階（所得最低20%）家庭的名義所得月平均為125萬5千韓元（兩人以上家庭），與前一年對比減少了2.5%。
>
> 去年第一季所有家庭的可支配所得（所得中扣除稅金、年金、利息費用等，實際可運用的資金）月均為374萬8,000韓元，比去年同期減少0.5%。可支配所得呈現減少，是2009年第三季（-0.7%）後十年來第一次。所得帶動成長的第一階段，提高可支配所得，刺激消費引導經濟成長，看來沒有成功奏效。
>
> 延世大學經濟系教授成太胤表示：「可支配所得降低，是受到類似金融危機等外部衝擊時，才會出現的現象。在這種情況下提高基本工資，會造成整體經濟狀況更加困頓」。
>
> ——李泰勳，〈「所得帶動型成長實施兩年」家庭開支陷入萎縮……「可消費資金」十年來第一次減少〉，
>
> 《韓國經濟》2019.05.24

不管是哪位上班族，月薪100萬不代表那100萬就可以完全拿來使用。首先公司在薪轉前，就會將所得稅、居民稅等稅金，以及國民年金、健康保險等四大保險費從中扣除。如果有從銀行貸款，還需要償還本金與利息；若

有子女則需要教育費；若父母親還在世，也需要給他們零用錢。在想買自己的東西之前，就要先被扣掉不少。

可支配所得就指扣除這些必需性消費後，實際剩下的資金。韓國統計處所謂的「可處分所得」也具有相同意義，從所得中扣除稅金、社會保障自負額、利息費用、轉移給非營利團體或其他家庭等非消費性支出後，剩餘的資金。

對統計處而言，可支配所得之所以重要，是因為這才是實質上個人可以進行消費或儲蓄的金錢。國民經濟層面上，也會被作為觀察所得分配是否平均的基礎資料。家庭也會依據可支配所得做出消費與儲蓄的相關判斷。這個指標會對於消費需求與投資需求產生直接性影響，不論企業或是政府都必須時時關注。

即便家庭所得增加，但若非消費性支出快速增長，可支配所得反而會減少。2019 年第一季，家計名義可支配所得比前一年減少 0.5%，是繼許久之前的世界金融危機 2009 年第三季（-0.7%）以來，睽違十年再度減少。因此當時各界也開始爭論，是不是韓國政府推出的所得帶動型成長政策成效不佳，導致所得分配出現惡化。

085　基本工資 Minimum Wage

企業主義務性需支付給勞工的最低工資。

> 　　據分析指出，2019 年最低薪 10 ～ 20% 勞工的時薪，受到基本薪資調漲影響有所成長，但是月薪相較前一年卻反而減少。雖然是受到政府推動增加短時間職務政策等複合性因素影響，但仍然有聲音指責，其中部分原因來自於企業主分割勞動時間所引起的副作用，需要進行制度改革。
>
> 　　從 5 日韓國勞動社會研究所公佈的「2018 ～ 2019 基本薪資調漲對於工資不平等造成之影響報告書」看來，以時薪為基準，最低的一分位與二分位，2018 年至 2019 年的薪資增加率分別為 8.3% 與 8.8%，略高於五到十分位（0.6 ～ 8.2%）的增加率。反之，同時期的月薪變化中，第一與第二分位的工資成長率卻各自下滑 -4.1% 與 -2.4%，而七到八分位則是落在 0.1 ～ 0.2%，略為減少，但相較之下，其他分位的薪資卻全數上漲。
>
> 　　──黃普淵，〈基本薪資勞工，時薪上漲月薪反減〉，
>
> 《韓民族日報》2020.01.06

　　2018 年 7,350 元 → 2019 年 8,350 元 → 2020 年 8,590 元，這是適用於韓國所有勞工的基本工資變化趨勢。韓國於 1988 年開時實行基本工資制度，但應該從來沒有像這三年一樣，吵的如此沸沸揚揚。2018 至 2019 的調整幅度過高，引發自營業者的反對聲浪，2019 又因為調漲幅度過低，引起勞工界的不滿。

　　基本工資，是國家規定的最低工資標準，無論在什麼工作場合，法律都強制規定需支付基本工資以上的薪酬。根據韓國憲法第 32 條規定，國家

必須規定並實行基本薪資制度，目的是為了保障勞工能夠有最基本的生活品質。只要雇用超過一人以上的勞工就必須要遵守，違反的話可能面臨刑責。

　　基本工資審議委員會由勞工代表 9 人、資方代表 9 人、公益委員 9 人等總共 27 人組成，而基本工資的運作方式，是由他們每年共同決定調整方案後提交給政府，就業勞動部長官會於 8 月 5 日以前進行決策後公佈。每當委員會在協商的時候，想要提到最高的勞工代表與想小幅微調的資方代表，就像每年的例行公事一樣，總會來場「你爭我奪」。

　　提高基本工資的宗旨是善意的，我想大多數人應該都同意這點，不過我們要考慮的是，基本工資是直接「控制價格」的政策。以原則來說，應該由市場決定的價格，政府若直接介入，就會同時產生正面效果與副作用。提高基本薪資事實上對於年薪較高的大企業或公共企業不會產生什麼打擊，但是對於賺一天是一天的中小企業與自營業者來說卻是問題。如果他們收益不穩，首先會從打工族青年，以及 50、60 歲的中老年層和主婦的就業機會開始減少。

　　資方目前正在提出根據不同的產業、地區、年齡等進行分類，但是受到強烈反對，因為如此一來可能導致特定職業被貼上「低薪工作」的標籤，導致社會不平等，想要在現實中推動該方案看起來並不容易。

韓國基本工資（單位：每小時／元）

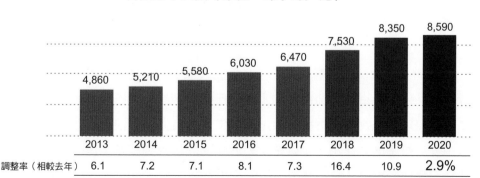

	2013	2014	2015	2016	2017	2018	2019	2020
基本工資	4,860	5,210	5,580	6,030	6,470	7,530	8,350	8,590
調整率（相較去年）	6.1	7.2	7.1	8.1	7.3	16.4	10.9	2.9%

資料來源：就業勞動部

086　工作所得補助方案 EITC，Earned Income Tax Credit

針對認真工作但低收入的個人，以稅金返還的形式給予獎勵的勞動所得補貼制度。

> 　　史上最大規模 5 兆 300 億韓元的工作所得輔助金與子女獎勵稅制金，將於中秋節前發放給 473 萬個家庭。國稅局 2 日公開 2018 年工作所得輔助與子女獎勵稅制金定期申請審核結果，有 388 萬個家庭可獲得工作所得輔助金，共 4 兆 3,003 億元；並有 85 萬個家庭可獲得子女獎勵稅制金，共 7,273 億元，其中有 63 萬個家庭同時獲得工作所得輔助金與子女獎勵稅制金。等同於韓國家庭中有 21% 共 410 萬個家庭可受惠，每戶平均可獲得 122 萬元現金輔助。
>
> 　　預計將於本月 6 日以前完成撥款至申請人所登記的存款帳戶中，若沒有登記存戶的民眾，則可以帶著國稅退還金通知書與身分證至郵局領取現金。
>
> 　　今年工作所得輔助金給付對象與給付額相較 2018 年，家庭數增加了 2.3 倍，金額增加了 3.4 倍，作為低所得階層與自營運者政策的一環，受惠對象與金額從今年開始將大幅擴大。
>
> 　　　　　　　——崔奎敏，〈工作所得輔助與子女獎勵稅制金史上最高，
> 　　　　　　　　　　　　達 5 兆 300 億〉，《朝鮮日報》2019.09.03

　　政府為了讓貧困階層也能至少享受到人道生活，持續經營著生活費、醫療費、居住、教育等各項補助基本生活保障的制度。不過若是無條件補助低所得階層現金或物資，會對財政上造成偌大的負擔，也很可能引起貧困階層永遠安於貧困的副作用，也就是說對於無法立刻找到高薪工作的人來說，可能會引發他們出現「與其辛苦工作還不如拿補助金生活就好」的想法。

　　工作所得補助方案（EITC）是針對就職中但是難以維持生計的低所得層，提供的福利制度。核心理念是所得越高，獲得的輔助金就越多，目的是為了鼓勵低所得階層積極餐與經濟活動。起初不是以補助現金的方式進行，而是以退還所得稅的方式進行，因此也被稱為「負所得稅（negative income tax）」。1975 年美國首次導入 EITC，隨著政策效果獲得認可，英國、法國、紐西蘭、加拿大等主要已開發國家也相繼採納。

　　韓國在 2009 年開始實行 EITC。當時韓國的社會安全網，分為針對一般民眾的四大保險，以及針對絕對貧困階層的國民基礎生活保障機制兩大方向。為了改善被稱作為「薪貧族（(working poor)」的次上為階層處於社會福利死角的狀態，導入了 EITC 制度。

　　想要獲得 EITC 補助，必須要擁有勞動所得或事業所得，並且所得與資產在一定基準以下。不過補助對象與補助規模每年都在改變，而且有持續增加的趨勢。以 2019 年為基準，工作所得補助金的部分，單親家庭最多 150 萬元、單薪家庭最多 260 萬元、雙薪家庭最多 300 萬元。

　　韓國政府於 2015 年，為了補助低所得階層生育與教育，引進了「子女獎勵稅制（Child Tax Credit）」，EITC 與 CTC 合併被稱為「工作、子女獎勵制度」。

087 吉尼係數／所得五等分位差距倍數／相對貧窮率

測定財富不平等程度的三大所得分配指標，所有指標都是數值越大表示不均衡的情況越嚴重。

> 2018 年三大所得分配指標全部出現好轉。政府針對低所得階層所實施的現金性福利政策等，縮短了兩極之間的差距，不過高收入自營業者的所得減少，也對縮短兩極差距產生貢獻。不過，雖然所得不平等好轉，但資產不平等卻是毫無改善。擁有大量以房地產為中心的實體資產上層人士（所得排行前 20 ～ 40%）的淨資產增加，然而貧困階層（所得最低的 20%）淨資產卻出現減少。
>
> 統計處 17 日公佈的「2019 家庭金融福利調查」中指出，去年吉尼係數、所得五分位差距倍數、相對貧窮率全部下修。吉尼係數中，「0」為完全平等「1」為完全不平等，而去年則是 0.345。而所得五分位差距倍數能夠反映最上與最下位 20% 差距的平均可支配所得，去年為 6.54 倍。至於反應出未滿中等收入 50% 於整體佔比的相對貧窮率，則是 16.7%。三大指標都是從 2011 年開始紀錄以來的最低數值。
>
> ——全瑟琪，〈所得差距減少……有錢人只靠房地產賺錢的韓國〉，《國民日報》2019.12.18

「富者更富，窮者更窮。」兩極化的問題是全世界國家都必須面對的課題。不管政府有多麼努力，韓國的三大所得分配指標，在經濟合作暨發展組織（OECD）會員國裡排名吊車尾。根據報導統計指出，韓國在 36 個會員國中，吉尼係數排名二十八；所得五等分位差距倍數排名二十九；相對貧窮率排名三十一。*

吉尼係數可以呈現財富不平等程度，是最具代表性的所得分配指標。

吉尼係數的值介於 0 到 1 之間，越接近 0 表示越平等；越接近 1 表示越不平等，只要記得這件事在閱讀財經新聞上就不會有任何困難了。一般來說，吉尼係數如果超過 0.5，會認為該國家正面臨暴動般的嚴重不平等狀態。韓國以及其他經濟合作暨發展組織（OECD）會員國，大多都維持在 0.3 左右。

　　吉尼係數是使用經濟學課本裡出現的「羅倫茲曲線」計算而成。羅倫茲曲線所表現的是所得低到高的人口累積比率，與他們依次累積的所得累積比率之間的關係。利用吉尼係數，我們可以輕鬆比較國家之間或是階層之間的所得分配狀況，並了解一個國家在一段時間內所得分配所產生的變化。

　　所得五等分位差距倍數指富有階層的所得為貧困階層的幾倍。把全體人口的所得依序分成五個分位，將最上位 20%（五分位階層）的平均所得，除以最下位 20%（一分位階層）的平均所得，計算出來的值。上述報導中提到，韓國的所得五等分位差距倍數為 6.54 倍，也就是說最上位 20% 的所得，比最下位 20% 的所得高出 6.54 倍。分配如果完全平等，所得五等分位差距倍數就會呈現 1，但不平均的狀態越來越極端的話，數值可以無限延伸。

　　相對貧窮率意指處在貧窮危險裡的人口比重，是指所得連中等收入的一半都未滿的階層在整體人口中的佔比。韓國 2018 年的相對貧窮率為 16.7%，中等收入 50% 以下的貧窮線標準為 1,378 萬韓元，表示在韓國人口中有 16.7% 的人，可支配所得一年處於 1,378 萬以下。

* 編按：台灣 2020 年吉尼係數為 0.274；所得五等分位差距為 3.84 倍。

088　恩格爾係數 Engel's Coefficient

家庭消費支出中食品支出的佔比，一般而言所得越高數值越低。

> 　　韓國因食品物價上漲，顯示家庭消費中食品支出佔比的恩格爾係數出現十七年來最高數值。從韓國銀行 20 日公佈的國民帳目統計中看來，2017 年第一到第三季家庭的國內消費支出為 573 兆 6,688 億韓元，比前一年同期增加 3.3%。其中「食品與非酒類飲品」支出為 78 兆 9,444 億元，增加了 4.7%。以此數值計算家庭消費支出中食品佔比的恩格爾係數後，結果為 13.8%，比前一年同期增加了 0.2%，以第一季到第三季來看，是繼 2000 年 13.9% 以來的最高數值。
>
> 　　恩格爾係數通常所得越高數值越低。隨著所得增加消費也會增加，家庭除了食品與非酒類飲品等必需品外，其他消費也會增加。其實韓國的恩格爾係數從 2000 年以後，就一直不斷走低，2007 年甚至跌至 11.8%。但是 2008 年之後又上漲回 12%，轉跌為升，2011 年來到 13% 後仍持續看漲，目前已接近 14% 的門檻。
>
> 　　　　　　　　　　──趙恩仁，〈「菜籃物價」拉緊褲帶……
> 　　恩格爾係數十七年來最高〉，《亞洲經濟》2018.02.20

　　德國統計學家恩斯特・恩格爾（Ernst Engel）在回顧 1875 年勞動者家庭支出統計時，發現所得越低的階層，食品支出佔整體支出的比例越高，而收入越高則佔比越低。他將這個現象以自己的名字取名，稱其為「恩格爾法則」，後來家庭消費支出中食品之支出的佔比就被稱作為恩格爾係數。

　　恩格爾法則體現了食品的特性。不論所得高或低，都必須會有一定比例的食品消費，就算其他東西減少，但是食品能減少的限度有限。與此同時，不論賺的錢再多，食品是消費到一個程度以上就不需要再進行消費的商品。

一般來說，恩格爾係數在 20% 的話屬於上流階層；25 ～ 30% 屬於中產階層；30 ～ 50% 的話屬於下級階層，而如果佔比 50% 以上的話，則會被列入赤貧階層。

　　天使係數（angel coefficient）呈現的傾向與恩格爾係數相反。天使係數指的是家庭消費中，子女教育費的佔比。教育費裡包含了：學費、補習費、家教費、零用錢、買玩具的費用等。名稱的起源是因為嬰幼兒相關產業被稱作「天使產業」。

　　一般來說天使係數越高表示所得越高，代表父母在滿足基本的食衣住行後，擁有餘力毫無保留地投資孩子的教育。但也有分析指出，景氣越差的時候，天使係數就越高，因為父母認為教育費是「對未來的投資」，因此景氣越不好，支出額就越高。不過也有部分人士指責，在教育熱潮當道的國家不適用這種說法。

089　基本收入 Basic Income

與所得、資產、職業無關，對所有國民發方依定金額的福利制度。

> 芬蘭政府 2017 年領先全球引進基本收入保障制度，然而結論卻是該制度對提升失業人口就業率並無成效。
>
> 芬蘭社會保障研究院 8 日透過報告書指出：「過去我們實驗了兩年，仍然無法證實基本收入制度對於改善工作意向、失業率方面的成效」。沉重的財政負擔，讓芬蘭政府宣告本次福利實驗以失敗收場。
>
> 研究小組在報告中指出：「實驗結果顯示，基本收入的受惠者在勞動市場尋找就業機會方面，沒有優於也沒有亞於其他對照組」。但是在基本收入受惠者的壓力低於現有社會保險受惠者，而且對於將來有較高的自信心等「well-being」層面上，反應非常正向。
>
> 芬蘭政府原本計畫，截至 2018 年底的兩年試驗結束後，將擴大基本收入適用對象，但隨著實驗結果出爐，決定依照求職狀況尋找津貼給付等其他替代政策。
>
> ——薛智妍，〈「每個月 560 歐基本收入，無法解決失業問題」……芬蘭實驗最終宣布失敗〉，《韓國經濟》2019.02.09

　　每個國家為了保護低所得階層與弱勢階層，都會運營各式各樣的福利制度，但是根據資格標準與選定方式，每個福利內容都不一樣，而且越來越複雜。因此有人提出了這種想法：「不需要過問每個國民的狀況，只要發放同樣的金額，然後把其他福利制度全數取消不就好了嗎？」這就是成為世界各地爭論焦點的「基本收入」的基本概念。

　　基本收入是不論所得與資產規模、有無工作，向全國人民支付一定金額的制度。對所有人都提供一定水準以上的生計保障，目的在於促進消費與活

絡內需。不過基本收入對造成國家財政極大負擔，外界也十分擔心該制度會降低人們的工作意向，因此連身為「福祉天堂」的歐洲也不敢輕易導入。

早期歐洲經歷過低成長與經濟鈍化，1980 年代就有部分左派政治勢力開始討論基本收入。2016 年 6 月瑞士由市民團體主導，提出了每個月對所有瑞士成人提供 2,500 法郎的基本收入法案，進行了公投，但是有 76.9% 的選民投了反對票，法案遭到否決。分析指出，瑞士的整體所得、年金水準已經很高，如果再擴大福利政策，最後會導致徵稅增加，因此引發民眾反感。

2017 年芬蘭政府隨機抽選 2,000 人，以無條件的方式，兩年內每個月支付 560 歐元，進行基本收入保障制度試辦，但是結果就像上述新聞提到的一樣，決定不執行，因為該制度在解決貧困問題的成效不如預期，對降低失業率也沒有什麼幫助。

美國與英國進步派人士也曾提出基本收入，但是並沒有進一步具體討論。美國 2016 年大選時，民主黨競選候補人伯尼・桑德斯（Bernie Sanders），甚至提出所得保障相關的政策。英國在野黨勞動黨也曾表示「未來會研究看看」。

090 普通薪資

定期且固定支付給勞工的薪資，為各種津貼與退休金的決定標準。

> 　　起亞汽車受到普通薪資一審敗訴，須賠償累積將近 1 兆韓元的準備金影響，第三季（7 至 9 月）業績十年來首次出現季度虧損
>
> 　　27 日起亞公佈的第三季銷售額為 14 兆 1,077 億元，雖然比 2016 年同期增加了 11.1%，但是卻面臨 4,270 億元的營業虧損。起因是財報上反映了 8 月 31 日普通薪資一審敗數須賠償的累積準備金等 9,777 億元相關費用。起亞汽車自從 2007 年第三季虧損 1,165 億元以後就一直保持在正盈餘狀態，這是十年來第一次轉盈為虧。
>
> 　　一審判決公司必須支付給勞工的薪資為 4,223 億韓元，適用對象擴大至起亞汽車全體員工，適用時間雖然不包含訴訟期間，但是仍追加延長適用判決的期限，因此賠償額大幅增加。
>
> 　　——韓禹臣，〈起亞「踩煞車」……普通薪資餘波造成十年來首度虧損〉，《東亞日報》2017.10.28

　　過去數年來，除了起亞汽車以外，還有數百間企業因捲進「普通薪資訴訟」而飽受煎熬。名字看起來既生硬又陌生的普通薪資，到底為什麼可以引起如此軒然大波？

　　普通薪資是企業定期且固定給付的時薪、日薪、週薪、月薪或是承包款。簡單來說，就是根據勞動契約上，確切可以領取的錢，就會被列入普通薪資。不過個人績效優良所領取的獎金、一次性的分紅等，並不包括於普通薪資內。

　　普通薪資會影響到短期的各種津貼，以及長期的退休金等的計算標準，因此非常重要。上班族弱勢延長工時、夜間加班、假日加班，公司都必須多

給付 50% 的薪資，其實就會以普通薪資作為基準點進行計算。普通薪資越高，對勞工而言越有利，但是會增加企業的人事成本。

　　勞動人士之所以不斷提起訴訟，就是因為無法界定普通薪資的範圍。韓國企業有很多不包含在基本工資，但卻是按照慣例按時支付的工資，例如每次佳節就會發放定期獎金，就是最具代表性的例子。訴訟的重點就是「應該包含在普通薪資內的定期獎金被排除在外，因此現在請補給當初我們少收的錢」。外界經常批評，韓國的工資體系是基本工資佔比較低，把各種津貼弄得十分複雜的畸形結構，而最後成為了勞資紛爭的導火線。

　　韓國大法官 2013 年 12 月解釋，普通薪資為定期支付款項（具定期性）、事前確定的款項（固定性），以及統一發放各所有勞工的款項（一慣性）。但是在此之後還是會因為事件不同而有不同的判斷，法律上的混亂並沒有因此獲得緩解。

091　正職／非典型就業

正職是企業直接雇用，受到四大保險、退休等保障的工作型態；非典型就業則是正職以外的所有工作型態之通稱。

> 「316 萬 5,000 韓元 vs 172 萬 9,000 韓元。」這是 29 日統計處所公佈的「工作型態附加調查結果」中，今年 6 到 8 月正職勞工與非典型就業勞工的月均收入。2018 年差額為 136 萬 5,000 元，而今年上漲至 143 萬 6,000 元，創下史上最高值（以金額為基準）。今年的薪資成長率為 5.2%，但相同數值下確切金額差異卻出現這樣的結果。
>
> 統計處 2004 年首次進行相關統計，當時正職（176 萬 9,000 元）與非典型就業（115 萬 3,000 元）的薪資差異只有 61 萬 6,000 元。
>
> 但是後期正職薪資相對大幅上漲，年復一年差距越拉越大。文在寅政府雖然將「非典型就業正職化」作為核心國政課題，但是該趨勢仍無明顯改善。正職相比非典型就業的月均薪資比，從 2017 年 55.03% 下降至 54.64%，今年來到 54.63%，連續兩年呈下滑趨勢。但是正職的平均就業期間（8 月基準）去年為七年九個月，今年小幅上漲至七年十個月，反之，非典型就業則是從兩年七個月縮短為兩年五個月。
>
> ——吳尚寵，〈173 萬 vs317 萬……非典型就業與正職薪資差異越拉越大〉，《韓國經濟》2019.10.30

網路漫畫《錐子》因為大受歡迎被翻拍成為韓劇，內容具體描述了一位被大型超市解雇的非典型就業勞工的辛酸血淚。至 1990 年為止，韓國非典型就業並沒有像現在一樣引發爭議。但是外匯危機以後，企業開始擴大實行勞工派遣制與重整解雇制後，勞動市場出現兩極化現象，整個事態被改寫。

非典型就業已經超越了單純的工作型態差異問題，更成為了象徵韓國社會不平等的話題。甚至出現了在同一個工作單位、從事相同工作內容的同時之間，卻混雜著正職與非典型就業的尷尬狀況。

　　正職與非典型就業不是法定用語，因此非典型就業的界定目前仍有爭議。正職一般泛指與公司直接簽訂勞動契約，為全職行工作，並受到四大保險保障。非典型就業則泛指正職以外的所有工作型態，約聘（限期勞工）、兼職（時薪制勞工）、派遣、服務、特殊雇用職（非典型勞工）等，全部都是包含在非典型就業下的代表類型。根據統計，2019 年韓國勞工中，非典型就業比率為 36.4%。非典型就業中不斷延長合約的無期契約職，以及承包商底下以正職型式被雇用的勞工等類型，與正職的界線非常模糊，近期若無法處理與正職員工相同的業務，或是不能受到正職員工的待遇，都被廣泛視為非典型就業。

　　特殊雇用職雖然被視為是個人工作者，但實際上他們卻是為公司工作的勞工，最具代表性的就是實習教師、保險代理人、快遞司機、高爾夫場球僮、上門推銷員等。他們雖然受到特定公司的管理與監督，但是卻無法受到承認，也無法獲得韓國的四大保險與勞動三權等權力。

韓國正職、非典型就業的月均薪資（單位：萬元）

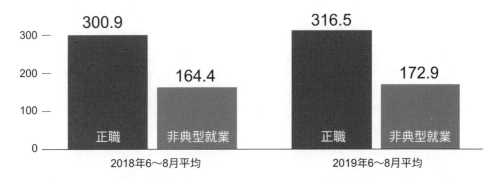

	2018年6～8月平均		2019年6～8月平均
正職	300.9	正職	316.5
非典型就業	164.4	非典型就業	172.9

資料來源：統計處

092　工作年齡人口／經濟活動人口／非經濟活動人口

工作年齡人口為滿 15 至 64 歲之人口，經濟活動人口是就業者與失業者的總和，其餘則被稱作為非經濟活動人口。

2019 年工作年齡人口（滿 15 至 64 歲）佔總人口之比例，創下 2008 年統計開始實施後的最低紀錄。與往年相較之下，整體人口的增加率與增量也創下最低數值。

12 日根據行政安全部指出，2019 年底居民登錄人口統計數字為 5,184 萬 9,861 人，雖然比前一年增加了 2 萬 3,802 人，但是增加率卻僅有 0.05%。工作年齡人口 3,735 萬 6,074 人，比前一年更減少了 19 萬 967 人。2016 年工作年齡人口達到巔峰時為 3,778 萬 4,417 人，後來就不斷持續減少，佔總人口比重 72%。而滿 14 歲以下的青少年人口也減少了 16 萬 1,738 人，統計為 646 萬 6,872 人，也創下了 2008 年後的最低數值。

反之，65 歲老年人口卻創下史上最高數值，增加了 37 萬 6,507 人，總計 802 萬 6,915 人。這是首次老齡人口突破 8 百萬人，老齡人口與青少年人口的差距也來到 156 萬人。

平均年齡 42.6 歲也是 2008 年以後的最高紀錄。平均年齡從 2008 年的 37 歲持續增長，2014 年突破了 40 大關，40 歲（16.2%）與 50 歲（16.7%）佔了總人口的三分之一。

——鄒家榮，〈往「超高齡社會」邁進的韓國……去年工作年齡人口銳減 19 萬人〉，《韓國經濟》2020.01.13

2017 年隨著韓國工作年齡人口首次出現減少，社會對於「人口斷崖」的憂慮又更上一層。韓國的工作年齡人口減少的速度比其他國家都快上許

多，因為低生育率，導致新進入工作年齡人口的青少年階層正在減少*；因為高齡化，65 歲以上被排除工作年齡人口，納入高齡人口的人數持續增加。

　　工作年齡人口，是指可生產年齡落在滿 15 至 64 歲的人口，意味著韓國經濟活動中可以運用的勞動力規模。根據統計處所公佈的未來人口趨勢看來，韓國工作年齡人口將從 2017 年 3575 萬人開始減少，預估 2030 年為 3,395 萬，2067 年會跌至 1,784 萬人，也就是說工作年齡人口僅僅 50 年就少了一半。特別是嬰兒潮時期出生的人口（1955 至 1963 年生）開始進入高齡人口，統計處預估，工作年齡人口 2020 年會減少 33 萬人、2030 年將減少 52 萬人。

　　生產年齡人口分成經濟活動人口與非經濟活動人口。所謂的經濟活動人口，包括擁有收入的就業者與正在求職的失業者。乍看之下，我們可能會認為失業者不被包括在經濟活動人口之內，但實際上來說他們仍被包含在經濟人口之中，因為統計時他們只是還在求職階段，仍被視為是充分有能力工作的人口。

　　所謂的非經濟人口，是指非求職也非失業的人，他們沒有打算就業的意思，是沒有打算進行求職活動的人，其中包括只專注於家務的家庭主婦、學生等其餘不適用於經濟活動人口的階層。

---

* 編按：台灣也有相同問題。台灣的工作年齡人口自 2015 年以後持續下跌，2020 年首次出現負成長，2021 年 15 ～ 29 歲青少年階層僅剩 24.9%。

093 總生育率 Total Fertility Rate

反映一名女性所生產的預估平均新生兒數。

2019 年總生育率（0.92 名）又再度刷新史上最低紀錄，韓國成為經濟合作暨發展組織（OECD）36 個會員國內唯一「生育率掛零國家」。*

統計處 26 日公佈的「生育、死亡統計暫定結果」顯示，去年韓國的總生育率為 0.92 名，代表一個女生一輩子連一個孩子都生不到。OECD 會員國內生育率連一名都不到的國家，只有韓國一個。去年新生兒人數為 30 萬 3,054 人、死亡人數為 29 萬 5,132 人，出生人口比死亡人口多出 7,922 人。

統計處認為今年開始，死亡人數將會超越出生人口，引起人口自然減少，也代表即將迎來「死亡交叉」。目前已經以月為單位，開始出現自然減少的情況，佢年 11 月人口減少 1,682 人，接著 12 月減少了 5,628 人。

——徐敏俊，〈今年「人口已確定迎來死亡交叉」〉，

《韓國經濟》2020.02.27

「盲目生兒變乞丐」（1960 年代）→「不分男女，生兩個好好養」（1970 年代）→「生一個不如兩個幸福，生兩個不如三個幸福」（2000 年代）。韓國有關人口問題的公益廣告，在短短半世紀就出現了一百八十度大轉變，體現了韓國現在以世界最快的速度面臨低生育率所帶來的問題。

跟低生育率有關的財經新聞，一定會出現的指標就是總生育率。總生育率是指具有生育能力的女性，以年齡 15 歲至 49 歲為基準，計算一個女人一生所生育的預估平均新生兒數，會將各個年齡層的生育率全部加總後進行計算。

韓國總生育率（單位：名）

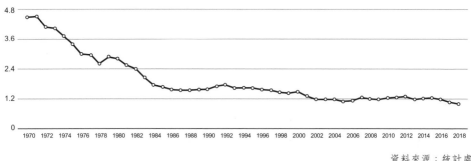

資料來源：統計處

　　韓國的總生育率 1970 年還有 4.71 名，但後續受到政府的家庭政策、初婚年齡上升、未婚增加等影響，一路走跌，直到 1984 年落到 1.74 名，首次跌落兩名以下。2001 年韓國進入超低生育率（總生育率未達 1.3 名）社會後，就一直在經濟合作暨發展組織（OECD）會員國之中吊車尾。2018 年（0.98 名）首次跌破 1 名，後來 2019 年又創下 0.92 名的更低紀錄。OECD 的總生育率裡沒有人和國家跌破 1 名以下，這是一件非同小可的事情。

　　隨著經濟實力越來越提升，生育率下降有一部分屬於自然現象，但是韓國的速度過快，根據統計處預估，依照目前的趨勢，一百年後韓國的人口只會剩下一半，也就是只有 2,500 萬人。

　　韓國政府在制定了「低生育、高齡化社會基本法」以後，十年來已經投入超過 100 兆元的預算，但是僵化的低生育率現象卻絲毫沒有改善。越來越明確的是，光是提升補助或津貼並無法解決低生育率的問題。

---

* 編按：2021 年台灣總生育率為 1.07%，為全世界最後一名。

094 玻璃天花板 Glass Ceiling

女性升遷時面臨的無形阻礙。

> 　　韓國上市公司裡，女性擔任主管的比率只有 4%。女性家庭部 16 日公佈的統計數據指出，今年第一季（1 到 3 月）提出事業報告書的 2,072 家上市公司中，公司主管共有 2 萬 9,794 人，但其中僅有 1,199 位女性（4%）。其中更高達 1,407 間公司（67.9%），連一位女性主管都沒有。
>
> 　　政府從 2017 年開始，每年都會公佈前 500 大企業的女性主管比例，但是本次數據是第一次以整體上市公司進行統計。雖然前 500 大企業女性主管的比例更低，僅有 3.6%，但是連一名女性主管都沒有的公司比例也較少（62%）。
>
> 　　　　　　——許尚禹，〈上市公司女性主管僅佔 4%……
> 　　　　　打不破的玻璃天花板〉，《朝鮮日報》2019.10.17

　　許多上班族的夢想，就是能夠在職場上摘「星」，也就是晉升成為主管，但是這種機會卻難以對女性敞開。女性在職場上晉升所遇到的阻礙，被稱為「玻璃天花板」，形容看起來好像很簡單就能爬上去，雖然是透明的，但實際上卻是一層阻礙。玻璃天花板不僅限於韓國，在美國、歐洲等已開發國家也是爭論的議題之一。

　　發明玻璃天花板這個詞彙的，是美國經營顧問瑪麗蓮·洛登（Marilyn Loden）。她發現各個大企業的女性主管比例明顯較低，雖然人事規範中並沒有對明顯對女性產生不利因素的條款，但是她總結，這是因為美國企業在升遷的時候，會默許優待男性，認為女性的領導能力不足。洛登是於 1978 年在紐約舉辦的女性團體活動上，首次提出了玻璃天花板這個詞彙。

韓國五百大企業女性主管比率（單位：%）

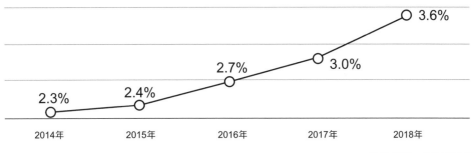

資料來源：女性家庭部

　　幾年過後，華爾街日報在 1986 年刊載了一篇名為「玻璃天花板」的投書，才將這個詞彙推向了全世界。後來玻璃天花板已經不僅限於女性，更包含了有色人種或少數人受到的差別待遇。如果身為女性，又同時是有色人種的話，晉升更是難上加難，因此又出現了「水泥天花板」一詞。

　　主要國家為了消除玻璃天花板，嘗試推出了各式各樣的政策。韓國為了讓更多女性擔任公職，1996 年開始實施「女性聘用目標制」，規定聘用的公務員中，必須要挑選一定比率的女性。但政府廢除軍人加分制度，引發男性差別待遇爭議後，2003 年將政策名稱改為「兩性平等聘用目標制」，限制不管男性或女性，任一方都不得超過整體錄用人數的 70%。

　　德國、挪威、瑞典等歐洲部分國家，以公共企業與上市公司為對象，實施「女性管理層配額制度」，如果女性主管比率未達一定標準，政府就會實施降低補制、徵收罰款等不利待遇。韓國也從 2020 年開始，針對資產超過 2 兆的上市公司，實施公司內部與外部董事不能只選取單一性別的制度。

第七章
漲也煩惱、跌也煩惱：房地產

　　從韓國被稱為「房地產共和國」，就不難看出韓國人對於房地產的熱愛非同小可。即便政府宣佈要展開一場「與投機的作戰」，依然澆不息韓國人對房地產的熱愛。房價真的會繼續上漲嗎；想選一間好房子要考慮哪些部分；現在想置產的話要用什麼方式比較有利？就讓我們一起來學習閱讀房地產新聞前必懂的概念吧。

095 不動產公告現值

由政府調查後公告的土地或房屋價值，是稅金、自負額、福利等六十多個行政業務的標準 。

> 　　政府集中上調明年度市價超過 9 億韓元以上公寓大樓的公告現值，預估公寓大樓最密集的首爾「江南四區（江南、瑞草、松坡、江東）」與龍山、麻浦等地，明年度公告現值將會上調 20 ～ 30% 以上。
>
> 　　公告價格上調，明年首爾主要地區的多住宅持有者將會收到通知書，持有稅（財產稅＋綜合房地產稅）將會比今年上漲約 50% 左右。未來預估政府會持續上調公告現值，直到與實際交易價相符，持有稅的負擔也會持續增加。
>
> 　　國土交通部 17 日在政府世宗大樓公佈「2020 年不動產現值公告與公告現值信賴性上調方案」。國土部表示，明年決定公告現值時會積極反映今年上漲的價格，公寓大樓等共同住宅會按照價格適用估價率差額。目前市價 9 億～ 15 億的住宅所適用的公告現值，只反映了市價的 70% 以下，15 億～ 30 億為 75% 以下；30 億以上未滿 80%。今年共同住宅的公告現值平均估價率為 68.1%。
>
> 　　──崔鎮碩、梁吉成，〈首爾獨棟住宅公告現值上漲 6.8%……
> 銅雀區 10.6% 上漲幅度最大〉，《韓國經濟》2019.12.18

　　價格可以反映出不動產的經濟價值，但是單一個房地產並不是只有一個價格，讓我們一起了解新聞上經常出現的實際交易金額、公告現值究竟代表著什麼意義吧。

　　實際交易價格，就是特定不動產在市場上交易的實際價格，韓國 2006 年實施「不動產實價登錄」後，若有交易土地、住宅、店面等，都必須申報

實際交易價格，並在網路上全數對外公開，是為了防止節稅簽訂低價合約所引進的制度。但如果簽約時有仲介介入，仲介業者就有義務負責申報，因此不需要花太多心思注意。

不動產公告市值，是政府一年一次針對土地與住宅進行調查的價格，是財產稅、取得稅、移轉稅、繼承稅等各種稅金的課稅標準。適用於土地的被稱為公告地價；住宅的被稱為住宅公告市價。

要調查全國上下每個地方的市價並不容易，因此國土交通部會與地方政府一起分工合作。國土部會根據地區、價格、用途等選擇具代表性的土地（50 萬筆土地）與獨棟住宅（22 萬棟），計算出「標準公告地價」與「標準獨棟住宅公告市值」。接著自治區會以此作為標準，針對其餘所有的土地與獨棟住宅，訂定「個別公告地價」與「個別獨棟住宅公告市值」。公寓大樓、連棟住宅、多戶型住宅的公告市值則會由國土部以「共同住宅公告市值」之名進行公告。

政府的公告市值通常比市場價格低於 30% 以上。提升公告市值減少與市價乖離程度的政策，稱為「公告市值現實化」。公告市價提高時，持有稅也會同時增加，因此具有抑制房地產投機的效果。

096　貸款價值比／債務收入比率 LTV／DTI

LTV 指申請房屋抵押貸款時，被承認的資產價值比率；DTI 指負債的本金加利息在所得中的佔比。

「電話接到其他業務都快癱瘓了。」——新韓銀行 A 分行行長

昨日新韓銀行窗口一整天電話響不停。由於政府決定針對投機地區、投機過熱地區的大砍 40% 貸款價值比（LTV）與債務收入比率（DTI），引發大量民眾詢問「現在不能貸款了嗎？」實際需求者必須在接下來一兩個月內籌措到購買大樓公寓的資金，對此他們也紛紛表示不滿。

金融監督院當天在「八二不動產對策」中公佈了貸款限額縮減預估值，據此，加強貸款限制的投機區域、投機過熱地區內，共 10 萬9,000 名債務人中，預估會有 8 萬 6,000 人的貸款額度將會減少。預估每個人平均貸款額度將會減少 5,000 萬元，整體貸款額度將減少 4 兆3,000 億元。

——安相美、李鉉一，〈昨日開始「LTV、DTI40%」

閃電實施⋯⋯「無法核貸」案例層出不窮〉，

《韓國經濟》2017.08.04

除非是現金多多的有錢人，否則近來 100% 使用自身資產買房子的人已經不常見了，大部分的情況都是向銀行等機構貸款後購入。貸款價值比（LTV，Loan To Value ratio）與債務收入比（DTI，Debt To Income ratio）是申請房屋抵押貸款時，決定貸款額度的重要數值。

韓國政府會將制定 LTV 與 DTI 的上限值*，作為抑制不動產投機的限制性手段。LTV 與 DTI 可以統一適用於全國民眾，也可以根據地區、所得、持

有房產與否適用於不同的等級。

　　LTV 指房價能夠貸款的金額，舉例來說，若 LTV 為 70%，如果以市價 5 億元的公寓大樓作為抵押進行貸款的化，最高可以借貸 3 億 5,000 萬元。DTI 意味著借貸人的所得中，有多少可以用於償還貸款。假設 DTI 為 60%，年薪 5,000 萬的人，貸款金額一年內的本金加利息償還額，不能夠超過 3,000 萬元。

　　如果提高 LTV 與 DTI 的上限，房屋抵押貸款限額也會提高，不動產交易就會出現活躍的傾向，因為人們可以貸款的金錢增加，就可以購買更好、更昂貴的房子。舉例來說，朴槿惠政府為了刺激不動產景氣，將原本緊縮的 LTV 放寬至 70%；DIT 放寬至 60%。這項政策推出，市場就會接收到「借錢買房」的信號。

　　反之，如果調降 LTV 與 DTI，就會發生不動產交易萎縮的效果。文在寅政府在面對首爾單套住宅者想要額外多買一間房子，或是想購買高超額公寓大樓時，就會將 LTV 調降至 0%，藉此發出「不要勉強貸款買房」的信號。但是除了部分大城市以外，地方因為考慮到不動產景氣低靡，並沒有緊縮 LTV 與 DTI 的規範。

＊編按：台灣則是由各銀行自行設置。

097　償債比率 DSR

抵押貸款、信用貸款等所有金融債務的本息償還額除以年收入的比率。

> 本月 23 日起，若在首爾全區包含投機地區與投機過熱地區，購買市價 9 億韓元以上的房屋，房屋抵押貸款額將大幅減少，因為除了貸款價值比（LTV）降低以外，又再加上了償債比率（DSR）限制。這是政府所發出信號，呼籲實際需求者不應勉強購買高價住宅。
>
> 首先，超過 9 億元的部分，LTV 適用比率將從 40% 調整為 20%，同時適用於個人 DSR 不得超過 40% 的限制。由於每個人的 DSR 會依據所得有所不同，因此 40% 的限制難以一概而論。假設年所得 1 億元，並有 1 億 5,000 萬元信用貸款的人，如果想要買一間房子，房屋抵押貸款的限額就會比先前減少 33%。若使用現行的債務收入比率（DTI）40%，總共可以貸款 7 億 1,000 萬元（信用貸款 1 億 5,000 萬元＋房屋抵押貸款 5 億 6,000 萬元），但是本月 23 日開始，若套用 DSR 40% 的規範，總共只能貸款 4 億 7,000 萬元（信用貸款 1 億 5,000 萬元＋房屋抵押貸款 3 億 2,000 萬元）。
>
> ——林賢宇，〈DSR 適用於個人……高價住宅貸款又進一步縮減〉，《韓國經濟》2019.12.21

　　除了長期以來被作為不動產貸款限制手段的貸款價值比（LTV）與債務收入比率（DTI）以外，2018 年又導入了償債比率（DSR，Debt Service Ratio）。向金融機構申請貸款時，必須滿足 LTV、DTI、DSR 標準才能夠順利核貸。

　　DSR 的基本原理與 DTI 類似，都是呈現貸款人總所得中償還貸款所佔的比率。DSR 與 DTI 最大的不同在於本息（本金＋利息）償還額計算時，

DSR 會包含房屋抵押貸款以外的所有金融債務。

　　過去 DTI 是以房屋抵押貸款為出發點所製成的指標，沒有重點考慮其他貸款，DTI 計算的範圍是房屋屋抵押貸款的本金與利息，以及其他信用貸款的利息部分。DSR 則是包含了所有類型的金融債務，綜合考量償還能力的指標，涵蓋的範圍除了房屋抵押貸款的本金與利息外，還包括一定比例的信用貸款、負存摺、信用卡貸款、汽車貸款、信用卡未繳清額的本金與利息。舉例來說，年收入 5,000 萬韓元的上班族，若一年內要償還三間金融機構 1,500 萬本金與 500 萬利息的話，DSR 就是 40%。

　　DSR 被評價為不亞於 LTV、DTI 的強力貸款限制，因為想先核貸房屋抵押貸款後，再透過信用貸款買房的計畫將更加困難。政府在導入 DSR 的初期，為了防止消費者混亂，僅將 DSR 作為個別銀行的自律管理指標，後續再擴大導入至整體第一、第二金融圈，目前的趨勢看來，特定區域裡根據 DSR 直接控制個人貸款額度的適用範圍正在逐漸擴大。

098　交易稅／持有稅

不動產交易時所支付的取得稅與讓渡稅等，被列為交易稅；持有不動產時所支付的財產稅與綜合不動產稅等，被列為持有稅。

> 　關於「12、16不動產對策」，副總理兼企劃財政部長官洪楠基表示：「長期必須以提升持有稅、降低交易稅的方向前進」
>
> 　洪副總理20日出席電台節目，表示：「這次的不動場政策，目的是要減少高額公寓大樓的投機需求」，他說道：「外界很多聲音指責，韓國相較於經濟合作暨發展組織（OECD）其他國家，持有稅較低且交易稅較高。政府也打算針對此方向採取長期政策。」
>
> 　他的言論符合了16日推出的不動產政策，政府決議將綜合不動產稅最高稅率提升至4.0%。
>
> 　　　　　　——成秀榮，〈「住宅持有稅應該調漲，交易稅應該降低」〉，
> 　　　　　　　　　　　　　　　　　　　　　　《韓國經濟》2019.12.21

　　不動產不論買、賣、持有，所有過程都必須被徵稅。透過不動產徵收的稅金，95%都會移轉到地方政府，作為地方政府的主要收入來源。透過調整稅率，也經常被作為穩定過熱的不動產市場的政策手段。

　　不動產相關的稅金種類有12種，大致上可分為交易稅與持有稅。交易稅是買賣不動產時支付的稅金，持有稅是持有所支付的稅金。持有稅從三國時期開始，就已經被用各種名義徵收，然而交易稅是直到1920年，系統性掌握了土地所有權之後才開始導入。

　　交易稅中最具代表性的稅務，就是取得稅與讓渡稅。取得稅的部分，由購買不動產的人支付，房子的價格越高，稅率就越重，依照房價徵收1%～3%的稅金，而擁有四套房子的人，適用稅金為4%[1]。讓渡所得稅，則是從

不動產賣方身上的買賣價差中會收部分作為稅金。如果只有一套房子，而且打算長期居住的話，不太需要擔心讓渡稅。但如果是擁有多套房產的人，最高可必須繳納 62% 的稅賦[*2]。

　　持有稅最具代表性的稅務，是財產稅與綜合不動產稅。政府每年 6 月 1 號會向持有土地、房屋等不動產的人徵收財產稅，稅賦的部分是由國土交通部所制定的公告現值乘上公平市場價值比率計算出來之課稅標準的 0.1 ～ 0.4%。綜合不動產稅是針對不動產有錢人所徵收的財產稅，以及額外徵收的一種「富人稅」，針對單套住宅超過 9 億韓元、多套住宅超過 6 億韓元的房屋進行徵收。

　　閱讀不動產新聞的話，就會知道「韓國持有稅過低交易稅過高」，且有許多專家不斷強調應該進行稅賦改革。根據經濟合作暨發展組織（OECD）指出，2015 年 OECD 會員國的國內生產毛額（GDP）與持有稅負擔比率，平均為 1.1%，然而韓國只有 0.8%。反之，交易稅負擔的部分，OECD 會員國為 0.4%，韓國則是 1.6%，可謂是拿高交易稅來填補低持有稅的結構。

*1 編按：台灣取得稅為買賣契稅 6% 與印花稅為主。
*2 編按：台灣讓渡稅以 2016 年開始的房地合一稅為主。

099 再開發／再建築

再開發是針對基礎設施與建築都已經老化的地區，進行整體性重建的計畫；再建築是針對基礎設施良好但居住設施老化的地區，僅針對房屋進行重建的計畫。再開發與再建築皆是都市更新的一部份，目的是促進土地利用、改善都市機能。

> 今年以來首爾所供給的新建大樓銷售案，大部分都是透過再開發、再建築改建計畫所釋出的物件。
>
> 12日不動產114統計，今年1到10月全國銷售的26萬4,487戶之中，再開發、再建築改建計畫數量（7萬4,748戶）佔整體比重28%。不動產114表示：「這是從2000年開始統計以來，史上第二高的數值。如果再加上本月份以及下個月份的預訂數量，很可能會刷新史上最高紀錄」。
>
> 特別是首爾今年再開發、再建築重建計畫的銷售數量（1萬6,075戶），佔比高達整體數量（2萬1,988戶）的76%，全國佔比最高。繼首爾之後，政府以釜山（68%）、光州（56%）、大田（50%）等地方廣域市的都市整治比重較高，因為政府目前正以首爾及主要地方廣域市為中心，積極進行舊都市重整。若這些地區的再開發、再建築計畫延遲，就很可能出現物件供給減少的現象。
>
> ——洪國基，〈「今年首爾大樓銷售中76%來自再開發、再建築釋出數量」〉，《聯合新聞》2019.11.12

當閱讀到某個地區的房價飆漲，原因很可能就是再開發、再建築，這兩個詞彙經常被綁在一起提起，因此不少人都認為，這兩種情況都是「房價上漲的好消息」，但其實它們之間有很多差異。

　　1970 至 1980 年代，韓國正在快速產業化、都市化的時期，釋出了大量的住宅。隨著時間進行房屋老化，開始出現需要系統性整治的必要性。有些地區的道路、上下水道、公園、公共停車場等生活必要的基礎設施狀態依然不錯，但是老舊的大樓、公寓等確是問題。但也有些地方，例如棚戶區就是住宅與基礎設施都已經跟不上時代。

　　再開發是包含基礎設施，改善整體居住環境的計畫。再開發是將特定區域整個推翻後，重新進行住宅、道路、商圈等配置。過去首爾各處執行的「New Town」計畫，就是大規模再開發典型案例。再開發是以都市計畫為出發點的政策，因此非常強調公共性，因此允許使用土地徵收。

　　再建築是保留基礎設施，只將年老失修的建築物拆除重建，主要目的是提供品質優良的住宅。跟再開發比起來，相對地區規模較小，牽涉的公共利益也較少，因為是提供給原有住戶的大型福利，屬於私人利益型計畫，這也是為什麼政府、首爾市經常阻饒江南主要大樓區的再建築推動計畫。

　　再建築必須同時擁有土地與建物，才能夠受惠，與再開發最大的差異點在於，再開發只需要持有土地、建築物、地上權其中一項，就能夠從中受惠。雖然再開發與再建築原本的目的並不是這樣，但是令人感到難過的是，它們只有在作為讓房價上漲的手段時才會受到關注。

*1 編按：台灣公有土地指國有、直轄有、縣有及鄉鎮市有，國民依法可取得某些土地所有權，土地應照價納稅，政府並得照價收買。

*2 編按：台灣土地價值非因勞力資本增加，由政府徵收增值稅，歸人民共享。

100　土地公有概念

私有土地在公共利益的前提下，可以限制部分的持有與使用權。

> 　　有名無實的土地公有概念制度，越來越有可能重新復活。共同民主黨代表李海瓚 11 日表示：「土地公有概念已經導入將近二十年，但由於沒有實際執行，導致房價只能不斷飆漲。中央政府已經在找尋能夠克服這些問題的綜合性對策。」近期以首爾、首都圈為中心，在不動產市場出現過熱現象的情況下，政府正在研擬重新推動「土地公有概念」。
>
> 　　李代表當天在水原京畿道廳所舉辦的預算政策協議會中說道：「像最近這樣的房價波動期，住宅政策如何制訂就顯得非常重要。土地公有概念是 1990 年代初期引進的概念，導入了二十年卻沒有實際執行，土地供給有限。」
>
> ——金賢相、朴允善，〈點燃「土地公有概念」戰火的李海瓚〉，
>
> 《首爾經濟》2018.09.12

　　「土地使用支付價格較高的情況，是一種土地所有人完全不需要投入關心或留意就能享有的收益，因此是最能承受建立在此之上的特殊徵稅。」

　　這句話的意思是，用土地賺來的錢屬於不勞而獲，因此可以課下重稅。這番言論是「偏激左派」的主張嗎？令人意外的是，這段文字來自於自由市場主義的創始人：亞當·史密斯（Adam Smith）。土地公有概念是指在公共利益的目的下，政府得以限制土地私人財產權中的某些部分。土地雖然可以成為私人財產，但土地公有概念的理論基礎建立在土地同時也是一種公共性質較強的資產。

　　包含韓國以外的其他國家，都有建立為公共福利得以限制土地所有權的

法律依據 *1。韓國憲法第 122 條規定：「國家在土地所有權方面，可以依照法律規定，加以限制或提供義務使用」，這條法條所反映的就是土地公有概念的精神。

　　韓國導入土地公有概念的主角非常令人意外，是保守政權盧泰愚政府。為了平息 1989 年掀起的不動產投機熱潮，建立了「土地公有概念三法」（住宅用地持有上限法、土地增益稅法、開發利益回收法），內容包括了如果持有大量土地，或是因為價格上漲而獲利，政府就會大量徵收稅金或負擔額 *2。

　　不過土地增益稅法和住宅用地持有上限法因為侵害財產權等因素，1990年代時被判決違反憲法而廢棄，但是土地公有概念並沒有被完全否決。也就是說限制本身並不是問題，重要的是對象與方式該怎麼訂定才合理。目前所施行的土地交易許可制、綜合不動產稅、土地利用限制等，都被認為是反映土地公有概念的制度。

*1 編按：台灣公有土地指國有、直轄有、縣有及鄉鎮市有，國民依法可取得某些土地所有權，
　　土地應照價納稅，政府並得照價收買。
*2 編按：台灣土地價值非因勞力資本增加，由政府徵收增值稅，歸人民共享。

101 限制開發地區 Green Belt

為了防止都市無序擴張，保護都市周邊的自然環境所設定的區域，框著城市周邊，嚴格限制開發行為。又稱綠帶。

> 京畿道高陽市與昌陵洞、富川市大狀洞，將追加建設共 5 萬 8,000 戶規模的三期新都市。此外，舍堂站複合轉乘中心（1200 戶）、倉洞站複合轉乘中心（3,000 戶）、往十里站閒置用地（300 戶）等首爾主宅用地共將就設 1 萬 517 戶住宅。最近以首爾江南地區為首，急售物件銷售耗盡，不動產價格再次蠢蠢欲動，政府急忙宣布要「透過擴大供給穩定市場」，採取事前應對政策。特別是高陽與昌陵地區綠帶佔比 97.7%，然而分析指出，文在寅政府不惜打破「絕對不能向綠帶動手」的原則，展現了政府打算穩定房價的決定。
>
> 上述內容都包含在，國土交通部 7 日於政府首爾辦公大樓所宣佈的「首都圈 30 萬戶住宅供給方案：第三次新住宅用地推進計畫」內。
>
> ——徐慧珍，〈不惜伸手綠帶就是要「穩定房價」〉，
> 《FN News》2019.05.07

　　朝鮮時代，以漢陽都城的四大門為起點，半徑十里外（約四公里）的外圍低區，被稱作為「城底十里」，而城底十里內，嚴禁砍伐樹木或開山闢地，也不能夠隨意進行農耕，據說是為了給王族與高官們維持舒適的環境。城底十里因為跟現在的開發限制地區很類似，因此被稱為「朝鮮綠帶」。

　　1960 年代產業化後，許多人開始往首爾聚集，工廠與平民區快速增加，都市外圍的綠色地區快速減少。1971 年朴正熙總統迅速下令，指定了首爾的綠帶，直到 1977 年總共擴充了八次，包含了 14 個都市圈，總面積擴大至 5,397 平方公里。

　　綠帶裡不僅限制開發，也不能隨便更改建築物增建、改建的用途。綠帶保留下圍繞在都市地區的自然環境，積極起到「城市之肺」的效果。雖然綠帶是獨裁政權超出法律規範外的政策，但是某些外國輿論讚揚它為「韓國環境保存計畫」。不過也有許多人指責，綠帶過度侵害個人財產權，而且導致居民生活品質下降。

　　2000 年以後，綠帶經歷過好幾次解封，都是因為政府的房價穩定政策，只有在首爾鄰近地區大量建造新大樓，才能夠分首爾的住宅需求。其實盆唐、一山等一期新都市、慰禮新都市、光教新都市、河南彌沙地區等大規模住宅區都落在綠帶內。愛巢住宅、New Stay 等國民租賃住宅也是解封綠帶進行建築的案例。直到 2017 年底，總共還有 3,846 平方公里被規劃為綠帶。

　　環境團體與部分地方政府對於解放綠帶一事保持批判態度，他們認為應該為了下一代的環境，留下「最後的堡壘」。如果開發綠帶，就必須同時大量鋪設道路與鐵路等設施，整個綠帶地區無可避免必須大量被開發。部分人士提出，應該擴大首爾落後地區的再生計畫，或者放寬再開發、再建築的容積限制增加住宅供給率等方式來替代解放綠帶的計畫。

102　預售制／先建後售制

預售制於新大樓開工時開始銷售；先建後售於工程完成一定程度以上時開始銷售。

> 雖然韓國政府推出銷售價上限制度，但是越來越多社區開始傾向先建後售制，因為推遲銷售時間就可以調漲價格。到今年4月為止，在政府規定的上限寬限期內，不得進行銷售的首爾江南圈再建築大樓與大規模民間開發營業場，所都開始採用先建後售制。
>
> 如受到銷售價上限制規範，就必須依照住宅用地費、建築費加上適當利潤訂定銷售價格，而其中以住宅用地費的佔比最高，若選擇先建後售制，在銷售時就可以將兩、三年後的地價反映於銷售價格之上，因此更有利可圖，而這就是都更團體所打的如意算盤。
>
> 但也有人主張，先建後售制並不保障能賺取更多利潤，因為住宅用地計算標準的鑑定價格，必須經過韓國鑑定院的認證。再開發、再建築方面，都更團體必須負擔的事業費用也會因此增加，他們必須透過專案融資（PF）籌措大筆資金，還必須支付利息，更無法判斷銷售當時房屋景氣是否良好。
>
> ──全亨政，〈實行上限制也沒用……連江北都「決定採用先建後售制」〉，《韓國經濟》2020.01.16

　　我們經常在新聞上看到樣品屋前大排長龍，不動產市場非常熱絡的照片。人們買新房子的時候，之所以要去看樣品屋，就是因為房子還沒蓋好。在大樓蓋好之前就提前開始販售，稱為預售制。一間價值數億韓元的建築物，連成品都沒看就直接下單是有點奇怪，但這是韓國的大樓市場一直以來習慣的做法。

　　預售制在建築物開工後便可開始銷售，建設公司會以消費者支付的訂金或工程款作為工程費用來完成大樓建設。韓國於 1977 年導入預售制，當時的經濟狀態背景並不太好，房屋普及率僅有 70%，因為房屋數不足，政府必須盡可能增加住宅數量。但是當時金融業不像現在這麼發達，建設公司難以借到如此鉅額的工程款，政府便允許使用預售制，為建商開啟一條能夠向消費者週轉資金的方式。而消費者也不會有任何損失，購買後萬一大樓價格上漲，也可以將房子轉賣給他人賺取其中的利差。付完訂金之後，也還有兩年的時間可以籌措剩餘的資金。

　　但是許多人批判，預售制引發了不動產投機、住宅供應過剩、家庭負債激增等問題，因為房價上漲時期，建設公司便盡可能增加房屋銷售，投機者則透過轉售購買權賺取大筆鈔票，而實際需求者普遍只能向銀行貸款，以償還工程款和餘款。

　　先建後售制與預購制相反，是等大樓蓋好後才開始銷售，但並不是等到建築物 100% 完成才可以銷售，而是完成率達到 80%，也就是地面層建物的架構工程完成後便開始銷售。先建後售制的優勢在於，能夠減少新建案經常發生的品質爭議問題。由於必須給消費者看到實體才能銷售，建設公司就會盡力防止豆腐渣工程發生。同時，房屋實體供給與入住時間相符，外界也期待能夠帶來緩解市場供需不均衡的效果。但是先建後售制最大的缺點，就是大樓價格會變貴。建設公司會向金融機構貸款工程費用，期間內所產生的利息，都會原封不動反映在房價上。人事費用與材料費用也是每年都在上漲，所以房價會比預售制更加昂貴。

　　先建後售制雖然適用於部分公共大樓，但是在整體市場的佔比還是非常的低。盧武鉉政府曾經為了防止投機行為，檢討過全面套用先建後售制，但是並沒有成功，而文在寅政府，又再次開始推動擴大先建後售制。

103　中產階級化 Gentrification

落後地區重新形成高級商業住宅區，使得原有居住者或商人無法承擔高額租金，被迫遷移至其他地區的現象，中產階級化會增加社區經濟價值，但由此導致的人口遷移是一個社會問題。

> 　　本月 20 日下午 7 點 30 分在首爾梨泰院經理團路上，原本是人們聚集的晚餐時間，但是這間 Instagram 追蹤者超過 4,000 人的餐廳卻一位客人也沒有。餐廳員工大吐苦水表示：「租金起漲周圍很多店家都撤離了，再加上商圈傳出倒閉消息，導致來客數少又更少。」這間餐廳也已經撐不下去，打算今年下半年合約結束就要吹響熄燈號。
>
> 　　兩、三年前大受歡迎的望遠洞望理團路，四處都能看見空出的建物，一棟建築物一樓的三間店面全部都空著，對面店鋪的員工申某表示：「店面已經空出三、四個月了，這條街剛大受歡迎時開的店面，大部分都已經關門或是易主了。」在望理團路開了二十一年花店的崔某（66 歲）說道：「外來買下建物的新房東將租金大幅調漲，年輕老闆們都開始傾向搬去乙支路或聖水洞。」
>
> 　　　　——盧有真、李周玹，〈「付了高額租金但是」……「經理團路」連 IG 美食名店也吹響熄燈號〉，《韓國經濟》2019.06.22

　　林蔭大道、經理團路、宏大、北村……等受到年輕人矚目的熱門商圈，都出現了一樣的共同的現象。原本有著其他地方找不到的個性商店，在大家口耳相傳之下商圈逐漸繁華，但是卻在某個時候開始，原本的商店卻接二連三消失，取而代之的是大企業的知名品牌進駐賣場，這種現象就被稱作為中產階級化（又稱仕紳化）。

　　中產階級化是 1964 年由英國社會學家盧斯・格拉斯（Ruth Glass）首度

提出。源自於意味著上流階層的「gentry」，加上意味著○○化的「fication」所形成的字彙，簡單來說就是「成為富人社區的現象」。

　　中產階級化發生的過程大致如下：租金便宜的落後地區開始進駐小規模商店與文化、藝術家的工作空間，該地區的新型魅力藉由社群軟體（SNS）等管道廣為傳播，吸引人們聚集於此。流動人口開始增加，引發住家開始轉型為商家，擁有強大資本的大型連鎖賣場也開始進駐。在這個過程中引起租金飆漲，原有的商人或居民無法負擔租金，只好遷離至其他地方。隨著該地區的特色逐漸褪色，商圈又重新進入衰退期。

　　中產階級化具有活絡落後舊都區的正面效果，但同時也有趕走零售商人的負面效應。

　　至於要如何防止負面效應發生？部分地方政府開始引導房東與租客之間簽訂「相生合約」，試圖藉此維持商圈的個性。其中最簡單的方法就是，止租金大幅上漲，2017 至 2018 年中產階級化成為社會問題後，韓國政府便規定租金調漲的最高上限為 5%。並推出保障續約的契約更新請求權行使期限延長至十年等政策。但是這些規範若過於強勢也可能引發副作用，例如簽訂第一份合約時，房東就會要求高額租金，或者嚴格挑選租客。

104　權狀坪數／室內坪數

室內坪數指房間、客廳、浴室等屬於居主者私人的居住空間大小；權狀面積指室內坪數再加上玄關、電梯等共用面積。

由於小型大樓公寓大受歡迎，坐了幾年「冷板凳」的大型大樓公寓又開始蠢蠢欲動。特別是今年，漲幅高於小型大樓公寓，一口氣洗刷掉幾年來的冤屈。該情況被認為是多戶住宅持有者為了避開政府稅賦，決定減少房屋數量擴大房屋規模，這種「集所有於一身」的需求增加，引發大型大樓公寓身價起漲。

23 日不動產策展（Curation）公司經濟 1000Lab 公佈 KB 銀行的住宅價格走勢之大樓公寓規模（小型、中小型、中大型、大型）平均交易價格的調查結果，今年以來大型（室內面積 135 平方公尺以上）的價格漲幅最高。以 9 月來說，大型大樓公寓平均交易價格為 18 億8,160 萬元，與 1 月份（18 億 1,961 萬元）相比，三個月內漲幅達到3.41%。

其次為中型大樓公寓（室內坪數 95.9 ～ 135 平方公尺），平均交易價格從 1 月 8 億 9,033 萬元，到 9 月為 9 億 2,025 萬元，漲幅3.36%。漲幅第三高則是中小型大樓公寓（室內面積 40 ～ 62.8 平方公尺）從 5 億 8,291 萬元上漲至 6 億 254 萬元。

——朴敏，〈「大型的反撲」……首爾大型大樓公寓漲幅第一〉，

《Edaily》2019.10.24

分析不動產市價的報導中，像是「某某大樓室內坪數○○平方公尺價格為……」，總會出現所謂的室內坪數。不動產銷售廣告中，除了室內坪數以外，還會出現權狀坪數、公共設施坪數、附屬建物坪數等各式種類的面積。

這麼多種類的面積，到底都有什麼意義？挑房子的時候又應該看哪個呢？

　　對實際需求者而言，最重要的就是室內坪數。所謂的室內坪數，是專屬住宅所有人可使用的空間大小，包括房間、廚房、客廳、浴室、廁所等，簡單來說就是大門打開後「只屬於我們一家人的空間」。

　　公共設施坪數是指許多人共同一起使用的空間大小，又分為居住公共設施坪數與其他公共設施坪數。居住公共設施坪數是指共同玄關、樓梯、電梯、走廊等住戶共同使用的面積。其他公共設施坪數則是指停車場、警衛室、管理辦公室等建築物以外的附加設施面積。

　　銷售廣告或是建物資訊中，都會共同標示室內坪數與權狀坪數。權狀坪數就是室內坪數與居住公共設施坪數的總和。

　　附屬建物坪數則是建設公司「額外」提供的空間面積，最具代表性的案例就是陽台。陽台空間不屬於室內坪數、公共設施坪數、權狀坪數，但是卻是屋主實際上可以隨心所欲使用的空間。也就是說，在相同的室內坪數之下，有陽台的建物會對屋主更有利。而建商們也正在想辦法找出一些隱藏空間，盡量把房子再弄得更寬廣一點。

105 　建蔽率／容積率 Building Coverage Ratio／Floor Area Ratio

建蔽率是一樓的建築面積除以基地面積所獲得的值；容積率是建築物的總面積除以基地面積所獲得的值。

> 首爾市為了擴大市中心住宅供給量，三年內將放款商業、準居住地區的容積率規範，增加的容積率一半必須作為租賃住宅使用。
>
> 首爾市 27 日宣佈，包含上述內容的「首爾特別市都市計畫條例」修正案將於 28 日開始實施至 2022 年 3 月為止。依據此次修正案，商業地區的居住複合型建築物的非居住比例將減少，商業地區的居住用容積率與準居住地區的容積率將放寬。商業地區非居住義務比例，依照當初的中心體制會分級適用 20% ～ 30%，而修正案宣布後將統一為 20%。商業地區的居住用容積率也會從當初的 400% 調漲至 600%，準居住地區的上限容積率則從 400% 調漲至 500%。
>
> 本次政策是首爾市長朴元淳在 2018 年 12 月國土交通部「第二次首都圈住宅供給企劃」中，提出「要在首爾市區內增加八萬戶住宅供給」。條例雖然從 28 日起開始實施，但預計要套用在實際建設現場需要花費一個月以上的時間。
>
> ──崔鎮碩，〈首爾市中心放寬容積率限制……
> 三年內「供給 1 萬 6,800 戶」〉，《韓國經濟》2019.03.28

想像一下，如果有人送我一塊首爾市中心寬闊的黃金地皮，答應要按照我喜歡的樣子幫我蓋一棟新建築，那麼大部分的人應該都會想要盡可能蓋一間最大、最高的建築吧。如果想要最大化不動產價值與租賃收益，這是理所當然的選擇。但是現實中因為有建蔽率和容積率的限制，建築物的寬度與高度並不能隨心意決定。

　　建蔽率指的是建物蓋得有多「寬」，也就是指整體基地面積（土地大小）上，建築面積（一樓的建築面積）所佔的比率。舉例來說，如果從上往下看 1,000 平方公尺的基地面積上，有一間 600 平方公尺的建築物，那麼建蔽率就是 60%，剩餘的 40% 就會成為庭院或綠地空間。如果一個基地上有兩個以上的建築物，建築面積就會合併計算。

　　容積率則意味著建築物有多「高」，指整體基地面積上，建築物總面積（合計所有樓層的建築面積）所佔的比率。舉例來說 1,000 平方公尺的基地上，有著兩層樓 400 平方公尺的建物，那麼總面積則為 800 平方公尺（一樓 400 平方公尺＋二樓 400 平方公尺），因此容積率為 80%。計算容積率的時候，地下層與居民公共設施等會除外。

　　決定建蔽率與容積率的原因是要維持都市的舒適。如果建築物密密麻麻連在一起，超高樓層建築到處都是，那麼不僅美觀讓會令人感到不適，連日照、採光、通風等都會受到影響。容積率是與再開發、再建築計畫收益性直接相關的要素，倘若容積率較高，銷售數量就會增加，投資收益也會增加。但容積率也並非越高越好，原本大樓再建築時，應該由屋主依照土地持份劃分，但是容積率如果越大，就表示戶數越多，基地持股就會被切分的更細。

　　建蔽率與容積率由國土計畫法規範最高限度的範圍，地方自治區可以根據各地區的狀況制定相關規定。

106　專案融資 PF，Project Financing

針對推動大規模開發計畫的企業，無關信用程度與擔保品內容，只評估該計畫的收益性進行授信的金融手法。

> 政府為了管理超過 100 兆韓元的不動產專案融資（PF）保險額，4 月開始將限制證券公司與貸款金融公司的債務擔保限額，因為以非銀行圈為中心的高風險、高收益不動產 PF 貸款與債務擔保迅速增加，才出此對策。如果不動產 PF 貸款出現虧損，以貸款與債務擔保為收入來源的金融公司可能面臨健全性惡化。
>
> 金融委員會、計畫財政部、金融監督院等 5 日於首爾政府大樓中，由孫炳斗金融委員會副委員長為首，招開第三屆宏觀健全性分析協議會，通過「不動產 PF 保險健全性管理方案」。截至今年 6 月底，金融圈的不動產 PF 貸款金額（71 兆 8,000 億元）、債務擔保（28 兆 1,000 億元）等保險額高達 100 兆。
>
> ——張振福，〈令人憂心的不動產 PF 百兆元虧損風險〉，
>
> 《首爾新聞》2019.12.06

　　隨著不動產景氣衰退，新聞上經常能看見「不動產 PF 虧損令人擔憂」的報導。PF 除了應用在大樓、住辦大樓、商店等不動產層面外，也可以多方應用在社會間接資本、能源等大規模開發計畫上。

　　大型建設計畫需要投入大筆資金，就算是大企業想依靠自己的信用額度或擔保內容，也難以調度所有資金。而我們想到的解決方式，是以計畫成功落幕後所產生的未來現金流及資產作為擔保，進而申請貸款，也就是所謂的 PF。雖然風險性高，但是收益性也較高，美國、歐洲等地從 1960 年開始流行這套模式。

房地產開發過程中，會有開發商、施工廠商及金融公司參與。開發商是推動開發的計畫主體，施工廠商是授到開發商委託，執行實際工程的建設公司，金融公司則負責供給資金。一般來說開發商的規模普遍較小，金融公司會要求建設公司提供擔保PF與建設公司直接投資銷售賺取收益的普通不動產開發方式不同，PF的失敗風險是由金融公司承擔。

當PF契約成立後，金融公司會提供開發商購買土地的資金，接著開發商會拿著這筆錢購買土地，得到官方許可後方可開始建築。但是若遇到景氣衰退等突發狀況，導致計畫延遲或未銷售的房屋增加，貸款償還方面就會出現差池。如果銷售利潤低於貸款金額，站出來擔保的建設公司就必須背負債務，建設公司若面臨倒閉的話，金融公司的健全性也會出現問題。

PF的成敗取決於對於計畫縝密評估的能力。韓國在進入2000年以後，不動產PF成為了「金雞母」，銀行、儲蓄銀行、保險、證券公司等金融公司先後投入，PF貸款的收益率還曾經一年超過30%。但是金融危機後，因為景氣陷入寒冬，導致狀況一百八十度大轉變，集中投資PF的儲蓄銀行紛紛倒閉，2010年初還引發了「儲蓄銀行危機」。

107　不動產投資信託 REITs，Real Estate Investment Trusts

透過發行股票向投資人募取資金，轉以投資不動產或不動產相關有價證券等，並將投資後產生的盈餘進行派息的公司。

> 韓國股市裡，REITs（不動產投資信託）接連上市。繼樂天集團（樂天 REITs）、農協資產管理（農協 REITs）之後，韓國第一大不動產資產管理公司 IGIS 資產管理今年內也計畫上市 REITs。公募 REITs 用一杯咖啡的錢就能投資大型建案，儼然成為超低利率時代的投資替代方案。
>
> 2 日根據投資銀行（IB）指出，IGIS 資產管理計畫將於今年 11 月，上市一支以太平路大廈和濟州朝鮮大酒店作為基礎資產的 REITs，公募規模目標為 2,350 億韓元，預期配息收益率為每年 6%。
>
> 包含樂天集團流動賣場的樂天 REITs（預期公募規模 4,300 億元），以及投資三星物產瑞草辦公大樓等首爾著名辦公大樓持分的農協 REITs（1,000 億元）將依序於下個月及 11 月先後上市。光是接下來第四季，預計就會有 8,000 億元的 REITs 公募發行量傾巢而出。
>
> ——金鎮成、李高雲，〈超低利率時代投資替代方案，「REITs 大市場」來了〉，《韓國經濟》2019.09.03

　　不動產投資總是給人一種專屬於「大戶」資產家的強烈印象。但是現在有一種方法，只要用一杯咖啡的錢，就可以利用小額享受到投資價值數百億到數千億不動產的效果，也就是把錢投入 REITs。

　　REITs 是一間特殊的公司，會向不特定的多數人招募資金，再轉投資到建物、商店、飯店等不動產投資上，再將從中產生的盈餘反饋給投資人。韓國於 2001 年首次導入 REITs，隨著民眾對不動產間接投資越來越有興趣，投

資的門檻也隨之不斷降低。

　　在韓國法律上，REITs 是根據商業法所成立的公司，因此也可以跟一般企業一樣，在股票市場上市進行自由交易。舉例來說，KOSPI 上「E Kocref CR-REIT」這支股票，就是從依戀集團旗下五間流動店鋪收取店租賺取收益的 REITs。如果買下在 KOSPI 上市的「Macquarie Infrastructure」，就可以獲得間接投資白楊隧道、釜山港新港、仁川大橋等各種社會基礎設施（SOC）的效果。

　　REITs 的優勢在於它會同時向多名人士募籌資金進行運營，因此就算是使用小額，也可以開始近進行不動產投資。每個 REITs 都會編入不同種類的不動產，因此可以期待有分散投資的效果。但最重要的是 REITs 的收益很不錯。2018 年韓國 REITs 平均年收益率為 8.5%，同年度定存的平均年利率只有 1.78%。政府為了活絡 REITs 市場，還會減免稅金。對於新手來說不簡單的不動產交易、租賃、管理等全部交由專家代為操作也是一大魅力。

　　但請務必記得，就算不動產在銷售或租賃上失敗而承蒙虧損，也不會提供保本的服務。最重要的是了解運營 REITs 的投資公司在哪，仔細分析裡面包含哪些不動產。

REITs 如何運營

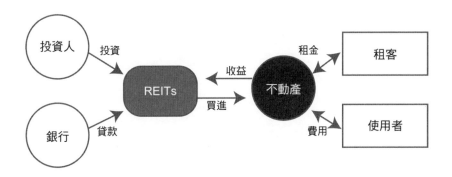

第八章
影響國內物價漲跌的原因：
全球經濟

　　韓國靠著出口半導體、汽車、面板等，一路成長至世界第九貿易大國，並且跟佔比地球領土 70% 以上的國家簽訂了自由貿易協定（FTA），且韓國股票市場裡有 30% 以上的外資。活躍的貿易與開放是培養韓國經濟的原動力，但有時候也會成為不安的因素，讓我們一起來看看世界經濟與我們之間如何互相牽動吧。

108　世界貿易組織 WTO，World Trade Organization

以擴大商品、服務、知識產權等所有貿易領域的自由貿易秩序為目的的國際機構。

　　韓國政府向世界貿易組織（WTO）起訴日本。韓國政府認為，日本針對高純度氫氟酸等半導體、顯示器等相關三項材料的出口管制措施，違反了 WTO 的自由貿易原則。日本於 7 月 4 日宣佈出口管制措施 69 天後，韓國終於站出來採取「法律途徑」。

　　通商交涉部本部長俞明希 11 日於政府首爾行政大樓召開記者會表示：「日本針對半導體、顯示器三項產品，將韓國從綜合許可轉換成特別許可，已經違反的 WTO 的禁止歧視其最惠國待遇。為了防止出於政治目的濫用國際貿易的行為反覆發生，決定提出告訴。」

　　韓國政府本日已經向日本政府（日本駐日內瓦大使館）與 WTO 當局送出雙邊協議請求函（起訴狀）。若日方答應，雙方則會在六十天內嘗試協議，協議破局的話才會進入一審程序。對此日本反駁：「出口管制是基於國家安全層面所推出的出口管理改善措施」，有觀測認為到結果出來可能至少花費三年以上，也是為什麼部分聲音批評，不要期待這項舉動會有日本立即撤回出口管制等實質效果發生。

　　——趙在吉，〈韓國政府向 WTO 起訴「日本出口管制措施」〉，

《韓國經濟》2019.09.12

　　倘若國家之間的貿易紛爭走向極端化，最後一定會搬出世界貿易組織（WTO）訴訟這張籌碼。作為守護貿易秩序的國際機構，WTO 被稱為是「經濟領域的聯合國（UN）」，同時也扮演著協助各國順利進出口，以及貿易紛爭出現時判斷是非對錯的角色。截至 2020 年 2 月已有 164 個國家加入。

WTO 訴訟的第一步，就是發出雙邊協議請求函給對方國家。倘若雙方協議失敗，就會要求成立擔任裁判一角的爭端解決小組。由此開始，WTO 當局便會開始介入，選出裁判者並進入一審程序，透過口頭審理、書面、陳述書等爭辯背景事實。一審判決後若無上述，經由 WTO 會員國同意，判決就會自動採用。但若是當事者不服，事件就會上呈到上訴機構，起訴至上訴審理得出最終結論，一般需要花費三到四年。

WTO 是 1947 年簽訂的「關稅暨貿易總協定（GATT）」。是二戰以後世界各國為了制定出自由貿易的制度性框架而共同簽訂。但是 GATT 並不是正式的國際機構，因此有許多漏洞可以耍小手段進行貿易保護。各國達成共識，認為需要一個強勁的機構替代 GATT，便於 1995 年成立了 WTO。WTO 在 GATT 所沒有的貿易紛爭挑解、要求調降關稅、反傾銷稅限制等方面，行使強大的權力與約束力。除了傳統的商品交易以外，更廣泛涉及服務、知識產權、投資等領域。

WTO 成立後貿易壁壘日益降低，外界評價它為國際貿易增加、活化資本、興新國家經濟發展等帶來貢獻。但是隨著大規模的自由貿易協定（FTA）增加，也有聲音認為 WTO 的地位已經不如以往。韓國從 1967 年成為 GATT 會員國，在 WTO 成立時也立即加入，成為了元老級成員。*

---

* 編按：台灣於 2002 年以台澎金馬個別關稅領域入會。

109　自由貿易協定 FTA，Free Trade Agreement

兩個以上的國家，為增進相互貿易而簽訂的協定，主要重點為廢除關稅。

> 韓國消費者中有 67% 認為，簽訂自由貿易協定（FTA）後商品選擇變多、價格降低，表示「整體消費滿意度有所提升」，其中滿意度最高的品項是酒、水果、健康食品等。
>
> 韓國消費者院 21 日公佈「FTA 消費者福利體感度」調查結果，有 67.5% 的消費者認為 FTA 為韓國整體市場帶來正面影響。本次問券調查是韓國 2004 年所簽訂的第一起 FTA——韓國智利 FTA 生效十五周年所做的調查。參與者中有 88.1% 的民眾認為 FTA 擴大了商品選擇，並有 66.6% 的人認為 FTA 帶來價格調降的效果。
>
> ——朴世仁，〈酒、健康食品、水果……
> FTA 簽訂後消費滿意度高〉，《韓國日報》2019.10.22

　　韓國透過自由貿易協定（FTA），已經進軍 70% 以上的全球經濟領土，是名符其實的「FTA 強國」。截至 2020 年 2 月，韓國已經和美國、中國、歐盟（EU）、ASEAN（東南亞國家協會）、印度、澳洲、加拿大等 55 個國家，簽訂了 16 條 FTA，其中包含了四大經濟體——美國、歐盟、中國、ASEAN。

　　FTA 是緩解商品、服務、投資、知識財產權、政府採購等關稅、非關稅壁壘的特惠貿易協定，是活絡貿易的「特效藥」。協議中雖然包含各種內容，但是核心理念是消除關稅。站在消費者立場上，最感到身受其惠的時候，就是在大型超市購物時，高級紅酒、起司、水果等食品價格都比過去低廉，而且選擇也更多。汽車等韓國的主力商品出口的規模也會呈增加趨勢。

　　智利是韓國第一個簽訂 FTA 的國家，從 1999 年開時協商，並於 2004

年正式開始實行。當時韓國因為「便宜的智利農產品進口，會導致國內農業破產」，抗議示威非常激烈。就連貿易大國 EU、美國、中國等國在推動 FTA 的時候，也都面臨相同的狀況。但時間證明了，擴大簽訂 FTA 是多方面有利的選擇。

　　近來比起簽訂「雙邊 FTA」，許多國家共同參與的「巨型化 FTA」更受到關注，最具代表性的有跨太平洋夥伴協定（TPP）、區域全面經濟夥伴協定（RECP）、亞太自由貿易區（FTAAP）、跨大西洋貿易及投資夥伴協議（TTIP）等。但由於與強國之間的外交關係錯綜，有時候必須慎重處理。

　　如果 FTA 締交國突然增加，也可能產生無法預期的混亂。為了確認每個國家不同的原產地規範、通關程序，反而加重企業負擔，這種現象被稱為「義大利麵碗效應（spaghetti-bowl effect）」，形容像義大利麵條一樣糾纏在一起。

110　貿易壁壘 Trade Barrier

為抑制進口而徵收關稅的措施。

> 隨著美國對歐盟（EU）產品徵收懲罰性關稅，美國的法國葡萄酒進口數量一個月內少了一半。
>
> 路透社當地時間 8 日公佈，2019 年 11 月法國對美葡萄酒出口額，相比前一個月減少 44%。
>
> 川普美國政府，去年 10 月針對飛機製造公司空中巴士歐洲國家非法補助問題為由，將對規模 75 億的 EU 會員國生產品徵收懲罰性關稅。預計對 EU 進口的空中巴士飛機徵收 10%、包括法國紅酒、蘇格蘭威士忌、義大利起司等農產品徵收 25% 的懲罰性關稅
>
> ——沈恩智，〈法國酒農遭川普關稅炸彈襲擊〉，
>
> 《韓國經濟》2020.02.10

制約國家之間自由貿易的人為措施稱為貿易壁壘。最大程度想消除壁壘，就是自由貿易主義，反之，如果想要鞏固壁壘，就是保護貿易主義。貿易壁壘有很多種形式，大致上可分為關稅壁壘與非關稅壁壘。

關稅堡壘就是進口產品被徵收的稅金，也就是關稅。去國外旅行時，看到喜歡的名牌，還有些人經歷過機場繳關稅負擔過重而放棄的經驗。企業對外國進口產品徵收高額關稅，也會達到減少進口量的效果。關稅會根據品項、數量、用途等徵收，被各國作為通商政策的重要手段。根據經濟狀況可以彈性調整的關稅，被稱為彈性關稅。

配額關稅是為了穩定物價、增強產業競爭力等目的，暫時調降的關稅。舉例來說，五花肉、雞蛋、糖等價格飆漲時，就會將關稅調至 0% 以促進進口。反之，調整關稅是基於保護弱勢產業、改善稅率不平等……等目的，暫

時將稅率提升。為了保護韓國農漁民，針對秋刀魚、明太魚、魷魚、蝦醬等徵收高額關稅就是代表性的案例。緊急關稅是特定物品進口激增導致虧損時所徵收的彈性關稅。季節性關稅指特定期間徵收高額稅率，主要運用在農產品上。為了保護柑橘農戶，韓國政府針對美國產橘子，9 月至 2 月（柑橘產季）會徵收 50%，3 至 8 月徵收 30%。

　　抵銷關稅是進口特定國家政府補助的貨品時使用。反傾銷關稅是針對進口商品以非正常低價進口，為了防止國內企業遭受虧損而追加徵收的關稅。目前全球供給過剩的鋼鐵與化學製品的抵銷關稅和反傾稅關稅正在增加。緊急進口限制是特定物品進口激增，可能進而影響自國產業時，暫時限制進口或將關稅條漲，這項方法已開發國家較少使用，美國 2017 年，時隔十六年才發動緊急進口限制，針對韓國洗衣機徵收最高 50% 的關稅，

　　報復性關稅是為了反擊受到他國的不利影響，針對該國的產品徵收高額關稅。

　　提高關稅壁壘不一定能幫助國家經濟。1930 年美國，美國為了保護本國產業，正式生效「斯姆特 - 霍利關稅法」，針對兩萬多個品項徵收史上最高的稅率，隨後英國等 23 個國家便對美徵收報復性關稅，引發了一場「關稅戰爭」，結果是兩敗俱傷。當時全球貿易僅四年，就縮水到只剩下三分之一，面臨大蕭條的美國，國內生產毛額（GDP）急速減少了 50% 以上。

111　非關稅壁壘 Non-Tariff Barriers

除關稅以外，以抑制進口為目的的所有措施。

> 　　打著無國境資本的旗號，加快進攻韓國市場的中國，卻在自家市場動員各種貿易壁壘，「說一套做一套」。除了反傾銷等進口規範外，採取優惠本國產品，或是針對進口商品採取嚴格規範，近期也提高了非關稅壁壘的強度，使得貿易界憂心忡忡。
>
> 　　2日產業通商支援部與韓國貿易協會統計指出，韓國49件全球主要非關稅壁壘中，有53.1%，也就是26件來自於「中國」，其次則是越南與印尼各佔4件，由此可看出中國的壓倒性數值。
>
> ——李根平，〈韓國非關稅壁壘53%來自「中國」〉，
《文化日報》2017.02.02

　　隨著世界貿易組織（WTO）成立與自由貿易協定（FTA）締結，關稅壁壘大幅價降，但是非關稅壁壘仍然是自由貿易相當大的障礙。

　　非關稅壁壘是排除關稅以外，對於所有貿易限制措施的統稱。除了對進口商品的數量限制、價格控制、流通管道限制等，對於本國產品進行補助、限制外國人投資、限制參與政府採購等，都算是非關稅壁壘。通關、衛生檢疫等行政程序複雜，間接抑制進口也屬於非關稅壁壘。中國最惡名昭彰的就是，通關外國產品的時候，連包裝上芝麻粒大小的字都找碴，因而提出退件。

　　WTO報告書指出，非關稅壁壘經常使用的方法為「技術」與「檢疫」。舉例來說，不承認國際標章，要求獲得僅有該國在使用的認證標章，或者是文書工作和檢查複檢驗，對企業來說也是一大負擔。有的國家會要求食品出口前要先經過產品檢驗，獲得販售許可之後又再要求事後檢疫。限制數量是

最直接可以做出效果的方法，但是手法太過明顯，最近很少使用。

　　國際上沒有對非關稅壁壘統一的分類表準，從客觀角度也很難證實，因此難以透過國際機構進行管理和監督。特別是建立非關稅壁壘的國家，若以國民安全、環境保護等作為公共性依據，很多情況下也難以被反駁。

112　貿易條件 Terms of Trade

出口商品與進口商品的交換比率，用來觀察貿易上條件變好或變差的指標。

> 　　在外國銷售掉一項產品所賺取的盈餘，可以在其他國家購買多少東西的淨商品貿易條件指數下跌，時隔四年十個月跌破 90。出口持續低靡，貿易條件連續十九個月走跌。
>
> 　　韓國銀行 24 日公佈今年 6 月貿易指數與貿易條件，淨商品貿易條件指數為 89.96，比 2018 年同月下降 4.6，為 2014 年 8 月迄今最低數值。
>
> 　　　　　　　　　　——姜昌旭，〈貿易條件連續十九個月下跌……
> 時隔四年十個月以來表現最差〉，《國民日報》2019.07.24

　　一則好的生意，是買東西的時候盡可能便宜買進，賣的時候盡可能高價賣出。從國家角度來看，便宜進口昂貴輸出是最好的。貿易條件是用來計算國家之間貿易進出口的條件好壞。貿易條件裡包含①純貿易條件、②總易貨貿易條件、③收入貿易商品條件、④要素貿易條件等種類，一般來說較常使用的是純貿易條件與收入貿易條件。

　　純貿易條件指數（＝出口物價指數÷進口物價指數 x100）所代表的意思是，在國外售出一個商品所獲得的利益，可以進口幾個海外商品。淨商品貿易條件的缺點是，只考慮價格的變動，而不考慮數量的變動。而收入貿易條件，就是為了補足這個缺陷，一併反映出貿易數量的變動。

　　收入貿易條件指數（＝純貿易條件指數÷進口物價指數 x100）代表出口貨物至海外所賺取的盈餘，能夠買回進口國外進口產品的數量。一起計算淨商品交易條件與所得交易條件，不僅可以了解進出口商品的價格變動，還同時考量了出口數量的變動，可以更加綜合掌握貿易條件。這兩項指標並不

一定會往相同的方向波動，舉例來說，出口價格下跌 10%，但是總出口量增加 40% 的話，純貿易條件就會變差，但是收入貿易條件指數就會獲得改善。

　　綜觀韓國的貿易條件走勢，純貿易條件指數從 1995 年開始下滑*，原因是半導體與資訊通信器材等單價下跌，導致出口單價指數下降，然而原油等國際原物料價格上升，導致進口單價指數上漲。收入貿易條件指數方面則是呈上漲趨勢，因為出口數量大幅上升。

---

* 編按：台灣近期純貿易條件指數也是逐漸下滑。2020 年 10 月為 94.41，2021 年 10 月為 91.29。

113 單一價格法則 Law of Indifference

該理論認為，在有效率的市場裡，相同的物品在所有地方都可以用相同的價格進行交易。

> 韓國麥當勞的大麥克價格，是亞洲繼新加坡後第二高價。經濟週刊《經濟學人》26 日報導，韓國 7 月份「大麥克指數」為 3.86*，比 2016 年 1 月 3.56 增加了 7.5%（0.27 點）。代表韓國一個大麥克漢堡的價格（4,400 元）換算成美金後是 3.86 美元。
>
> 所謂的大麥克指數，是以在全球皆有佈點的麥當勞大麥克價格進行比較，為評估各國的貨幣購買力、匯率水平所創建的指標，該指標的概念是基於「單一價格」法則，認為一樣的貨物在所有地方都應該以相同價格販售，大麥克指數是 1986 年由經濟學人提出，每年 1 月和 7 月會公佈兩次，大麥克指數越低，表示相對於美金該貨幣的價值越被低估。
>
> 韓國大麥克指數，由於韓元價值高於年初，韓國今年 1 月在大麥克指數調查的 56 個國家中排名二十四名，但是在六個月後上升至二十三名。
>
> 韓國大麥克的價格，比本次調查排名第五的美國大麥克價格（5.04 美元），便宜了 23.5%，也就是說韓國的實際交易價值被低估了 23.5%。大麥克價格最貴的國家是瑞士，一個大麥克為 6.59 美元。
>
> ——洪潤貞，〈亞洲第二昂貴的韓國「大麥克」〉，
>
> 《韓國經濟》2016.07.27

「在這裡這個只要兩歐？在韓國要超過一萬韓幣，買越多一定越划算啊。」去德國出差採訪的其他公司同事，買了一大袋德國生產的發泡維他

命，也勸我買一點，用手機搜尋了一下，才知道發泡維他命是「德國旅行必買清單」內的人氣產品。

經濟學理論裡有一個單一價格法則理論，是英國經濟學家威廉・傑文斯（William Jevons）所提出，內容是指在完全競爭的市場中，同一項商品在所有地方都以同樣價格銷售。根據市場不同，商品價格可能出現暫時性的差距，但是在這個瞬間，就產生從低價市場購買商品到高價市場銷售的「套利（arbitrage）」發生。傑文斯解釋，透過這種情況，市場的價格最後就會被統合為一。

但是發泡維他命為什麼在韓國的價格高出了7、8倍？因為單一價格法則存在著侷限性。傑溫斯將一切建立在完全競爭的市場前提下，但現實並非如此。德國產品要進入韓國市場，必須先追加運費與關稅，還要排除許多各種非關稅堡壘。品質相同的國產發泡維他命也很多，但是就有部分消費者偏好歐洲品牌，願意為高價格買單。因此在現實世界中，單一價格法則並無法成立。

但隨著國際貿易門檻降低，物流產業發達運費降低，擴大簽訂自由貿易協定（FTA）降低各類關稅，相同產品在各個國家的價差也逐漸縮小。2010年初，海外直購熱潮吹起，許多進口時尚品牌也開始調降韓國境內售價。雖然沒有達到完全單一價格，但是可以看出我們正在朝這個方向發展。

---

* 編按：2020年台灣大麥克指數為2.44，全球排名第10（第10名便宜的國家）。

114 公平貿易 Fair Trade

倫理消費運動，給付合理價格購買低度開發國家所生產的產品。

> 調查指出，韓國人的「善良消費指數（購買公平貿易與親環境產品的比例）」不及格，連 40 分左右都不到。
>
> 萬事達卡針對亞太地區 14 個國家為對象進行調查，13 日公開的資料顯示，韓國人的善良消費指數，100 分滿分只拿了 37.4 分，在 14 個國家中排名第十一位。
>
> 其中得分最高的國家為印尼（73.2 分）、第二名為泰國（69.6 分）、第三名為中國（68 分），印度（66.2 分）與菲律賓（65.6 分）排名第四與第五。排名落後韓國的國家為香港（37.1 分）、紐西蘭（29.2 分）、澳洲（27.7 分）。
>
> ——吳炫泰，〈距離「善良消費」還很遠的韓國人民〉，
>
> 《世界日報》2016.05.14

2013 年 4 月 24 日，孟加拉發生了大型慘案。首都達卡近郊的服飾工廠倒塌，奪走了 1,138 條性命。在這棟建築裡工作的勞工，薪資連孟加拉基本薪資的三分之一都不到。據說很早之前該建築就因為柱子處處開裂遭下達撤退命令，但仍然強行繼續生產。消息傳出後，世界各國的「時尚人物」受到非常大的衝擊，因為事實指證，該工廠的原承銷商，是 H&M、ZARA、MANGO 等著名 SPA 時尚品牌。以低廉的價格加上俐落設計為先驅的 SPA，現形成為「勞動剝削的結晶」。

許多國際企業為了降低成本，在低價勞工充沛的低度開發國家建立生產基地，但是這項過程引發勞動剝削與環境污染等問題。許多人批評，企業將利潤極大化，但是卻沒有給予當地居民合理的補償。

公平貿易是從這樣問題作為出發點，所進行的「倫理消費」運動。核心概念是企業照顧第三世界，若是勞動者進行產品生產，消費者以原價購買商品，幫助這些勞動者在經濟上獨立。1950 至 1960 年從歐洲開始，至今已擴散到世界各地。韓國從 2000 年開始，以 Beautiful Store 等人民團體為中心，正式展開公平貿易運動。

公平貿易的五大商品為咖啡、巧克力、糖、紅茶與棉花，它們的共同點是，主要由帝國主義時代被殖民的貧窮國家農民所種植。市面上隨處可見的「公平貿易咖啡」上面貼著公平貿易的認證標籤，保證不剝削兒童等社會弱勢勞動者，向生產者支付合理的價格，並以友善環境的方式生產。

但也有部分人士對公平貿易不以為然，他們批評公平貿易無法對低開發國家產生實質幫助，只不過是「有錢人的自我滿足」罷了。隨著公平貿易產品需求增加，向極貧國家要求提供國際標準的勞動環境，反而會導致這些國家裡的失業人士增加。更極端一點的，還有人說「多多消費非公平貿易產品，才能快點幫他們擺脫貧窮」。從某個層面看來，聽起來很沒血沒淚，但另一方面又好像有點說服力，你怎麼想呢？

115　波羅的海乾散貨指數 BDI，Baltic Dry Index

波羅的海航交所公佈的海運運費指數，被視為判斷貿易是否活躍的指標。

> 　　反映海運產業狀態的波羅的海乾散貨指數（BDI）大漲，成為散貨比重較高的韓國國內海運業者股價上漲的原因。
>
> 　　5 日有價證券市場上，大韓海運上漲 750 韓元（2.71%），收在 2 萬 8,450 韓元，相較上個月漲幅 18.30%。世騰泛洋當天也上漲 3.14%，自從 6 月以來已經上漲了 13.73%。英國波羅的海航交所統計的 BDI，本月四日收在 1700 點，相較前一天上漲 9.75%，6 月以來更上漲了 55.11%。
>
> 　　BDI 於 2016 年 2 月跌到谷底（290 點）後，就不斷持續向上爬，因為今年 1 月巴西發生潰壩事件，導致世界最大鐵礦石開採商淡水河谷公司的生產量大幅下降，年初又從 1,200 點左右回跌至 590 點。
>
> 　　根據分析指出，近期 BDI 回彈是因為淡水河谷重新開工、中國的鐵礦、煤炭工廠增加、國際海事組織（IMO）的環境限制等坐鎮。明年 1 月 1 日開始，若 IMO 硫酸化物排放限制開始執行，隨著老舊船隻的運航次數減少，預估船腹量（貨物運送的能力）也將會減少。
>
> 　　——林根浩，〈波羅的海乾散貨指數強力反彈……「汽笛」高鳴的海運股〉，《韓國經濟》2019.07.06

　　以船載貨的海運事業，被稱作為「經濟的命脈」。韓國的進出口貨物 99.7% 都是透過船舶運送，其中原油、鐵礦石、焦煤等 100% 都是透過海上輸送。當經濟活躍的時候，海運業也會迎來好景氣；反之，若經濟不好，海運業也免不了受到打擊。

　　財經新聞中在解釋全球景氣或海運業景氣時，經常使用 BDI 指標。BDI

指標由位於英國倫敦的波羅的海航交所公佈的海運運費指數。運送鐵礦石、焦煤、穀物等無包裝大宗（bulk）貨物的船隻，被稱為散貨船。BDI 會綜合計算世界 26 個主要航線的散貨船運費與租船費。1985 年 1 月 4 日價格訂定為 1,000 韓元，會使用數字來反映特定時間點散貨船運費的水平。

　　如果 BDI 上升，除了海運業以外，也代表了整體經濟好轉。景氣變好的話，各國對於原物料的需求就會增加，產業投資增加的同時，對鋼鐵等需求也會增加，當消費變得活躍，穀物等需求也會增加。當多數人都想要委託載送原物料的散貨船時，運費無可厚非會變貴，因為短期內能夠動用的船隻數量是固定的，所以 BDI 不只用來預估海運業股價，也被用作為景氣的先行指標。

　　2008 年 5 月 1 日 BDI 落在 11,793 點，創下史上最高紀錄。但是金融危機以後，因為全球經濟萎縮，2016 年 2 月曾跌至 290 點，落到史上最低點。韓國的代表性海運業者們，因為無法撐過這段蕭條時期而倒閉，曾經是韓國最大、世界排名第七的韓進海運，在 2017 年宣告破產倒閉。最近全球海運業重新改制，由大企業者結盟的三大海運聯盟（2M、Ocean Alliance、THE Alliance）主導。

116　雙赤字 Twin Deficit

經常帳與財政收支同時入不敷出的狀態。

> 　　美國今年 2 月的貿易赤字擴大至九年來最大規模。美國總統川普為了降低貿易赤字，加強執行針對進口產品徵收高關稅等保護貿易措施，反而導致貿易赤字更上一層。
>
> 　　美國商務部當地時間 5 日公佈今年 2 月貿易赤字為 576 億美元，僅次於 2008 年 10 月全球經濟危機，美國陷入景氣衰退時的 602 億美元赤字。美國出口增加的部分由原油等原物料、汽車、零件為主，進口方面則是資本財、電腦、食品大幅增加。
>
> 　　有分析指出，美國在貿易赤字可能擴大至財政赤字，引發「雙赤字」情形加劇。由於稅務改制導致稅收增加，再加上政府提高國防費用支出，預估美國聯邦政府的財政赤字將從 2017 年的 6,500 億美元上漲至今年 8,000 億美元以上，可能進而引發美元價值持續下跌。
>
> 　　專家批評沒有關注貿易規模，而把焦點放在赤字上面，是短視近利的行為。Hantec Markets 分析師理查德・費瑞（Richard Ferri）說道：「為了貿易戰爭減少進口，對方國家也會採取報復，使得出口也減少，經濟成長鈍化對美元價值會產生負面影響。」
>
> 　　　　——鄒家榮，〈美國 2 月貿易赤字九年來最大規模……
> 　　「雙赤字」是否進一步惡化？〉，《韓國經濟》2018.04.07

　　一間成功的公司，是可以持續獲利的公司。如果一間公司持續入不敷出，就會侵蝕資本額，最後面臨倒閉。但是身為「世界最大經濟強國」的美國，收支難道不是都有盈餘嗎？並不是的。美國在經常帳與財政收支上，經常創下鉅額赤字，這種狀態就被稱為雙赤字。

　　經常帳赤字表示進口大於出口；財政收支赤字表示政府支出款項大於稅收。兩個赤字同時出現，就等同國家財庫四處都是破洞。

　　美國最具代表性的雙赤字案例，發生在 1980 年代雷根政府時期。當時美國進口大於整體出口，陷入在嚴重的貿易失衡之中。雷根當時考量到蘇聯，擴大增加國防支出，但同時又為了復甦經濟減少稅收，最後美國承受不了雙赤字，於 1985 年透過「廣場協議」，以人為方式操縱，提升日圓與德國馬克的通貨價值。

　　後來獲得改善的雙赤字，又因為布希政府在伊拉克戰爭上大撒軍事費用，以及大肆減稅的川普政府等因素，再次出現擴大的跡象。如果想要擺脫雙赤字處境，只需要勒緊褲帶減少經常、財政收支即可，不過如果美國突然出此一舉，會導致全球經濟同時衰退。再加上印製國際儲備貨幣的國家，為了維持國際流通性，必須一定程度承受經常帳赤字，這種情況被稱為「特里芬困境（Triffin's dilemma）」，想要一口氣找出解決方法並不容易。

117　回流 Reshoring

將生產基地遷移至海外的企業，重新回到本國的現象。

> 　　出走國門又再次回到本國的「回流企業」，韓國每年平均只有 10.4 間，但是調查結果指出，在美國政府強力的政策下，美國每年平均有 482 間企業回流。
>
> 　　2 日立屬於全球經濟人聯合會旗下的韓國經濟研究院，引用美國促進本國企業回流的「回流倡議組織」（Reshoring Initiative）調查資料，指出 2010 年美國僅有 95 間回流企業，但是直到 2018 年已經有 886 間，增加了 9 倍之多。與此對比，韓國的回流企業（2014 至 2018 年）只有 52 間。
>
> 　　——李世鎮，〈美國回流企業是韓國 46 倍……
> 韓美「回流」兩樣情〉，《先驅經濟》2019.09.02

　　美國家電大廠奇異（GE）決定將位在中國與墨西哥的洗衣機、冰箱生產線遷回美國肯塔基州。德國愛迪達繼越南之後，在德國巴伐利亞建造了一間新運動鞋生產工廠。日本 Canon 在大分縣建造自動化工廠，將本國相機生產比率提升至 60%。

　　所謂的回流，就是像 GE、愛迪達、Canon 等企業，把出走海外的自家企業生產基地重新轉移回本國。有一段時間，韓國國內的製造業為了節省人事費用與生產成本，或者是想要進軍快速成長中的新興市場，掀起了一股將工廠離岸外包（offshoring）至低度開發國家，而回流（reshoring）就是外包離岸的反義詞。

　　近期世界各國政府都在拚死拚活促進企業回流。已開發國家在 2008 年經濟危機以後，又開始重新關注「製造業的價值」，因為他們認為在提升就

業與投資方面，沒有任何東西能贏過製造業，放任企業外包離岸的結果，就是導致國內的製造業生態變得脆弱，只能努力消費其他國家製造的產品。

想促進回流，只靠號召愛國心理並無法實現，想要讓企業回歸故鄉，一定要先給「糖」。減免法人稅、給予投資各種稅制優惠、鬆綁會成為企業絆腳石的限制等，都是各國政府搬出來的回流政策基本方向。

最近也有分析指出，第四次產業革命可能促進回流。用人工智能（AI）與機器人取代人類的智慧工廠增加，沒必要再去國外找尋廉價的勞動力，預估企業對於國內高知識、高薪資的勞動者需求將會重新復燃。

118 外國直接投資 FDI，Foreign Direct Investment

外國人透過經營參與、技術合作等方式，與國內企業以維持經濟關係為目的
進行的投資。

> 2019 年外國直接投資比前年減少 13.3%，是 2013 年以後，六年
> 以來最大減幅。
>
> 產業通商資源部 6 日公佈統計數字，2019 年 FDI 申報共有 233 億
> 3,000 萬美元。雖然韓國從 2015 年後，連續五年 FDI 規模超過 200 億
> 美元，但是相較於前年（269 億美元）減少了 13.3%，如果以實際執行
> 的 FDI 計算，減少幅度更劇，去年實際執行 FDI 為 127 億 8,000 萬美
> 元，比前年減少 26%。
>
> 按國家來看，來自中國（申報基準 -64.2%）、歐盟（-20.1%）的
> 投資大幅減少。韓國政府即將廢除外國人投資企業的法人稅減免，
> 2018 年初期申報的 FDI 雖然大幅上漲，但是去年業績相對低潮。
>
> 但是專家指責，這是因為國內企業環境惡化所導致。延世大學經
> 濟系教授成太胤分析：「對外關係不確定的情況下，基本薪資大幅調
> 漲、每週 52 小時工作制等政策費用增加，進而影響 FDI 減少」。
>
> ——具恩書，〈投資魅力消失的韓國……FDI 13% ↓〉，
>
> 《韓國經濟》2020.01.07

在國外蓋工廠的韓國企業家們，大部分在當地都可以享受「特殊待
遇」。1997 年在英國維爾斯舉辦的漢拿集團建設重裝備工廠竣工式，英國伊
莉莎白女王夫婦也一同出席，與名譽會長鄭仁永一起按下工廠的啟用鈕。
2019 年，樂天在美國路易斯安那建設石油化學工廠，川普總同邀請辛東彬會
長到辦公室，向他致上十分謝意。從這些場面就可以看出，對於固化的低成

長、無就業增長非常苦惱的主要國家，吸引外國直接投資（FDI）是一件攸關生死的大事。

　　FDI如果活躍，就可以透過設立工廠或法人創造就業機會，當然也會為國內資本形成帶來貢獻，促進經濟成長。國內人力習得海外企業優秀的技術，對於提高生產力也會產生幫助。FDI的特色是，海外資本為了在經營上行使實質影響力，會持續維持關係，也就是FDI與單純將金錢投入該國家股票、債券等私募基金投資不一樣。

　　進軍韓國的FDI雖然有時會出現暫時性停滯，但是整體趨勢仍往上攀升。外國投資企業認為，韓國的優勢在於汽車、半導體、電子等主力產業領域上，能夠產生協同效應。與作為世界最大市場的中國地理位置鄰近、高級人才眾多，也被視為是優點之一。

　　韓國的課題是要進一步提高足以讓外資果斷進行投資的魅力。部分人士指出，韓國有必要透過改善勞務、稅務等外國投資企業會面臨的困境，以及擴大海外企業的國內研究開發（R&D）獎勵等，營造友好的投資環境。

119　耦合／脫鉤 Coupling／Decoupling

耦合是指一個國家的經濟與特定國家或世界經濟走勢雷同的同步現象,脫鉤則是獨樹一格的非同步現象。

韓、中股市 2018 年相關係數高達 0.8 ～ 0.9,具強烈同步現象,然而從上個月中旬開始,雙方分道揚鑣。今年以來 KOSPI 指數和上海綜合指數截至上個月 15 日,都分別上漲了 7.6%,但是在這之後直到目前,卻出現了 -1.4% 與 15.8% 的大幅差異。今年股市上漲率 KOSPI 僅有 6.1%,然而上海綜合指數卻高達 24.6%。

去年全球投資人因中美貿易紛爭,認為新興國家不穩定,大量拋售中國與韓國股票,但分析指出,投資人開始集中買進吸引力相對較高的中國股票。新韓金融投資研究員郭賢秀表示:「外資從 2016 年 12 月深港通實行後,就以最強勁的力度買進中國股票,韓國股票相對被冷落。」

——林根浩,〈中國股市上漲,KOSPI 仍「陰雨綿延」……

雙方正式脫鉤?〉,《韓國經濟》2019.03.08

聽到「coupling」,一般人應該都會先想到戀人之間作為愛情象徵的戒指(couple ring)吧,不過經濟學者和投資人,應該會先聯想到另一個意思。財經新聞裡出現的 coupling(耦合)是指一個國家的經濟,與該國家有相關的周邊國家或世界經濟,出現相似走勢的同步現象。

汝矣島的證券街上流傳著一句話:「美國打個噴嚏,韓國就感冒了」,因為美國股價出現動盪的話,韓國股價經常也會跟著波動。這句話裡隱含著韓國與美國股票市場之間有著緊密的耦合。這也是為什麼證券公司職員或全職投資人,在韓國股票市場開盤前,都一定會先從美國等海外股市著手分析。

　　耦合除了股價以外，也可以用來解釋匯率、利率、經濟成長等各種指標。如今全球所有國家都不斷受到外界影響，在這個地球村裡耦合看起來算是非常理所當然的現象。

　　但是偶爾會出現特定國家，沒有跟著整個市場波動，走勢獨樹一格，這種非同步現象就稱作為脫鉤。2000 年後期，中國、印度、巴西等新興國家的脫鉤案例受到大量關注。當時美國等已開發國家經濟停滯不前，但是這些新興國家龐大的人口與資源背後的成長潛力，吸引了大量投資進駐。此外，重新耦合（recoupling）是指脫鉤一段時間後，又再度回到相似走勢的重新同步現象。

120 量化寬鬆 QE ，Quantitative Easing

調降利率無法達到刺激經濟效果時，中央銀行透過購買債券的方式向市場投入資金的政策。

> 美國中央銀行（Fed）23 日宣佈「無限量化寬鬆」，計劃無限量印製美元，購買國債等產品，也正式決定買入先前不在計劃內的公司債。有分析指出，這是新冠肺炎（COVID-19）以來，在經濟與金融市場出現癱瘓跡象後，首次採取的措施。
>
> Fed 當天宣佈，將無限制購買美國國債與準政府機關所發行的不動產抵押貸款證券（MBS）、商業地產抵押貸款支持證券（CMBS）。Fed 至目前為止，已將基準利率調降至 0，並公佈 7,000 億美元規模的量化寬鬆與 1 兆美元規模的商業發票購入計畫。但是股價崩跌、投機等級公司債券利率暴漲等，市場的擔憂仍然未解，因此美國掏出了「無限量化寬鬆」這張卡牌。全球金融危機時期，七年內實施了 6 兆 7,500 億美元的量化寬鬆，但是這次連限額都沒有規範。
>
> ——金賢錫，〈美國 Fed「將執行無限量化寬鬆」〉，
> 《韓國經濟》2020.03.24

　　當景氣蕭條的時候，政府放寬財政與中央銀行調降利率是常見的做法。但是 2008 年經融危機以後，傳統方式的藥效已經不如以往。即便政府把利率調到 0% 左右，各國政府承擔財政負擔增加支出，但仍不見效果。美國中央銀行（Fed）提出與以前不同的創新貨幣政策，也就是好一段時間一直出現在新聞上的量化寬鬆（QE）。

　　量化寬鬆是從英文直譯而來，使它的含義難以被理解，但簡單來說，就是中央銀行買入債券將資金投入市場之中。班・柏南奇（Ben Bernanke）

擔任 Fed 主席時，以「坐在直升機上向大眾撒錢刺激經濟」的語錄著稱。當然，量化寬鬆並不是真的從天上灑錢下來，而是使用了中央銀行的獨門必殺技──發行權。大量印鈔直接購入市場裡的國家債券、不動產抵押貸款證券（MBS）、公司債等，原理是中央銀行購買債權的錢轉移至政府與銀行手上再流入民間。

Fed 從 2009 到 2014 年，經歷過三次（QE1、QE2、QE3）量化寬鬆，足足投入 4 兆 5,000 億美元。後來 0% 的經濟成長率達到 3% 左右等預期目標後，美國政府宣佈不再買入證券，並重新調升基準利率。相近時期的歐洲中央銀行（ECB）與日本中央銀行（BOJ）也大規模買入債券，歐洲與日本在 Fed 正式結束量化寬鬆後，還是持續向市場投入資金。2020 年 3 月新冠肺炎爆放後，面臨失控的狀態 Fed 又再度推出「無限量化寬鬆」，類似苦肉計的量化寬鬆政策，成為了已開發國家普遍的貨幣政策。

透過量化寬鬆所投入的大量資金，可以投資不動產、股票、債券等，為經濟注入活力。但是因為金錢的價值會下跌，因此同時也可能面臨物價上升或資產價格泡沫化等危險。逐步縮小量化寬鬆稱作為「縮減」（tapering），等到經濟穩定的時候，政府就應該再次出售債券回收資金，在這個過程中，若新興國家的資本迅速流向已開發國家，可能引起另一場混亂，也就是說事後的收拾更為重要。

121 外匯存底

政府與中央銀行為應對緊急事態所儲備的外匯資產。

> 韓國外匯存底連續四個月刷新史上最高值。
>
> 根據韓國銀行 5 日公佈的「2020 年 1 月底外匯存底」，上個月底韓國外匯存底比前一個月增長了 8 億 4 千萬美元，統計金額為 4,096 億 5 千萬美元。外匯存底從 2019 年 10 月開始直到上個月為止，連續四個月刷新史上最高值。
>
> 外匯存底之所以增長，是受到了韓國所持有的美國國債等商品交易價差與利息收益增加影響。
>
> 但是上個月隨著美金價格升值，歐元、日圓等非美金貨幣的換算額度減少。外匯存底若以資產類別區分，國債、公司債等有價證券（3,784 億 5 千萬美元）比前一個月減少 65 億 8 千萬美元。
>
> ——金翼煥，〈外匯存底 4,086 億美元……四個月連續創下「史上最高」〉，《韓國經濟》2020.02.05

外匯存底是政府與中央銀行積累的外匯資產，為的是應對金融機構海外貸款受阻，出現對外結算困難的緊急狀況，此外，外匯不足匯率飆升時也會被用來穩定外匯市場，因此被稱為「國民經濟的安全閥」。

1997 年 12 月 18 日外匯危機達到高潮時，韓國外匯存底曾跌至 39 億美元，也就是說國家已經瀕臨破產邊緣。而曾經淪落至此下場的外匯存底，如今達到 4 千億美元以上*，代表國家的對外支付能力有所提升，國家信任度提升的話招商就會變得容易，也可以期待民間企業與金融機構海外資本籌措費用降低的效果。

韓國的外匯存底，區分為韓國銀行持有部分與政府持有部分（外匯平衡

資金）。政府持有的部分，大多都是韓國銀行的儲蓄，因此可以視為外匯存底費用是由韓國銀行負責。外匯存底在感知到危險的時候，必須能夠隨時拿出來使用，因此確保流動性與安全性非常重要，因此有 80% 左右都是購買優良債券，另外還會分散投資於美元、歐元、日圓、英鎊等各種貨幣。

不過外匯存底過多也會引發爭議。政府在積累外匯的同時，也會有機會費用產生，由於外匯存底大部分都投資在安全資產上，因此很難期待獲得高收益，就等同於失去了其他的投資機會。

外匯存底沒有明確的合理標準，但越是新興國家就越傾向於持有充足資金，應對緊急狀況的發生。但是像美國這樣的國家，反正自家貨幣就是儲備貨幣，因此不認為有必要額外積累外匯存底。韓國政府解釋：「考慮到韓國小規模經濟地緣政治特殊性強烈，保持充足的外匯存底防止危機再度發生至關重要。」

* 編按：2021 年台灣外匯存底為 5,467 億美元，續創歷史新高。

122　固定匯率／浮動匯率
Fixed Exchange Rate／Floating Exchange Rate

固定匯率是政府或中央銀行將匯率維持在一定水平的方式；浮動匯率是根據外匯市場供需使匯率自然形成的方式。

> 緬甸將廢除維持三十五年的固定匯率制，分析指出這是尋求改善與西方國家關係的緬甸政府，為了擴大外國企業投資與貿易所下的決定。
>
> 根據彭博社 5 日的報導指出，兩位匿名官員表示，固定匯率制度維持在 1 美元換 760 ～ 780 緬元的緬甸，馬上就要轉換成機動匯率制度。彭博社評價：「從中可以看出現任緬甸政府想要進行經濟改革開放的決心」。
>
> 緬甸軍部獨裁政權三十五年來都維持固定利率制度，軍部政權曾經將緬元官方匯率公告為黑市市場的一百分之一，沒有如實反映貨幣價值，因此外國企業一直排斥投資緬甸，國際貨幣組織（IMF）與世界銀行也不斷要求緬甸進行匯率制度改革。
>
> 外界預期緬甸新的匯率制度並非完全的市場浮動匯率制，而比較接近管理浮動匯率制度。緬甸政府為了防止緬元價值崩跌，計劃在匯率超過 1 美元比 800 緬元時由中央銀行介入。
>
> ——林基勛，〈緬甸開放信號彈……拋開固定匯率制〉，
>
> 《韓國經濟》2012.03.06

　　首爾外匯市場開放時間為平日上午 9 點至下午 3 點半，銀行負責外匯交易的交易室（dealing room）這段時間就如同戰場一樣緊張。想要交易外匯的企業與金融機構下單電話湧入，交易員就會以急促的聲音喊出叫價，敲打鍵

盤促成交易。交易員桌上的螢幕各有 7 到 8 個，隨時要確認海外新聞與經濟指標，這裡是一個 0.1 秒之間都會有鉅款來回交易的地方。

　　匯率制度大致上可以區分為固定匯率與浮動匯率，兩者都存在著許多折衷的方式。首爾的交易室之所以這麼忙碌，是因為韓國選擇了完全浮動匯率制度。已開發國家大部分都採用浮動匯率。*

　　這兩種方式各自的優缺點很明確。固定匯率一般指將本國匯率綁定美元或特定貨幣的釘住（peg）匯率制度，優點是可以緩解匯率劇烈波動所帶來的衝擊，由政府掌握政策主導權，但是為了維持特定匯率，必須由人為控制資本流動，在危機狀況下反而容易受到外匯投機攻擊。

　　浮動匯率的優點是資本流動自由，外部衝擊由匯率自然吸收。如果國內外匯市場美元供給較多，美元價值就會下降，韓元對美元的匯率也會下降，而美元需求增加的話，則會出現相反的走勢。不過完全暴露在外匯市場的變動下，力量越薄弱的開發中國家，越容易受到經濟干擾。

　　經濟學家表示，匯率制度沒有「正確解答」，考慮到每個國家經濟發展階段與結構特性不同，一切都是選擇上的問題。不管選擇哪一種匯率制度，貨幣政策的自律性、自由的資本流動、匯率穩定，都不可能同時滿足上述三項政策目標，被稱作為匯率制度的「不可能的三位一體（impossible trinity）」。全球國家大致有 35% 選擇機動匯率制、15% 固定匯率制、50% 為折衷形式的匯率制度。

* 編按：台灣於 1978 年起即採用管理浮動匯率，由中央銀行主導。

123 匯率操縱國

以擴大出口等為目的，政府人為介入外匯市場，將匯率調整成對自家有利的國家。由美國財政部編列。

> 美國在與中國第一階段貿易協議簽屬前夕，將中國移出匯率操縱國，距離 2019 年 8 月突然將中國列入匯率操縱國，僅隔了五個月。觀測指出兩國之間的摩擦不僅在關稅方面，連同匯率等整體經濟方面都將獲得緩解，此觀點獲得強力支持。外媒報導，中國為了報答美國這份「禮物」，決定追加購買 2,000 億美元規模的美製商品。
>
> 美國財政部當地時間 13 日公佈的「美國主要交易夥伴宏觀經濟與外匯政策報告」（匯率報告）將中國從去年 8 月指定的匯率操縱國中移出，列入匯率觀察名單。這是美國在與中國簽屬第一階段貿易協議前兩天所採取的說法。中國國務院副總理劉鶴當天抵達華盛頓 DC，將代表中國簽屬協議。
>
> 美國財務部解釋「將中國列入匯率操縱國後，我們透過協商完成了第一階段貿易協議。中國在協議中承諾，將會強制執行避免競爭性貨幣貶值」。此外也表示，中國同意公開匯率的相關資訊。
>
> ——金賢錫，〈美國「送禮」將中國移出匯率操縱國……
> 中國「報恩」追加進口 2,000 億〉，《韓國經濟》2020.01.15

倘若運動選手為了提升紀錄吃禁藥的話，就會受到懲罰，因為這樣就不屬於公平競爭了。進行國際貿易的國家，為了增加出口也會陷入想操作匯率的誘惑當中，只要大量買進美金使自國貨幣價值降低，就能夠自然而然提升出口競爭力。一直飽受慢性貿易收支虧損苦惱的美國，當然不能對這種事坐視不管。他們編列被懷疑為匯率操縱國家的名單，對其進行施壓。

　　美國財務部會在一年公佈兩次的匯率報告書裡，指定匯率操縱國，另一種比較有深度的叫法為「深度調查名單」。美國以 1988 年綜合貿易法與 2015 年貿易促進法（BHC 法）中制定了指定匯率操縱國的依據。

　　滿足下列三個條件的國家，就會被列為匯率操縱國：①一年內對美貿易收支順差超過 200 億美元。②經常帳順差超過國內生產毛額（GDP）的 2%。③淨買入外匯超過 GDP2% 的國家。還不適用於匯率操縱國，但是需要格外注意的國家，就會被納入觀察名單，通常發生已滿足兩項條件，或是對美貿易順差過大的情況。

　　被指定為匯率操縱國，並不會受到強力制裁，大概是美國政府購買的物品中，會排除掉匯率操縱國的產品、對於投資匯率操縱國的美國企業，美國不會提供投資或擔保，這樣的程度。但是對於世界最大強國可能會以此為藉口進行貿易報復這點，反而更令人害怕。與美國關係惡化可能導致國際聲譽下降，也會令人倍感壓力。

　　韓國 1988 年曾經被列為匯率操縱國，過了兩年後才被移出，但是韓國一直被列在觀察名單中。美國從 1998 年以後，就沒有再指定匯率操縱國，但是隨著與中國的貿易紛爭白熱化，2019 年突然將中國列為匯率操縱國，又在達成協議後的半年內解除，也就等同於美國將匯率操縱國制度作為談判的槓桿。

124　利差交易 Carry Trade

向低利率國家貸款後轉向投資預估報酬率高的國家。

> 全球金融市場面向新興國家的利差交易正在復甦。華爾街日報
> （WSJ）當地時間 8 日引用了新興市場投資基金研究公司（EPFR）全
> 球資料，表示今年至 3 月為止新興國家債券基金總共流入 232 億 3,000
> 萬美元投資基金，對報酬率如飢似渴的投資人，正在復甦新興國家利
> 差交易。
>
> 　新興國家債券交易從 2018 年 10 月到年底為止持續不斷流失基
> 金，今年以來，除了 2 月排除一週以外，其他時間都以周圍單位持續
> 湧入資金。利差交易出現增長，是因為已開發國家的利率看起來沒有
> 進一步上漲的機向，因此能夠提供高報酬率的新興國家資產變得更有
> 吸引力。
>
> ——金英弼，〈美國等已開發國家利率凍漲，
> 利差交易重新復甦〉，《首爾經濟》2019.04.10

　　哪裡有高報酬就往哪裡跑，是身為投資人的本能。如果今天韓國貸款只需要年利率 1%，然而東南亞 A 國家卻有投資機會，保證 10% 年利率呢？我們當然會想說，那就在韓國借錢去投資 A 國家。這種利用每個國家的利率差額，跨國境進行投資的方式稱為「利差交易」。利差交易的投資標的包羅萬象，包括安全的儲蓄與債券，以及追求高收益的股市與衍生金融商品。

　　利差交易根據借來的貨幣不同分成許多種類，其中最有名的就是「日圓利差交易」。1990 年代陷入長期不景氣的日本，有好長一段時間利率都保持在 0% 左右。反之，進入 2000 年代後，已開發國家與新興國家經濟好轉，利率開始上漲。全球對沖基金抓住這次機會，從日本貸款日圓，再轉向投資利

率較高的英國、澳洲、巴西等國，連日本的機構投資人與散戶都緊隨在後。當時英國經濟雜誌《經濟學人》的報導中，把老公薪資拿來做利差交易的日本主婦們稱作「渡邊（日本常見的姓氏）夫人」。

2008 年金融危機以後「美元利差交易」開始盛行。作為金融危機震央的美國，為了復甦景氣調降利率，反之巴西、俄羅斯、印尼等新興國家利率開始上漲。除此之外，也有運用歐元投資的「歐元利差交易」等。

利差交易資金強烈具有追求高報酬四處游移的「熱錢（hot money，短期投機性資金）」傾向，但是一但投資魅力下降，熱錢就會馬上出場，因此對於基礎體質較弱的新興國家而言，可能成為危險因子。此外，利差交易的報酬率會強烈受到匯率影響，就算利率差賺到收益，但如果匯差太大的話，最終還是可能面臨虧損。

125　熱錢／托賓稅 Hot Money／Tobin Tax

熱錢是以短期收益為目的，在國際金融市場移動的投資性資本。托賓稅是為了防止熱錢進出引發混亂，針對短期外匯交易所徵收的稅金。

> 　　中國上海股市七天大跌 7% 以上，開盤僅 29 分鐘就提前收盤，發動了當股票暴跌時中斷交易的熔斷機制。分析指出，人民幣價值下跌引發熱錢（短投機性資金）大逃殺，使散戶陷入恐懼當中，出現拋售潮，股價因此無法控制開始下滑。
>
> 　　上海綜合指數當天小跌 1.55% 開在 3,309.66 點。但隨著拋售數量湧出，啟動了兩次熔斷後，於上午 9 點 59 分全盤結束交易。當天上海綜合指數下跌 7.04%，收在 3125.00 點。
>
> 　　——金東允、林根浩，〈熱錢大逃殺……再度停擺的中國股市〉，
>
> 《韓國經濟》2016.01.08

　　所謂的熱錢指國際金融市場上快速流動的短期資金，熱錢的特徵是資金流動快速，且流動量大。透過分析各國利率與匯率差額賺取收益，當判斷該國政治、經濟狀況不穩定，就會轉移到安全的地方，若認為已經充分獲利，就會出現快速撤離的投機性傾向。

　　熱錢一詞是 1935 年由美國羅斯福總統首次提出，當時世界各國脫離金本位制，外匯市場變動非常劇烈。當熱錢大規模流入高成長的新興國家，就可以被作為開發資本，或是為股市、外匯市場帶來穩定，但同時也可能引發貨幣價值上升，或者是資產價格泡沫化等，風險性也很高。如果熱錢一口氣流出，該國家的外匯市場就很可能陷入嚴重危機，1997 年陷入外匯危機的韓國就是如此。

　　獲得諾貝爾經濟學獎的美國耶魯大學教授詹姆士・托賓（James Tobin）

認為，跨越國境只為追求短期收益的熱錢，是金融市場穩定性的毒藥。1978年，他提出應該對所有短期性外匯交易徵收約 0.1% 的稅金，屬於一種外匯交易稅，而稅金的名稱就取自於提案人，被稱作托賓稅。

托賓稅當年提出時沒有受到太多關注，直到 1990 年代後才再度獲得關注。美國金融危機後的 2009 年，歐盟 27 個會員國首腦認為「托賓稅可以為稅收帶來重大貢獻」，要求國際貨幣基金組織（IMF）檢討導入托賓稅的可行性。

托賓稅沒有限制實體明確的一般貿易或長期資本投資，具有抑制投機資本流動與提高稅收的效果。托賓的想法是，可以將這部分稅收用來援助低開發國家，或改善環境問題。

但是托賓稅也有致命的弱點，就是必須所有國家同時導入。若只有部分國家採用托賓稅，那麼國際資本只會移動至沒有托賓稅的國家。有聲音批評，托賓稅引發金融交易萎縮與市場扭曲的副作用，反而弊大於利。巴西 2009 年成為世界首位導入 2 ～ 6% 托賓稅的國家，但僅執行了四年就廢除了，因為巴西經濟基礎不夠穩固，再加上徵收稅賦，導致外資全部流向墨西哥等，其後就再也沒有國家採用托賓稅。

126　伊斯蘭債券 Sukuk

伊斯蘭國家所發行的債券。

> 　　英國金融時報（FT）當地時間 21 日報導指出，正在準備明年上市的沙烏地阿拉伯國家石油公司——沙烏地阿美決定發行債券。
>
> 　　沙烏地阿美本週若獲得當局批准，最快下週將可發行 20 億美元價值的 Sukuk（伊斯蘭債券）。沙烏地計劃接下來將透過發行債券募資 100 億美元，目標是藉此籌措上市所需要的資金，並確認投資信心。
>
> 　　——趙穆仁，〈沙烏地阿美發行 20 億美元 Sukuk……
>
> 確認 IPO 投資信心〉，《亞洲經濟》2017.03.22

　　伊斯蘭教法嚴格禁止將收取利息作為貸款的代價，他們認為這不是透過正當管道賺取的金錢，而是寄身在他人身上所獲得的不當利益。但是透過輸出原油賺取大量收益的伊斯蘭地區，並無法完全放棄金融交易。以「迂迴」的方式，能夠同時遵守教義，又能夠使資金流通的代表性金融產品，就是 Sukuk。

　　Sukuk 是伊斯蘭國家所發行的債券。原本債券是會支付利息給買進的人，但是 Sukuk 的特徵是，會投資具有實體的特定事業，再將獲取的收益以分紅的形式配發。不過 Sukuk 不會投資違反伊斯蘭教法的酒、豬肉、賭博、香菸、武器等相關事業。

　　舉例來說，Sukuk 的發行機構若將房地產等資產租賃給特殊目的公司（SPC），就會將從中獲得的租金以利息概念支付給投資人。本金則透過債權人向債務人重新買回實物資產，或者是轉賣給其他投資人的方式進行回收，原理跟資產抵押證券（ABS）類似。

　　伊斯蘭國家在遵守伊斯蘭教義下開發出伊斯蘭保險（Takaful）、資金管

理者 (Mudarib)、合資經營（Musharaka）、成本加利潤融資（Murabaha）、委託製造型（Istisna）、資產基礎租賃型（Ijarah）等。必須擺脫對石油依賴的伊斯蘭國家間，籌措開發資金的需求增加，外界目前評估「伊斯蘭金融」的發展前景非常光明。

127 清真認證 Halal

穆斯林可以飲食或使用的食品、醫藥品、化妝品等各種產品的認證。

> 清真市場正在成為食品業界的兵家必爭之地，對象則集中在世界上穆斯林居住人口最多的印尼。目前美乃滋、海苔、橄欖油、麵包粉等 11 項產品，已經於印尼獲得清真認證。印尼當地法人的清真產品銷售，每年高達 300 億元。
>
> 多樂之日考慮到穆斯林的飲食習慣，搶先在東南亞市場推出可以作為下午常享用的菜單。由於伊斯蘭文化特性，男性也不喜歡菸酒，而是傾向找尋甜味強烈的零食作為替代品。多樂之日就根據這樣的特性，付諸心血製作強調甜味的紅豆麵包。只有太陽下山後才能進食的齋戒月期間，更推出了香蕉布丁等齋戒月時期限定菜單。
>
> 三養的「清真辣雞麵」也排除豬肉粉等食材，根據伊斯蘭教法調整獲得清真認證，非常受到馬來西亞等東南亞穆斯林的歡迎。
>
> ——安孝周，〈瞄準喜歡甜食的穆斯林⋯⋯
> 多樂之日推出「清真紅豆麵包」〉，《韓國經濟》2018.05.05

地球村人口中，每四個人之中就有一人信仰伊斯蘭教。全球穆斯林約有 18 億人，佔比世界人口 24%。他們所遵循的伊斯蘭教義，是出了名的嚴格，吸菸、喝酒、離婚等是禁忌，連懶散都是重大罪過。飲食方面不能含有豬肉或酒精，其他肉類只能吃一刀切斷靜脈所宰殺的肉品。伊斯蘭國家在進口貨品時，都會嚴格追究有沒有遵守原則進行生產。

如果想要出口至伊斯蘭國家，就必須得要先獲得清真認證標章。Halal 在字典上的意義是「允許的」。食品、醫藥品、化妝品等若獲得清真認證，不僅止於「獲得神的允許」的宗教性意義，同時意味著該產品在製造、流通

的過程中都經過嚴格的檢驗，在當地市場非常受到歡迎。反之，若有違背義斯蘭教義，則稱為「Haram」意指「禁止的」。

　　清真產品飲食類佔大部分，除了原物料的種類以外，料理過程也很重要。如果容器曾經裝過像豬肉這類的 Haram 食品，就無法獲得清真認證。肉類的宰殺與驗證須由穆斯林負責，包裝、運送過程中，也必須跟 Haram 食品分開。可以自由使用蔬菜、水果、穀類、海鮮。

　　韓國清真振興院指出，清真食品的市場規模 2019 年為 2 兆 5,000 億美元，是高於中國 1.6 倍、美國 1.7 倍的超大市場。韓國食品業者為了克服內需市場飽和的問題，紛紛開始進軍清真市場。辛拉麵、Hetbahn、Pepero 等，也都正在籌備轉變成為清真認證產品，期待這些品牌都能夠抓住穆斯林的口味。

128　三大原油

指各種原油中最具影響力的美國西德州原油（WTI）、北海布蘭特原油、中東杜拜原油。

因美國對伊朗經濟制裁，國際原油出現暴漲徵兆，國內煉油公司憂心忡忡，因為在汽油等產品遲遲無法恢復需求的狀態下，原油價格若上漲，利潤很可能將大幅減少。

23日煉油業指出，新加坡交易所的杜拜原油本月22日每桶（158.9L）73.4美元，比上個月上漲3.2%，是繼2018年11月1日73.4美元後，五個月以來的最高值。隨著美國推遲韓國與中國等國的伊蘭原油進口禁令至下個月2日，世界三大原油杜拜原油、西德州原油（WTI）、北海布蘭特原油等同時出現上漲趨勢。

煉油業者表示，油價上升不是因為需求增加，而是供給萎縮，擔心業績將會面臨惡化，因為煉油業的業績，很大一部分取決於產品價格中扣除原油價格的煉油利潤。

景氣良好的時候，產品價格會先上漲，後續油價再跟著上漲，因此煉油利潤也會增加。但是像近期全球景氣衰退的狀態下，即便因為供給減少導致原油價格上升，產品價格仍不會產生大幅改變，因此煉油利潤就會減少。

——姜賢宇，〈油價一躍而上……煉油業「愁上加愁」？〉，
《韓國經濟》2019.04.24

　　國際原油市場上，交易的原油種類有數百種，其中最受關注的「三大原油」就是美國西德州原油（WTI）、北海布蘭特原油、中東杜拜原油，是世界各地的原油價格標準。其餘原油的價格構造，都是基於三大原油市價，再

加上或扣除一定的金額。三大原油具有交易市場發達及價格透明的特性。

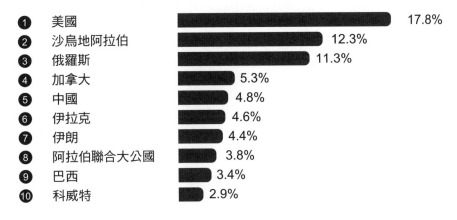

世界十大原油生產國（單位：%）

❶	美國	17.8%
❷	沙烏地阿拉伯	12.3%
❸	俄羅斯	11.3%
❹	加拿大	5.3%
❺	中國	4.8%
❻	伊拉克	4.6%
❼	伊朗	4.4%
❽	阿拉伯聯合大公國	3.8%
❾	巴西	3.4%
❿	科威特	2.9%

2018年統計，世界生產量佔比。資料來源：國際能源署（IEA）

　　三大原油的名字都跟產地有很深的關聯。WTI 意指西德州生產（West Texas Intermediate）。布蘭特原油來自位於英國與歐洲大陸中間的北海，杜拜原油則是由中東阿拉伯聯合大公國生產而得名。也就是說，WTI 是美洲、布蘭特原油是歐洲，杜拜原油是亞州一帶的價格代表。

　　美國產的 WTI 品質方面最優秀，歐洲產的布蘭特原油緊接其後，中東產的杜拜原油品質就多少比較低落，因此價格方面由貴到低，也是以 WTI、布蘭特原油、杜拜原油排序。WTI 幾乎只在美國境內交易，但是 WTI 因為在世界最大的期貨市場紐約商品期貨交易所（NYMEX）上市被大量交易，因此經常被作為國際油價的代表性指標。

　　韓國的原油 70 ～ 80% 都是從中東進口，因此最容易受到杜拜原油影響*。不過杜拜原油的價格波動，不會立刻反映在韓國的油價上。原油從裝運上船到進口通常會有二到三週左右的時間差。

　　原油的價格也不單純只由供需決定。像 WTI 與布蘭特原油，在交易所買賣的期貨價格會帶動現貨價格，油價在金融市場與實物市場相互影響下形成，投機資本的動向也會對價格產生極大影響。而杜拜原油只有現貨交易，隨著中東局勢不穩定或產油國的生產策略，有時候也會出現高度變動。

* 編按：台灣原油進口國為：沙烏地阿拉伯、科威特、阿拉伯聯合大公國、伊拉克、阿曼。

129 石油輸出國組織

OPEC，Organization of the Petroleum Exporting Countries

主要石油生產輸出國為了提升影響力，於 1960 年成立的協議組織。

> 　　沙烏地阿拉伯等石油輸出國組織（OPEC）會員國與俄羅斯等 10 個非 OPEC 產油國之間，正在推動建立正式合作關係。
>
> 　　華爾街日報（WSJ）當地時間 5 日報導，OPEC 的主要會員國沙烏地與阿拉伯聯合大公國（UAE）等國，提議要與俄羅斯、墨西哥等 10 個非會員國共同決定產油量，並定期召開會議互相監督。分析指出，隨著美國頁岩氣產量增加，加上美國總統川普施壓，使國際油價維持在低點，產油國為了維持影響力因此開始動作。
>
> 　　OPEC 與俄羅斯等國，2016 年底達成原油減產協議後，就一直保持著密切關係。預計產油國們將於本月 18 日於奧地利維也納舉辦會議，正式討論合作事宜。
>
> 　　——鄒家榮，〈迎戰美國頁岩氣產量攻勢，OPEC ＋俄羅斯推動「減產同盟」〉，《韓國經濟》2019.02.07

　　產油國大多數可以在沒有發展新產業的狀態下依然過著富裕生活，就是多虧了油所賺到的「oil money」多到滿出來。對他們而言石油是一種祝福，也是一種限制，國際油價飆漲雖然可以賺很多錢，但若是油價崩跌，就會直接衝擊國家經濟。

　　1950 年代，中東與非洲接連發現大型油田，引發原油供應過剩，標準石油、埃克森美孚等美國大型企業開始著手「打壓」其他產油國的油價。主要產油國開始蠢蠢欲動團結起來對抗美國，並阻止原油價格下跌。1960 年在伊拉克的主導下，沙烏地阿拉伯、伊朗、委內瑞拉、科威特 5 個產油國聯

手，為 OPEC 畫下序幕，後來卡達、利比亞、阿拉伯聯合大公國、阿爾及利亞、厄瓜多、加彭、安哥拉、赤道幾內亞、剛果也隨後加入。

起初的 OPEC 是透過情報交換防止油價下跌，具有強烈的價格壟斷性。但是 1970 年代 OPEC 已佔據世界原油生產量的一半以上，他們便搖身一變，成為把石油產量作為「武器」的生產壟斷組織。1973 年第一次石油危機，就是 OPEC 會員國原油減產導致油價飆漲的代表性案例。當時油價上漲了 3 到 4 倍，產油國賺進一大筆橫財。後來氣勢洶湧的 OPEC 便掌握了石油市場，被稱為是「地球最大的壟斷組織」。

但是 2000 年代 OPEC 的石油霸權開始動搖，美國不斷開採頁岩氣，威脅現有產油國。感受到頁岩氣威脅的 OPEC，2014 年開始採取增產原油使油價下跌的計畫，為的是讓開採費用相對較高的頁岩氣胎死腹中。但是美國技術改革後，頁岩氣的生產成本降低，2018 年美國超越沙烏地阿拉伯，榮登世界最大的產油國。

在國際原油市場上雖然 OPEC 仍具有強勁影響力，但是許多評價認為，OPEC 的影響力比起過往削弱許多。初期的核心成員卡達 2019 年閃電退出 OPEC，使 OPEC 會員減少至 14 個。由此看來，這世上沒有永遠的霸權。

130　沙烏地阿拉伯2030年願景

沙烏地阿拉伯的下一屆王位繼承人穆罕默德・本・沙爾曼王子，於 2016 年 4 月公佈的政治、經濟、社會全面大幅改革計畫。

> 　　著名的封閉社會——中東「石油王國」沙烏地阿拉伯正在改頭換面。從日常生活到企業環境，解除各個地方的限制規範。
>
> 　　沙烏地獲選今年世界企業環境改善幅度最大的國家。根據世界銀行 2020 年公佈的商業環境報告書，沙烏地在企業關懷方面，在世界 190 個國家中排名第 62 位，比前一年（第 92 名）上升了 30 個排名。世界銀行評價：「沙烏地大改先前對虧損企業的補助制度，實現了大幅度的進步。」
>
> 　　沙烏地為了實現經濟收入來源多元化，正在推動超大型計畫。Neom 計畫是 2030 願景中的亮點，目標是在沙烏地首都利雅德西北邊的沙漠中，建立沙烏地版的矽谷與好萊塢。並計劃在埃及與約旦連接處，建立 2 萬 6,500 平方公里規模的建築，整體規模是首爾的 43.8 倍。本・沙爾曼王子主張，2030 年 Neom 建造完成的話，將帶來 1,000 億美元的經濟效應，而此計畫總共投入 5,000 億美元。
>
> 　　——善韓浩，想擺脫石油的沙烏地……投入 5,000 億美元蓋「沙漠版矽谷」《韓國經濟》2019.12.09

　　2018 年 6 月 24 日，全球主要新聞版面都一致刊登了一名握著方向盤燦笑的沙烏地阿拉伯女子。世界唯一禁止女性開車的沙烏地，從這天起開始發合法駕照給女性。過去嚴格遵守伊斯蘭教義的沙烏地，因保守的問話、女性差別待遇、低於國際標準的人權水準，受到了外界許多批評。沙烏地逐一打破長久以來的禁忌，對外拋出「沙烏地正在改變」的訊息。

　　主導沙烏地變身的人正是穆罕默德・本・沙爾曼（Mohammed bin Salman）王子。他是沙烏地下一屆繼承者，也是最高權力者。由於他手上掌握了一切，想做什麼都可以，因此被稱為「Mr. Everything」。本・沙爾曼2019年6月受到文在寅政府邀約，正式訪問韓國，當時韓國的四大團體領導人也全數總動員。

　　本・沙爾曼2016年4月公佈「沙烏地阿拉伯2030年願景」計畫，以「活力社會」、「繁榮經濟」、「進取之國」三大層面，進行政治、經濟、社會全方面的大幅改革。其中的核心無可厚非就是經濟，要降低沙烏地經濟對石油的依賴度，提高民間活力，創造新的成長動力。

　　沙烏地阿拉伯2030年願景中，目標計劃要將非石油出口的國內生產總毛額（GDP）2016年16%於2030年提升至50%，並且民間GDP貢獻度也要從40%提升至65%。計劃透過大型石油企業沙烏地阿美的首次公開發行（IPO）填補主權財富基金，並將其集中投資在資訊技術（IT）與新再生能源等未來產業。強化職業訓練，鼓勵女性與青年參與經濟活動，其中還包括了達成財政盈餘，目標是即便國際油價下跌也不會動搖國家生計。

　　「頁岩氣革命」威脅中東石油霸權後，國家出現青年失業率高達40%等經濟危險因子，而沙烏地這番行徑，可以被看作是為了解決問題所搬出的自救之策。外界評估，沙烏地由最高領導層正式推動的女性地位提升、大眾文化養成等創新改革沒有受到內部反彈，正在順利進行中。

　　但是國際外交舞台上將本・沙爾曼視為是「殘酷的獨裁者」，有對他持保留態度的傾向。沙烏地雖然透過2030願景成為「改革的標誌」，但是對內依然沿襲了無情清算反對派、強化一人統治體制等舊習。特別是2018年沙烏地反政府輿論賈邁・卡舒吉（Jamal Khashoggi）謀殺案件，本・沙爾曼被懷疑是背後主使，這個標籤也可能將跟著他許久。沙烏地的藍圖究竟是否能實現，可能還需要一點時間才能知道結果。

131　**稀土金屬** Rare Earth Metal

含有自然界中稀有金屬元素的土壤，指 15 個鑭系元素（原子序 57 ～ 71 號）加上鈧、釔總共 17 個元素。

中美貿易戰，中國強力暗示可能打出稀土牌。

主管中國經濟政策的國家發展改革委員會，29 日在官網上傳稀土金屬相關負責人接受國營 CCTV 採訪的內容。這名負責人在採訪時提到：「如果有人使用我們所出口的稀土金屬來製造產品，並用試圖用來阻止和打壓中國發展，所有中國人民都會感到不快」，並表示「中國稀土資源堅持以國內需求為優先，並我們也願意滿足各國的正當需求」。共產黨官報《人民日報》姊妹報《環球時報》胡錫進編輯當天在推特上發文表示：「中國正在鄭重討論限制稀土金屬出口至美國。」

——姜東均，〈用稀土金屬報復美國……中國當局強力暗示〉，

《韓國經濟》2019.05.30

　　17 種屬於稀有礦物的稀土金屬，對大眾而言連名字都十分陌生，但卻是許多產業裡的必備原物料，廣泛被使用於手機、半導體、汽車等產品，以及飛彈、雷達等軍事武器的核心配件上。除此之之外，也被應用在鋼鐵、陶瓷等再生能源與醫療領域上。稀土金屬具有獨特的自我性質，同時具有能夠吸收電磁波等特徵，因此也是馬達、磁懸浮列車、螢幕等製造時的必需品，又被稱作為「尖端產業的維他命」。

　　掌握天然資源就可以成為掌握世界經濟主導權的重要變數。中國佔世界稀土金屬生產量的 95%，美國進口的稀土金屬 80% 都是購買自中國。與美國掀起激烈貿易戰爭的中國，以埋藏在自家領土下的大規模稀土金屬作為武器進行反擊。2010 年中國與日本發生外交衝突時，就曾經威脅「不再販賣任

何稀土金屬給日本」，當時日本國沒幾天就宣佈投降。

　　稀土金屬名字上有個「稀貴的稀」，許多人可能認為它的儲量很少，不過事實並非如此。稀土金屬不僅埋藏在世界各地，連韓國江原、忠北等地也發現了不少。稀土金屬只不過是佔原石裡面的比重較低，為了獲得少量稀土金屬必須加工並拋棄大量石頭，因此生產費用非常高，而且會對環境產生傷害，因此已開發國家不會自己生產稀土金屬，大部分都是從中國進口。

　　美國如果下定決心的話，就可以在自家領土裡重新挖掘稀土金屬，不過分析指出，如果要達到跟中國一樣的生產量與再生性，必須要花費一段時間。

132　一帶一路

由中國國家主席習近平所主導的新絲路計畫，透過陸路與海路連接中國與東南亞、中亞、非洲、歐洲，形成新經濟圈的構想。

> 美國為阻撓中國「一帶一路」，正在準備「秘密作戰」。
>
> 根據當地時間 9 日華爾街日報指出，美國國際開發署（USAID）2018 年派遣由經濟學者、外交官、法律專家組成的「美國小組」至緬甸，幫助緬甸政府縮小與中國國營企業中信集團所簽訂的 73 億美元一帶一路計畫，將規模縮小至 13 億美元，反制中國企圖透過一帶一路計畫，擴大對周邊國家的影響力。
>
> ——朱容錫，〈阻擋習近平一帶一路……美國「秘密作戰」〉，
>
> 《韓國經濟》2019.04.11

「兩千一百年前，漢朝將軍開闢了連接中國與西域的絲綢之路。生活在現代的我們，要開啟一條絲綢之路經濟帶，為中國與中亞共同創造繁榮的未來。」

2013 年 9 月中國國家主席習近平訪問哈薩克時，在一間大學演講上，提出了這段耐人尋味的構想，他打算延續古代作為東、西洋內陸交通的絲綢之路。一個月後，習近平 10 月份在印尼國會演講時，強調了構建海上絲路的必要性。連結陸路與海路，由中國主導的新經濟圈一帶一路計劃由此浮出水面。

一帶一路的目的是提升中國在地球村裡的政治、經濟、文化影響力，是一個反映出中國野心勃勃的超大型計畫。「一帶」指從中國為首連接中亞與歐洲的陸上絲路；「一路」指經過東南亞與歐洲直通非洲的海上絲路，為此中國要在 65 個國家中，推動建設道路、鐵路、輸油管、港灣、機場的大規

模土木計畫。

中國為了實現一帶一路構想，還建立了新的國際金融機構，也就是 2016 年由中國主導所建立的亞洲基礎設施投資銀行（AIIB）。AIIB 是以中國以中亞為中心，目標是支援交通、通信、能源、農村開發、水資源等基礎建設投資。AIIB 包含韓國在內共有 70 個（2019 年基準）國家為會員國。

一帶一路目標於 2049 年完成，預計推動計畫耗時超過 30 年。若絲路經濟圈按照計畫完成的話，將會誕生出由 30 億人組成的經濟共同體。中國以經濟協力作為紐帶，確保中亞為友軍，同時獲得可以與美國外交霸權抗衡的力量。

但是這項計畫是否能按照中國的意思走，目前還是一項未知數，因為目前收到中國邀請的周邊國家，都回過身表示「會再考慮看看」。一帶一路的結構是中國借錢出去，接著中國企業用這筆錢做生意，把工程費用轉嫁到鄰近國家的國家負債上。這些國家起初很感謝中國的投資，但是工程完成後債台高築，問題開始浮出檯面。巴基斯坦的建設費用 80% 是向中國貸款，導致國家在不斷增長的利息中掙扎。尼泊爾決定直接建設先前委託中國企業建造的水力發電所，馬來西亞則是乾脆中斷海岸鐵路的連接計畫。各地都開始提出質疑，經濟共同體與中國提出的不同，實際上是圖利中國企業，讓周邊國家債台高築附庸於中國。

對此美國提出新太平洋外交保衛戰略「印度太平洋架構」，直接牽制一帶一路。對於一帶一路戰略是否能開花結果誕生成為新經濟帶，又或者中國的美夢將止步於此，還有待繼續觀察。

夢想掌握霸權的中國野心，用另一個詞彙形容就是「崛起」，意思是「巍然興起」，在提到中國政府或企業對新產業進行攻擊性投資或快速成長的時候，經常使用到這個字彙，例如「5G 崛起」、「AI 崛起」、「氫能車崛起」。

133　金磚國家 BRICS

二十一世紀崛起的 5 個新興國家：巴西（Brazil）、俄羅斯（Russia）、印度（India）、中國（China）、南非共和國（South Africa），BRICS 一詞取自五國英文字首。

> 　　2008 年以金融危機後，報酬率急遽下滑的金磚基金，過了十幾年後終於出現反彈跡象。外界評價，隨著近期巴西股市飆漲，金磚國家報酬率也跟著回復。不過一直在等待回本的投資人開始大量贖回，使基金資金正在流失。
>
> 　　25 日金融資訊業者 FnGuide 表示，年初後金磚基金報酬率落在 6.55%，是海外股票型基金當中，繼巴西基金（7.68%）後的第二高報酬率。金磚基金報酬率最近一年為 -14.83%；半年 -5.00%，然而最近三個月與一個月報酬率急遽上漲，分別為 3.87% 與 6.71%。
>
> 　　──金美貞，〈巴西股票飆漲……金磚基金睽違十年終於復活〉，《FN News》2019.01.26

　　2001 年 11 月高盛資產管理主席吉姆‧奧尼爾（Jim O'Neill）發表了一篇〈打造更好的全球經濟金磚〉論文。911 恐怖事件後美國影響力減弱，他指出趁機崛起的新興國家有巴西、俄羅斯、印度、中國，當時他取用這 4 個國家的字首，稱他們為金磚四國「BRICs」。

　　這 4 個國家的地理位址雖然距離很遠，但在擁有廣大領土、大量人口、豐富天然資源的方面很類似。他的意思是，雖然這些國家的發展水準尚低，但是日後具有發展成經濟大國的潛力。奧尼爾主張：「2050 年經濟強國排名將會變成中國、美國、印度、日本、巴西、俄羅斯。」現實中，當這 4 個國家的經濟成長開始有起色，就吸引了龐大的外國投資金流入。2003 年，主要

投資金磚四國股票與債券的「金磚基金」登場，受到韓國個人投資者的熱烈歡迎。

隨著金磚國家的存在感提升，甚至還成立了四國首腦齊聚一堂的高峰會談，也就是 2009 年從俄羅斯為首每年輪流舉辦的「金磚國家高峰會談」。2010 年，非洲大陸最受矚目的新興國家南非共和國也加入成為新成員。從這個時候開始，原本「BRICs」的小寫 S 改寫成大寫，改稱為「BRICS」。

雖然金磚國家前景明亮，不過也有人不這麼認為。除了印度以外的其他國家，在經濟上都出現過嚴重的起伏。巴西和俄羅斯成長率曾經跌至負成長，中國失去了長年以來維持的 7% 左右年成長率，南非共和國政局不穩也正在拖垮經濟，落後的人權問題、環境汙染與貧富差距等，也都是根深蒂固的問題。連創造出 BRICS 一詞的高盛內部，也轉變立場認為「金磚時代已經結束」。

但是重整為金磚五國的 BRICS，還是堅持要在這個以美國為中心的國際社會中團結一心，為自己發聲。這 5 個國家的人口總合，超過世界整體人口的 40%。

134 莫迪經濟學 Modinomics

印度總理納倫德拉‧莫迪堆動的經濟政策，目標是透過親市場性改革達到快速經濟成長。

隨著印度總理納倫德拉‧莫迪（Narendra Modi）確定當選，23 日印度股票 Sensex 指數在場中創下史上最高點。就算在全球經濟衰退洪流哩，印度股價仍比年初上漲 7%，由此可看出市場給予「莫迪經濟學」效果的高度評價。但是成功連任的莫迪總理，在展開「第二期莫迪經濟學」的同時，還必須解決高失業率與基礎建設不良等諸多難題。

4 日外電表示，莫迪經濟學成為親企業、高成長政策的代表。莫迪政府在提升海外直接投資（FDI）方面取得了重大的成果。世界各地 FDI 都呈現減少的趨勢下，印度卻反其道而行，FDI 從 2014 年莫迪掌權後就不斷持續增加（2013 年 281 億美元～ 2018 年 422 億美元）。

──林賢宇，〈印度「莫迪經濟學」二期……改善失業率與基礎建設成課題〉，《韓國日報》2019.05.25

當主要國由新政治領導人執政時，他的經濟政策就會被命名為「○○經濟學」，並受到許多關注，像是川普的經濟政策稱為川普經濟學、安倍的安倍經濟學、文在寅總統的 J 經濟學。作為快速成長的新興國家，印度的經濟政策前幾年來也受到特別關注。2014 年 5 月就任的印度總理納倫德拉‧莫迪正在推動「莫迪經濟學」。

莫迪經濟學是透過解放限制打造友善企業環境、積極吸引外國資本提高社會間接資本（SOC）投資的親市場政策，要將印度打造成國際企業的新製造基地，提升更多就業機會，強調「Make in India」，由於和柴契爾首相一樣指向小政府，因此被評價為「印度版柴契爾主義」。

　　莫迪總理在鐵道、國防、保險等主要產業上，放寬外國資本投資限制，並簡化審查程序。他減少政府補助金，降低物價，緩解了印度根深蒂固的財政赤字與通貨膨脹，並且將原本各州不同的稅金，改為全國統一的商品服務稅（GST）等，持續不斷進行改革。

　　金融危機後短暫停滯的印度經濟，在莫迪經濟學的威力下，持續走向高成長。莫迪總理執政的第一期（2014 ～ 2019）印度的經濟成長率創下年均7% 的紀錄，超越了中國。在這樣的成果下，莫迪總理於 2019 年選舉連任成功，預計第二次任期裡，他將進一步加快腳步推進莫迪經濟學。

　　印度最大的優勢，就是擁有與中國匹敵的人口與領土。印度十三億國民中，中產階層高達六億人，在大型消費市場裡的地位也隨之提升。印度境內精通英文的年輕勞動人口充足，市場經濟與民主主義傳統深耕也是優點之一。不過同時外界也指責，印度貧富差距過大，SOC 落後的鄉村數量較多，會成為經濟發展的絆腳石。

135　英國脫歐 Brexit

英國退出歐盟（EU），由英國（Britain）與退出（Exit）二字合併而來。

> 28 日國會全體會議通過韓英自由貿易協定（FTA）批准同意案。待韓國國內完成準備程序後，日後若英國脫歐，新的 FTA 就會立即生效。
>
> 韓國政府為了確保英國脫歐後，韓英通商關係能夠繼續維持，因而推動簽訂 FTA。如果英國在沒有脫歐條件相關協議的情況下，於 31 日單方面進行「無協議脫歐」，那麼先前規範韓英交易關係的韓國歐盟 FTA 將會無效，在這種情況下，目前出口時適用免稅的汽車關稅將會上漲至 10%，且其他各種貿易優惠也都會消失。
>
> ——權惠珉，〈國會準備韓英 FTA……「英國脫歐」後立即生效〉，《Money Today》2019.10.29

　　2020 年 1 月 31 日晚上 11 點，英國正式宣佈退出歐盟。2016 年 6 月公投以後，時隔三年七個月完成了脫歐程序，成為了將世界經濟推向不確定性之中的瞬間。

　　英國脫歐是隨著 2010 年初歐洲財政危機惡化後開始延燒。針對英國因身為歐盟會員國，必須金援其他財政狀況不良的會員國一事，出現不少懷疑論。隨著移民人口流入，工作機會越來越少，再加上受到歐盟各種限制，引發了不滿。2013 年保守黨大衛・卡麥隆首相考慮到自家選票，便宣佈要進行脫歐公投。在幾近於國家分裂的正反雙方論戰後，2016 年 6 月執行公投的結果顯示，贊成為 51.9%、反對為 48.1%，打破了先前破局可能性較高的預測，一舉通過了該議案。

　　不過現實中，英國與歐盟在蓋上離婚協議章之前，歷經了許多波折。究

竟是要完全斷開與歐盟的關係執行「硬脫歐」，還是要採取「軟脫歐」繳交部分會費保持一定水準的優惠，對此輿論又掀起一番論戰，甚至有很大一部分的聲音要求乾脆當作沒發生過脫歐這件事。德蕾莎・梅伊（Theresa May）首相作為平息混亂的救援投手投身其中，在 2017 年的時候向歐盟通報英國脫歐的想法，次年 11 月結束了英國脫歐的協商。但是與歐盟的協議案遭到下議院否決，導致英國脫歐二次延期。梅伊的繼位者鮑里斯・強森（Boris Johnson）首相表示，就算英國要承受無法達成協議的「無協議脫歐」，也一定要退出歐盟。為了下議院換血，強森提前大舉的背水一戰奏效，英國脫歐的立法程序全數完成。

　　脫離歐盟圍籬的英國，夢想著恢復當年「大英帝國時期」的地位，但究竟英國脫歐對英國與歐盟來說是好是壞，還需要進一步的觀察。英國需要將高度依賴歐盟的貿易結構多元化，透過與其他國家簽訂自由貿易協定（FTA）等，重新建立經濟版圖。此次事件對成立於 1993 年首次面臨脫歐事件的歐盟，帶來了不少的打擊。諸多意見認為，歐洲第二經濟大國英國退出歐盟，將削弱歐盟的影響力。

136　黑色星期五 Black Friday／光棍節

美國與中國零售業者所舉辦的大規模折扣活動。黑色星期五是感恩節結束後 11 月最後一週的星期五；光棍節是 11 月 11 日。

> 黑色星期五拉開序幕，美國年末購物節消費在線上如火如荼展開。美國輿論認為，美國人正從線下消費轉往線上消費，預估線上消費的威力會更加強大。
>
> 上個月 30 日（當地時間）Adobe 行銷數據分析解決方案 Adobe Analytics 指出，29 日黑色星期五當天，美國國內線上購物規模創下 74 億美元紀錄，是黑色星期五史上最高規模。
>
> 統計指出黑色星期五前一天（28 日），感恩節線上消費規模也高達 42 億美元，比前一年同期增加 14.5%。等同於美國消費者在感恩節與黑色星期五兩天在線上進行了 116 億美元的消費。
>
> 消費重心轉往線上，其中最大的受惠者就是世界最大電子商務交易公司亞馬遜。根據顧問公司貝恩策略顧問預估，年底消費繼線上銷售額中，亞馬遜將佔 42%。
>
> 零售顧問公司 ShopperTrak 表示，今年黑色星期五線下零售銷售額比 2018 年同期減少 6.2%，大型百貨公司業者受到強烈打擊。美斯百貨、高士等銷售額比前一年減少 25% 以上，線下鞋子賣場 Foot Locker 銷售額也減少超過 25% 以上。
>
> ——金賢錫，〈「黑五」兩天線上點擊消費 116 億〉，
>
> 《韓國經濟》2019.12.02

　　隨著海外直購大眾化，美國的黑色星期五對韓國人來說也變成耳熟能詳的購物祭了。黑色星期五是感恩節結束後（每年 11 月最後一週的星期五）

大型折扣活動。就算是平時都見紅（red）的商店，這一天也能夠由紅轉黑（black），因此取名作黑色星期五（譯按：在美國紅色表示虧損；黑色表示盈餘）。根據全美零售協會指出，黑色星期五美國人平均一個人會消費 1,000 美元以上。當天美國的線下賣場裡，會擠滿了想要優先買到最高折扣一到兩折商品的客人。黑色星期五後的下一個星期一，被稱作為「網路星期一」（Cyber Monday），為了吸引感恩節廉價後的消費客人，線上購物中心紛紛加入打折的行列。

黑色星期五與網路星期一作為信號彈展開序幕的年末購物季，佔美國零售業一年銷售額的 20%，也是用來衡量美國消費心理的標準。

「模仿天才」中國模仿黑色星期五，也創造了一個購物祭，也就是由中國最大網路商城阿里巴巴主導的 11 月 11 日光棍節。光棍節因為出現 4 個 1，所以被稱為「單身節」。阿里巴巴從 2009 年開始為單身人士打折，之後每年的規模越括越大，2019 年光棍節阿里巴巴的銷售額只花了 96 秒就超過 100 億人民幣，中國整體的光棍節銷售額創下 1 兆 4,800 億人民幣的紀錄，等同於希臘、紐西蘭等國的國內生產毛額（GDP）。

第九章
不論規模大小都是一樣：企業

世界 500 強企業平均壽命不到 20 歲，比 1950 年代超過 60 歲的當時，壽命減少至三分之一。技術革新越來越快，企業競爭也越來越激烈。韓國有超過 350 萬家企業，它們是怎麼誕生與成長的，又會因為什麼危機而走上沒落一途？讓我們一起來看企業的興亡盛衰吧。

137　股份有限公司／有限公司

公司形態的代表類型。股份有限公司是透過發行股票向許多人籌措資本後成立的公司。有限公司與股份有限公司類似，但是具有強力的自律性與封閉性。

未來包含 LV、Gucci、Chanel 等精品企業以及 Apple、Google 等外國企業所建立的韓國境內公司，預計都必須接受外部審計。上個月「股份有限公司外部審計相關法」修正後，將有限公司納入外部審計對象內，預計將會增加 2 千間以上的適用調查對象。

過去多數人指責，具有一定規模的有限公司即便經營上與股份有限公司沒有太多差異，仍然不需要接受審計，甚至有部分企業為了避開審計，將股份有限公司轉成有限公司的形態。

——朴相敦，〈LV、Gucci、Apple、MS 也必須接受國內審計〉，

《聯合新聞》2017.10.09

我們日常中經常提到的「公司」的正確定義是什麼？根據商業法規範，公司是以商業行為或是其他營利為目的所成立的法人。公司的類型可以分成①股份有限公司、②有限公司、③無限公司、④合夥公司、⑤有限責任公司

韓國成立的公司中 94.6%（2014 年統計），也就是說我們熟知的大部分公司都是股份有限公司。股份有限公司是透過發行股票，從好幾個人身上籌湊資本後所成立的公司。買進股票成為股東後，就可以按照自己所持有的股份比例，在公司的主要決策上行使影響力。如果公司生意好還可以獲得配息，也能夠自由把股票轉讓給他人。

股份有限公司最重要的特徵就是「股東的有限責任」，股東只要負責買進股價額度內的出資義務，不需要負擔其他額外責任。舉例來說，如果持有

1 億韓元股票，有一天公司倒閉股價歸零，那麼我只會損失掉自己投資的 1 億元，不需要負責償還公司債務。由於對失敗的責任負擔較小，因此容易籌措到不特定多數的資本。

據悉近代形式的股份有限公司是來自於 1600 年的英國東印度公司。股份有限公司是私人企業中最常見且最高度發展的型態，可謂是「現代資本主義之花」。

韓國境內公司有 4.6% 為有限公司，雖然數目比不上股份有限公司，但也不算太少。有限公司的股東也是根據出資額負擔有限責任，基本原理跟股份有限公司很類似，但是營運的方式比股份有限公司封閉，是一個設立程序簡單，經營自律性廣泛受到認可的公司形態。小規模家庭企業、少數專家團體營運的法律公司與會計公司、避諱公開曝光的外資企業韓國公司，多數會採用有限公司形態。

過去有限公司沒有義務接受外部審計，因此許多外資企業為了避免公開韓國銷售額、營業利潤、納稅額等，選擇採用有限公司。除了引發爭議外，2020 年韓國政府修改法律，一定規模以上的有限企業也必須接受外部審計。因此有部分有限公司，又開始轉移成沒有公告義務的有限責任公司形態。

138　控股公司 Holding Company

持有其他公司的股票，以掌控事業活動為主要目的的公司。

中堅企業接連宣佈轉換為控股公司。公司將人員劃分成股份有限公司與控股公司，把企業主一家所持有的事業公司股份轉換成控股公司的新股，一鼓作氣為培養後代經營人管理能力做鋪陳。考慮到政府早晚會大幅縮減控股公司轉換的相關稅制優惠，預估想搭上「末班車」的企業將大排長龍。

CJ 集團、愛茉莉太平洋集團等部分大企業，正在透過發行一定時間後能夠轉換成普通股的新式特別股等方法，尋找新的繼承方式。但是外界認為，企業主一家資金不足的中堅企業們，若考慮到可短期完成繼承的優點，控股公司轉換是更具吸引力的方法。

IB 業界觀察指出，考慮到控股公司轉換的稅務優惠遲早會大幅刪減，中堅企業將會更積極進行持股公司轉換。政府將於 2022 年中止股東從事業公司實物出資過程中所產生的轉讓差額課稅特例制度。收錄這些內容的稅法修正案，已於 2019 年底由國會通過。兩年後開始，想透過人員劃分後以實物出資有償增資轉換成控股公司的企業股東，在過程中賺取的差額必須在四年後分成三年期繳納。

—— 金鎮成，〈接連搭上「控股公司轉換」末班車〉，

《韓國經濟》2020.02.17

　　餐廳生意好的話，就會開始開出第二分店、第三分店，也可能從韓國料理開始擴大到日式料理、西式料理等完全不同的菜單。企業也是相同的道理，公司在成長的過程中會不斷擴充事業領域，等到規模擴大就會分離成立一間獨立公司。當 A 公司持有 B 公司的股份並具有支配關係的時候，A 公

司會被稱為母公司（控股公司）；B 公司會被稱為子公司（附屬公司）。當 B 公司支配的 C 公司被視為子公司時，C 公司就是 A 公司的孫公司。

公司類型中，有一種公司的本業就是「持有其他公司」，被稱作為控股公司。根據公平交易法，控股公司主要業務是透過持有股票支配子公司。控股公司的收入來源為子公司所支付的股息、集團品牌使用費（權利金）等。

過去韓國禁止成立控股公司，但是 1999 年允許成立後，反而開始鼓勵成立控股公司，外界認為是因為外匯危機當時，大企業連鎖倒閉事件中，複雜的出資結構所導致。2019 年，韓國境內的控股公司已增加至 173 間。

引進控股公司體制的優點是，集團的控股結構將會變得透明簡潔，把制定經營策略與事業功能區別開來，期待達到促進子公司責任經營的成效。美國 Google 在商業領域變廣後，2015 年就成立了 Alphabet，減少部分子公司陷入財務困難的時候影響整個集團的可能性。韓國規定被列為控股公司底下的子公司，不能夠相互提供擔保，並限制控股公司的負債比率不能超過 200%。控股公司的缺點被認為是，反而可能導致大企業的經濟能力更加集中。不過大企業若要轉換成控股公司，在釐清持股關係上也必須投入大量資金。具有進步傾向的市民團體主張：「控股公司可能被惡意利用成輕鬆進行企業主繼承的工具。」

控股公司又分為純粹只管理子公司持股的「純粹控股公司」，以及同時有自身事業的「事業控股公司」。舉例來說，LG 集團的控股公司（株）LG 就是純粹控股公司，而 SK 集團的控股公司 SK C&C 則是同時經營資訊技術（IT）事業的事業控股公司。

139　社會企業 Social Enterprise

除了追求利潤以外，也重視社會價值實現，投過生產、銷售等進行營業活動的企業。

政府為了培育更多形態與目的的社會企業，決定將現行的認證制改為登錄制。目的是降低進入市場的門檻，讓新創公司與個人創業者都可以作為社會企業進行活動，藉此鼓勵創造更多工作機會。但是社會企業大多數都仰賴政府財政支援，在社會企業一半都是虧損的狀態下，部分人士擔心若稍有差池，可能就會演變成「幽靈社會企業」量產的狀況發生。

政府 20 日召開國務會議，討論並決定培育社會企業部分修改案。主要目的是將認證制改為登錄制，並加嚴評估標準、加強透明性。

政府推動社會企業登錄制，是因為他們認為雖然這段時間社會企業數量大幅增加，但是企業形態與目的侷限於為弱勢階層創造工作機會，沒有包含更多樣的社會價值。

社會企業從 2007 年相關法條制定後的 55 間，至上個月底已經增加到 2,249 間，僅花費十二年就快速成長了 40 倍以上。2017 年底整體社會企業的銷售額為 3 兆 5,530 億韓元，每間企業平均銷售額為 19 億 5,000 萬韓元。

此法條的宗旨是同時解決弱勢階層就業與擴大福利的問題，也確實在創造弱勢階層就業機會方面帶來不小的效果。上個月社會企業雇用人員總數為 4 萬 7,241 名，其中身障人士與高齡族群等弱勢族群勞動者就業人數高達 2 萬 8,450 名（60.2%）。

—— 白承鉉、盧景牧，〈社會企業一半以上都虧損……外接擔憂改成登錄制將引發「幽靈企業」量產〉，《韓國經濟》2019.08.21

企業的目標是什麼？經濟學教課書中給出的正確解答是「追求利潤」。近期所有公司都在強調相生關係與社會貢獻，為了建立「良心企業」的形象而付諸心血，不過基本來說企業還是必須要賺到錢。也就是說企業必須創造大量利潤不斷成長，才能夠養活員工與合作公司，也才能夠捐款。

社會企業是打著傳統企業論反向旗幟所登場的新概念企業，核心概念是「追求利潤不是企業唯一的目的」。所謂的社會企業是提供弱勢階層就業、教育、保健、福利服務等，追求社會目的的同時，透過生產、銷售、營業等活動創造利潤的公司，是一種介於營利組織與非營利組織（NGO）中間的公司型態。

社會企業與 NGO 類似，以解決社會問題為最大目標，不過 NGO 的限制是，在沒有政府或捐款人的幫助下，無法繼續維持運作。社會企業則比較偏向不期待外界資源，選擇營利活動作為手段達到財政獨立。

社會企業根據類型可以區分為①社會服務提供型、②工作機會提供型、③社區貢獻型、④混和型、⑤其他類型。社會企業若可取得政府認證，就可以獲得人事費用補助、稅金減免、提供政策經費、銷售通路支援、經營顧問等各種資源。

韓國截至 2020 年 2 月已經有超過 2,400 家社會企業登錄。它們與大企業聯手幫助弱勢階層等，受到外界正面的評價，但是有部分聲音批評大部分社會企業經營能力不足，仍然仰賴政府預算。2017 年整體社會企業有 45% 都處於虧損狀態。

140 紙上公司 Paper Company

沒有實體只存在於紙本資料上的公司。

製造業老闆 A 某幾年前在避稅天堂美屬維京群島成立了一間紙上公司。後來這間紙上公司在香港成立了法人 B 公司。A 某在韓國境內經營的製造公司，每當要出口產品的時候，中間都會放入 B 公司。他以比正常便宜 15～20% 的產品價格將產品轉移到 B 公司，B 公司再以正常價格販賣給當地法人，藉此賺取「通行費」。B 公司利用這種通行稅結構賺取的數百億資金，原封不動的變成 A 某在海外的秘密資金。國稅局近期向檢察機構舉發 A 某涉嫌逃漏稅，並追討數百億韓元的法人稅。

國稅局 12 日針對將所得或財產隱匿於海外的 93 位個人與法人進行稅務調查，是繼 2017 年 12 月（37 名）、今年 5 月（39 名）後所展開的境外逃漏稅務調查。

過去有很多在避稅天堂設立紙上公司，藏匿資金或是將境內財產攜至海外的隱匿事件發生。然而近期開始出現，透過「在避稅天堂成立紙上公司 → 透過雇用員工等偽裝成正常公司 → 成立子公司、孫公司」等多階段交易結構來隱匿逃稅資金的手法。

——朴俊錫，〈海外法人「通行稅」變成秘密資金……隱藏海外演唱會收益……〉，《韓國日報》2018.09.13

在著名的逃稅天堂加勒比海小國裡，可以看見只有放著一張小桌子與電話的陳舊辦公室，從地址上看來，這裡是許多企業的總公司位置，但是卻難以找到真的有在進行企業活動的地方，因為這裡是只存在於資料上的紙上公司據點。正在閱讀本書的你，也可以上網用 1 塊美元的資本，在避稅天堂成

立一間紙上公司。

　　大眾聽到紙上公司，最先想到的就是「逃漏稅」，因為國際企業與財閥為了避稅利用紙上公司的案例被揭發過好多次。紙上公司雖然可能被惡意利用，但其實也經常被用來進行正常的企業活動，請務必要把幽靈公司與紙上公司區分清楚。

　　為了電影與電視劇製作、海外資源開發等所成立的特殊目的公司（SPC），就是紙上公司的最佳代表性案例，其中的魅力在於，設立 SPC 可以避免財務狀況影響母公司，並且專注於特定產業之上，達成目標後更方便進行清算。

　　海運公司為了方便船隻的訂單、營運及管理，積極使用紙上公司，每買進一艘船隻的時候就成立 SPC。一般金融公司為了避免海運公司破產船隻轉移至其他債權人手中，會要求將船隻所有權置於 SPC。

　　在合併與收購（M&A）或出售不良資產的過程中，為了減低直接籌措資金的負擔，也可能會使用紙上公司。經營基金的金融機構，為了區分公司資產與基金，也會成立單獨的 SPC。

　　紙上公司確實多半成立於避稅天堂，但是只要有正確向稅務局申報資金流向，並且有正常營運公司，就沒有什麼問題。

141 隱形冠軍 Hidden Champion

規模較小知名度不高，但是在自我領域中具有世界級影響力的強勢小企業。

> 　　隨著德國基金近期創下穩健的成績，投資者的嘴角開始上揚。分析認為，歐洲經濟大國德國穩定的成長引領了德國基金報酬率上升。
>
> 　　根據基金評估公司 KG Zeroin 指出，截至本月 24 日，德國基金今年的報酬率為 9.35%。金融資訊業者英為財情表示，同時期德國的 DAX 指數上漲 6.09%。德國基金的報酬率高於 DAX 指數約 3%。
>
> 　　投資專家認為，2016 年國內生產毛額（GDP）規模排名第四的德國經濟出口競爭力，使德國基金創下高報酬率。跨國顧問公司德勤的調查結果顯示，去年德國製造業的競爭力指數排名世界第三。
>
> 　　——南建宇，〈「隱藏冠軍」效應，德國基金報酬率好轉……基金前景「一片光明」〉，《FN News》2017.08.26

　　不知道各位有沒有聽過德國 Gerriets 這間公司？就算知道 BMW、Volkswagen、漢高、BOSCH 等德國公司，大部分人應該還是對 Gerriets 很陌生。Gerriets 是成立於 1946 年的紡織批發商，這間公司專門生產劇場用的超大型布幕，在世界劇場布幕領域市佔率 100%。經濟學家赫曼‧西蒙（Hermann Simon）介紹 Gerriets 時說道：「不管你是在紐約、歌劇院、巴黎等任何一個地方觀賞演出，那個舞台的劇場布幕都是由 Gerriets 製作。」

　　像 Gerriets 這樣，雖然沒有揚名全世界，但是卻在一個領域裡佔有獨家的技術，支配著全球市場的強勢小企業，就被稱作為隱形冠軍，這個詞彙因赫曼‧西蒙的暢銷書——《隱形冠軍》而揚名。

　　西蒙將達到三個標準的企業，定義為隱形冠軍。第一點，市場佔有率必須為世界前三名，或是在該企業的領域上為第一名。第二點，年銷售額必須

低於 40 億美元以下。第三點，必須是大眾知名度不高的企業。

　　西蒙指出，隱形冠軍的業務種類，在中間財或配件等 B2B（企業對企業）出現的比例高於消費財，統計平均年銷售額為 3 億 2,600 萬歐元、雇用人員 2,037 名、企業存續期間為六十一年。隱藏冠軍企業的革新能力大幅超越一般大企業，大型企業每 1,000 位員工獲得的專利數只有 6 件，但是隱形冠軍有 31 件。另一項特徵是，有 80% 以上屬於家族企業體制。

　　製造業強國德國，就是擁有眾多隱形冠軍企業而聞名，它們的特徵是採用事業範圍不廣但明確，擺脫內需市場透過國際化找尋大範圍需求的策略。擁有眾多強勢小企業的國家，國家經濟和企業生態非常結實，針對這點可賦予高度評價。韓國的各政府部門與公家機關以培養「韓國型隱形冠軍企業」為目標，持續推出各種援助政策。

142　殭屍企業

持續三年以上陷入營業利潤連利息費用都無法償還的公司。

> 　據調查，2018 年 100 間企業中有 14 間是處於倒閉危機裡的殭屍企業。外界越來越擔心，貸款償還力下降的殭屍企業不僅債務會越滾越多，虧損狀況也可能變得更加嚴重。
>
> 　韓國銀行 26 日公佈的「金融安全報告書」指出，去年接受外部審計的企業（2 萬 2,869 間）中有 14.2% 共 3,236 間為殭屍企業，比起 2017 年 13.7%，去年上升了 0.5 個百分點。
>
> 　——河賢玉、孫海容、嚴智賢，〈「殭屍企業」再度增加……100 間裡面有 14 間公司連利息都還不起〉，《中央日報》2019.09.27

　恐怖片裡經常可以看到屍體被咒術復活攻擊善良人類的場面，西洋電影裡的喪屍與中華電影裡的殭屍，都是經常出現的腳色。輿論與專家經常使用同義詞殭屍企業（zombie company）來代替邊緣企業，因為邊緣企業的特性完全符合喪屍或殭屍，對於大眾而言較容易理解。

　所謂的殭屍企業，就是指財務結構已經崩毀，想靠自己生存下來的可能性不斷減少的公司。正常企業與殭屍企業的區分標準是——「能否償還債務」，如果利息覆蓋率連續三年低於一的話，就會被分類為殭屍企業。所謂的利息覆蓋率是將企業一年的營業利潤除以當年應償還的利息費用，如果求出的值低於 1，表示公司賺取的錢，連向銀行貸款的債務利息都無法償還。當這種狀態持續三年，會認為該公司的競爭力已經受到相當大的損害。企業的營業利潤就算無法償還本金，至少也應該要能夠償還利息，才能屬於正常營運。

韓國殭屍企業數佔比（單位：個，%）*

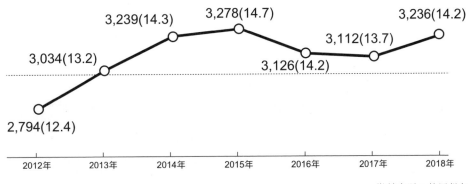

3,239(14.3)
3,278(14.7)
3,236(14.2)
3,034(13.2)
3,112(13.7)
3,126(14.2)
2,794(12.4)

2012年　2013年　2014年　2015年　2016年　2017年　2018年

資料來源：韓國銀行

　　依據市場原理早該被清理掉的殭屍企業，現實中有許多受到政府或債權團體的幫助而免於破產、苟延殘喘的案例。問題在於，就像殭屍會傷人一樣，殭屍企業也會對經濟產生惡性影響，因為在資源有限的狀態下，殭屍企業會堵住正常企業籌措投資資金的道路。借給殭屍企業的錢容易發生賴帳，也很可能使金融圈產生虧損。

　　1990年代日本經濟泡沫化，殭屍企業不斷湧現，儘管擔心會立刻對經濟產生衝擊，但日本政府仍沒有果決清理殭屍企業，結果成為了銀行倒閉、日本經濟陷入長期衰退的原因之一。

---

*編按：2020年上半年，台灣不含金融股的1,600多家上市櫃公司中，共有153家殭屍企業，占比為9.26%，相當於每10家就有1家。

143　彼得潘症候群 Peter Pan Syndrome

中小企業若升級為中堅企業，將無法繼續獲得各種政府支援且會受到較嚴格的規範，因此產生排斥升級，打算繼續留在中小企業界的現象。

> 　　身為企業「腰桿」的中堅企業，以及數年來都一直停留在 4,000 多間的數量，這是受到仰賴公共調配市場與預算支援的中小企業「彼得潘症候群」，以及受到各種限制的中堅企業回頭（回歸中小企業）現象所導致的結果。外界指責，中堅企業數量與品質停滯不前的現象不亞於汽車、半導體等主要產業，使整個產業生態界的「成長階梯」出現斷崖。
>
> 　　政府的政策，比起扶植企業「擴大規模」，反而更著重於保護中小企業，以至於整體中堅企業 86.6% 的銷售額都落在未滿 3,000 億韓元的區間帶。過去二十年來，晉升成為大企業（資產規模 10 兆元以上）的中堅企業只有 Naver、Kakao、Harim 三間公司。
>
> 　　中堅企業大多數仰賴大企業的訂單，或者圍繞在生計型適用業種旁，與中小企業展開激烈競爭，因此能夠獨當一面的「獨角獸企業」（企業價值超過 1 兆元以上的非上市公司）或具有國際競爭力的企業很少。
>
> ──文惠珍，〈二十年來轉為大企業的中小企業僅有三家──Naver、Kakao、Harim〉，《韓國經濟》2019.11.11

　　童話裡的彼得潘，是一個永遠想當孩子的淘氣少年，彼得潘所住的永無島上，有著「不能成為大人」的規定，所有登場的人物都回到自己原本居住的地方，但只有彼得潘留在了永無島上。

　　企業根據規模可以區分為中小企業、中堅企業、大企業。韓國境內有

超過 350 萬家企業，其中 99.9% 都是中小企業。據中小企業中央協會資料指出，2016 年統計的韓國境內企業數量為 355 萬 929 間，中小企業佔了 354 萬 7,101 間，而這些中小企業間，有許多「不想成為中堅企業或大企業，只想永遠當中小企業」，這種現象就稱為「彼得潘症候群」。

　　這種常理上無法被理解的現象，就是起源於中小企業升級到中堅企業瞬間失去的東西過多。中小風險企業部指出，韓國境內中小企業可享受到租稅、金融、人力、銷路、補助等 495 條政策資源，但如果成為中堅企業，享有資源會降低到七分之一，只剩下 40 個，而受到的規範反而會增加 12 條。政府的公共採購投標案中，也有很多只支持中小企業的項目。

　　也就是說政策的設計上把資源集中在中小企業上，引起了彼得潘症候群。目前也在上演已經是中堅企業的公司，把事業分割成中小企業的鬧劇。

　　韓國中堅企業成為大企業的比率，2015 年統計為 2.24%，然而中小企業成長為中堅企業的比率卻僅有 0.008%。但是考慮到中小企業貧瘠的營業條件，這種現象也不能完全歸咎於彼得潘症候群。然而仍不斷有聲音指責，若想補全中小→中堅→大企業的企業成長階段，必須盡快完善制度。

144　相互出資／循環出資

相互出資指兩家公司互相擁有對方的股票；循環出資是同集團附屬公司之間相互持有股份。

> 　　大企業的循環出資數量從 2013 年 9 萬多件，於 2018 年大幅減少至 41 件。目前還持有循環出資的企業集團，只剩下三星、現代汽車、現代重工業、現代產業開發等 6 間公司，而這些公司預計也將解除掉剩餘的循環出資。
>
> 　　根據 23 日公正交易委員會公佈的資料指出，2013 年禁止新增循環出資時，循環出資數量高達 9 萬 7,658 件，本月 20 日統計後，減少到 6 間公司旗下的 41 件。自 2013 年禁止新增循環出資後，循環出資就減少了 99.9%。
>
> 　　──崔賢俊，〈財閥循環出資五年減少 99.99%……包含三星旗下 4 件等剩餘 41 件〉，《韓民族日報》2018.04.25

　　公平交易委員會為了遏止經濟能力集中在大企業上，將一定規模以上的企業集團指定為「相互出資限制企業集團」，並適用於各樣規定。推估限制相互出資，是為了遏止大企業張牙舞爪的核心手段。

　　相互出資是指兩間公司互相持有對方的股票，但是大企業相互出資為什麼是問題？舉例來說，資本額 100 億的 A 公司，若對 B 公司出資 50 億元，而 B 公司又將這當中的 25 億元拿去出資給 A 公司，那麼 A 公司的資本實際上沒有變化，可是帳面上卻會增加為 125 億元。透過這種方式產生的「假資本額」，被稱為加工資本。A 公司可以利用透過假資本所產生的錯覺，向銀行增加貸款額，或者是發行更多債券。A 的大股東可以利用公司資金支配 B 公司，而 B 公司持有的 A 公司資本可以提升對 A 公司的支配力。而政府認

為這種方式不太理想，因此禁止大企業附屬公司之間相互出資。

韓國大企業循環出資數（單位：件）

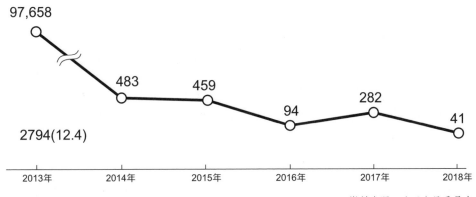

資料來源：公正交易委員會

　　過去財閥們除了相互出資以外，也會經常使用循環出資。循環出資就是相同集團中附屬公司以 A → B → C → A 的方式，循環增加資本，由於像環狀一般循環，所以被稱為循環出資。舉例來說，資本額 100 億的 A 公司投資 B 公司 50 億，B 公司投資 C 公司 30 億，C 公司再重新投資 A 公司 10 億元，透過循環出資 A 公司的資本額可以提升到 110 億元，又可以支配 B 公司與 C 公司。同樣的，A 的大股東也只要透過少數持股獲得更大的支配力，等同於能夠享受和相互出資類似的效果。循環出資的問題點在於，環環相扣的附屬公司如果出現虧損，就可能出現持有股票的其他附屬公司也發生虧損的多米諾骨牌現象。

　　政府在限制大企業循環出資的同時，也不斷要求取消既存的相互出資，在這樣的影響之下，循環出資正在走入歷史。特別是樂天循環出資超過 9 萬件，發生兄弟之間的經營權紛爭後，修改了持股構造將循環出資減為「0」。

145 垂直整合 Vertical Integration

母企業將產品的開發、生產、物流、銷售、售後管理的整個過程中的相關企業列為附屬企業的方式。

> 隨著電影、影視、表演等韓國內容市場，正式進入大型產業化時代，內容產業界垂直整合的現象也越來越明顯。國去幾年來，大型公司接連展開積極的合併與收購（M&A），十年前還是由中小企業規模的戲劇、電影、表演製作公司個別經營的內容產業生態正在快速變遷。有觀測認為，繼整合製作、影視、發行、劇場、表演、經紀人的全方位傳統「內容產業巨龍」——CJ 集團後，最近 Kakao M 與 JContentree 開始積極擴大領域，未來的內容市場將會重新洗盤成為「三強鼎立」的狀態。
>
> ——連勝，〈「內容市場垂直整合加速……是否洗盤出現「三國鼎立」？」〉，《首爾經濟》2020.01.15

　　CJ 是韓國電影產業裡的「大戶」，它同時開拓電影、企劃、投資、發行事業，甚至在 CGV 電影院裡直接上映。雞肉串公司 Harim 將農場、工廠、市場串聯在一起，提出「三場整合」的策略，成為了獨一無二市場佔有率第一的企業，手中持有飼料生產、養殖、宰殺、加工、經銷、物流所有附屬企業。

　　像 CJ 與 Harim 依樣，自行處理主要產品的生產、銷售相關的所有過程的結構，就稱為「垂直整合化」。現代汽車是全世界汽車業界裡，垂直整合實現得最好的公司。現代鋼鐵生產汽車用鋼片、現代摩比斯、現代威亞等主要零件，獲得供應的現代、起亞汽車再完成汽車生產。汽車的運送，則是交由物流附屬公司現代格洛維斯負責，而提供給購車者的分歧銷售，則是由現

代資本提供。

垂直整合化，有利於有條不紊的決策和確保成本競爭力。但弱點是，如果主力產品的產業狀況惡化，就可能會導致集團整體收益同時惡化。從整體產業生態的角度來看，特定企業的壟斷結構越強，會導致外部中小企企業越難以立足，對此一直備受爭議。

垂直整合的相反概念為水平整合，也就是指增加與既有事業無關的其他產業附屬公司。最具代表性的就是，過去美國奇異（GE）同時持有家電部門與航空引擎部門。水平整合化的優點是，其中一間附屬公司面臨危機引發，引發像多米諾骨牌效應一樣擴散的可能性很低，而且可以將集團的收益來源多樣化。但是附屬公司之間的協同效應效果不大，而且可能被認為是張牙舞爪般的擴張。

不管以哪種方式追求整合，都沒有正確解答，完全取決於企業的個別選擇，隨著經營環境的變化，經營策略也可能產生改變。

146　下游產業／上游產業

從價值鏈出發，位於產業上下方的產業種類，越接近材料、原物料稱為上游產業；越接近最終消費者稱為下游產業。

> 　　隨著國際汽車產業衰退，零件業者也都在為收益惡化而絞盡腦汁。
>
> 　　隨著汽車銷售陷入停滯，輪胎、鋼鐵、零件業者的負擔也越來越沉重。下游產業衰退，立刻影響上游產業需求減少，且似乎引發雙方同時陷入業績衰退。雖然每間企業的狀況或多或少有差異，但是汽車消費衰退與韓元強勢、原物料價格上漲等，都具體傳達出汽車業者正在經歷的「三重痛苦」。
>
> 　　韓國最大的輪胎業者——韓國輪胎，隨著國際汽車市場需求降低，2018 年在銷售額與營業利潤上都遭受直接打擊。韓國輪胎 13 日公佈，去年全球合併經營業績，銷售額為 6 兆 7,954 億韓元，營業利潤為 7,037 億韓元。銷售額雖然比前一年僅小幅減少 0.3%，但是營業利潤卻比前一年銳減 11.3%。
>
> 　　　　——李昭賢、南宮珉琯，〈汽車業寒冬……輪胎、鋼鐵、
> 　　　　零件合作商倒頭栽〉，《Edaily》2019.02.14

　　要製造一台汽車，一般來說需要投入 3 萬個零件，為數如此之多的零件，不會只由一間公司直接製造，因為為了節省成本提升經營效率，採用分工合作已經是常態了。提到汽車產業，大部分的人都會先聯想到現代、起亞、雷諾、GM 等汽車公司，但實際上還有許多供給原物料與零件的企業同舟共濟。

　　著名經營學者哈佛教授麥可・波特（Michael Porter）1985 年提出價值鏈（value chain）的概念。所謂的價值鏈指企業生產產品與服務，產生附加

價值的一連串過程，從研究開發（R&D）開始，到設計、零件生產、調撥、製造、行銷、銷售、售後管理等廣泛的過程，將構成價值鏈。

　　價值鏈裡，根據各領域與消費者的相對距離，可以分類為下游及上游產業。負責材料與原物料的產業為上游產業，與最終消費者較接近的產業為下游產業。舉例來說，汽車的煉造與零件等屬於上游產業，銷售業者則屬於下游產業。食品產業裡，飼料、擠奶器等屬於上游產業，販售成品如餅乾、麵包的公司是下游產業。下游產業與上游產業會購買其他產業生產的中間財進行生產、銷售，形成相互依存的關係，被稱為是上下游產業的關聯效應。屬於上游產業的企業，若技術能力提升的話，屬於下游產業的企業競爭力也會隨之提升。當下游產業公司陷入困境，上游產業也會同時受到衝擊。

147　藍海／紅海 BlueOcean／Red Ocean

藍海是指沒有競爭者的新潛力市場；紅海是競爭非常激烈的飽和市場。

> 「要不要辭職去開一間迷你咖啡廳？感覺心境會比較舒服，好像很不錯……」只要是上班族，應該都曾經有過這種想法，但如果是真的想要實踐的人，就應該留意由 KB 銀行發行的〈咖啡專賣店現況與市場條件分析〉報告書。雖然咖啡日益受到歡迎，但是數字會告訴你，經營一間咖啡廳並不簡單。
>
> 　根據 KB 金融控股經營研究所 6 日公佈的報告書指出，韓國全國的咖啡店扣除掉各種費用後，實際賺取的利潤年 1,050 萬韓元（2017 年統計）。由於咖啡廳的顧客競爭非常強烈，年均停業率為 14.1%，比被稱為「自營業者墳墓」的炸雞店還高。
>
> 　　　　　　　──金恩靜，〈咖啡廳停業率 14% 勝過炸雞店〉，
> 　　　　　　　　　　　　　　　　　　　　《朝鮮日報》2019.11.07

　　紅海形容飽和市場；藍海形容潛力市場，但是人們開始使用這兩個用詞的時間，比想像中短暫。這兩個概念是 2005 年在法國工商管理學院金偉燦教授與勒妮・莫博涅（Renée Mauborgne）教授著書《藍海策略》中首次登場。這本書登上世界暢銷排行榜後，成為了許多經營人士之間的話題。

　　紅海是指成長限度明確，競爭者也眾多的市場，所有人都在為了相同的目標與客群競爭。藍海則是指先前可能不存在或是還不盛行的新市場，如果率先找到藍海市場，就可以獨佔高收益與高成長。當然，藍海不會永遠蔚藍，因為競爭者會隨後開始加入。持續不斷研究開發（R&D）與創新，開創另一片藍海，是企業們的課題。在藍海與紅海中間，還有一個紫海（purple ocean），由於要找到全新的產品並不容易，所以指從紅海中找出「稍微不一

樣的商品」。在年規模停滯於 2 兆元的韓國境內泡麵市場中，透過差異化成功的辣火雞麵就是很好的案例，2012 年推出的辣火雞麵，七年後已經成功出口 76 個國家，累積銷售高達 1 兆元。相較於內需市場，辣火雞麵透過「超級辣」的詭異風格，進攻出口的策略奏效。自從 YouTube 上開始流行吃這款拉麵自虐的「遊戲」（辣火雞麵挑戰）後，這款泡麵在國外的銷路就越來越好。

　　「零和賽局」與「膽小鬼賽局」也用來比喻激烈的競爭。所謂的零和賽局，指勝利者的得分與失敗者的得分加起來通常為零，一方有得另一方必有失，因此極限經爭不可避免。與零和賽局不同，若認為所有參加者都可獲得利益，就被稱作為「正和遊戲」（positive-sum game）。

　　膽小鬼賽局是 1950 年代美國血氣方剛的年輕人之間，非常流行的比賽。兩個人站在道路的兩端，開車著正面衝擊，看誰先轉方向盤閃躲的人就是輸家。為了搞垮其他企業，不惜價格崩跌、減少收益展開一場你死我奪的狀況，被比喻為膽小鬼賽局。

148 網路效應 Network Effect

指特定商品的需求會根據其他人的選擇受到影響的現象。

> 每當一家通信公司推出新的資費方案或漫撒破天荒的津貼時，其他通信公司總會隨後跟上，但這項習慣卻在上週末打破了。SK 電訊本月 22 日開始實施新資費方案，「針對加入本公司的用戶提供無限免費網內通話」，然而競爭公司 KT 與 LG U+ 卻聞風不動。
>
> 今年 1 月底 LG U+ 推出「行動上網吃到飽」時，KT 於當天下午、SK 電訊於隔天都推出了類似的資費方案，但如今氣氛卻完全不同。
>
> 因為這項方案是只有國內第一大電信公司 SK 電訊的優勢才能突顯的收費制度。手機市場佔有率 50% 的 SK 用戶（約 2,700 萬人）的免費通話優惠，比起 KT（約 1,660 萬人）與 LG U+（約 1,000 萬人）更有優勢。從這點看來，即便 KT 與 LG U+ 推出類似的方案，對用戶產生的誘因效果也不大。
>
> ——田雪莉，〈KT、LG U+「難以跟進……」〉，
> 《韓國經濟》2013.03.25

2010 年智慧型手機剛普及化，韓國也出現了各種通訊 APP，如 Kakao Talk、Daum 的 My People、Never 的 Line、SK 的 NateOn，以及通信三大龍頭共同開發的 Join，競爭非常激烈。Kakao Talk 掌握了最多數用戶後，其餘的業者並沒有花太多時間就陸續終止服務，因為根據他們判斷，要推翻獨霸網路效應的 Kakao Talk 基本不可能。

所謂的網路效應是指某個商品形成的需求，會對其他人的選擇產生巨大影響的現象，通常用來形容使用者越多代表該服務的價值越高。

特別是在資訊與通信科技（ICT）產業裡，擁有多少用戶非常重要。繼 Kakao Talk 以後推出的通訊軟體中，有很多都獲得了功能性勝過 Kakao Talk 的評價，但是不論通信品質再好，如果使用者太少，使用者就沒有理由使用該通訊軟體。成功搶佔先機的 Kakao Talk 在通信市場的佔有率高達 95%，根據 Kakao Talk 公佈的資料，截至 2019 年第四季，Kakao Talk 的月活躍用戶數（MAU）為 4,885 萬人，每天平均發送與接收的訊息為 110 億條。

所謂的從眾效應（bandwagon effect），是形容你我都會跟著購買流行商品的現象，也屬於網路效應的一種。選舉時，一但候選人支持率開始上升，一段時間內人氣就會持續上升的現象，也可以視為從眾效應的一種。虛榮效應（snob effect）與網路效應相反，是避免購賣大眾型商品，形容有錢人追求浮誇與差異的消費型態。

149 　鯰魚效應 Catfish Effect

強勁的競爭者出現成為契機，引發其他公司潛力上升的現象。

持有網路銀行 Kakao Bank 的用戶，本月 11 日超過 1,000 萬人，從 2017 年 7 月 27 成立以來，準確來說只花了七百一十五天，不僅超越了韓國本土銀行，連國際上都難以找到如此「超高速」成長的案例。金融圈內有分析指出，Kakao Bank 正在壯大勢力，讓自己從「鯰魚」成為「大魚」。

沒有實體店面的 Kakao Bank，透過手機 APP 處理非面對面存儲與核貸業務。Kakao 搶先以「脫離公認認證書」吸引顧客，提供了契機，拓展無公認認證書亦可執行的「簡易轉帳」服務。

這項變化不止於銀行，甚至延伸到信用卡公司、儲蓄銀行，外界評價它為整個金融圈帶來「鯰魚效應」，所有人開始投入手機 APP 的升級與簡化。各家銀行擴編數位組織，正式投入相關產業，也是受到 Kakao Bank 的影響。

——鄭智恩，〈Kakao Bank 搶先「脫離公認認證書」，
僅花兩年用戶已超千萬〉，《韓國經濟》2019.07.13

　　瑞典 IKEA 2014 年在韓國開立第一家分店時，韓國家具業者陷入極度的緊張之中。IKEA 是什麼公司？好像聽說價格超便宜、性價比超高，是世界第一的家具店？許多人開始擔心起本地的家具業將會沒落，結果卻恰恰相反。IKEA 登陸一年後，現代 Livart、ENEX、Fursys、Ace Bed 等五大家具業者，銷售額上漲了 20% 左右，這一切都多虧為應對 IKEA 的低價攻勢，家具業者開始節省成本，增加與 IKEA 相似的大型賣場，吸引更多顧客上門消費。從結果來看，充分受益於鯰魚效應。

鯰魚效應源自於北歐漁夫為了把在海裡捕撈到的沙丁魚新鮮地運到港口，便在魚缸裡放進牠們的天敵──鯰魚。原先若放任沙丁魚不管，牠們立刻就會死亡，但是如果魚缸裡有鯰魚，為了不被抓來吃，就會拚命游動活得更久。

在面臨攸關生死存亡的狀況時，能夠發揮潛能克服危機的習性並不僅存在魚的身上，也適用於企業。大型超市目前雖然由韓國企業掌控，但是 1990 年的時候狀況卻完全不同。隨著零售市場開放，美國沃爾瑪與法國家樂福等接連進軍韓國市場，當時 E-mart 與樂天超市才剛處於起步階段。韓國本土業者開始針對韓國消費者的特性，絞盡腦汁強化賣場結構與服務。資金充足但是本土化失敗的沃爾瑪與家樂福，最後自願撤離韓國市場。

鯰魚效應還可以應用在人事政策上。企業們引進多方面評價制度、績效薪資制度，或者是聘請外部專家等，就是最具代表性的案例。這些措施都是為了克服組織內消停的氛圍，提供拉高生產力的誘因。

積水總會變質，綜觀成功大企業的歷史，就能夠發現它們的共通點都是在和對手激烈競爭的過程中，不斷提升自我能力。

150　規模經濟 Economies of Scale

企業增加生產量，使生產單個產品的單位成本下降的情況。

今年網路TV（IPTV）、有線電視、衛星電視等收費電視市場發生翻天覆地的變化。本月14日，第三大IPTV LG U+宣佈收購第一大有線電視CJ Hello，緊接著第二大IPTV SK Broadband決定與第二大有線電視T-Board合併。預計債權團正在推動出售的D'LIVE（前C&M）收購戰況也將越演越烈。

上個月公正交易委員長金尚祚表示，收費電視業者之間的合從連衡發出積極信號，加快了多年來停滯不前的產業重組。隨著結合電視與通訊的巨大媒體業者陸續出現，付費電視產業掀起了一陣大型化浪潮。

若SK Broadband與T-Board合併，將誕生出一個用戶數761萬人且企業價值高達4兆韓元的巨大收費電視業者，合併法人預計將在持有一定規模經濟後，正式開始進行內容投資，為的是對抗Netflix等過頂內容服務（OTT）。

——李東勳、劉昌財，〈SKB一口氣趕上LG U+……「持有一定規模經濟後將對抗Netflix」〉，《韓國經濟》2019.02.18

社區超市售價難以跟大型超市一樣便宜，就是因為購買力（buying power）不足。大型超市為了供應全國數百個賣場，以大量購買作為條件，要求供應商提供贈品或打折，但是社區超市無法這麼做。

製造業裡「塊頭大小」的力量又更加極致。面板、電池、造船、鋼鐵、化學等傳統產業中，國內外業者之間經常展開增建的戰爭，相同產業的企業間，收購與合併（M&A）也非常活躍，目的是為了提升產量，獲得規模經

濟帶來收益提高的效果。

　　生產費用可以分成與產量無關的「固定費用」，以及與產量成正比的「變動費用」。固定費用反正都維持一定，因此產量越高，製造單個產品的單位費用就會降低，而且這部分會原封不動被納入企業收益。規模經濟用來表示大量生產的利潤、用戶增加的利潤、隨著規模增長帶來的費用節約利潤等各種意思。

　　還有一個容易跟規模經濟搞混，但意思卻天差地遠的概念，稱為「範圍經濟」，指同時生產各種類產品時所產生的總費用，比企業個別生產每個產品的總費用低。總結來說，規模經濟是透過大型化，範圍經濟是透過多樣化，以達到利益最大化。例如飯捲店增加 1、2、3、4 號分店就是規模經濟，但如果是擴充泡麵、豬排、蓋飯等菜單，就視為範圍經濟。

151　自我侵蝕效應 Cannibalization

企業新產品削減既有主力產品銷售額的現象。

> 2019 年像彗星般登場的海特真露產品「Terra」掀起銷售旋風，甚至還有人將它取名為「特斯拉」，但即便如此，依然無法為威脅到韓國啤酒第一大牌 OB 啤酒的「Cass」。
>
> Cass 依然沒有讓出第一名寶座，分析指出，Terra 能夠攀上第二名，是基於海特真露「Hite」的市佔率。
>
> 27 日根據韓國農水產食品銷售公設食品產業統計資訊（由韓國尼爾森調查）指出，去年韓國啤酒銷售市場第一大牌為 Cass（零售額 1 兆 1,900 億元，市佔率 36%）。Cass 在 Terra 第二季推出後，總零售額為 9,275 億元（第二～四季），依然穩穩位居第一名寶座。零售第二名則是海特真露的新產品 Terra，市場佔有率為 6.3%（2,121 億元）。
>
> 第三名為青島（4.1%）、第四名為海尼根（3.7%），而 Hite2018 年統計時位居第二，本次卻被擠出榜單。業界認為 Terra 侵蝕了 Hite 的市佔率，因此去年才得以登上第二大品牌。
>
> ——李善愛，〈只侵蝕了「Hite」的「Terra」……
> 第一大啤酒品牌「Cass」壁壘仍高聳〉，《亞洲經濟》2020.02.27

在相機裡放進底片才能拍照的時期，底片市場佔有率最高的公司是美國柯達。1880 年成立，推出世界標準 35mm 底片的柯達公司，市場佔有率高達 90%。但是數位相機快速擴張，還沒來得及應對的柯達於 2012 年破產，現在只能作為「害怕改變而倒閉的企業」代表性案例，留名於經營學的教科書裡。

其實柯達於 1975 年很早就開發了數位相機，比世界最早推出數位相機

的日本索尼（1981 年）早了六年。但是柯達在創造了數位相機後，並沒有將其推出市場，因為柯達擔心推出後會平白削減自己的底片銷售量。後來公佈的 1981 年柯達內部報告書中，準確預測數位相機將會帶來市場衝擊，在猶豫不決的應對中，成為了最大的犧牲品。

柯達當年所擔心的自我侵蝕效應，就稱為「cannibalization」，這個詞彙源自意味著同種類之間互相殺害的「同類相殘（cannibalism）」一詞，表示新推出的商品沒有造成銷售額增加，反而導致原有主力商品的銷售額降低。

自我侵蝕效應從古至今都是許多企業的煩惱。舉例來說，當初三星電子以 Galaxy A 命名，開始量產中低價智慧型手機，就曾被大量質疑是不是侵蝕到 Galaxy S 的銷售。也就是說，如果收益性低的新產品取代了原本收益性高的產品，可能會對公司整體的收益造成傷害。

但是因為害怕自我侵蝕而延後推出新產品，就反而可能給了競爭企業機會。企業為了防止競爭對手滲透市場，會不斷推出新產品。以 Apple 來說，雖然他們持續推出可能侵蝕 MacBook 需求的 iPad、可能侵蝕 iPad 需求的 iPhone 等，但仍然一直不斷在成長。反過來看，引發自我侵蝕也代表了市場其實還有成長的可能性。

152　全球在地化 Glocalization

同時追求全球化（globalization）與在地化（localization）的經營策略。

> Orion 最具代表性的產品巧克力派，在中國被取名為「好麗友」
> 是「好朋友」的意思，瞄準了中國人重視友情的心理。2015 年韓國餅
> 乾第一次在中國突破 2,000 億韓元銷售額，「喔！馬鈴薯」以韓國本地
> 沒有的番茄、牛排、炸雞等口味，受到高度歡迎。根據國際市場調查
> 業者 Kantar Worldpanel 估算，中國每年共有 1 億 100 萬人口購買 Orion
> 的產品。
>
> 　Eland 因發音神似中文的「喜歡衣服」，在中國取名為「衣戀」。
> 為了迎合中國人偏好紅色的取向，將賣場的 Logo 顏色定調為紅色，利
> 用中國人喜歡的大熊「Teenie Weenie」，成功打造出年銷售額 5,000 億
> 元的大型品牌。愛茉莉太平洋也看好中國女性重視保濕這點，推出了
> 各種「蘭芝晚安面膜」等針對性產品。
>
> 　　　　　——林賢宇，〈讓人錯以為是中國企業的本地化……
> 衣戀、愛茉莉太平洋突破中國心房〉，《韓國經濟》2016.01.18

　　世界第一間速食店業者麥當勞，被稱為是「資本主義的象徵」，因為麥當勞已經進軍超過 100 多國，不管到哪個國家，都能輕易找到它的身影。麥當勞以大麥克最為著名，因為他們會根據地區的不同，靈活運用在地化策略而聞名。舉例來說，1988 年麥當勞進軍韓國，推出了其他國家沒有的韓式烤牛肉堡，攻克了韓國消費者的口味。在把牛視為神聖象徵的印度，他們只販售牛肉以外的漢堡，在伊斯蘭國家的店面甚至還區分男女座位。

　　像麥當勞這樣，以統一的內容積極追求全球化，同時也尊重目標國家的

不同文化，這種經營方式就稱為全球在地化，多用於指稱跨國企業的在地化策略。

　　過去許多企業將世界視為單一市場，下功夫大推廣標準化的產品與服務，但是因為沒有考慮地方特性，出現了不少開拓國際市場失敗的案例。

　　最近開始出現配合目標國文化與消費者要求的差別化商品，將權限大幅委託當地公司，提升競爭力的現象成為趨勢。全球在地化的目的，是在地區競爭中佔領優勢，最後將整體利益最大化。但前提是必須綜合了解其他國家的法律、制度、文化等，不是件簡單的事。

　　星巴克也開始擺脫劃一的口味和制式的店面，把全球在地化視為是新的成長動力。星巴克打破招牌必須是英文的固執，在首爾仁寺洞的店面掛上韓文招牌，也使用利川新米、聞慶五味子、公州栗子等在地產物開發新菜單。考慮到韓國人熟悉使用智慧型手機下單的特性，2014 年推出了韓國專用的「Siren Order」，成功打入市場。雖然違背了本公司規定必須與消費者面對面點單的原則，但是星巴克最終依然決定尊重韓國當地法人的判斷。近期星巴克在韓國的年銷售額高達 1 兆元左右，擊退了所有本地咖啡專賣店，壓倒性穩居第一。

153　柏拉圖法則／長尾理論 Pareto's Law／Long Tail Thoery

柏拉圖法則指 80% 的結果都是由 20% 的原因所引發，又稱為八二法則、關鍵少數法則；長尾理論指不受關注的多數能創造出比核心少數更大的價值。

　　近期主要的大型股連日跌至一年來的最低價。但是從最近幾年的業績看來，「少數大型股」佔整體上市公司比重持續攀升。單從業績上看來，形容 20% 重點少數支配整體狀況的「柏拉圖法則」正在發酵。

　　11 日現代證券研究員孫偉昌，以「支配股市的法則──柏拉圖法則與長理論」為題，發表了一篇報告，內容提到「2010 年以後被納入 KOSPI 200 的股票中，營業收益前 20% 的股票佔整體營業收益的比重不斷在增加」。40 間被納入 KOSPI 200 股票前 20% 的企業，營業利潤佔比從 2010 年的 78.4%，截至 2014 年已攀升到 87.9%。

　　孫偉昌研究員分析，2008 年全球金融危機後，KOSPI 200 股票中營業利潤位於下游的企業收益惡化，而排名靠錢的企業，在營業利潤中的佔比持續增加。只有三星電子、現代汽車等少數代表企業的業績好轉，整體來說企業利潤都出現惡化。

　　然而在股價方面，業績佔比較小的股票卻主導上漲走勢，明顯適用於「無關緊要的多數比重點少數更能創造卓越價值」的「長尾理論」。今年以來股價上漲率靠前的企業為化妝品、生物、食品等，以市價總額相對來說較少的中小型股居多。

　　　　　　　　──金東旭，〈上市公司業績也適用八二法則……

　　　　　　　　大型股佔比越來越高〉，《韓國經濟》2015.08.12

　　十九世紀義大利經濟學家維弗雷多‧柏拉圖（Vilfredo Pareto）分析了歐洲各國的所得統計，發現了一個有趣的重點，實際上主要國家中，20% 的人

口佔據了國家整體財富的約 80%。前 20% 會左右整體的 80%，這項發現在日後被美國的經營顧問約瑟夫・朱蘭（Joseph Jura）重組成名為「柏拉圖法則」的經營學理論，也以「八二法則」之名廣為人知。

柏拉圖法則超越了原本柏拉圖感興趣的所得分配問題，成為了可以解釋各種現象的超強理論。最具代表性的分析就是，前 20% 的顧客會創造 80% 的銷售、前 20% 的優秀員工會處理整體公司 80% 的業務，以及上班時間裡集中精神工作的 20%，會創造 80% 的工作成果。這個數字不一定非得要是 20 與 80，只要是整體成果依賴少數核心組員，在意思上就可以被接受。

企業集中投資 VIP 顧客和優秀人才，可以被視為是反映了柏拉圖法則的結果，這也是基於企業判斷，與其攻佔不特定的多數，還不如將資金與力量投入在經過驗證的少數人之上，透過「選擇與集中」會更事半功倍。

然而網路時代開啟後，與柏拉圖法則相反的理論卻反而更具有說服力，也就是 2004 年，由美國媒體《連線》主編克里斯・安德森（Chris Anderson）所提出的「長尾理論」。安德森發現，網路書店亞馬遜上，個別銷售量較低的 80% 書籍，總計的銷售額比前 20% 暢銷書及的銷售額更加卓越。據他分析，這是因為在線下書店人們會被陳列在架上的書籍所吸引，但是在沒有時間、空間限制的網路書店，消費者會根據各自的喜好，自由搜尋並挑選書籍。位居下位的 80% 是之前柏拉圖曲線中認為不重要的「長尾」部分，因此被取名為長尾理論。

長尾理論指出，隨著技術越來越發達，沒有受到關注的多數就能夠創造出比核心少數更大的價值，也就是說 80% 的非主流顧客，能夠超越 20%VIP 顧客所帶來的收益。Google 與 Naver 的廣告銷售中，多數的工商業者與自營業者所佔的比重，也比少數的大企業更高。音樂、電影等文化市場上，少數狂熱者的人氣作品或珍稀本存在感提高，也可以被解釋成此現象。

154　亦敵亦友 Frienemy

互相合作的同時又相互競爭的現象。

　　三星電子與 LG 電子長年以來都是競爭對手。四十幾年來在海內外的手機與家電市場中展開激烈角逐，目前兩方在電視畫質與標準上也仍在互相較勁。

　　由於彼此是宿敵關係，因此零件方面也不會互相交流使用，兩間公司一般來說都是向各自的附屬公司採購零件。然而這種「照顧自家企業」的慣例卻發生改變。「以品質為優先」，三星電子接連在最新的智慧型手機上使用 LG 的電池，而 LG 電子則使用了三星的影像感光元件。在電視與半導體方面，三星與 LG 的合作範圍也有擴大趨勢。外界評價，原本堅持競爭的三星與 LG 之間的關係，正在轉換成亦敵亦友的形式。

　　25 日業界指出，明年三星電子即將推出的 Galaxy S11 智慧型手機中，使用了 LG 化學的電池，據說 LG 化學將出貨旗艦機型 Galaxy S11 Plus 專用電池給三星。這是繼今年 8 月推出的三星 Galaxy Note 10 後，三星旗艦智慧型手機中的第二台。

　　LG 同樣也使用了競爭對手的零件。LG 電子 10 月推出的 V50S 智慧型手機中，也搭載了三星電子的影像感光元件。這是原本使用 Sony 影像感光元件的 LG 電子，首度採用三星電子所開發的 3,200 萬畫素產品。

> ——鄭寅雪、金寶亨，〈道義上的利益……
> 三星與 LG「亦敵亦友」的關係〉，《韓國經濟》2019.12.26

新聞報導裡提到三星與 LG 這種同時競爭又合作的關係，就稱為「frienemy」，結合了朋友（friend）與敵人（enemy）兩個詞彙，首次出現在英國劍橋大學心理學教授泰莉‧艾普特（Terri Apter）的著作《好朋友》（Best Friends）中，表現了人們在為朋友加油打氣的同時，心裡又害怕不如別人的雙重心理。

三星跟 Apple 一直以來也保持著亦敵亦友的關係。雙方每年都會推出 Galaxy 與 iPhone 的新作，展開一場火花四濺的行銷之戰。除了壓制對方的比較性廣告外，看到他們在專利訴訟上互不相讓，這不是冤家什麼是冤家呢。iPhone 的很多零件都來自於三星，但是相對來說很少人知道，三星有一大部分的銷售額都仰賴著 Apple。他們之間視情況可以成為宿敵，又可以變成盟友，關係非常微妙。

美國微軟與 IBM、日本的 Sony 與 Panasonic 等，都是典型的亦敵亦友案例。Google 以安卓系統作為媒介，和智慧型手機製造業者維持著合作關係，但是在智慧家居與快速支付等新型產業上，又和安卓成為對手。就像是 SK、KT、LG 為了防止 Google 壟斷 APP Store 市場，共同推出名為「One Store」的本土 APP Store。

大型企業之間發生的合縱連橫，能讓人再次體悟到「世上沒有永遠的朋友，也沒有永遠的敵人」。

正式進入第四次工業革命時代後，預計亦敵亦友的出現將會更加頻繁。人工智能（AI）、物聯網（IoT）、智慧汽車等融合性產業，打破了傳統產業之間的界線。如果不想放棄主導權，很多時候要果斷與同產業的競爭公司攜手合作。技術的進步越變越快，這種趨勢也催化了搶先佔領市場的企業將具有絕對優勢贏家通吃現象。

155　抄襲者 Copycat

指稱沒有獨創性，模仿他人的企業或產品。

中國資訊技術（IT）公司仍無法擺脫過去「抄襲者」的汙名，因為過去實在有太多直接模仿海外人氣商品或服務的案例。但是現在卻出現美國 IT 公司反過來抄襲中國公司技術的現象。

華爾街日報（WSJ）當地時間 11 日引用矽谷風險投資家陳康妮的表述，她指責「美國科技公司開始在抄襲中國企業。Apple、LimeBike 等美國公司，都原封不動抄襲了中國的事業模式」。

Apple 上星期在美國聖荷西會議中心舉辦的全球開發者大會（WWDC）上宣佈，將追加可以直接透過手機通訊服務「iMessage」結帳的功能，近似於中國網路公司騰訊在 WeChat 上提供的服務。

美國的新創公司 LimeBike，也直接抄襲了中國共享單車業者 Ofo 的服務方式。Ofo 推出了利用智慧型手機 APP（應用程序）尋找周邊的自行車，透過掃描 QR Code 解鎖即可使用自行車的服務。

—— 安定樂，〈抄襲大逆轉……「Apple 抄襲中國業者」〉，
《韓國經濟》2017.06.13

「2011 年是抄襲的一年。」

前 Apple 執行長史蒂夫・賈伯斯在 2011 年推出 iPad Air2 的發表會上提到並貶低三星、HP、黑莓、摩托羅拉等安卓智慧型手機業者。他說，當 Apple 做出一管革命性產品，競爭公司們卻只需要輕輕鬆鬆抄襲就行了。當時智慧型手機與平板電腦市場急速成長，業者間的氣勢之爭白熱化，賈伯斯的一席話，讓被烙印為抄襲者的三星，花了很多時間才逆轉了這個負面形象。

Copycat 是複製（copy）與貓（cat）合併後的字彙，指稱急於模仿別人的企業或產品。中世紀歐洲認為貓咪是不祥的動物，據說當時會把鄙視的人稱為貓。

不過在產業現場激烈的研究開發（R&D）戰爭中，計較誰是創始者誰是抄襲者，有很多時候並沒有太大意義。能夠快速吸收領頭企業的優點並縮小差距，也被稱為快速追隨者（fast follower）策略。1970 年代與 1990 年代的韓國製造業，就是透過快速追隨者策略提高出口市場的市佔率。

但是提到抄襲終結者，絕對不能錯過中國企業。小米、華為、OPPO 等智慧型手機，都是直接大刺刺的抄襲了 Apple 與三星。但他們依然維持著驚人的成本競爭力，同時使自我技術能力向上平均化，目前在市佔率方面，已經達到威脅 Apple 與三星的等級了。

156   專利蟑螂 Patent Troll

買進個人或企業持有的專利後，向他們認為侵權的企業提起訴訟，以賠償金或專利使用費等賺取收益的公司。

> 決定暫停智慧型手機事業的泛泰，正在透過處份自家公司持有的技術專利以提高收益，試圖打破經營危機。
>
> 21 日美國專利及商標局（USPTO）公佈，2016 年 10 月 31 日，泛泰已協議將高達 230 件美國專利轉售給 Gold Peak Innovations。泛泰將公司核心資產專利權全數售出，外界正在爭論可能會有部分專利將轉讓給中國業者。
>
> Gold Peak 是一間以知識產權交易、授權、資產流動化等作為核心業務的「專利蟑螂」。據悉泛泰專利相關所有權利都將轉交給 Gold Peak，他們將可以收取權利金，或者是對專利侵權的製造公司提起訴訟，亦有可能將專利轉讓給第三方。
>
> ——安定樂，〈泛泰將 230 件美國專利轉讓給「專利蟑螂」〉，
>
> 《韓國經濟》2017.05.22

專利是為了保護發明者的權利，並獎勵技術開發與促進產業發產所制定的制度。如果有人侵權，就必須停止使用該技術，或者是支付適當的代價後使用。但是有些企業就利用了專利的特性，用跟別人不一樣的方式賺錢，也就是所謂的不實施專利實體（NPE）。

NPE 會大規模買進個人或企業持有的專利，然後對於他們認為有侵權的企業提出訴訟，提升收益。雖然 NPE 持有大量專利，但是他們並沒有實際製造或提供服務。只是把專利作為是賺取賠償金或權利金的道具。

業界將 NPE 比喻成北歐神話裡出現的「山怪（troll）」，稱他們為

「patent troll」，這是一個具有負面色彩的稱呼，因為他們盲目持有大量專利，四處設下陷阱，只要有人不小心上鉤，就會跟對方索賠。有聲音批評，NPE 違反了專利制度的本意，是妨礙產業發展的存在。2013 年美國總統巴拉克‧歐巴馬（Barack Obama）強力斥責：「專利蟑螂掠奪他人創意，只想找大撈錢的機會。」

專利蟑螂的主要舞台是資訊與通信科技業（ICT）。據悉，三星電子這類的公司，與 NPE 的訴訟佔整體專利訴訟的 80%。曾經紅極一時的手機製造公司泛泰，在公司倒閉之前將數百件專利處份給 NPE，也引起了爭議。目前最具代表性的 NPE 公司有高智發明、Round Rock Research、Inte rDigital、Tessera Technologies 等。

意外的是，有不少專家認為「不一定要將專利蟑螂視為是壞事」，他們認為以知識產權為基礎追求收益，跟出租不動產沒有差別，都是「正當的事業模式」，NPE 積極購買大學或研究所用心開發的專利，這方面專家也給予肯定。甚至有人主張，在韓國專利價值無法獲得應有價值，應該直接從政策上培養 NPE。

157　債務重組／法院接管

使經營困難的企業正常化的作業。債務重組由債權團；法院接管由法院主導進行。

> 支撐韓國汽車產業的零件業者即將枯竭。2017 年中國「薩德（終端高空防禦飛彈）報復」事件後，甚至引發韓國 GM 群山工廠關閉，苦戰超過一年的汽車業界後遺症正式引爆，工廠加工率只剩一半，面臨虧損的企業陸續增加，營運資金也早已枯竭一段時間，出現接二連三的倒閉潮。現代汽車第一階供應商理韓申請債務重整（企業改善作業），中堅零件公司 Dynamec、金汶產業等接連由法院接管（企業回生作業）。佔韓國製造業 12%、出口額 13% 左右（2016 年統計）的汽車產業崩潰警示仍未停歇。
>
> 　　不少地方都掉入了「虧損深淵」。韓國財經新聞對 82 間上市零件公司進行調查，今年上半季業績有 25 間都出現虧損，兩年內虧損企業數量上漲 2 倍以上。分析指出，其中 52 間公司的銷售額低於去年上半季，成長的引擎正在熄滅。汽車業界一致表示：「我們正面臨著無法再堅持下去的窘境。」
>
> 　　——張昌敏，〈「虧損深淵」加上 28 兆銀行債務償還壓力……汽車零件公司「即將面臨倒閉潮」〉，《韓國經濟》2018.10.23

　　被債務壓垮面臨倒閉危機的企業，有兩種方法可以獲得重新東山再起的機會——找銀行申請債務重組，或是找法院申請法院接管。

　　債務重組的正式名稱為「企業改善作業」，由當初借錢給目前經營困難企業的金融機構，也就是債權團所主導。接受申請的銀行債權團，會召開會議評估企業有無繼續營運的可能性。債權團會以人力減縮、資產出售等自我

救助為前提，採取延緩債務償還或減免債務等財物改善措施。

　　債務重組必須要有 75% 債權團同意，即使進入債務重組程序，大股東還是可以保有經營權。但如果進行出資轉讓，將必須償還給債權團的債務轉換為股票的話，經營權就可能會轉移給債權團。當企業恢復到正常軌道上，債權團會重新再召開會議，決議是否要結束債務重組。債務重組的法定根據是 2001 年建立的企業結構調整促進法（企促法）。企促法當初是以日落條款的方式導入，但是透過數次延長一直維持至今。

　　法院接管的正式名稱為「企業回生程序」，結構調整的強度更勝於債務重組，主導權不在債權團，而是交由法院主持。接受法院接管申請的法院，會評估企業繼續經營的可能性，決定是否啟動法院接管，或進行清算或宣告破產。一但展開法院接管，就會由法院任命的法定管理人負責管理公司的經營與財產，包含債權團貸出的資金及商業交易債券等所有債券與財務都會被凍結。

　　法院首先會確認企業有沒有盡最大可能減少債務，後續有沒有遵守債務償還計畫。如果企業債務償還順利，法院接管就會終止，但如果狀況依然沒有改善的話，也可能會進入破產程序。財務狀態崩毀的程度已經達到債務重組無法解決的企業，就會選擇法院接管。法院接管是以「債務人回生與破產管理法」（綜合破產法）為依據執行。

158　清算價值／繼續經營價值
Liquidating Value／Going Concern Value

清算價值指當下企業中止營業活動進行清算時可回收的資金；繼續經營價值指繼續正常營運下的企業價值。

> 　　會計公司盡職調查結果發現，目前受到債權團共同管理（自願協議）的城東造船海洋，清算價值高於繼續經營價值。
>
> 　　19 日債權團表示，進出口銀行最近將上述查核結果向金融委員會報告。會計公司查核結果指出，城東造船的清算價值為 7,000 億，繼續經營為 2,000 億韓元，意味著立即清算城東造船對債權銀行更有利。
>
> 　　金融當局近期根據此查核結果召開會議，但是目前對於應該清算城東造船，還是要繼續投入資金，仍尚未獲得結論。
>
> 　　——鄭智恩，〈「城東造船清算價值高於繼續經營價值」〉，
>
> 　　《韓國經濟》2017.11.20

　　即便財務結構崩壞的企業，向法院或債權團請求協助，他們仍然要決定是否給予這間公司東山再起的機會，或是若這間公司已經沒有繼續經營的可能性，還是要乾脆讓它關門大吉比較好，為了進行客觀進行判斷，就會計算「清算價值」與「繼續經營價值」，這兩個價值各自會依據會計法查核進行計算。

　　清算價值是假設當下公司已經中止營業活動，將持有的財產全部處份後，得以分發給債權人與股東等利害關係人的資金。清算資產會評估所有銷售債券、存貨等流動資產，與土地等有形資產，意味著當下立刻清算公司，把所有手上的資產賣掉「還債」的話，能夠回收的資金有多少。

　　繼續經營價值與清算價值相反，是假設企業繼續進行營業活動，估算企

業的價值多寡。如果繼續經營價值低於清算價值，對利害關係人而言，盡快進行清算會比繼續投入資金復甦企業更有利。

　　清算價值與繼續經營價值的評估結果，會直接影響虧損企業的命運。但是實際上還是有即便清算價值值較高，仍然沒有執行破產的案例。當出現認為應該根據經濟理論進行結構改組的政治理論等外部因素介入時，偶爾就會發生這種情況，這樣反而會使虧損的企業加劇虧損，讓結構改組變得更加複雜。

159　巨額沖銷 Big Bath

俗稱洗大澡，企業將過去的累積虧損與潛在虧損因素一口氣反映在會計帳簿後一筆勾銷的行為。

　　LG 商社、韓華、三星重工業等企業，2015 年一口氣進行了不良資產會計處份，企業投資者們正在關注「巨額沖銷（big bath）」現象，透過「巨額沖銷」消除潛在的不良因素，期待今年業績將出現大幅改善。

　　21 日 HI 投資證券發表的報告中提到：「去年 LG 商社資源、原物料事業部發生大額虧損，但是今年藉力於國際油價上漲，預估 LG 商社業績將有所改善。」

　　LG 商社去年銷售額 1 兆 3,224 億元、營業利潤為 816 億元，但因為一口氣反映了資源開發資產相關資產減值損失，創下 2,170 億元淨虧損。

　　韓華集團子公司韓華生命進行「巨額沖銷」，轉虧為盈的韓華集團控股公司韓華，今年也被列為預期業績將有所改善的股票，分析認為子公司業績的不確定性解除後，今年韓華業績將會傳出好消息。韓華每年撥出 2,000 億～2,500 億元左右的利潤補貼子公司韓華生命。韓華生命由於利率下降，保證準備金（1,770 億元規模）等積累下來，去年第四季創下 2,946 億元淨虧損。

　　針對三星重工業、斗山重工業等「巨額沖銷」後的造船股，目前也正在謹慎評估業績出現改善的可能性。EBEST 投資證券研究員楊亨模表示：「三星重工業 2015 年執行巨額沖銷後出現了小幅盈利，就算追加反映海洋計畫等虧損，規模也不至於太大。」

——沈恩智，〈「巨額沖銷」後一身輕的股票引發矚目〉，

《韓國經濟》2016.03.22

社區澡堂每到 12 月底生意都會特別好，因為很多人都想擺脫陳年老垢，以輕鬆愉快的心情迎接新年。企業會計上也有跟這種「沐浴儀式」一樣的行為──巨額沖銷，指將一段時間以來累積的隱藏虧損與潛在不量因素集中反映在特定的會計年度。

企業通常發生虧損會分成好幾年反映，盡可能減少虧損在會計帳簿上的痕跡。但是巨額沖銷跟這個概念正恰恰相反，企業在短期內承受業績下滑，積極反映虧損。這與以隱瞞虧損為目的，在會計帳簿上造假的財報窗飾不同，不屬於非法行為。

巨額沖銷一般會發生在首席執行長（CEO）交替的初期，原因有二。首先，就算就任初期公司業績不好，也可以辯解是「前一任 CEO 的責任」。利用這個機會先發制人，解決掉先前潛在的不良因素，就能夠減輕剩餘任期內的負擔。再者是第一年業績若不佳，隔一年就會因為基數效應，使業績上升的效果更加鮮明，新任 CEO 也就能更加突顯自己的功勞。

但是突然將大規模虧損反映在財務報表的過程中，可能會引發股價崩跌或是使投資人陷入混亂等副作用。最重要的是，巨額沖銷的「藥效」並不會持續太久，過兩三年之後公司的體質與 CEO 的經營能力又會再次浮上檯面。

160 財報窗飾

為了讓公司業績表面維持優良,虛報資產、銷售、利潤等偽造會計帳簿的行為。

> 大宇造船涉嫌大規模財報造假,據悉從 2013 年至 2014 年,兩年減少了 2 兆元規模的虧損。隨著公司的會計信賴度跌落谷底,大宇造船面臨訂單減少、假帳期間小額股東的集體訴訟等,預計將引發喧然大波。
>
> 23 日會計業者指出,大宇造船海洋的外部審計德勤安津會計師事務所(Deloitte Anjin)2015 年推測 5 兆 5,000 億元營業虧損中,約有 2 兆元應反映在 2013 及 2014 年的財務報表上,對此他們要求大宇進行更正。德勤承認自己在審計大宇 2013 年及 2014 年的財務報表過程中有疏失。
>
> 德勤內部調查結果指出,大宇造船海洋 2013 年至 2014 年的財務報表上,長期應收款準備金及挪威「Songa 計畫」等虧損沒有被確實反映,且總工程費用的預估成本也被低估。
>
> 若如實反映當時的累積費用與虧損準備金,大宇造船 2013 與 2014 年度的業績將由盈轉虧,不過在此之前,大宇造船所公佈的 2013 及 2014 年營業利潤分別為 4,242 億元與 4,543 億元。
>
> ——李東勳,〈「大宇造船虧損規模減少 2 兆」……
> 德勤的誠實「風波」〉,《韓國經濟》2016.03.24

所謂的窗飾,是為了看起來漂亮而做的裝飾。業績如果惡化,會引響股價下跌,資金調度上也會變得困難,因此不良企業很容易陷入作假帳的誘惑中。但是財報窗飾不僅會造成股東與債權人的損失,也跟逃漏稅有關,因此

在法律上被嚴格禁止。

　　財報窗飾最常見的手法就是，將記錄不存在的銷售、高估存貨價值、遺漏部分費用等列入。也會出現故意減少應收款呆款準備金以誇大利潤、減少固定資產的折舊費用，或是將短期債務列入長期債務中。

　　「安隆醜聞案」是世界企業歷史上最嚴重的財報窗飾案件。安隆到 2000 年為止，都還是年銷售額 1,010 億美元，排名韓國第七的知名能源大企業。但是安隆卻在 2001 年第三季公佈 6 億 1,800 億美元虧損，引起世界金融市場一片紛亂。安隆仰賴債務勉強擴張事業，發生虧損的時候就成立特殊目的公司（SPC）推卸債務製作假帳。藏了又藏，最後走到極限，只能舉雙手投降。2001 年安隆申請破產的時候，會計舞弊規模達到 15 億美元，將近韓幣 2 兆元。主導財報窗飾的 CEO 被判刑二十五年，負責外部審計的會計公司由於被停業，也隨之倒閉。

　　韓國 1998 年大宇集團、2002 年 SK Global、2013 年東洋集團等，都曾經因為大規模的財報窗飾引發風波。政府為了防止會計舞弊，在每間企業都安排了監察人員，要求企業接受外部公認會計事務所的會計審查，並且還要經過監理程序，由金融監督院再次檢驗是否有財報窗飾。

　　還有另一種情況是，為了讓業績看起來不佳，而縮小實際收益，被稱作為反向財報窗飾。因為營業利潤太高的話，稅金負擔就會增加，還會面臨勞工強烈要求調漲薪資。

161　內部交易／內線交易

內部交易指同集團附屬公司之間互相交易商品或服務。內線交易指企業員工或特殊關係人利用業務上所獲得的資訊，不當進行股票交易。

> 百靈佳殷格翰解除與韓美藥品所簽訂的 8,500 億規模技術出口合約消息公佈前已傳遍許多人耳裡。韓美藥品與韓美科學的相關業務負責員工私下告知持有公司股票的其他部門同事或家人，消息瞬間透過電話與訊息遍地散播，而獲得第一手消息的人，又再透露給其他友人，一個緊接著一個。有部分機構投資者透過股價下跌時賣空賺取金錢，但是調查指出，其中並沒有與內部人士勾結的賣空勢力。外界質疑韓美藥品為何延遲公告，不過這是根據交易所程序所執行並非故意為之。
>
> 首爾南部地區檢察廳證券犯罪聯合調查小組（組長徐奉奎檢察官）13 日公佈了韓美藥品內線交易事件調查結果，揭發了 45 人，非法所得總共 33 億元。韓美科技向人事部黃姓常務（48 歲）等 4 名員工進行拘留起訴、2 人進行不拘留起訴，並對其餘 11 人進行簡易起訴，另向金融委員會通報，將其餘 25 位獲取第二手以上之情報者列為罰鍰對象。
>
> ——黃政煥，〈雷聲大雨聲小的韓美藥品內線交易調查〉，
> 《韓國經濟》2016.12.01

　　2015 年電影《萬惡新世界》中，講述被捲入秘密資金醜聞的政治人物、媒體人士、財閥、黑幫等之間陰謀與背叛的黑暗故事。財經新聞裡的證版面中經常出現的內線交易，就是「企業內部人士」所搞出來的醜陋交易，指上市公司的員工或主要股東等，利用職務上所獲得的未公開資訊交易自家

股票。

企業內部人士會比一般投資人優先接觸到公司的消息，他們只需要在合併與收購（M&A）、增資、新事業、業績成長等利多消息向外界公佈之前買進股票，就可以輕鬆賺取利差。反之，如果優先知道資本耗蝕、法院接管、破產、業績惡化等利空消息，就可以避免虧損。因為這會對一般投資人造成傷害，因此證券交易法禁止內線交易。可以透過員工或股東接受到消息的家人、友人等，與負責相關業務的公務員、會計師、分析師、記者等，都屬於廣義的內部人士。若內線交易受到舉發，最高可以處無期徒刑，同時可能被處以股票交易獲利或迴避虧損額的 5 倍罰金。

內部交易跟內線交易看起來很像，但卻是完全不同的概念。內部交易是指同一個企業集團旗下的公司之間，互相交易商品或服務，這是許多追求垂直整合的集團自然而然會出現的交易行為。當然，內部交易中也有受到社會指責的不當內部交易，部分財閥採用的「集中發包」就是最具代表性的案例。

公平交易法所定義的不當內部交易類型為：①不當給予金援、②不當的財產、商品等援助、③不當的人力支援、④不當追加交易單價。舉例來說，以幫助經營不良的附屬公司為目的，其他附屬公司以便宜的利息借款給該公司，或是支付高於市價的物品價格或租金，或者在沒有正當的理由下，拒絕與非附屬公司交易。把集團的各種業務交付給公司持有人所創立的個人公司，協助持有人輕鬆累積財富也屬於不當交易。不當交易可能受到糾正措施、罰鍰、罰金、刑責等處罰。

162　勾結／寬大政策 Leniency

勾結指企業之間相互串通，決定好價格、產量等，妨礙市場競爭的行為。寬大政策是針對自首有勾結事實的企業提供減免罰則的制度。

> 　　歐盟（EU）當地時間 16 日針對涉嫌外匯交易市場勾結的五間國際銀行——巴克萊銀行、花旗集團、摩根大通、蘇格蘭皇家銀行（RBS）、日本 MUFG 銀行，處以 1 兆 4,000 億元規模的罰鍰。
>
> 　　EU 執行委員會當天公佈，他們揭發了巴克萊銀行、花旗集團等交易員在 2007 年至 2013 年之間，使用電子聊天室互相交換敏感資訊與交易計畫等共謀行為，五間銀行總共被處以 10 億 7,000 萬歐元（約 1 兆 4,000 億元）罰鍰。其中花旗集團罰鍰金額最高為 3 億 4,800 萬美元，RBS 則是被處以 2 億 7,900 萬美元罰鍰。
>
> 　　瑞士投資銀行 UBS 雖然也參與了此類勾結行為，但是因適用於舉報勾結行為的寬大政策（自首的罰則減免），因此免於繳納 2 億 8,500 萬美元罰鍰。
>
> 　　——薛智妍，〈歐盟針對五家國際銀行拋出罰鍰炸彈〉，
> 《韓國經濟》2019.05.18

　　勾結的歷史，可謂是跟商業交易的歷史一樣悠久。西元前 3000 年，就已經有埃及商人互向串通提高羊毛價格的紀載。十三世紀初，威尼斯商人就曾趁著十字軍東爭期間形成強大的壟斷集團，掌握東方貿易的霸權。十五世紀歐洲香料價格失控暴漲，也是因為負責交流的阿拉伯商人彼此勾結。

　　勾結是以避免競爭為目的，與其他業者串通決定好價格或數量等限制競爭的行為。公平交易法把勾結定義為「不當合作行為」，嚴格加以制裁。勾結會降低企業創新的誘因，並且提高消費者的價格負擔等，會對經濟造成許

多弊端，因此被比喻為「市場經濟的癌症」。經濟合作暨發展組織（OECD）等機構推估，勾結至少會引發消費者價格上漲 10%。

　　不當合作行為有：①價格的決定、維持、變更、②設定交易、付款條件、③限制交易、④市場分割、⑤限制設備、⑥限制商品種類與規格、⑦共同管理營業主要部門、⑧投標黑箱操作、⑨妨礙其他業者的營業活動等各種類型。一但勾結被揭發，就可能吃上相關銷售額最高 10% 的罰鍰。

　　隨著勾結行為越來越巧妙和隱密，想揭發並不容易。因此負責揪出企業勾結行為的公平交易委員會，正式採用寬大政策制度。若參與勾結的企業願意如實以告，就會減少制裁。韓國效仿美國 1978 年施行的寬大政策制度，於 1997 年以自願申報減免制度之名首度引進韓國。最先申報的企業，可以全額免除罰鍰，並免於檢查機構舉發，第二位申報的企業，則可以減少 50% 的罰鍰並免於檢查機構舉發。

　　美國、日本、歐洲等 40 幾個國家都運用著寬大政策。美國透過寬大政策徵收的勾結罰鍰，佔整體比例 90% 以上。韓國 2016 年公正交易委員會舉發的 45 件勾結案件中，有 27 件是透過寬大政策而得知。

　　寬大政策雖然是舉發勾結的特效藥，不過也有聲音不段指責此制度的正當性有問題，部分人士認為，不管前因後果如何，對於違法行為睜一隻眼閉一隻眼有違正義。但是對於沒有調查權的公正委員會來說，寬大政策也屬於一種苦肉計，除此之外，企業在圖謀勾結的過程中，也可能因為不信任競爭公司而放棄。公正委員會透過調整寬大政策的運營方式補足缺點，預計日後也會繼續維持相同的基調。

163　集體訴訟／懲罰性賠償 Class Action／Punitive Damages

集體訴訟指由部分被害者提起訴訟所獲得的判決，救助其餘沒有提起訴訟的被害者；懲罰性賠償指針對企業透過非發行為獲得的利潤，徵收更高額的賠償。

> 　　對韓國 4,972 名投資人造成 145 億元損失的「C-motech 股價造假」事件被害者們，對證券公司提出集體訴訟，平均每人將獲得 29 萬元賠償。大法院宣告韓國國內首件集體訴訟判決，但是訴訟九年只能獲得損失金額的 10%，外界評價這是一場「傷痕累累的勝利」。司法界為了保護小股東所導入的證券相關集體訴訟制度，不僅訴訟期間過長，賠償金額也不高，被指責實際效益低落。
>
> 　　27 日大法院三部（主審大法官李東元）在針對 2011 年參與 C-motech 有償增資而虧損的投資人李某等 186 人，向有償增資主管公司 DB 投資證券（前東部證券）提出的集體訴訟案件的上訴審上，確定維持原判決「DB 投資證券必須賠償受害者 145 億元被害金額 10%」。經由本次大法院判決，包含直接參與集體訴訟的 186 名原告總共 4,972 名被害者，每人平均將獲得 29 萬元賠償。
>
> 　　本次判決是 2005 年韓國引入證券相關集體訴訟制度十五年來，首起宣告的大法院判決。
>
> 　　　　——申延洙，〈C-motech 集體訴訟「傷痕累累的勝利」……
> 　　　　九年訴訟討回 29 萬元〉，《韓國經濟》2020.02.28

　　韓國歷史上最嚴重的化學產品致死案件——「加濕器殺菌劑事件」，環境部統計結果（2019 年 8 月統計）指出，死亡人數共 1,424 人、被害人數共 6,509 人。看著那些遺屬們，因自己買的產品殺死自己家人而感到愧疚和痛

苦的樣子，許多人都感到痛徹心扉。但讓輿論鬧得更加沸沸揚揚的，是製造廠商荒唐的態度。英國企業利潔時（Oxy Reckitt Benckiser）沒有輕易承認過失，也沒有提出賠償方案，態度更近於「一切依法偵辦」。

以加濕器殺菌劑事件作為契機，認為應該強化消費者受害救濟制度措施的呼聲越來越大，其中最具代表性的就是集體訴訟與懲罰性賠償。

集體訴訟指一部分的被害者向加害者提出訴訟，其餘被害者不用提起訴訟，也能夠根據此次判決獲得救助的制度。其中以美國的橙劑、石綿、香菸訴訟等最廣為人知。如果由被害者個別提起訴訟，不僅要投入大量的時間與費用，也不容易打贏大企業，集體訴訟則可以減輕消費者在這方面遇到的困境。

懲罰性賠償制度是當加害者的行為被判斷是故意、惡意的時候，就會對加害者處以高於該行為產生之損害額更高額的罰鍰。既有的方式是給予消費者同等賠償，但站在大企業的立場來說，可能不是太沉重的負擔。這個制度的目的是讓企業賠償幾倍以上的金額，才能驅使企業更加重視品質管理。

韓國證券已經引入集體訴訟，懲罰性賠償則是導入到二次承包等部分領域中。雖然想要進一步擴大範圍，但是也引法不少反彈聲浪。經濟界擔心，這可能成為雙重懲罰或過度處罰。率先引入此制度的英美法系國家也擔心會增加企業負擔，正在強化適用條件。

164　不正當銷售

金融機構在販售金融商品時，沒有詳細說明商品結構與風險就進行販售。

> 　　金融當局宣布判決，銀行最多要賠償 80% 給受到大規模本金虧損的海外利率掛勾型衍伸基金（DLF）投資人，是投資型商品不正當銷售紛爭中，史上最高的賠償比率。
>
> 　　金融監察院 5 日召開紛爭調解委員會，針對友利、KEB 韓亞銀行六位 DLF 投資人所申請的紛爭調解進行審議。審議結果全數被判定為不正當銷售，判決銀行須賠償投資虧損的 40 ～ 80%。
>
> 　　當天決議先處理截至目前收到申訴的 276 件 DLF 紛爭調解中，最具代表性的六項案件。針對其他案件，金監院打算引導銀行與投資人依照此基準自行協商，如果證實為不正當銷售，銀行就必須無條件給付最低 20% 最高 80% 的賠償金額。
>
> ——林賢宇，〈金監院「DLF 虧損最高賠償 80%」〉，
>
> 《韓國經濟》2019.12.06

　　2019 年底，名為「DLF」的陌生金融產品連日大大刊載在財經新聞上。然而在銀行建議下投資 DLF 並虧損超過 1 億元以上的人，卻接連不斷的出現，其中包含了多數的退休人士與家庭主婦，他們相信了「DLF 比定存利率高，而且又安全」的說法，把一輩子的積蓄全數交了出去。這個商品的設計是，若德國、英國、美國等國的利率超出一定範圍，就會損失掉大部分的本金，打從一開始就不適合找上銀行的家庭主婦與老年人投資。金融監督院調查結果顯示，銀行們並沒有在購買基金前，向患有老年癡呆或重聽的 79 歲老年人解釋本金虧損的風險，不正當銷售的案例大量湧現，該事情被稱為「DLF 事態」，再次寫下黑歷史，彰顯了韓國銀行不夠先進的慣性做法。

　　所謂的不正當銷售，指銀行、證券、保險等金融機構在販賣金融商品時，沒有確實解釋商品的結構與風險就進行銷售的行為，其中最常見的就是只強調高收益但卻沒有提及本金虧損的可能性。不正當銷售也經常出現在保險業界裡。加入保險後若想立刻解約，不但繳納的保險金有一大部分無法領回，條款複雜也使消費者難以正確了解保障內容。但是在保險銷售過程中，經常發生沒有確切說明的情況。

　　不正當銷售會對消費者造成嚴重的經濟損失與痛苦，因此若被揭發，就會受到金融當局的制裁。但是每當人們快忘記這件事的時候，就又會重複再發生，其中最具代表性的就是 2008 年引發出口中小企業倒閉潮的 KIKO 事件、2014 年超過 4 萬名個人投資者虧損超過 1 兆元的東洋集團商業票據（CP）事件。遭受不正當銷售時，可以透過金監院的紛爭調解或訴訟取得協助，但是必須投入大量的時間與努力，而且無法獲得全額賠償，這是基於也必須追究投資人的「自我責任原則」。

　　鑒於這些在社會上引發軒然大波的不正當銷售案例，暴露了金融公司的業績至上主義與消費者金融知識不足的問題。投資格言中說道：「天下沒有白吃的午餐」，看到購買有利無弊的廣告，應該要再仔細深思熟慮。

165　C級主管 C-level

CEO、CFO、CTO、COO 等企業高階經營階層的統稱。

> 　　東部大宇電子正在積極吸引「LG人才」。東部大宇電子的財務長（CFO）、營運長（COO）、人資長（CHO）等被稱為「C級主管」的專業管理層中，今年以來六位有三位都來自LG。
>
> 　　東部大宇電子月初任命文德植副社長為新任CFO。文副社長1983年進入LG電子，在擔任清州工廠營運支援室長後，被任命為本公司財經組長及 Philips Displays（現 LG Display）CFO 等。今年1月被選為 COO 的邊京勳社長，也曾任 LG 電子 TV 事業海外行銷負責部長，身為 CHO 的金文洙副會長也曾經在 LG Philips Displays 就職。
>
> 　　其餘三位 C 級主管中，執行長（CEO）與產品長（CPO）則是來自於大宇電子。分析指出，這是為了在現有大宇電子的競爭力上，均勻反映出三星與 LG 優勢所採取的策略。
>
> 　　　　　　——鄭恩智，〈東部大宇「C 級主管」過半來自 LG〉，
> 　　　　　　　　　　　　　　　　　《韓國經濟》2016.04.06

　　CEO（執行長）因為經常被使用，所以現在已經成為大眾熟悉的用語了。企業高層主管的名片上，總會出現許多 C 開頭的職銜。除了 CEO 以外，還有 CFO（財務長）、CMO（行銷長）、COO（營運長）、CSO（策略長）、CHO（人資長）等，這些擔任企業各部門負責人的核心管理階層又被稱為 C 級主管。

　　C 級主管之花絕對是 CEO。CEO 通常會擔任代表理事，指對內外經營上的最高負責人。總管財務的 CFO 是必須徹底了解公司資金狀況的「看守所」，也肩負著重責大任。在重視技術開發的資訊技術（IT）風險企業中，

CTO（技術長）與 CISO（資安長）也扮演著重要角色。

根據經營狀況改變，不斷出現新的 C 等級主管，例如負責強化顧客關係的 CCO（客戶長）、負責總管環境問題與相關應對的 CSO（策略長）、負責管理公司對外關係的 CNO（網路長）、主要致力於強化危機管理能力的 CRO（風險長）等。從企業裡安排的 C 級主管就可以看出公司所追求的價值與未來策略。

第十章
以數字作為攻防的連續劇：併購

　　每年往來金額超過 5,000 兆元、無法冷靜充滿肅殺之氣的「金錢戰爭」之地，都是在形容併購（M&A）市場。越來越多企業透過 M&A 掌握新的成長動力，高收益的避險基金也正在快速成長，防止外部併購威脅守護經營權的防禦作戰也越來越縝密。一起來探索比電影更有趣的 M&A 世界吧。

166　併購 M&A, Merger & Acquisition

企業合併與收購，指購買其他公司取得經營權或公司之間的合併。

> 2019 年世界各地發生的收購與合併（M&A）量，雖然比 2018 年減少了 6.9%，不過已經連續六年超過 3 兆美元。與美國主導的大規模交易相反，因為美中貿易紛爭與香港反北京示威等風波，中國的 M&A 市場比重出現萎縮。
>
> 7 日 M&A 分析情報公司 Mergermarket 所公佈的「2019 年 M&A 市場報告」中指出，2019 年全世界總共發生 1 萬 9,322 起 M&A 交易，整體交易規模為 3 兆 3,300 億美元。不過去年下半季交易陷入低潮，交易規模相比上半季減少了 24.2%。
>
> 去年 M&A 市場實際上是由美國在主導，美國在 2019 年 M&A 交易中佔比 47.2%，是繼 2001 年以後的最高紀錄。而歐洲和亞太地區交易規模相比 2018 年分別減少了 21.9% 和 22.5%。
>
> ——金晙娥，〈全世界 M&A 交易半數由美國主導〉，
>
> 《FN News》2020.01.08

　　近期財經新聞裡，採訪競爭最激烈的領域就是 M&A。企業們賭上一切為確保持有新成長動力，隨著資金大量流入投資銀行（IB）業，M&A 的市場規模正在擴大。讓許多三星人為之震驚的「三星韓華大交易」、瞬間改變財經界排名順位的「現代產業開發韓亞航空收購案」、火爆的「Yogiyo、外送通的外送的民族收購案」等諸如此類的新聞，不斷出現在 M&A 的版面上。此外還有像無法抵抗低生育率而向中資靠攏的 Agabang，這類象徵著社會結構變化的 M&A 案例。

　　1997 年外匯危機後，M&A 正式開始受到矚目。過去 M&A 有著不良企業結構調整的強烈形象，不過近期有許多企業是為了提前整頓成長性下跌的事業，或者是為了取得其他企業優秀的技術與人才進而採取 M&A。Google 的 YouTube、Facebook 的 Instagram、三星電子的三星 Pay 等服務，都不是由該公司直接開發，而是透過收購有潛力的新創企業將其納入「自己旗下」的案例。

　　由私募基金主導的 M&A 持續增加，也成為令人眼睛為之一亮的特點。這些人是 M&A 的金融專家團隊，他們在收購企業的時候，完全沒有打算長期持有該公司，主要目的是提升被低估的企業價值，並在三到五年內轉手賣給其他企業。

　　M&A 的優點是，可以利用外部資源輕鬆提升企業的競爭力。但是想要有效統合一個完全不同的組織，創造出協同效應，過程也不是那麼簡單。還必須要小心過度舉債進行 M&A 之後，公司陷入財務困難的「勝利者詛咒」。

　　M&A 基本上是以買進現有大股東的股票進行，如果雙方互相達成協議稱為「善意 M&A」，如果不顧對方反對就稱為「敵意 M&A」。私募基金只顧收益不分是非進行敵意 M&A 的事件也經常發生，因此企業之間也開始出現呼聲，認為應該補強經營權防禦措施。

167 企業合併審查

一定規模以上的企業進行併購（M&A）時，必須接受公平交易委員會審查的制度，若判斷此企業合併會阻礙市場競爭，可以有條件允許或不允許。

> 　　韓國第一大美食外送 APP 外送的民族營運公司 Woowa Bros.，被持有第二大 Yogiyo 與第三大外送通的德國快遞英雄（DH）所收購，市場正在關注公平交易委員將如何處理此案，因為三間公司合併後的市占率高達 99%。Woowa Bros. 預計最快將於今年內進入公平交易委員企業合併申報程序。
>
> 　　15 日法律界與投資銀行（IB）業界認為，基於先前有很多先例，加上目前的政府對於該問題採取較柔軟的姿態，因此公平委員會接受此企業合併審查的可能性很高。某位法律界相關人士解釋：「電子商務等線上領域很容易改變市場趨勢，因此新企業想加入該領域並不困難，所以評估公平委員會在這方面會比審核製造業等採取相對柔軟的態度。」
>
> 　　2009 年當時，經營著韓國第二大公開市場 Auction 的美國 eBay 從 Interpark 買進韓國最大的 G-market 就是一則代表性案例。當時 G-market 和 Auction 的市佔率逼近公開市場的 90%，而公平委員會也全數批准了此類型的企業合併。
>
> 　　——李尚恩、李泰勳，〈第一到第三大外送 App
> 成為「一家人」……公正委員會審核是否通過？〉，
> 《韓國經濟》2019.12.16

　　M&A 同時具有正反效應。它的優點是可以提升企業經營的效率，整頓競爭力低落的企業，但是競爭公司之間的 M&A 可能引發壟斷，帶來不利於

消費者的結果。基於這點，包含韓國在內的 70 幾個國家，都運行著企業合併審查制度，一定規模以上的 M&A 都必須透過金融當局的核准。

以韓國來說，合併企業的資產或銷售額超過 3,000 億元、被合併企業資產或銷售額超過 300 億以上，或者是兩者相反的情況，就必須向公平交易委員會申報並接受審查。以原則來說所有 M&A 案件都應該經過審查，但是這在現實中很難實現。

公平交易委員會共同討論這些企業的市場佔有率、市場集中度，如果沒有限制競爭的情況，就會核准企業合併。但是如果被判定為有限制競爭的可能性，M&A 就可能會被禁止，或者是以出售部分資產、限制價格調漲等前提，進行有條件式核准。2005 年第一大啤酒企業海特啤酒併購第一大燒酒公司真露時，公正委員會就提出了「往後五年內價格調漲不得高於消費者物價上升率、不得合併啤酒與燒酒的營業網點」等附帶條件式核准。2016 年最大移動通訊公司 SK 電訊併購最大有線電視 TV 公司 CJ HelloVision 時，就因為「極有可能產生壟斷弊端」被拒，導致 M&A 破局。

國際企業的 M&A 必須要通過好幾個進出口國家的企業合併審查，過程非常複雜，這當中遇到特定國家不允許企業合併，又附加上無理的條件，只好放棄 M&A 的案例也層出不窮。2016 年美國高通想併購紐西蘭 NXP 的時候，就簽訂了半導體業界史上最大規模的 M&A 契約，雖然美國跟歐盟（EU）都已全數核准，但是中國到最後仍沒有核准，兩年後高通只好付出違約金，放棄併購 NXP。

因為每個國家都有自己的審核標準，所以一直有聲音不斷指責應該要制訂統一的原則，但至今仍有遙遙長路要走。越是大型的 M&A，企業合併審查在成交與否上就會扮演著決定性的重要關鍵，因此在試驗階段就必須要詳細檢討。

168 贏家的詛咒 Winner's Curse

為了在激烈的競爭中取得勝利，投入過多的費用反而導致自身陷入危險或必須承擔強大後遺症的狀況。

> 韓華市場決定撤離一度被認為是「下金蛋的金雞母」的韓國免稅店市場。大企業們為確保零售業的新成長動力，在獲得全新許可上展開激烈競爭，但不過短短四年就出現了第一位退出者。隨著主要客群中國觀光客減少，以及企業間的虧本競爭等，免稅店的收益結構逐漸惡化，預計「贏者的詛咒」將會正式展開。
>
> Hanwha Galleria Timeworld 29 日透過理事會決議，公佈 9 月開始「Galleria 免稅店 63」將結束營運。Hanwha Galleria Timeworld 於 2016 年虧損 178 億元後，年年持續虧損，三年內已累積虧損 1,000 億元以上。
>
> ——尹泰錫，〈韓華退出免稅店事業……是否正式迎來贏者的詛咒？〉，《韓國日報》2019.04.29

　　企業動向相關財經新聞裡經常被提及的「贏者的詛咒」，簡單來說就是為了擁有喜歡的東西，一口氣放手一搏不顧後顧之憂的狀況。

　　贏者的詛咒指雖然在政府標案、拍賣、合併與收購（M&A）等競爭中獲勝，但是卻必須承擔因此產生的強大後遺症，是透過 1992 年美國芝加哥經營學院教授理察・塞勒（Richard Thaler）的著作《贏者的詛咒》而廣為人知。

　　這個用語的根源，可以追溯到 1950 年代左右。當時美國的石油企業，爭先恐後參與墨西哥灣石油鑽探權的公開標案。每間企業都在預估這個地區的石油埋藏量來決定競標價格，最後由出價最高 2,000 萬美元的企業獲得

了鑽探權。然而問題就出在，企業在無法正確評估埋藏量的狀況下，競爭過度激烈，後來實際的石油埋藏量價值僅有 1,000 萬美元，得標者因此虧損了 1,000 萬美元。

2000 年英國的第三代行動通訊（3G）頻段標案中，通訊公司展開一場你爭我奪，從 1,800 億元起標的頻段標案價格，一路飆漲到 10 兆元以上。

在韓國，提到贏者的詛咒，經常以經常以錦湖韓亞集團、Woongjin、STX 作為案例。他們雖然透過攻擊性 M&A 成功培養了公司的勢力，但卻因為支付了過多的金額，導致集團整體在日後陷入了流動性危機之中。

競標的時候確實評估標的價值，仔細制定資金調度計畫比任何事情都還重要，如果略過這個階段，抱持著「先喊高再說」的想法，就很難避免陷入贏者的詛咒。不管是個人還是企業，偶爾都有需要勇敢冒險的瞬間，但奢求自己能力所不及的事情是非常危險的。

169 股東大會 General Meeting of Stock-holders

股份有限公司的股東齊聚一堂，決定公司重要事項的最高決策會議。

> 政府正在推動分散召開股東大會政策，限制單日舉辦股東大會的企業數量。為了讓股東有更多時間進行分析，把股東召集通知從兩週前改為四週前。據此，原本每年 3 月召開的 12 月上市公司結算股東大會，預計最早可能從明年開始，將會大量推延至 5、6 月。有大量聲音指責，現在股東大會都集中於某幾個日期一口氣舉辦，限制小股東參與股東大會的權利。
>
> 金融委員會 24 日公佈了涵蓋上述內容的「上市公司股東大會優化方案」。
>
> ——金亨民，〈限制每日召開股東大會的企業數量……「超級股東大會日」就此消失〉，《東亞日報》2019.04.25

「我會召集股東大會，提議解雇會長。」

「呵，股東都是我們的人，你有種倒是試試看！」

以財閥為背景的狗血劇裡頭，經常出現圍繞著股東大會發生爭執的場面。電視劇裡的股東大會就像是每天在爭飯碗的地方，但事實並非如此。

股份有限公司裡，股東大會是決策的機構；理事會是業務執行機構；監察人是監察機構。股東大會是將持有股票的所有股東全部聚集在一起，進行重要事項決策的最高決策會議，討論財報批准、高層任命與免職、章程變更、公司合併與收購等各種事項，只要持有一股以上的股東都有參與的權利。那怕只是小額投資，只要去參與一次股東大會，就是很棒的「經濟學習」經驗。如果不方便直接參與，也可以寫委託書寄過去。

　　股東大會可以分成每年必須召開一次的定期股東大會，以及需要的時候隨時召開的臨時股東大會。定期股東大會一般在結算季（普遍為 1 到 12 月）結束後三個月內舉辦。臨時股東大會則是在公司發生重要事件時，召集持股 3% 以上的股東。

　　股東大會的決議事項，會根據案件通過的標準，分為一般決議事項、特別決議事項、特殊決議事項。大部分案件都是一般決議事項，只要獲得一半以上參與股東同意，或超過發行股票總數四分之一以上的票數就可以通過。但是解僱高層、章程變更、合併與收購等敏感的事項就會被列為特別決議事項，必須要獲得參加股東三分之二以上，或是發行股票總數三分之一以上的同意。而特殊決議事項則屬於例外狀況，必須獲得全數股東的同意。

　　韓國企業的定期股東大會都聚集在 3 月下旬*，這些日子被稱為「超級股東大會日」。股東大會如果輯中在特定日期，投資各間公司的小額股東就會難以參加，也不容易行使股東權益，因此金融當局正在引導股東大會分散舉辦日期。

---

*編按：台灣證交法規定須於每年 6 月前召開股東會。

170　機構投資人盡責管理守則 Stewardship Code

一種行為守則，表示機構投資人應積極參與公司決策，確實履行股東義務，向資金委託人——國民或顧客透明揭露相關訊息。

> 2018 年導入機構投資人盡責管理守則後（機構投資人的決策權行使方針），國民年金在股東大會上行使反對權的次數大幅增加。某位財經界相關人士說道：「國民年金持反對意見偶爾也有恰當的時候，但是最近因資本市場法令修訂等因素，對於國民年金介入營運的擔憂逐漸擴散，擔心政府的影響力將會變強。」國民年金基金運用委員會的委員長，是衛生福利部的高官。
>
> 企業評價往 CEO Score 5 日公佈，2019 年調查 577 間公司內，國民年金在定期與臨時股東大會上行使投票權的結果，發現國民年金總共參與了 626 次股東大會，共涉及 4,139 個案件。
>
> 整體案件中，國民年金共針對 682 件（16.48%）持反對意見，與 2017 年導入機構投資人盡責管理守則的 11.85% 反對率相比，上升了 4.63%。同時間，贊成比率也從 87.34% 下降至 83.11%，共減少了 4.23%。
>
> ——許東俊，〈2018 年「機構投資人盡責管理守則」導入後……國民年金影響力壯大，向股東大會說「No」的次數增加〉，《東亞日報》2020.02.06

　　2019 年 3 月，大韓航空股東大會上，目前已經不在世的韓進集團會長趙亮鎬連任社內理事一案進入表決程序，結果竟是未通過。由於第二大股東國民年金投了反對票，導致投票無法滿足三分之二以上同意之條件，當時因為花生回航、丟水杯、言語與行為暴力等接連不斷的「傲慢風波」，使外界

對韓進集團一家人的批判達到巔峰。國民年金認為「趙會長有損企業價值，侵害股東權利」，主要營運國民退休金的國民年金，史無前例拉下韓國最大航空公司代表。

過去國民年金對於股東大會的提案大部分只採贊成票，被批評為是「舉手機器」。但是 2018 年導入機構投資人盡責管理守則後，國民年金開始針對不同案件採正反態度，態度大轉，開始積極行使股東權利。

Steward 意指保護主人的管家，所謂的 Stewardship Code 是一項模範準則，列舉年金、資產運用公司等機構資人作為特定企業的股東應該履行的原則。機構投資人是受到委託管理他人金錢的管家，機構投資人盡責管理守則就是要求他們努力將投資企業價值最大化所制定的「行為指南」。除了最一般的行使投票權以外，還包含管理層面談、推薦外部理事候選人、提出股東代表訴訟等。

英國於 2010 年首度導入機構投資人盡責管理守則後，逐漸擴散至其他各國。在韓國，繼國民年金之後，預期將會擴大至其他年金、共濟會、資產運營公司等。

機構投資人盡責管理守則的正反雙方彼此針鋒相對。贊成方主張，如果股票市場裡的「大戶」機關投資人積極行使投票權，就可以提升企業的透明性，業績也會轉好。反對方則認為，機關投資人過度干涉會導致經營活動萎縮，並引發短期業績主義擴散。也有部分人士擔心，政府很可能會動用國民年金等，向特定企業行使影響力。機構投資人盡責管理守則目前還在導入初期，後續應該仔細驗證結果，改善問題點。

171　行動主義投資 Activist Investment

購買管理結構有問題或業績不佳的企業股票，在持有一定程度的股票後，積極參與公司經營提升公司價值的投資策略。

> 　　行動主義基金宣布將參與韓國最大經紀公司 SM 娛樂的營運。關於創辦人李秀滿會長將公司資金轉移到個人公司的問題，將會透過理事選拔進行阻止。SM 是市值總額超過 1 兆元的代表性娛樂股。
>
> 　　KB 資產運用 5 日發出公開股東信，內容表示將推薦外部理事參與經營。KB 資產運用是透過為增加股東價值而設立的行動主義基金（KB 股票價值 Focus）持有 SM 股票 7.59% 的第三大股東。
>
> 　　KB 運用主張「李秀滿會長的個人公司 Like 企劃，每年都以諮詢費的形式，抽走 SM 46% 營業利潤，嚴重損毀公司價值」。KB 運用表示「將要求 Like 企劃與 SM 進行合併，並且會在下一次股東大會上，推薦新的外部理事候選人，強化理事會的監督與牽制」。
>
> 　　繼 KB 運用之後，SM 的第四大股東韓國投資價值資產運用（持股 5.06%）也表示：「為了改善 SM 的不透明經營，將會積極介入。」這兩間機構的持股加上第二大股東國民年金（8.07%），持股比例為 20.72%，將超過李秀滿會長的持股（19.08%）。
>
> ──崔萬壽，〈行動主義基金瞄準李秀滿……「要求與挪走 816 億的個人公司進行合併」〉，《韓國經濟》2019.06.06

　　想要藉由股票理財的哲秀與英熙一起買了 A 電子的股票。哲秀表示：「要相信 A 公司管理層的能力，等股票上漲。」然而英熙說：「你說這是什麼話，如果想讓公司發展得更好，我們也應該提出意見。」英熙的想法是，應該整頓 A 公司利潤較低的事業部門並提高配息。英熙向執行長（CEO）

發了一封內容包含自我提案的信件，要求召集其他股東一起召開臨時股東大會。

　　像英熙一樣，積極行使股東權利提升企業價值的投資策略，被稱為行動主義投資，也稱為股東行動主義（shareholder activism），指股東不再僅滿足於股票價差與配息，也會介入管理結構與經營追求企業利潤。

　　行動主義投資目前由外資避險基金主導，保羅・辛格（Paul Singer）、卡爾・伊坎（Carl Icahn）、比爾・艾克曼（Bill Ackman）、尼爾森・佩爾茲（Nelson Peltz）等人是最具代表性的行動派投資人。他們不僅要求非主力事業結構重整、合併與收購（M&A）、擴大配息等，為了直接參與經營，也會要求參加理事會，站在公司管理層的立場看來，是一件極具壓力的事，但是大部分時候有利於小股東，因為持有大量資金的大型基金可以代替大企業施壓，還可以拿到配息，股價也會有所提升。

　　行動主義投資的評價很兩極化。一方對於牽制管理層並提高股東價值給予極度讚賞，但另一方卻是猛烈批評他們處處干涉經營且阻礙企業發展。行動派投資人短期提升股價後賣掉股票就走人，但是企業會因為接受各種要求事項，導致長期研究開發（R&D）投資等受到阻礙。

　　根據英國經濟學人報導，2009 年以後，15% 的 S&P 500 大企業曾受到行動主義避險基金要求公司更換管理層、改變經營策略、實行結構改組等。三星、現代汽車、SK、韓進等韓國主要大企業也都曾受到他們的攻擊。最近著名的「姜成富基金」KCGI 等韓國行動主義基金的存在感也呈現越來越強烈的趨勢。

172　機構股東服務公司 ISS，Institutional Shareholder Services

世界最大的投票權諮詢公司。這間公司主要在分析企業股東大會的提案，它所提出的正反意見會對大型機構投資人的決策產生非常大的影響。

> 「1 億 1,700 萬元。」
>
> 　這是佔韓國股票市場市價總值 7%，滾出 132 兆元資金的國民年金，為單一年度投票權諮詢所編列的預算。國民年金投資的韓國上市公司高達 800 多個，投票權顧問公司即便針對每個上市公司只收費 10 萬元，為了生存也只能「咬緊牙關」竭盡全力爭取合約。
>
> 　1 日根據金融投資業界表示，國民年金近期選定韓國企業管理結構院（KCGS）為股票議案分析專業機構，這是與大心管理結構研究所競標後所得出的結果。經過得標後，競標單價跌至 1 億元以下，KCGS 在日後一年內除了要分析 800 多家上市公司的定期與臨時股東會議的所有議案外，還必須向國民年金提出投票權行使方針。
>
> 　業界定論，國民年金之所以對韓國境內投票權諮詢公司維持低報酬的原因，是因為掌握國際市場的美國諮詢公司 ISS 是以「每間公司 100 美元」的價格提供服務，而 ISS 是國民年金目前針對海外企業投票權所使用的諮詢公司。
>
> ——黃正煥、金恩靜，〈面對投票權諮詢公司的「10 萬元報告書」，
> 正在皮皮剉的上市公司〉，《韓國經濟》2020.03.02

　經營者與股東之間的代理問題（principal-agent problem）風險總是盤根錯節。原先企業的主人是股東，而經營者是股東「委託公司管理」並賦予其權限的代理人。但是經營者也可能怠慢自己的任務，或是違反股東利益謀求私利。

　　雖然股東可以透過股東大會，參與公司的重要決策，但是很難讓所有股東都能夠對公司的事情全數瞭若指掌，對投資銀行、證券公司、資產運用公司、年金、國家基金等大型機構投資人而言更是如此，因為它們所投資的企業數量實在太多。

　　代替這些機構投資人分析主要企業的股東大會議案，提供贊成或反對件億的公司，稱為投票權諮詢公司。其中名為 ISS 的公司在全球投票權諮詢公司中獨占鰲頭，握有 60% 以上市場佔有率，每年分析 800 萬件以上的股東大會議案，並對其提供行使投票權建議。由於海外機構投資人對於當地市場不了解，所以實際上會傾向把 ISS 的報告書作為「決策指南」。

　　因此在贊成與反對針鋒相對的議案上，ISS 握有生殺大權。2002 年 HP 想收購康柏電腦時，引發股東們強力反彈，但借力於 ISS 支持 HP，因此在股東大會上以 2% 的差距，通過了康柏電腦收購案。在韓國，2018 年現代汽車提出管理結構修改案，但由於 ISS 持反對意見，因此股東大會上通過的機率太低，現代汽車為此取消股東大會，計劃化為烏有。

　　雖然大部分人對於 ISS 可以協助股東進行決策抱持正面看法，但也有人批評這樣的決定是否過於恣意妄為。ISS 的主要持有人為私募基金，也有聲音指責，透過子公司開辦企業諮詢事業，存在著利益衝突的問題。

173 影子投票 Shadow Voting

為了防止股東大會因未達法定人數而流標的狀況，不參加的股東也會按照參加股東的贊成與反對比例進行投票，是一種投票權代理行使制度。

> KOSDAQ 某上市 A 公司 2018 年 6 月在臨時股東大會時幾天前，下達了員工總動員命令。190 幾位員工中，派出 60 幾位員工會見了 1,000 多名股東，泣訴請他們參加股東大會。由於影子投票（投票權代理行使）制度消失，這是為了二度嘗試 3 月股東大會上流標的監視人任用案所採取的下下策，但仍然只召集了 6.9%，遠遠不足法定最低人數（發行股票總數 25%）。該公司相關人士透露：「由於公司疏忽了本業，導致虧損擴大，只好反覆這樣做。」
>
> 　各界開始擔心，今年因法定人數不足而引發「股東大會之亂」將會更嚴重。根據韓國上市公司協會 30 日公佈的調查結果指出，今年定期股東大會上，監視人、監試委員任用極有可能因未達法定人數受到否決的企業共有 154 間，大約會比去年（56 間）增加 3 倍。
>
> ——金宇燮，〈「廢除影子投票」毫無對策……預估將發生嚴重的股東大會之亂〉，《韓國經濟》2019.01.31

　　要召開股東大會，首先就是要召集股東。一般來說要通過議案，最少要獲得全體投票權 25% 以上的票數。但每次都要召集所有股東，實質上並不容易，企業規模越大，股票會分別被所有人、機構投資人、外國人、小股東等各式各樣的人所持有。

　　其實「散戶們」買股票的目的大部分都是想買低賣高進行短期投資，對於股東大會興趣缺缺，根據韓國上市公司協會指出，小股東參加股東大會的比率僅有 1.88%（以股票發行數為基準計算）。上市公司股東的平均持股期限

為有價證券市場 7.3 個月，而統計指出 KOSDAQ 市場卻僅有 3.1 個月。

　　為了防止未達法定人數導致股東大會流標，1991 年導入了影子投票制度，此制度會將沒有出席的股東視為已投票。舉例來說，如果 100 人裡有 10 人參加了股東大會，贊成與反對的比例是七比一，就會視為其他 90 個人也按照此比例進行了投票。

　　韓國在 2017 年底徹底廢除影子投票制度，因為「侵害股東權益」的爭議鬧得沸沸揚揚，各界認為任意推測沒有參加股東大會的股東意見並不合理，還有可能被惡意利用來牽制大股東或管理層。也有聲音指責，企業們安於影子投票制度，沒有積極與小股東溝通，說服他們提升出席率。

　　企業界不斷要求要政府提出廢除影子投票的替代政策，雖然目前可以導入電子投票和電子委託書制度，但是企業主張它們並無法強迫股東們投票，他們認為美國、德國、瑞士、瑞典、紐西蘭等國根本沒有制定議案法定條件，韓國也應該要放寬標準。

174　綠色郵件 Green Mail

又稱綠票訛詐，指投機性資本買入經營權較弱的企業股份後，要求大股東以高價買進自身持股的行為。

> 　　行動主義避險基金透過 1980 年代流行過的「綠色郵件」策略，賺取了可觀的收益。透過要求改善管理結構與理事會改革提升企業價值之投資策略的行動派投資人，回歸到過去經常使用的綠色郵件策略。
>
> 　　市場調查業者 FactSet 指出，最近一年內至少發生了十件比爾·艾克曼等行動派投資者，在持有股票中途又將股票賣回給該公司的案例。由基思·梅斯特（Keith Meister）主導的避險基金 Corvex Management 2013 年 11 月售出持有的保安公司 ADT5.3% 持股，僅僅一年就賺取將近 20% 的報酬率，就是一則具代表性的案例。被稱為企業獵人的卡爾·伊坎 2013 年 11 月份出售 2009 年買進的 915 萬股電視遊戲公司 Take-Two 股票，也賺取了 2,600 萬美元的價差。
>
> 　　不過近期行動派投資者的持股轉售跟過去的綠色郵件不同，他們不向公司收取回扣，也沒有威脅要進行敵意收購，但是華爾街日報（WSJ）仍然指責這個行為與綠色郵件沒有不同。因為大股東擔心經營權受到干涉，以及管理結構備受批判，因此即便需要提高股價，也願意買回他們手上的持股。
>
> 　　　　——李審幾，〈給錢就走的「綠色郵件」策略……
> 　　行動主義避險基金踏歌而行〉，《韓國經濟》2014.06.23

　　前面加上綠色（green）的字彙，通常會給人自然、親環境、休息等安心的感覺。但是合併與收購（M&A）的世界裡，經常提到的綠色郵件卻有著與之相反的肅殺含意。

　　綠色郵件是結合了意味著恐嚇、威脅的黑函，加上綠色美元紙鈔所形成的單詞。發送綠色郵件的投資人，被稱作為「green mailer」，他們大部分都是投機傾向較強烈的企業獵人。他們主要買進大股東持股比例不高且經營權較弱的企業股份，確保自己有一定比例的持股，之後再向大股東與管理層提出召開臨時股東大會、更換管理層、調整事業結構等苛刻的要求。如果企業不想繼續受到干涉，他們就會暗中施壓，要求對方以高價收購自己的持股。如果交易沒有按照計畫走，他們就會開始進行敵意 M&A。

　　受到綠色郵件攻擊的企業，為了守護經營權必須支付高額費用，若公司財務結構因此轉弱引發股價下跌，就又會吸引第二、第三位 green mailer 出現，可能陷入惡性循環之中，而一般股東無法享受到 green mailer 般的特殊福利儼然也是另一個問題。

　　1980 年代在美國猖獗的綠色郵件也好幾次傳到韓國，其中非常著名的案例是 1999 年，SK 電訊的第三大股東老虎基金威脅到經營權，SK 便以高價收購 7% 老虎基金的股份，當時老虎基金僅花了幾個月就獲得了 6,300 億韓元的利潤。近期快速成長的行動主義避險基金也透過綠色郵件策略嘗到了甜頭，雖然他們不像過去的綠色郵件一樣明目張膽收取回扣，但是分析指出他們使企業經營權陷入不穩，實際上就是想賣出持股賺取價差。

175　黃金降落傘／毒丸條款 Golden Parachute／Poison Pill

黃金降落傘指是針對因合併與收購（M&A）而被辭退的高層管理人，提供鉅額補償的制度。毒丸條款是當公司受到敵意 M&A 攻擊時，給予現有股東以便宜價格買進新股的權利。

> 傳出世界最大共享辦公室 WeWork 的新任共同執行長（CEO）多虧「黃金降落傘」契約，可以領取 1,700 萬美元左右的退職金。部分人士指責，在公司面臨困難的狀況下，此舉實在太過份。
>
> 根據金融時報（FT）30 日的報導指出，今年 9 月 WeWork 創辦人兼前 CEO 亞當・諾伊曼（Adam Neumann）離開公司後，亞瑟・明森（Arthur Minson）與塞巴斯蒂安・岡寧漢姆（Sebastian Gunningham）被任命為共同 CEO，當他們因為各種因素受到解僱或離職時，各自分別可以拿到 830 萬美元。而法務長珍妮佛・貝倫特（Jennifer Berrent）若辭職，也可以領取 150 萬美元，即便被解雇，貝倫特 CLO 也不需要繳回高達 1,200 萬美元的工齡獎金。
>
> WeWork 因經營困境，正在進行縮小國際事業版圖等大規模結構調整，目前已解僱了 2,400 名員工，佔整體員工比例約 20%。FT 預估 WeWork 的黃金降落傘條款，將會激怒因本次危機可能受到解雇或已遭受解雇的員工。
>
> ——安定樂，〈WeWork 新 CEO「黃金降落傘」條款……退職金高達 1,700 萬美元〉，《韓國經濟》2019.12.31

　　若 M&A 順利完成，企業的大股東換人的話，通常從管理層開始，都會被替換成符合新主人口味的人選。但如果有一個條款是，公司長官「想開除高階管理層就必須支付高額退職金」的話呢？佔在新主人的立場看來，肯定

會感受到偌大的壓力。黃金降落傘就是針對這一點所採取的防禦措施，試圖讓收購方必須投入更大量的金錢，達到減少敵意 M&A 誘因的效果。黃金降落傘必須支付的退職金遠遠超越平凡上班族退職金，以「億」計價。

黃金降落傘於 1980 年代末首度出現在美國，當時將企業視為獵物的投資性資本十分猖獗，黃金降落傘是為此而推出的因應政策。各界對此制度褒貶不一，這項政策能夠減少健全的公司暴露於敵意 M&A 的風險，對於管理層能夠堅持信念工作這點非常有利，但是這個制度對於有意收購者非常不利，而且部分管理層可能會將其惡意利用於謀取私人利益之上。

2008 年金融危機後，美國與歐洲就針對黃金降落傘提出強烈的批評，因為在虧損公司接連倒閉且經濟陷入困境時，只有極少數的高階管理層藉由黃金降落傘領取了鉅額退職金。

儲蓄銀行華盛頓互惠 CEO 艾倫・菲什曼（Alan Fishman）只工作了十八天，就因為黃金降落傘規範領取 1,365 萬美元。根據韓國企業管理結構院調查，截至 2018 年，韓國仍有 198 間上市公司章程含有黃金降落傘規範。

毒丸條款則是針對敵意 M&A 的另一項防禦措施，事先賦予現有股東權利，可以用非常便宜的價格買進公司新發行的股票，只要經營權受到攻擊，就可以啟動該制度。Poison pill 在英文裡指「毒藥丸」的意思，名字的起因來自給想要併吞經營權的人餵以毒藥丸而得名。

毒丸條款於 1982 年首度出現在美國，至今在韓國仍不適用。雖然企業界從捍衛經營權的角度出發，要求導入此制度，但是也有強烈反對聲浪，指責該制度可能反而會成為幫財閥打造銅牆鐵壁的特惠制度。

176 雙重股權／黃金股 Dual Class Stock／Golden Share

雙重股權指對特定人士賦予比實際持有股份更多投票權的制度；黃金股是只需要擁有一股就可以行使否決權的股票。

> 根據香港媒體南華早報（SCMP）內部消息透露，中國資訊技術（IT）業者小米預計今年9月將在香港上市。有評價稱小米在港上市一事，代表香港股市在與美國紐約股市的戰爭中贏得了勝利，分析指出香港股市修改上市規則，導入雙重股權是拿下勝利的決定性關鍵。
>
> 　1990年代末期，中國企業開始吹起一陣在海外上市的熱潮，此後香港股市一直是中國企業的優先考慮對象，中國工商銀行、中國石油、中國石化、騰訊等中國代表性企業大部分都有在香港上市。
>
> 　但是自從2014年9月，中國最大電子交易企業阿里巴巴在紐約證券交易所（NYSE）上市後，香港證券交易所就受到猛烈衝擊。隨著阿里巴巴上市後股價不斷走高，也傳出「中國的國家財富被美國搶走了」的批評聲浪。
>
> 　後來阿里巴巴董事長馬雲公開表示，之所以會選擇NYSE的關鍵原因在於雙重股權，此舉為香港股市帶來「第二波衝擊」。香港內部呼籲應該快速導入雙重股權的呼聲越來越高漲，香港證券交易所2017年12月決定大幅放寬上市規範，並允許新經濟與生技企業執行雙重股權。
>
> ──金東允，〈香港股市「雙重股權」策略奏效……
> 120兆元小米在港上市〉，《韓國經濟》2018.02.02

　　民主主義選舉的核心是「一人一票」，企業投票權基本原則也是「一股一票」。但是在國外經常可以看見，為了強化最大股東以及管理層權限為目

的，賦予一部分股票特別多投票權的情況，這項制度就稱為雙重股權。

　　由「投資之父」巴菲特所經營的波克夏・海瑟威（Berkshire Hathaway）就是代表性案例。公司賦予董事長巴菲特所持有的股票，擁有比一般股東高出 200 倍的投票權，在確實保障經營權的情況下，意味著要巴菲特專念於投資。據說巴菲特的持股為 20% 左右，但是他可以在不擔心敵意併購的情況下行使強大的權限。Google、Facebook、阿里巴巴、小米等著名資訊技術（IT）企業也都是透過雙重股權保障創業者的經營權。

　　雙重股權最極端的反義形態就是黃金股，它屬於特別股，只需要擁有一股就可以在股東大會上行使否決權，被視為是強勁的經營權防禦手段。黃金股是隨著 1984 年英國電信（BT）民營化首次登場，原本由政府所有的通信公司 BT 民營化之後，為了維持公共利益而設置的安全機制，後來紐西蘭、西班牙、義大利等歐洲國家也開始接連採用黃金股。

　　雙重股權可以使最大股東免於外部攻擊，從長期的觀點上穩定運營公司，另一大優勢是在吸引投資的過程中，在創立者持股率被稀釋的狀況下，依然維持其經營權。1980 年代敵意 M&A 激增，隨著企業們要求政府設立經營權保護機制的聲浪高漲，美國政府便於 1994 年導入雙重股權制度。

　　當然也有許多聲音批評，這些制度過於損害股東之間的平等權。以黃金股來說，從歐洲聯盟法院 2002 年建議廢除此制度後，逐漸在消失在「故鄉」歐洲境內，因為限制自由資本的流動，會引起不少問題，而韓國擔心此制度將成為「財閥特權」，因此不允許使用雙重股權。但是為了保護需要持續吸引投資的風險企業，仍然有聲音不斷要求應該部分允許採用雙重股權。

177　特殊目的收購公司
SPAC，Special Purpose Acquisition Company

以合併收購（M&A）非上市公司為目的而成立的紙上公司。

> 韓國交易所 26 日透過「SPAC 制度引進十年後的成果與啟示」報告指出，引進特殊目的收購公司（SPAC）制度後，上市的 SPAC 中約有三分之二成功與其他公司合併。
>
> 從 2009 年 12 月開始施行的 SPAC 制度，至今總共上市了 174 間 SPAC，當中有 79 間已經與其他公司合併，扣除掉 2017 年後未滿上市存續期（三年）的 SPAC，2016 年以前上市的 104 間 SPAC 中，有 70 間（67.3%）已經成功合併達成上市目的。
>
> 此外根據統計指出，今年 10 月以前成功合併的 74 間 SPAC 中，合併後三個月內的股價平均都比公開發行價（2,000 元）高出 39.1%，股價走揚的 SPAC 共有 56，比股價走跌（18 間）的 SPAC 高出 3 倍。
>
> 交易所表示，隨著 SPAC 成功案例增加，2017 年新上市 20 家、2018 年 20 家、今年 30 家等，SPAC 制度逐趨於穩定。
>
> ——朴鎮亨，〈引進 SPAC 十年……3 間裡有 2 間成功合併〉，
>
> 《聯合新聞》2019.12.26

　　一般企業的目標都是以販售商品或服務賺取利潤，再進一步提升企業價值。但是 SPAC 是只以合併與收購其他公司作為目標所設立的特殊目的公司。SPAC 不回製造產品進行銷售活動，是只存在於書面上的紙上公司。

　　想要買其他公司就必須先有錢。SPAC 的特徵就是會像不特定多數的個人投資者進行公開資金招募。SPAC 最初是由少數發起人所成立的非上市公司，但是會立即在股票市場上進行首次公開發行（IPO），也就是透過上市向

一般投資人進行資金招募。持有資金的 SPAC 就會開始物色 M&A 的對象，在找到有可能上市的優良非上市公司後，就會召開股東大會決議要不要進行併購。

韓國是從 2009 年 12 月開始實施 SPAC 制度，目的是為了開拓優良非上市公司在股票市場上市的機會，並使個人投資者參與無法輕易接近的 M&A 市場。以 Anipang 聲名大噪的 Sundaytoz、藝人 4 Minutes 和 Beast 的經紀公司 Cube 娛樂，以即其他中小製造企業們，都是透過 SPAC 借殼上市。

SPAC 如果在上市三年後仍無法找到併購對象，就必須要進行清算，將本金和利息返還給股東。因為 SPAC 唯一的目的就是 M&A，如果給了三年的時間都還沒達成目的，那就不如關門大吉的意思。如果 M&A 成事引起股價上漲，投資人就可以賣掉股票賺取收益。

上市的 SPAC 股價具有不會輕易跌至公開發行價以下的特性，因此被認為虧損風險性相對較低。但如果公司收購了成長性不明朗的公司，就很有可能面臨虧損，因此投資人要仔細了解相關資訊。SPAC 曾一度被稱為「金雞母」引發投資熱潮，但它其實和其他的投資商品一樣，要分清楚哪些是玉、哪些為石。SPAC 若要實現成功，就必須使用公募資金併購優良企業，並提升該公司的企業價值。投資之前，最好先了解該 SPAC 的管理層是否有挑選好公司慧眼及管理的能力。

第十一章

資本主義之花：股票市場

　　「低點買進高點賣出」、「不要把雞蛋放在同一個籃子裡」，就算這些投資名言都已經刻在我們心中，但想要在股票市場上取得成功並不容易。夢想發財之前先試著確實樹立股票市場的相關基本概念吧。讓我們一起來探究能夠帶你選出好股票的 PER、PBR、股利殖利率、EV／BITV 等指標吧。

178　公開揭露 Disclosure

將定期或隨時告知投資人可能影響企業股價之事項視為義務制度。

> 「為了通過第三期臨床試驗，預計將與美國食品藥品監督管理局（FDA）召開面對面會議。」製藥、生技企業在公告中加入可能影響投資判斷的宣傳性內容，或者刪除不利字眼的慣用行為，日後將受到阻礙。
>
> 金融委員會與韓國交易所9日表示，為了提升公告的透明性並使投資人能夠正確掌握投資風險，將實行「KOSDAQ製藥、生技業公告準則」，準則的目的是要將引導投資人對公告內容產生錯誤判斷或難以理解的標題，轉變為簡潔易懂的形式。舉例來說，K公司使用令人難以理解的「無用性評價」（根據藥物有無治療價值判斷是否要持續進行臨床試驗）一詞，發佈了已確認臨床實驗結果的公告，但實際上卻遺漏掉了臨床試驗受勸中斷的核心內容。或者是N公司只不過是臨床相關「計畫」獲准，卻公告臨床試驗已獲准的消息。
>
> 製藥、生計企業因技術開發、臨床試驗、商品許可等階段性不確定性高，股價會產生急劇的變化。先前都是由企業自行判斷執行狀況進行公告，但是發生了不少可信度不足或難以了解投資風險的情況，因此日後必須以臨床試驗中止、醫藥品禁止使用措施、取消商品許可、禁止銷售流通措施等內容，具體進行公告。
>
> ——韓光德，〈眩惑投資人的「製藥、生計公告」將受阻〉，
>
> 《韓民族日報》2020.02.10

相信別人一句「某支股票之後會漲」而買進股票，搞得自己滿身瘡痍的人，真的比想像中還要多。如果想要提高投資成功的概率，不應該聽取「小

道消息」，而應該開始運用企業的公開資訊。所謂的公開揭露，是讓利害關係人了解企業財務狀況、營運業績、經營重要事項等訊息的制度，為了公平營運股票市場，企業必須公開可能影響投資人決策的資訊。

發行證券的公司，就有依法肩負公開揭露的義務。公告分為定期必須發佈的定期公告，以及有特別告知事項時所發佈的即時公告。當出現可能影響股價的傳聞或媒體報導時，還有另一項制度稱為調查公開揭露，也就是若韓國交易所詢問起消息是否屬實，上市公司就有回答義務。

最具代表性的定期公開揭露項目就是年度財務報表、半年度財務報表、季度財務報表等，投資人可以有週期性的確認公司的營運狀態。即時公告主要是關於合併與收購（M&A）、大規模新投資、生產中斷、破產等企業動態資訊，一定要仔細關注。

公告最重要的事情，就是向所有人透明公開，因此會全數公開於網路上（金融監督院電子公告系統，dart.fss.or.kr）。DART 上就像是「資訊洪流」，各種公司的資訊都在上面，甚至連財經新聞的記者們都說，只要好好看公告就能夠寫出好幾個其他人錯失的分析報導。

政府之所以運營公開揭露制度，就是因為和機構投資人相比，大部分的個人投資者在資訊能力上面都處於弱勢，這個制度在減少重要資訊受到少數人壟斷牟利上具有非常重要的意義。所以說，企業不管是出於故意還是意外公告了錯誤的內容，都會受到強烈的斥責。如果公告不實或虛偽的資訊，就可能會被列為不誠實公告法人或受到刑事告訴。

179 投資組合 Portfolio

為了降低投資風險，分散投資至特性不同的各種資產中，也用來指稱分散投資產品的組合。

> 韓國市場最「大戶」國民年金最近因面臨盤整，投資組合大換血。有價證券市場中大型股比重拉高，生技、5G 移動通訊相關中小型股相對減少。
>
> 國民年金 4 日公佈了持股 5% 以上的有價證券及 80 支 KOSDAQ 上市公司的持股變化明細。現代汽車（9.05% → 10.05%）、韓華航空航天（12.76% → 13.77%）、三星電機（11.03% → 12.03%）、KT（11.66% → 12.67%）等 57 間公司的持股增加，除此之外也提高對 GS 建設、韓國造船海洋、三星證券、大韓海運、SK Innovation、農心等股票投資，持有股份保持在 10% 以上。
>
> 國民年金大舉公佈持有內容明細，是因為國民年金近期在盤整局上大規模投入資金，更換投資組合。根據韓國交易所指出，包含國民年金等其它年基金，從 8 月 KOSPI 指數跌破 2,000 點後，已經在有價證券市場上買超 5 兆 1,376 億元。
>
> ——崔萬壽，〈投資組合大換血……國民年金「棄生技加倍投入大型股」〉，《韓國經濟》2019.10.05

　　「不要把雞蛋放在同一個籃子裡」，這句話是連對投資沒興趣的人，都一定聽過的投資名言。如果把雞蛋放在同一個籃子裡面，一失手掉到地上的話，就會全部破掉，所以說投資的時候也不要「梭哈」在同一個資產中。這句話出於 1981 年獲得諾貝爾經濟學獎的耶魯大教授詹姆士‧托賓（James Tobin）。他在記者見面會上，被詢問「能否簡單說明何謂投資組合」後，便

爽快地總結出這句話。

股票投資人會面臨的風險，分為系統性風險（systematic risk）和非系統性風險（unsystematic risk）。系統性風險指匯率變動、物價上升、政治事件等宏觀經濟層面上的風險；非系統性風險指事業失敗、流動性危機、管理層交替等特定企業層面上的風險。透過投資組合分散投資到各個標的，就可以有效降低非系統性風險。

組構投資組合的方式有很多種，最基本的就是跨產業，擴大投資行業的多樣性。分散投資的範圍可以擴大到整體資產，不僅指是針對各股，可以將持有的資產平均分配在存款、股票、債券、不動產、現金等。離開國內市場，分散投資到先進國家或新興國家的各種金融產品也是很好的選擇。但無限制的增加投資標的會更有利嗎？並非如此。雖然說資產種類越多風險就越低，但是隨著風險減少的幅度縮小，編入新資產所投注的費用就會增加，所以必須綜合考量風險減少的效果與交易的費用。

一個好的投資組合，可以幫助投資人保持平常心。不要放置編制好的投資組合不顧，適時修正也很重要。調整投資組合內的投資資產比重，被稱為再平衡（rebalancing）。

180　股票總市值 Aggregate Value of Listed Stocks

以市場價格評估整體股票的價值，以股價乘上發行股數計算而得出。

　　Apple 股價今年已經上升約 70%，股票總市值逼近 1 兆 2,000 億美元，重新找回暫時被微軟（MS）奪走的世界最大總市值企業地位，而 Apple 的總市值也即將超越韓國整體有價證券的總市值。

　　根據英國金融時報（FT）2 日指出，本月 1 日統計的 Apple 總市值為 1 兆 1,874 億美元，以本月份美元兌韓元的匯率 1,183.10 元換算的話，為 1,404 兆 8,000 億韓元。以當天收盤價為準，韓國有價證券總市值為 1,404 兆 9,000 億元，兩者僅相差 1,000 億元。Apple 的總市值比韓國最大三星電子的總市值 334 兆 8,000 億元（包含特別股）高出 4 倍。

　　金融時報報導：「Apple 今年的股價上漲了 69.2%，股票總市值規模高於艾克森美孚、雪佛龍等國際能源企業，加上美國 S&P 500 能源股整體價值加總額。」

　　Apple 是世界三大總市價超過 1 億美元的企業之一，Apple 於去年 8 月、亞馬遜於去年 9 月、MS 於去年 4 月，分別都突破總市值 1 兆美元。其中亞馬遜因為擴大投資物流服務及受到美中貿易戰影響，業績出現惡化，去年 2 月開始，在角逐最高總市值的戰爭中落敗。亞馬遜第三季的淨收益比去年減少 30%，美國主要 IT 企業 Google 的總市值與亞馬遜幾乎相差無幾。

　　──善韓浩，〈飛奔的 Apple，總市值 1,404.8 兆元……即將超越「KOSPI 整體身價」〉，《韓國經濟》2019.12.03

　　三星的企業價值是多少呢？經營得還不錯的財閥，抓寬一點大概100兆元？還是說一年銷售而超過200兆元，所以市值也大概200兆元？其實上市企業的價值，可以透過股票總市值簡單明瞭進行判斷，也就是股票數乘以股價。

　　股價每天都在改變，所以股票總市值也每天都會改變。舉例來說，2020年3月13日三星電子的收盤價為4萬9,950元，股票總數59億6,978萬2,550股，所以這一天三星電子的總市值為298兆1,906億3,837萬2,500元。股票總市值可以看出企業在市場裡多受歡迎，這也是為什麼我們經常會看到財經新聞上出現「A的總市值超越B」或「C的總市值單日蒸發超過○○兆元」的比較性報導。

　　市值超過1兆元的「1兆級俱樂部」企業數量，也被用作是反映經濟狀態的標準。韓國總市值1兆級俱樂部從2017年211個到2019年只剩187個，顯示出這兩年來的經濟停滯、美中貿易戰、日本貿易報復等造成股市衰退的狀況。美國也將總市值10億美元以上的企業稱作「10億級俱樂部（(Billion Dollar Club)」，也是一個具意義性的指標。

　　股票總市值不僅用於評估特定股票，也會用來衡量整體股票市場的價值。舉例來說，如果把KOSPI市場上所有股票的總市值加總，就能夠求得當天KOSPI的總市值。而國家總市值，則是經常被作為比較各國資本市場規模的國際指標。KOSPI、S&P 500、FTSE 100等股票，都是以總市值為基礎計算而出的代表性股價指數*。海外機關投資人會以整體總市值為依據，決定每個國家的投資比率。總市值是一個可以應用在各種地方的數字。

---

* 編按：台灣則以 ETF 0050、台積電 2330、聯發科 2454 等股票為指標。

181 增資／減資

增資為增加資本額；減資為減少資本額。

　　收購韓亞航空的 HDC 現代產業開發宣佈進行大規模有償增資，股價寫下新低。

　　HDC 現代產業開發 13 日在有價證券市場下跌 1,100 元（4.64%），收在 2 萬 2,600 元，場中還一度跌至年度最低價（2 萬 2,300 元），從 2019 年 12 月開始，法人已經賣超 345 億元規模的 HDC 現代產業開發股票。

　　有評價指出，主因是本月 10 日收盤後 HDC 現代產業開發為了籌措韓亞航空收購資金，決定發行 4,075 億元規模（約 2,196 萬股）的新股。新股發行的股票數量高達 50%，發行的價格為每股 1 萬 8,550 元，比 10 日的收盤價（2 萬 3,700 元）便宜 22%。

　　三星證券、EBEST 投資等大多數證券公司認為「此舉不可避免會毀損現有股東價值」，並紛紛調降目標價格。

　　——金東炫，〈HDC 現產，一口氣投入 4,000 億元有償增資〉，

《韓國經濟》2020.01.14

　　股份有限公司是將股東掏出來的資本額作為「生意本金」在運轉，而增加資本額稱為增資，減少的話就稱為減資。增資與減資會對一般股價造成負面影響，因此對投資人而言屬於敏感事件。企業為什麼要增加或減少本金，又為什麼會對股價造成影響？

　　增資一般大多出現在公司擴大，或想推動新產業、M&A 等需要資本的時候。股份有限公司在成立公司時，就已經決定好能夠發行的股票總數了。追加發行股票，增加資本額（＝發行股數 × 面額）就是增資，而增資又分為

有償增資與無償增資。有償增資是以新股進行買賣，無償增資是免費將新股發放給現有股東。

　　一般若提到增資，大部分都是指有償增資。以有償增資追加發行股票的話，每股的價值就會下跌，會成為股價下跌的主要因素。不過如果這筆資金若被好好運用在債務償還、新投資等方面上，從中長期來看也可能是利多消息。對企業而言，有償增資是具有吸引力的資金調度手段，如果向銀行貸款的話必須償還利息，但是增資不用。為了增資而發行股票時，定價會比股價還低，因為如果定價高於市場價，那任誰都沒有理由參與增資。無償增資因為不會有錢流入公司，所以目的並不是資金調度，主要是企業內部積累的保留款過多或股票數過少時，以補償股東為目的而執行。

　　增資又會根據是誰收到新股而區分為股東配股增資、一般公募增資、第三方配股增資。股東配股增資會先給予現有的股東選擇權，如果未達標的話會開放給一般民眾進行認購。第三方配股增資則是針對第三方發行新股，而非現有股東。

　　反之，減資多半發生在財務結構不穩定的企業上，其中最具代表性的就是虧損積累、盈餘見底，最後連已繳的資本額都全數被侵蝕的資本耗蝕。減資同樣也分為有償減資與無償減資，但因為企業已經陷入困境，所以大部分採取無償減資，企業可以使用剩餘的資金取代減少資本來減輕會計上的虧損。公司經過減資就可以恢復正常，因此減資不是百分之百的壞事。

　　嚴重虧損的企業，可能同時進行減資與增資。為了改善財務結構先進行減資，並為了維持新投資又立刻增資。如果減資後又立刻執行有償增資，現有的股東就必須承受持股率下跌。

182　首次公開發行 IPO，Initial Public Offering

企業首次向外部投資人公開販售股票，與「股票上市」為相同概念。

> 沙烏地阿拉伯國家石油公司沙烏地阿美發動史上最大規模的首次公開發行（IPO），以公開發行價為基準進行計算，企業價值高達 1 兆 7,000 億美元，規模略超世界總市值最高的 Apple 公司（1 兆 1,790 億美元）。沙烏地阿美的企業價值高出韓國 KOSPI 總市值（以 6 日收盤價計算為 1,398 兆 7,700 億元）與 KOSDAQ 總市值（225 兆 2,000 億元）的加總額。
>
> 當地時間 5 日根據路透社報導，沙烏地阿美當天決定每股的公開發行價為 32 里亞爾，以此為標準，沙烏地阿美預計於本月 11 日在沙烏地證券交易所（Tadawul）上市。
>
> 透過 IPO 沙烏地阿美將賣出佔整體股票 1.5% 的 30 億股，計劃籌資 256 億美元，超越了中國阿里巴巴 2014 年在美國紐約股市 IPO 時創下的 250 億美元紀錄，成為使上最高額 IPO。以公開發行價格為基準計算的話，沙烏地阿美的企業價值高達 1 兆 7,000 億美元。
>
> ——安定樂，〈沙烏地阿美 11 日上市，總市值 2,025 兆元……超越「KOSPI ＋ KOSDAQ」〉，《韓國經濟》2019.12.07

　　IPO 指原本以封閉性持有結構營運的企業，向不特定多數人販售現有股票或發行新股，使股票被分散持有，雖然跟在交易所掛牌以供交易的上市在概念上有點差異，但企業要經過 IPO 才能夠進入上市過程，因此目前被作為同義詞使用。

　　原本為非上市公司的精實企業若選擇上市，就會因為「特級 IPO」而受到世人的矚目。2014 年中國阿里巴巴（250 億美元）在美國股市，以及 2010

年三星生命（4 兆 9,000 億元）在韓國股市，都依然保持著最大 IPO 規模的紀錄。而沙烏地阿美的上市由於是「世界最貴且最會賺錢的企業」IPO，因此受到各界諸多關注，是佔世界石油產量 10% 的沙烏地，為了經濟發展而向外部籌資執行 IPO。

　　IPO 的過程大致上可以分為事前準備、上市預備審計、一般公開發行、開始上市及交易，四個階段。首先要先選定協助 IPO 作業的證券公司作為代表總幹事，接著進入決定要以哪一種形式募資等事前準備階段，然後到韓國交易所提交上市預備審計請求書，通過之後就會進入一般公開發行。所謂的一般公開發行是企業與總幹事會召開法人說明會（IR），預估投資需求與決定公開發行價格的過程。後續會將股票分配給有參與申請公開發行股的投資人，接著才上市正式開始交易。

　　公開發行股的分配會根據申請競爭率而改變，如果競爭率為十比一的話，申請十股的人就只能夠拿到一股，投資人可以在上市後選擇合適的時機賣出被分配到的股票進行變現，如果上市後股價高於公開發行價就能夠賺取價差，但如果低於公開發行價也可能面臨虧損。

183　股票下市 Delisting

上市的有價證券喪失在證券市場上的資格，被取消上市。

公開業績的季節到來，面臨股票下市危機的 KOSDAQ 上市公司接連浮出檯面。今年以來，將有五家上市公司因連續五年營業虧損等因素被迫終止交易，需接受交易所進行股票下市審查。目前企業正在公佈去年業績，預計將會有更多企業被列為管理股票或是下市審查對象。

韓國交易所 13 日公佈，2015 至 2019 年，連續五年營業虧損，今年將被終止股票交易的個股共有五支，分別為麴醇堂、韓國精密機器、Skymoons Technology、UID、Alton Sports。

傳統酒品製造公司麴醇堂去年營業虧損為 54 億元，已經於本月 10 日終止交易，由於麴醇堂的現金資產與不動產投資高達 500 億元（去年 3 月結算），有不少意見認為，交易所無法輕易做出下市決定，但交易中止仍引起資金受到凍結的小股東擔憂加劇。

——金東賢，〈KOSDAQ 面臨「股票下市海嘯」〉，

《韓國經濟》2020.02.14

　　股票上市的第一天，所有企業都會在交易所正中心拍手鼓掌並拍下紀念照慶祝。上市（listing）指企業發行的股票或債券，獲准於證券市場上進行交易。通過嚴苛的上市條件就代表自家企業是「受過驗證的企業」，十分值得慶祝。但是公司即便上市的時候是優良企業，但日後還是可能面臨經營困境。證券交易所為了防止投資人受害，所以會定期讓不穩定的企業退出股市，也就是所謂的股票下市。

　　上市的有價證券若無法滿足一定的條件時，上市資格會受到取消，就是

所謂的股票下市，簡稱下市。對上市公司和投資人而言，下市都是一項令人恐懼的事。

　　KOSPI 與 KOSDAQ 有未提交公開揭露資料、資本耗蝕、銷售額未達標、股價、交易量、總市值未達標、違反公開揭露義務、回生程序、破產申請等各式各樣的下市標準*。細部條件會因為市場而產生差異，但總歸來說就是廣泛包含了「不良徵兆」的現象。如果會計法人無法相信公司的會計處理，下達了否定或拒絕表示的審計意見，也有可能成為下市的因素之一。KOSDAQ 上，若連續兩年銷售額未滿 30 億元或連續五年營業虧損，就必須下市。

　　股票下市絕非一日之寒，交易所會將可能滿足下市標準的股票事先列為「管理股票」。這些股票盡可能不要貿然投資，如果股票不幸下市，交易所謂提供投資人進行「整頓交易」的最後機會，接著再完成下市程序。此後公司股票還是可以在場外市場進行交易，但是被烙印過下市的形象，想要交易並不容易，每年幾乎都會有數十間公司嚐到這份苦頭。

　　不過偶爾也會發生上市公司的業績雖然沒有問題，但是自行宣佈下市的特殊情況，可能是因為大股東不想受到外部人士干涉營運，或是公司認為比起資金調度便利，更不願受到各種公開揭露義務、規範等限制。自願下市需要在股東大會上獲得股東們的同意，購回公司整體 95% 的持股。

*編按：台灣可在證券交易所取得以上資訊。

184　股息 Dividend

將企業利潤的一部份分配給股東。

　　2019 年韓國主要上市公司的淨利減少超過 40% 以上，但是股息卻幾乎沒有減少。金融資訊業者 FnGuide 9 日公佈，截至當前 137 家已公佈去年業績與結算股息的上市公司，去年的年度股息（包含年中股息）為 21 兆 3,175 億元，只比去年（22 兆 171 億元）減少 3.2%。但是同時期上市公司的合併淨利從 101 兆 4,740 億元銳減至 58 兆 8,838 億元，減少了 42.0%。

　　因淨利銳減但股息維持在前一年的水準，使股息發放率（股息／淨利）大幅成長。這 137 間公司去年的股息發放率從 2018 年的 21.7% 成長了 14.5%，來到 36.2%。

　　有觀測指出，企業處在財務困境仍然不減股息，是為了應對機構投資人採納盡責管理守則（受託人責任原則）及行動主義基金增加等股東行使權擴大趨勢。國民年金去年底所採納的積極股東活動指南中，將股息發放率低、沒有合理股息政策或不遵守該政策的企業列入重點管理事項，決定對其加強管理。

　　　　——林根浩，〈去年上市公司淨利減少 40%……

　　　　股息仍紋風不動〉，《韓國經濟》2020.02.10

　　投資股票可以體驗多樣化的趣味，如果未來股價上漲，就可以賺取市價差額，持有股票的期間還能夠作為股東參與公司經營，其中還有一像絕對不能遺漏的就是股息。股市裡的股息，是公司將一定期間內透過營業活動賺取的部份收益分配給股東的紅利，只有結算的時間點上名字被登記在股東名冊的股東才可獲得股息。

　　證券界裡有句話說：「當冷冽的寒風吹起，就快投資高股息股吧」，因為韓國企業大部分都是 12 月底除權息，所以呼籲大家快點買進股息較高的公司股票。近期企業們正在加強股東友好經營，隨著低利率狀況延續，股息收益相對來說也更具吸引力。韓國通常是在年底除權息，不過也可以選擇在年中其他時期進行中間除權息，而股息可以是現金也可以是股票。

　　如果想要獲得股息收益，但是直接買進特定個股又太過負擔，那還可以選擇使用基金。專門投資高股息的基金，被稱之為「高股息基金」，它的優點是，即便基金投資的企業股價沒有大幅上漲，仍會持續持有股票一直到除權息，賺取股息。不過這類型的基金基本上也是投資股票的商品，因此要記得，若股價下跌的話也可能會承受虧損。

　　認真配息的公司，不僅有賺到錢而且還很重視股東，可以給予正面的評價。但是從一另個層面看，若過度配息也可能導致日後的研究開發（R&D）投資萎縮。而一但開始配息後，想要減少配息就會變得很困難，這一點站在企業的立場來說也是一種負擔。

　　賈伯斯時期的 Apple，是著名賺很多但是拒絕配息的公司。賈伯斯的理論是，他會妥善經營公司使股價上漲以補償股東，所以不要向公司要求進行配息。而 Apple 在賈伯斯去世後，2012 年便打破原則果斷發放現金股息，一度成為各界關注的話題。

185　普通股／特別股 Common Stock／Preferred Stock

普通股是有表決權的一般股票；特別股是沒有表決權但是有配息等優先權的股票。

> 因管理結構改組等因素，市場關注的特別股過熱現象仍未熄滅。特別股雖然配息收益率高，但是沒有表決權且普遍價格較低，然而現在特別股價格高於普通股的案例卻持續增加，專家表示投機性需求目前正集中在上市股數較少的特別股上，投資時務必要當心。
>
> 19 日有價證券市場上，東遠系統特別股飆至漲停板，大漲 9,750 元（30.0%）收在 4 萬 2,250 元，已連續兩天漲停，與前一天大漲的東遠系統當天因投資人獲利了結股價下跌 6.11%，收在 3 萬 6,850 元形成對比。東元系統為東元集團的子公司，隨著金南正副會長的第二代經營體制正式拉開序幕，受惠股正受到關注。
>
> 韓進集團控股公司韓進 KAL 特別股連續五天登上漲停板，價格迅速翻了 3 倍以上，連決定賣掉韓亞航空的錦湖實業特別股當天也第五次站上漲停。隨著過熱現象不段延燒，韓國交易所已將韓進 KAL 與錦湖實業等股票列為警示股。
>
> ——金基萬，〈股價超越普通股的特別股……留意「接手炸彈」〉，
> 《韓國經濟》2019.04.20

　　翻閱經濟日報的時候，會發現偌大的股票行情表佔據了一整個版面，但事實上在智慧型手機發達的現在，並沒有太多人會閱讀這個版面。但是為了少數仍然會透過報紙確認股票行情的讀者，經濟日報並沒有把股票行情刪掉，而我們從行情表上可以看見後頭加了「特」字的股票。舉例來說現代車下面會出現「現代車一特、現代車二特、現代車三特」，最前面的現代車就

是普通股，其他剩餘的三項都屬於特別股，一特是第一次發行的特別股，二特是第二次發的特別股。但我們一般提到股票的時候都是在講普通股。

特別股在股東大會上沒有表決權，但是可以領到高於普通股的股息，在公司倒閉需要分配剩餘財產的時候，特別股也有高於普通股的優先權。如果對於參與經營沒有興趣，只考慮投資層面上的實質利益的人而言，優先股會是一個好的選擇。

根據商業法規範，所有股份有限公司都可以同時發行普通股與特別股。

企業們之所以發行特別股，是因為在增加股票數量的同時，經營權可以不受影響，在資金調度上會更容易。特別股跟普通股一樣，都可以在股票市場上市交易。

不過，由於特別股發行股數低於普通股，因此股價波動性相對較大，所以一般來說都會以比普通股更優惠的價格進行交易。在先進國家的股市中，特別股與普通股的價差平均在 10% 以下，但是在韓國卻落在 40% 左右，差距特別顯著。

186　高價股／水餃股

高價股通常比喻一股超過 100 萬元的股票；水餃股比喻一股未滿 1,000 元的低價股票。*

> 　　每股超過 100 萬元被稱為「皇帝股」的樂天七星飲料，6 日宣佈決定進行股票分割，股價將降低至十分之一。
>
> 　　樂天七星飲料當日召開理事會，決定進行將股價從 5,000 元降低至 500 元的股票分割。本月 28 日經股東大會核准後，5 月 3 日新股將上市，屆時股票發行數量將增加 10 倍，不過股價將降低至十分之一，若以當天收盤價 160 萬元為例，股價將會變成 16 萬，一般股數量將從 79 萬 9,346 股變成 799 萬 3,460 股，而優先股將從 7 萬 7,531 股增加至 77 萬 5,310 股。
>
> 　　樂天七星從 1973 年上市四十六年以來，首次進行股票分割，是因為股價已經從 1985 年的 1 萬元上漲到 160 萬元，因此投資人對於股票分割的需求越來越高漲。
>
> 　　曾經為股王的樂天七星進行股票分割後，超過百萬一股的股票目前就只剩下 LG 生活健康（6 日收盤價 124 萬元）與太光產業（151 萬 2,000 元）兩支股票。而超過 50 萬元的股票有永豐（80 萬 5,000 元）、不倒翁（76 萬 6,000 元）、Lotte Food（66 萬 7,000 元）、南陽乳業（62 萬 9,000 元）、美帝托克斯（56 萬 1,500 元）等。
>
> 　　——林根浩，〈「皇帝股」樂天七星變身「國民股」……
> 股票分割 5,000 變 500 元〉，《韓國經濟》2019.03.07

　　百貨公司一樓的櫥窗裡總會華麗地陳列著名牌企業的商品，而高價股（按：韓稱皇帝股）就是像是這種名牌般的股票。高價股並不是正式的股票

用語，雖然沒有明確的標準，但一般來說都是指稱單股價格超過百萬的股票，它不僅代表著股票市場的股票，由於價格昂貴，一般投資人也難以接近。

精品迷們雖然享受著「不是誰都能擁有」的滿足感，但是對於持有高價股的股東而言，擁有一支不是誰都能買得起的股票並不一定是件好事，因為普遍來說交易量少就代表流動性低落，因此有許多股價過度上漲的企業都會果斷進行股票分割。股票分割指將每股的價值切割，提高股票的數量。這麼做企業的價值並不會有所改變，但是會拉低股價，交易會變的活絡，所以一般來說企業若進行股票分割，股價就會上漲。三星電子和愛茉莉太平洋在股價超過 200 萬後，曾經分別進行了五十分之一與十分之一的股票分割。

與高價股相反，水餃股（按：韓稱零錢股）指的是一股沒超過 1,000 元的低價股，因為價格比一張紙鈔還便宜，因此獲得此稱呼。會成為水餃股的理由很多樣，有可能是股價過度被低估、股票分割切得太細，或者企業價值真的很糟。

水餃股不管是誰都能輕鬆大量買進，因此很容易成為操縱勢力的目標，幾天之內就翻好幾倍的概念股，有許多都是水餃股。如果因為便宜就盲目買進，有很高的風險可能面臨虧損，所以一定要仔細研究後再進行投資。

＊編按：台灣並沒有明文規定高價股與水餃股價格，一般市場大約定為 100 元以上為高價股，10 元以下為水餃股。

187　績優股 Blue Chip

大型優良股，收益穩定且財務構造健康的企業股票。

> 　　國際投資銀行（IB）摩根士丹利於上個月及本月接連發表了針
> 對半導體產業的負面報告，在半導體產業已經動盪不安的情況下，
> 包含韓國大型股三星電子與 SK 海力士的基金也不可避免陷入苦戰。
> 這些基金年初以後的報酬率大部分跌至 -10%，比國內主動式基金
> （-6.96%）報酬率表現還差。今年年初三星電子才作為國家代表股又
> 獲得半導體景氣加持，在基金市場裡甚至被稱為「無風險資產」，獲得
> 了收益性與穩定性兼具的評價。實際上，年初以三星電子作為 100%
> 配置的基金，年報酬率高達 30%，但是隨著摩根士丹利衝擊等半導體
> 高點爭議發生，這些基金皆陷入緊急狀態。
>
> 　　9 日金融資訊公司 FnGuide 表示，三星電子持有比重超過 20% 的
> 基金共有 450 幾支，而這些基金自年初以來都處在虧損狀態。
>
> 　　　　　　——金寶利，〈年初還是績優股……半導體股持有基金陷入
> 　　　　　　　　　　　　「緊急狀態」〉，《首爾經濟》2018.09.09

　　我們經常會用「電視界的績優股」、「廣告界的績優股」來形容人氣位於巔峰的藝人。Blue chip（藍籌）原本是賭場上的用語，撲克牌遊戲上用來替代現金的籌碼，分為白色、紅色、藍色三種，而藍色是其中價值最高的。

　　在股票市場上，我們會把表現優良的股票稱為績優股（藍籌股），指稱收益與財務結構穩定，在一定程度的經濟變動下仍不會輕易被動搖的公司，一般來說必須是總市值高且具有行業代表性的公司。

　　績優股的股價偏高，因此特別受到資本能力充足的機關投資人和外資青睞。績優股很難會像創投公司一樣出現爆發性成長，不過確實保有基本水準

以上的實力，所以被認定為「可信賴的股票」。

　　被納入道瓊指數（道瓊工業平均指數）的 30 支股票，是美國證券市場裡最具代表性的績優股，包含 3M、Apple、波音、可口可樂、艾克森美孚、高盛、Intel、IBM、麥當勞、微軟、Nike、沃爾瑪、華特迪士尼等無人不知的著名企業。而韓國股市裡，三星電子、現代汽車、SK Telecom、浦項鋼鐵、Naver 等代表各產業的第一大業者，通常會被列為績優股。*

* 編按：入選台灣 50 的 50 家企業可被視為績優股。

188 認股選擇權 Stock Option

針對員工提供以低於市價購入公司股票的權利，日後股價若有上漲，員工得以隨意處份賺取利差的制度。

> 提供精簡轉帳服務的 Toss 公司，決定向全體員工提供相當於 1 億元的認股選擇權，並全體調漲 50% 年薪。
>
> Toss 營運商 Viva Republica 14 日宣佈，本月底將支付 180 名員工每人各 5,000 股認股選擇權，根據 Toss 的企業價值計算，每股價值為 2 萬元，以此估算 5,000 股相當於 1 億元。
>
> Viva Republic 決定，除了現有員工以外，在員工總數達到 300 人以前，新進員工只要年資超過一定期限，都會統一發放 5,000 股的認股選擇權。與此同時，所有任職員工的年薪也將統一調漲 50%。Viva Republic 相關人士表示：「認股選擇權和年薪調漲都是給予目前優秀人才們的適當補償，也是為了吸引新的優秀人才進入」。
>
> ——韓光范，〈Toss 給員工每人 1 億元認股選擇權……年薪也同一調漲 50%〉，《Edaily》2019.01.15

認股選擇權是為了吸引員工「更賣力工作」的補償制度。企業會給予員工一定限度內低於市價購入公司股票的權利，並同時給予一定時間後可自由處分股票的權限。如果公司發展得當成功上市，股價一路攀升的話，行使認股選擇權就可以賺到相當可觀的價差，因為當員工被賦予認股選擇權時，就可以用低價取得股票，並在市場以高價賣出。

反過來說，這樣也可以防止員工只領薪水但怠惰於工作。經濟學上將股東與經營者利害關係衝突所產生的問題，稱作為「委託代理問題」。股東是交付公司資本的委託人，經營者是受託代替股東經營公司的代理人。經營者

比股東更了解公司的狀況，因此兩者之間一直存在著「道德危機」問題，認為代理人會優先重視自我利益或短期成果勝過於公司的長期發展，而認股選擇權就是要將雙方利益一致化，緩解委託代理問題。

1997 年韓國引進認股選擇權制度後，經常被創投公司作為留住人才的手段。在先進國家裡，經常可見執行長（CEO）的認股選擇權賺得比年薪還多的情況。

當新聞報導某公司的員工因認股選擇權「發大財」時，總會成為平凡月薪族們稱羨的對象。即便公司不想公開，但也必須要公開，因為賦予員工認購選擇權時，一定要公開揭露詳細的內容。不過收到認購選擇權也不代表就一定會「發達」，如果公司股價一蹶不振，那麼股票也就只是壁紙罷了。

雖然認購選擇權有各種好處，但對於副作用方面的批判也不少。其中最具代表性的是，若公司股價短期飆漲，員工領到了鉅額補償之後，可能會引發其他層面的道德危機。接受公共資金補助或陷入經營困境的公司賦予 CEO 認股選擇權也曾飽受爭議，也有聲音指責公司核心人才可能在行使認購選擇權後接連離職，或者是引發沒有獲得認股選擇權的員工產生危機感。

189 庫藏股 Treasury Stock

公司將已經發行的股票重新買回。

> 「現代汽車、LG 商社、浦項鋼鐵、韓國石油公社……」韓國股票市場標誌性企業為了保衛股價，接連宣佈買回庫藏股。隨著要求配息等這類的股東權值還原訴求增加，加上政府放寬買進庫藏股的規範，過去很難見到的「大手筆」買入庫藏股現象正在湧現。因新冠肺炎疫情導致股價崩跌，所以現在「買進庫藏股＝股價上漲」的效果比任何時期都更管用。分析指出，隨著股價波動越來越大，拿著鉅款買進自家庫藏股的企業將會接二連三出現。
>
> 　　受到本月 10 日收盤後，韓國石油公社宣佈買回 500 億規模（約 204 萬股）庫藏股影響，13 日韓國石油公社股價上漲 5.72%，收在 2 萬 6,800 元。
>
> 　　當日雖然 KOSPI 指數下跌將近 2%，但是浦項鋼鐵「大手筆」買回庫藏股，股價上漲 1.69%，收在 18 萬 1,000 元，三個交易日裡上漲了 12.4%。
>
> 　　　　——朴在元、高潤相，〈大手筆買回庫藏股的公司……
> 　　　　對於股價有無藥效〉，《韓國經濟》2020.04.14

越來越多大企業宣佈進行「股東友善經營」，因為有諸多聲音指責，與國外相比，韓國企業過度吝嗇於股價管理與股東照顧，而這種時候經常出現的措施就是買回或註銷庫藏股，規模非常巨大，經常出現投入數千至數億元的案例。然而企業買回跟註銷股票究竟會對股東產生什麼幫助呢？

買回庫藏股的第一個目的，是向市場發出股價被低估的信號。以常理推斷，企業沒有理由花費鉅款買進自己認為價值不會上漲的東西，因此會有更

多投資人認為，這間公司是不是未來會有利多出現。公司資金狀況緊張的話也不可能買回庫藏股，因此這個舉動還有宣揚公司現金流狀況良好的效果。

如果將買回的庫藏股直接註銷，就會大大提升股價上漲的可能性，因為市場上流通的股票會變得更珍貴，成為引發股價上漲的要素。實際上，這樣還能產生等同於發放現金股利給股東的效果。

買回庫藏股有時是出於保衛經營權。商業法規定庫藏股沒有表決權，也就是平時在股東大會上不能投票的無用之物，但如果轉售給他人表決權就會復活，萬一遇到經營權爭議的時候，就可以將庫藏股轉讓給友方勢力，用在緊要關頭。當公司為了任職員工發行公司股票或賦予認股選擇權時，在沒有發行新股的狀態下，就必須透過買回庫藏股持有公司股票。

但是買回庫藏股不保證股價就一定會上漲。由於公司會決定好數量及價格再買進股票，因此越來越多投資人把這個視為是實質的脫手機會。買回庫藏股的意義很複雜，所以市場每次的評價也都不一樣。還有一點要提出的是，不把剩餘的現金用在未來投資反而消耗在安撫股東上，究竟是不是一件值得的事？想要提升股價的「正面方法」應該是讓投資人看見經營的成果。

190　概念股

統稱與公司業績無關，只是因為和特定議題有直接或間接關聯性，引發股價
上漲的股票。

> 金融委員會 10 日表示，將針對反覆漲跌的「新冠肺炎概念股」加
> 強監控與不公平交易管制。
>
> 金融委員會解釋，最近兩個月以來，被列為新冠肺炎概念股的 69
> 支股票，比同時期的 KOSPI 指數波動率（55.5%）高出 2 倍，意味著
> 最高價與最低價之間漲跌率的平均股價波動率高達 107.1%。當局分
> 析，與新冠肺炎擴散無關的公司或實際事業不明確的公司，無關業績
> 表現都隨著新冠肺炎概念股發酵，引發盲目的跟風交易，導致股價波
> 動率變得格外劇烈。
>
> 為了應對這個情況，金融當局要求金融監督院與韓國交易所設立
> 謠言管制小組，集中管制透過股票討論區或簡訊等資訊流動平台散佈
> 虛假消息，確認消息與買賣交易的關聯性。
>
> ──田范縝，〈金融當局向新冠肺炎概念股舉「黃牌」〉，
>
> 《韓國經濟》2020.04.11

　　韓國憲法法院 2015 年 2 月 27 日下午兩點宣佈通姦罪違憲，股票市場上
突然湧現暴漲的股票。保險套製造公司 Unidus 的交易量上看 10 倍，直接漲
停，生產事後避孕藥的現代藥品當天漲幅高達 9.7%，登山服、酒類、內衣等
製造業者的股價也出現波瀾，同時它們也被冠上「不倫概念股」這個尷尬的
稱號。

　　概念股泛指以政治、經濟、社會、文化等股票市場外部發生的議題為契
機，吸引投資人注意引發股價波動的股票。與公司業績無關，大部分情況都

是基於認為「這間公司以後可能會火」的期待而成為題材，不太會以匯率、利率、油價等會對所有股票產生廣泛影響的宏觀變數作為判斷依據。

颳起韓流旋風時，百貨公司、免稅店、航空公司的股價上漲；遇到酷暑時冰淇淋、冷氣業者的股價上漲，這都是合理的概念股案例。但是財經新聞裡更常出現的卻是對概念股的批判，就是因為像前面提到的通姦罪案例一樣，有很多荒唐的概念股存在。就像大選將近的時候，總是會出現政治人物的概念股，A 公司是甲候選人政見的最大受惠者，這類的理由還算是文雅，但 B 公司的外部理事是乙候選人親家的遠房堂兄弟，這種謠言也總是能引起股價上漲。

概念股的話，KOSDAQ 比 KOSPI 多、小型股比大型股多，特別是未滿 1,000 元的水餃股更多。專家們也經常警告投資概念股很危險。金融監督院 2017 年針對大選概念股底下的 147 支股票展開特別調查，結果明確發現其中 33 家有不公平交易的情況，揭發了冒充參選人朋友混入的上市公司、在網路上散播參選人謠言的個人投資者、掛上高價訂單操控市價的勢力等，像泡沫一樣膨脹的股價立刻破碎，也就是說這種「高手戰略」，是讓散戶只能束手就擒的大好環境。

191　漲跌幅限制 Price Fluctuation Ceiling

為了防止股價變動引發混亂，設定單日最高上漲與下跌幅度的制度。

調查指出，自從韓國股市漲跌幅限制擴大到 ±30% 以後，股價波動性大幅減少。韓國於 2015 年 6 月中旬以後，將漲跌幅限制從 ±15% 擴大 1 倍。

韓國交易所 20 日表示，漲跌幅限制擴大實行的第二年以來（2016 年 6 月 15 日至今年 6 月 14 日），單日漲停的股票在有價證券市場只有 1.2 支，KOSDAQ 市場 2.2 支，總共僅有 3.4 支。漲跌幅擴大的第一年（2015 年 6 月 15 日至 2016 年 6 月 14 日）有價證券市場為 2.4 支，KOSDAQ 市場為 3.7 支，共 6.1 支，相比之下第二年大幅減少。在漲跌幅限制放寬以前，一年單日漲停股票高達 19 支。而跌停股票也在放寬後從 4.2 支急劇下降至 0.3 至 0.4 支。交易所相關人士評價：「隨著越接近漲停越會吸引投資人的『磁吸效應』大幅獲得緩解，股價異常暴漲的狀況也減少了。」

股價指數波動性也同樣大幅減少。2016 年一年單日平均指數波動性（將當日高價與低價的差除以指數平均所獲得的值）KOSPI 和 KSDAQ 分別減少 0.7% 和 1.0%。而制度實行的第一年分別為 1.0% 和 1.4%，與實行前（0.8%、1.1%）相比波動性略有增加。

——金東炫，〈漲跌幅限制放寬兩年……股價波動性反而減少〉，

《韓國經濟》2017.06.21

在遊樂園裡搭一趟雲霄飛車的話，總會有點頭昏腦脹，膽子較小的人可能還會嘔吐或大哭。如果在眾多投資人交易的股票市場裡，股價像雲霄飛車一樣反覆暴漲和崩跌的話，會發生什麼事呢？市場會容易過熱，或者因為恐

懼迅速蔓延而陷入大規模混亂。

為了防止這種情況發生，許多國家的股市都有漲跌幅限制，以前一天的收盤價為標準，限制個股當日能夠上漲和下跌的最大範圍。當股價上漲到漲跌幅限制就稱為「漲停」，跌落至漲跌幅限制就稱為「跌停」。

目前 KOSPI 和 KOSDAQ 市場漲跌幅限制為 ±30%，為了順應韓國股市規模的成長，漲跌幅限制一直持續在擴大。1995 年的時候只有 ±6%，1996 年調漲至 ±8%，1998 年的時候調漲了兩次，分別為 ±12% 與 ±15%，而 2015 年則大幅放寬到 ±30%。目前各國的漲跌幅限制為台灣 ±10%、中國 ±10%（滬深二市中小企業為 30%）、泰國及馬來西亞 ±30% 等。

漲跌幅限制是能夠防止市場混亂的安全機制，具有正面的效果，但是也有不少聲音批評此制度會降低市場的活力與效率，因為這樣會使企業的內在價值與新資訊無法快速反應在價格之上。不過價格如果逼近漲停或跌停價，市場過度反應，反而會引發使漲跌更加劇的「磁吸效應」。

基於這些限制，美國、歐洲等先進國家證券市場完全沒有設定漲跌幅限制，而韓國政府也認為，從長期來看應該取消漲跌幅限制，但是想達成必須先要等證券市場規模擴大，內部實力變得堅強之後才能實現，短期看來不太容易。

192　反彈 Rally

股市從弱轉強，經常以夏季大反彈、聖誕反彈、蜜月反彈等各種形式出現。

美國股票「聖誕反彈」開跑了。道瓊指數、S&P500指數、那斯達克指數於26日（當地時間）又再次同步創下史上最高價。特別是那斯達克指數首次突破9,000點。那斯達克指數因微軟（MS）、Apple、Alphabet等技術股表現良好，從2018年12月24日低點開始計算，僅僅一年就飆漲45.7%。許多觀測指出，美中第一階段貿易協議消除了不確定性，加上景氣改善的動向顯著，預估上漲趨勢將延續至明年。

那斯達克指數今日比前一個交易日上漲69.51點（0.78%），收在9,022.39點。以收盤價來說，已經連續十天刷新史上最高紀錄，這是繼1998年網際網物泡沫以後的最長紀錄。那斯達克指數去年8月27日跨過8,000點，後續只花了十六個月就站上9,000點。同天道瓊指數上升0.37%收在28,621.39點，S&P500指數上漲0.51%，收在3,239.91點，雙雙創下史上最高數值。

華爾街觀測強烈認為，反彈只會暫時延續。派傑投資公司則預估明年底S&P500指數將達到3,600點，將比現在高出11%。瑞士信貸集團預估3,425點、高盛與摩根大通預估為3,400點。MUFG首席經濟學家克里斯・魯普基（Chris Rupkey）表示：「股票漲勢看起來不會停止，經濟也會持續活躍」。

——金賢碩，〈美國股票一路迎來「聖誕反彈」那斯達克首度突破9,000點〉，《韓國經濟》2019.12.28

　　股票市場相關新聞上經常看到的「rally」一詞，原本是體育相關用語，指稱道路上汽車飆速賽，或是網球、排球等運動中的拉鋸戰。後來取自這種

逼真的感覺，也用來形容股票牛市。

反彈有各式各樣的種類，首先是 6 到 7 月出現的夏季暴漲被稱為「夏季反彈（summer rally）」，分析指出這是隨著基金經理人與投資人在夏季長假之前，預先買進股票的需求集中，進而引發的股票短期上升。

股票整體呈現下跌情是，後來又突然上升的現象，也被稱為「印度反彈（Indian rally）」，取自於形容北美大陸從晚秋跨到冬天前，暫時出現炎熱天氣的秋老虎（Indian summer）一詞。

新政府上台股價上升的話，稱為「蜜月反彈（honeymoon rally）」，大選結束後政治、社會、經濟整體的不確定性解除，加上反映出大家對新政府的期待，引發股價上漲。不管是哪一位總統，在就任初期的支持率都相對較高，與媒體的關係也較好，這個詞彙取自於新婚夫婦的蜜月期。

新聞裡面出現的「聖誕反彈（santa rally）」指出現在 12 月底到 1 月初的牛市。這是企業發放豐厚的年終獎金的時期，由於禮品消費增加，企業的銷售額也呈現良好的徵兆，大部分時候股價也更具有上漲的彈性。另外，新年初期的股市，也常被形容為「1 月效應（January effect）」，指在沒有特別的理由下，1 月的股價上漲率會高出其他月份的現象，分析指出這反映了人們對於新開始的期待心理。

193 箱型

股價在一定範圍內反覆漲跌，高點為壓力，低點為支撐，將高低區間以簡單矩形畫出。

> 　　隨著近期股市低迷，明年 KOSPI 通道的正面展望雖受關注，但各個證券公司的上下軌幾乎與 2018 年同時期所預估的今年度 KOSPI 通道（1,850 ～ 2,500 點）一致。雖然各界關注焦點放在 2,400 ～ 2,500 點的 KOSPI 上軌，但可以預見的是，今年也同樣會成為令人厭煩的「BOXSPI」。
>
> 　　21 日金融投資業界表示，Meritz 綜合金融證券、KB 證券、培育證券等主要證券公司，預計明年的 KOSPI 通道為 1,830 ～ 2,500，與去年預估的今年度通道 1,850 ～ 2,530 幾乎沒有差別。
>
> 　　某證券公司相關人士表示：「前年同時期三星證券、大信證券等公司所提出的 KOSPI 展望高達 3,000 點，與去年證券結果大相逕庭，因此今年改採保守態度。雖然 Meritz 綜合金融證券提出 2,500 點的正面展望，但也不要忘記各家證券公司的下軌坐落於 1,830 ～ 1,950 點。」
>
> ——尹皓，〈「1,850 ～ 2,500」……明年 KOSPI 通道預計又是「BOXSPI」〉，《先驅經濟》2019.11.21

　　代表韓國的股票市場 KOSPI 從 2010 年開始，就獲得了一個新的暱稱，也就是「BOXSPI」，形容被箱型框架的 KOSPI，裡蘊含了滿滿的無奈與煩悶。但由於這個詞彙廣受投資人的歡迎，2014 年甚至還被選為韓國國立國語院指定新詞，當時 KOSPI 在 1,800 ～ 2,200 線上形成箱型，數年來一直都在原地踏步。

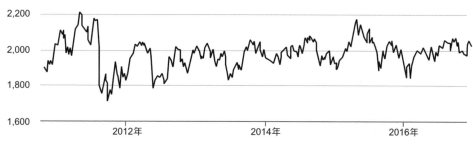

2010～2017 年 KOSPI 指數

資料來源：韓國交易所

　　所謂箱型就是指股價在一定範圍內漲跌，一直無法突破上限與下限。股價肯定要越漲越好，如果一直停在同一個地方的話，作為投資人肯定不樂見。在箱型走勢下，投資人對於股票的興趣將會降低，交易量也會出現減少的趨勢。

　　相反的也出現了一些人，利用箱型走勢的特性賺取收益。相對簡單的方法是買賣指數股票型基金（ETF），舉例來說，當指數接近箱型底部時，就大量買入 ETF，等到指數接近頂端再賣掉指數型 ETF，或者是改買反向 ETF（透過指數下跌賺取收益的 ETF）。

　　股價一直徘徊在箱型內，就表示買進勢力與賣出勢力的力量旗鼓相當，如果想要擺脫箱型就必須打破這個平衡，若買進勢力比賣出勢力強勢，股價就會突破頂端強勁上漲，反之，若賣出勢力更強勁的話，股價就可能跌破箱型底部向下走。

　　許多聲音指責，KOSPI 之所以會被關在箱型的根本原因是整體經濟活力下降，因為股票就根本來說，是一面反映出實體經濟的「鏡子」。2000 年代初期韓國的潛在經濟成長率還有 5% 左右，但是後續不斷走低，現在連死守 2 ～ 3% 都很困難。如果整體經濟回暖，企業們都興高采烈地話，KOSPI 會不會就能更輕鬆擺脫這個令人鬱悶的箱子了呢？

194　流動性 Liquidity

資產迅速變現的程度，經常用來形容流入市場的現金。

> 近期個人投資者成為了韓國股市裡供需的主體，分析指出新冠肺炎發生後，各國因競爭性利率調降，隨著流動性局勢正式開展，個人資金正在朝股市集中。
>
> 19 日韓國交易所指出，近一個月來個人投資者在韓國股票市場裡買進了 4 兆 4,952 億元的股票，同時期的外資與法人分別賣出 1 兆 6,661 億元與 3 兆 4,184 元的股票。
>
> KOSDAQ 市場上，同時期散戶買超 1 兆 5,669 億元，與 2019 年散戶在國內股票賣超 5 兆 5,000 億形成對比。
>
> 散戶出現上述的供需變化，是源於利率調降所帶來的流動性效果。根據本月 14 日韓國銀行公佈的「2019 年 12 月中貨幣與流動性」資料顯示，去年 12 月的貨幣流通量比前年同期增加 7.9%，是三年十個月以來的最高數值。
>
> ──金美正，〈「流動性局勢」散戶隻身進場〉，
> 《FN News》2020.02.20

資金流入市場引起股價上漲的情況被稱之為「流動性局勢」，形容沒有找到適合的投資標的所以資金轉移至股票市場，與公司業績無關引發股價上漲的現象。

財經新聞上經常可以看到流動性這個字彙，如果把他直接替換成「錢」應該會更好理解。原本在經濟學上，流動性是評斷資產有多容易成為交換媒介的詞彙，而現金就是交換媒介本體，因此流動性最高，也是為什麼「流動性＝現金」的原因。出售特定資產變現所需的時間越長，或是急著銷售資產

時必須以低於市價越多才能變現，就表示流動性越低，薪轉帳戶裡的存款，流動性就比有期限的定存和定儲高。不是誰都能買得起的數千億元商務大樓，就屬於流動性非常低的資產。

　　流動性也可以被理解為承受債務的能力，舉例來說「○○集團陷入嚴重的流動性危機」，就表示○○集團的現金不夠，處在無法償還債務的狀態。對企業來說流動性的管理非常重要，就算公司生意很好，帳面是賺錢的，但如果暫時因為現金不足而破產的話，就被稱為「黑字破產」，也就是流動性管理失敗的意思。

　　即便把利率調降，投資與消費依然沒有增加，反而人們持有的貨幣數量增加的現象，被稱為「流動性陷阱（liquidity trap）」。一般來說若中央銀行將利率調降，就會使更多資金流入市場，產生復甦經濟的效果，但如果利率已經跌到不能再跌的時候，人們就會預期利率總有一天會重新上調，出現儲備現金的傾向。

195 臨時停牌／熔斷機制 Side Car／Circuit Breaker

預防股市因劇烈波動遭受衝擊的安全機制。臨時停牌是期貨價格暴漲或暴跌時暫時中止程序交易的制度；熔斷機制是股價指數暴跌時暫時中止所有交易的制度。

> 本月 13 日韓國股市十八年來首次啟動熔斷機制。13 日當天一開盤，KOSPI 指述立刻暴跌 8%，一度跌破 1,700 點。下午雖然跌幅減少，但是投資人的警戒已拉到最高。當天證券界預估，隨著新冠肺炎進入長期抗戰，國際金融、實物經濟若陷入復甦危機，KOSPI 指數將可能跌至 1,100 點。
>
> KOSPI 指數當天下跌 62.89 點（3.43%），收在 1,771.44 點，是 2012 年 7 月 25 日（1,769.31）以來的最低點，也是 2013 年 6 月 26 日（1,783.45）後，七年來首度跌破 1,800 點。
>
> 前一天收在 1,834.33 點的 KOSPI 指數，一開盤就一路跌至 1,690 點，韓國交易所接連啟動股市安全機制。上午 9 點 6 分啟動臨時停牌、9 點 46 分啟動第一階段熔斷機制。這是 2001 年 9 月 12 美國「911 恐怖事件」發生以來（以收盤價基準 -12.02%），時隔十八年再度啟動熔斷機制。
>
> 盤中最大跌幅 13.56% 的 KOSDAQ 市場，今年也啟動了首次的臨時停牌與歷史上第八次的熔斷機制。KOSDAQ 指數下跌 39.49 點（7.01%），收在 524 點。
>
> ——林根浩，〈KOSPI 十八年來首度熔斷……「最糟糕將跌至 1,100 點」〉，《韓國經濟》2020.03.14

　　不管投資經驗再豐富的人，遇到股價崩跌的時候都很難保持平常心。股價一路走低的話，為了停損而拋售股票的人就會增加，引發進一步擴大跌幅的惡性循環發生。為了預防這種情況，主要國的交易所在股價崩跌的時候，都會設置暫時停止交易的安全機制，其中最具代表性的兩個，就是臨時停牌和熔斷機制

　　Side car 原本是指緊跟在行駛的汽車旁邊，防止汽車超速的警車。KOSPI 200 期貨價格如果比前一天高於或低於 5%，KOSDAQ 期貨價格高於或低於 6%，這種狀態持續一分鐘以上的話，韓國交易所就會啟動臨時停牌，程序交易將會中斷五分鐘。臨時停牌所扮演的角色是，在期貨市場急遽變動引發整體證券市場陷入憂慮以前，先行斬草除根。因為透過電腦執行的程序交易若突然之間暴走，會使期貨價格波動，也會進一步影響現貨市場。

　　如果說臨時停牌是證券市場的「警戒警報」，那麼熔斷機制就是狀況更嚴峻時所發佈的「空襲警報」。

　　Circuit breaker 取自於電器過熱時，自動切斷迴路的熔斷裝置。當 KOSPI 指數或 KOSDAQ 指數低於前一天 8%、15%、20% 時，會分為三個階段啟動。首先指數若跌過 8% 以上，韓國交易所會啟動第一階段熔斷，暫停所有股市交易二十分鐘，目的是讓投資人們暫時喘口氣，重新找回理性後再參與交易。後續若指數跌破 15% 以上，就會再發動第二階段，交易同樣再次暫停 20 分鐘，但如果跌幅超過 20%，第三階段發動的話，當天就會直接中止交易。這兩項機制都是由經歷過 1987 年「黑色星期一」的美國紐約首度開始施行，後來擴散至世界各國，隨著效果獲得各界認可，韓國也於 1998 年至 2001 年階段性導入。*

---

* 編按：台股漲跌幅有 10% 限制，故沒有另設熔斷機制。

196　強制平倉 Liquidation

向證券公司借錢購買的股票價值跌落到一定程度以下，或是無法償還交割股票餘款時，證券公司將不考慮顧客意願直接強制出售股票的動作。

> 上週因新冠肺炎衝擊，大多數股票價格大幅崩跌，股票平倉規模創下十一年來的最高紀錄。平倉指個人向證券公司賒帳買入股票後，在約定期滿時間內無法償還，受到證券公司強制處份股票。投資人以賒帳方式交割股票後，如果超過三個交易日沒有還款的話，第四天開始證券公司就可以將剩餘的股票賣出。
>
> 15 日金融投資協會指出，本月份截至 12 日，股票平倉規模單日平均為 137 億元，是繼 2009 年 5 月（143 億元）後，十年十個月以來的最高值。單日平均平倉規模從 2019 年 12 月 94 億元，直到 1 月為 107 億元、2 月 117 億元，一路持續攀升。
>
> ——李京恩，〈舉債投資全歸零……「平倉」十一年來
> 最大規模〉，《朝鮮日報》2020.03.16

　　就算大家都說不要勉強舉債買股票，但依然有很多散戶為了追求發大財的夢想而選擇「債投」（形容舉債投資的新詞）。透過這種方式購買的股票若價格上漲，就能夠發揮「槓桿效應」，獲得不錯的收益，但問題就出在股票下跌的時候。在股市走跌的時候，我們經常能看見新聞報導指出，舉債的投資人陷入平倉的恐慌之中。

　　買進高於持有資金的股票稱為「融資交易」，是先支付一定比例的保證金後，其餘資金在實際結算日之前，也就是三天內（正確來說是扣除假日的三個交易日）採取向券商借款的方式。倘若這筆錢沒辦法在三天內還清，證券公司就會透過平倉處份股票。此外還有一種「信用交易」可以借貸買進股

票的資金，時效長達數個月。* 如果看漲股票的個人投資者數量增加，信用融資餘額就會出現增加的傾向。若申請信用交易進行投資，股票價值就必須維持在高於貸款金額一定水準以上，這項條件被稱為擔保維持率，證券公司的底線通常設置在 140%。

　　舉例來說，我有 5,000 萬元，加上信用融資 5,000 萬元後，我買了價值 1 億元的 A 股票，這個時候我的擔保維持率為 200%（貸款 5,000 萬元，股票價值 1 億元）。但是如果 A 股票下跌 30% 價值只剩下 7,000 萬呢？此時我的擔保維持率就會下跌至 140%（貸款 5,000 萬元，股票價值 7,000 萬元）。那如果這時候股票又繼續走跌會發生什麼事呢？證券公司就會要求我回補帳戶餘額保持擔保維持率（margin call，追加保證金）。如果沒有辦法回應要求，證券公司就會將作為擔保的 A 公司股票平倉賣出。

　　如果百分百使用自己的資金投資，就算股票再怎麼跌也可以長期支撐等待股價回升。但如果以賒帳的方式購買股票，因而遭受平倉的話，就連等待的機會都將蕩然無存。如果平倉增加，就連無辜的其他投資人都會因此受害，因為股票數量增加也是股價下跌的要素之一，所以千萬不要隨便投入「債投」的行列。

---

* 編按：台灣融資、融券時間期限為六個月。

197　大宗交易 Block Deal

正常交易時間外的大規模股票交易。

　　三星集團為解決循環出資結構一事，在三星物產大宗交易上，已將所有持股全數以最高價賣出。證券界普遍分析，這次的大宗交易對於處份掉三星物產持股的三星火災、三星電機、還有三星物產本身都屬於利多消息。

　　外界評價，三星火災與三星電機除了可以持有大量現金外，同時也能免於三星物產股價下跌對自家業績造成的負面影響。基於三星物產解決掉這段時間以來抑制股價的「大量待售屋」，各界分析都抱持正面態度。

　　21 日投資銀行（IB）業界指出，三星火災與三星電機將三星物產持股 3.98%（762 萬股）全數以每股 12 萬 2,000 元賣出。前一天收盤後大宗交易時，他們向機構投資人提出的折價率為 5.1%（12 萬 2,000元）～ 8.2%（11 萬 8,000 元），而此次交易適用當中的最低折價率。折價率越低代表賣方公司可以持有的現金將增加，被評價為一場成功的交易。IB 業界相關人士表示：「三星集團的實質控股公司三星物產的投資優勢非常高，因此才得以用最低折價率消化掉全部的持股」。當天是由摩根士丹利、花旗集團國際市場證券、瑞士信貸集團（CS）擔任銷售承辦方。本次交易三星電機與三星火災將分別獲得 6,100 億元與 3,193 億元。

　　——鄭永孝、馬智惠，〈三星物產持股 3.98% 以最高價
全數大宗交易〉，《韓國經濟》2018.09.22

Block deal 是將大量股票成「塊（block）」交易而得名，也就是不切割持有的股份，而是以整捆的方式進行處份。大企業因為各種因素要賣出其他公司股份，或是公司持有人因管理結構問題需要重整股份時，經常使用大宗交易。大宗交易會避開股票市場的正式交易時間（早上 9 點～下午 3 點半），由買方和賣方另做處理，所以 Block deal 在韓文中被稱為「時間外大量交易」。

選擇大宗交易的目的，就是為了不讓股價受到衝擊以原價賣出。股價會因為供需而波動，如果供給突然大量增加，股價就會下跌。或者是當投資人聽到大股東在場上出售持股，會使投資人陷入茫然的慌恐之中，可能引發投資人爭先口後「拋售」的風險。採取大宗交易的話，就可以將這些混亂降到最低，並且以理想的價格轉讓持股。會出席大宗交易購買持股的，通常是資金豐富的國內外機構投資人，作為大量購買股票的條件，經常可以獲得 5% 以上的折價，因此對他們而言也是有利可圖。

一般來說大宗交易的賣方會選定證券公司作為承辦方，並由主辦方協助物色買方以促成交易。數量越大表示證券公司可以獲得更高額的仲介手續費，也就會更加積極行動。這個時候賣方可以決定價格與數量，而買方之間可以透過競爭得標，當然交易也可能因為沒有買方而流標。2015 年現代集團鄭夢九會長與鄭義宣副會長為了避免「集中委託」爭議，想以大宗交易出售現代格洛維斯 13.4% 的持股，但是因為條件不符曾一度泡湯。

大宗交易成交後股價會怎麼波動呢？一般股價會有下跌的趨勢，但是如果多數投資人認為這宗交易可能有助於公司發展的話，股價也有可能上漲。

198 做空 Short Stock Selling

又稱賣空、放空，在沒有持有股票、債券等狀態下，借用並出售的行為，是預期股價走跌時賺取價差的投資手法。

從下個月開始起算六個月內，韓國股票市場將全面禁止做空，這是由於各界指責做空導致股票市場走跌而採取的暫時性對策。

金融委員會 13 日在政府首爾辦公大樓召開景及會議，宣佈決定以上述內容為核心，實行市場穩定措施。

金融委員會將針對被指責為促使股價下跌的做空行為，以全數上市股票為實施對象，從本月 16 日開始至 9 月 15 日為止，採取為期六個月的暫時中止措施。

金融委員會 2019 年 10 月提出了做空規定強化方案，內容包含放寬禁止做空的過熱個股列認條件，但由於新冠肺炎在全球肆虐，基於擔心股市持續暴漲暴跌，又再推出了暫時全面禁止做空的極端方案。

此次是繼 2008 年 10 月全球金融危機與 2011 年 8 月歐債危機後，金融當局第三次禁止做空。

——吳亨柱、何秀晶，〈六個月內全面禁止做空〉，
《韓國經濟》2020.03.14

　　「我已經厭倦了和做空之間的角力，我要把所有持股全數賣給海外。」著名生技公司賽特瑞恩（Celltrion）徐廷珍會長 2013 年以這則爆炸性宣言弄得天下大亂。賽特瑞恩是長期以來被做空勢力視為「獵物」而飽受折磨的公司。抱怨為了保衛股價耗盡一切費用與努力因而感到疲憊不堪的人不僅有徐會長，這同樣也是許多執行長（CEO）們的心聲。做空究竟是什麼，為什麼徐會長會產生寧可放棄親手創立的公司，如此極端的想法？

　　從做空的空字上就可以得知是賣出手上沒有的持股，雖然聽起來像《鳳伊金先達》的故事，但卻是實際存在於股票市場上的投資手法。因為股票可以先簽訂銷售契約，實際股票等日後再進行轉移。

　　舉例來說，甲預期現在價值 5 萬元的 A 公司股票將會走跌，所以他與乙簽訂契約，今天以 5 萬元的價格賣出股票，股票等三天後再交付。三天之後股價真的跌到 4 萬元，那麼甲就從其他地方以 4 萬元的價格買入 A 股票，然後向乙收取 5 萬元之後將股票轉移給他，什麼都沒做就賺進了一萬塊。當然，如果事情不如預期股價反而上漲的話，甲就會面臨等值的虧損。

　　做空分成兩個種類，一種是借股票賣出的「融券賣空」，以及在完全沒有持股的狀態下進行的「裸賣空」，韓國只允許前者禁止後者。*

　　做空與一般股票投資相反，股價越低利潤越大，使得企圖想讓股價下跌的勢力越來越猖狂，一直以來都被批評為證券市場的亂源。也有很多聲音指責，做空交易都是由外資主導，導致國內的個人投資者蒙受虧損，股價波動時還會發生管理層的注意力被轉移到股價防禦而非公司事業的情況。

　　但其實並沒有明確證據可以佐證做空會拉低股價，反而很多人持反對意見，認為做空可以為合理的股價帶來決定性的貢獻，由於它的利大於弊，先進國家也都承認做空的存在。當某支股票漲幅超過實際價值時，做空增加反而可以發出「這檔股票處於過熱狀態」的信號。做空若運用得當，就算處在熊市也能賺取收益，也可以開發出像股價掛勾證券（ELS）等各種投資商品。

* 編按：台灣做空只能融券放空。

199　借券交易／融券交易

借券交易是機構或外資透過證券機構；融券交易是散戶透過證券商借貸做空用的股票。

> 　　分析指出，由於 2019 年 12 月開始證券市場便不斷上漲，越來越多投資人認為股市早晚必須面臨盤整，因此去年第四季銳減的借券餘額今年又開始出現漲勢。
>
> 　　27 日韓國委託結算院指出，22 日統計的借券餘額為 52 兆 4,746 億元，相比上個月底增加 5 兆 671 億元（10.6%）。去年 8 月達到巔峰的 58 兆 2,069 億元借券餘額，從去年 10 月 55 兆 3,347 億元→ 11 月 54 兆 1,680 億元→ 12 月 47 兆 476 億元一路減少，但是新年過後又出現 V 字反彈。
>
> 　　所謂的借券交易指借券人向機構投資人等支付一定的手續費與保證金借貸股票，待日後再償還股票的交易。操作賣空的投資人會先借券賣出之後，等待股價下跌再以低價買進償還股票，因此借券可以做為賣空的先行指標。
>
> 　　證券業相關人士表示：「對美中貿易第一階段與半導體產業復甦等期待引起證券市場漲幅擴大，但同時也越來越多人認為股市有可能早晚會面臨盤整。」
>
> 　　　　　　　　——金東炫，〈股市盤整？……借券交易餘額走高〉，
> 　　　　　　　　　　　　　　　　　　　　　　《韓國經濟》2020.01.28

　　如果想在韓國進行做空交易，就必須向某個人借貸股票。投資人借貸股票的方法大致上可分為借券交易與融券交易，借券交易的使用者為法人和外資；融券交易的使用者為散戶。

　　所謂的借券交易是指機構投資人或外資向韓國證券金融機構、委託結算院、證券公司等仲介機構支付一定的手續費借貸股票。由於這屬於大戶之間的交易，所以股票與數量實際上並沒有限制，手續費也較低。韓國從 1996 年開始開放法人、1998 年開放外資進行借券交易，做空的規模也隨之擴大。

　　融券交易指散戶支付保證金給證券公司，在一定期間內借股票進行做空，不過可以融券的股票、數量、期間皆有限制，手續費也比借券更高。 雖然從制度上來說政府允許散戶利用融券交易進行做空，不過事實上卻是限制多多。

　　基於這樣的背景之下，韓國的做空市場其實更接近於「傾斜的體育場」（譯按：指不平衡的競爭）。散戶佔做空的比例只有 1% 左右，當股價下跌的時候，大戶們可以藉由做空賺取收益，但是散戶們卻只能承受虧損，因此引發諸多不滿。各界也不斷指責，認為政府應該降低融券的保證金並拉長借貸期間，或者是將部分做空的股票保留給個人投資者等，進行制度上的完善。近期金融科技業也開始在嘗試開發以 P2P（個人對個人）的方式進行的借券交易。

200　估價 Valuation

業績與股價的比值，也用來表示分析師對企業價值與股價的評價作業。

> 「未來產業的估價合理嗎？是不是忽略基本面過度上漲了？」
>
> 蓄電池相關股飆漲，除了相關個股以外，連指數股票型基金（ETF）也不例外，可能將接力年初領頭的半導體股。由於股價短期飆漲，也捲入了估價（業績與股價的比）是否合理的爭議中。被排除在蓄電池漲勢外的散戶，正在衡量與觀察現在是否仍可進場。
>
> 11日有價證券市場上，三星SDI上漲2萬1,500元（6.69%），收在34萬3,000元，創下1979年上市以來的最高價。KOSDAQ上市企業EcoProBM也上漲了9,600元（12.31%），創下8萬7,600元的史上新高價，EcoProBM的KOSDAQ股價總市值排行從十四名上升到第九名，一口氣晉升五名。這些上漲的股價，不是在進行電動車專用的蓄電池開發，就是在生產其中包含的材料與零件。
>
> 但也有部分人士擔憂股價飆漲會引發估價過高。雖然電動車屬於未來資產，但如果今年沒有立刻獲得業績支撐，股價就可能受到盤整，這也是外界擔憂的主要原因。
>
> ——梁丙勳，〈跟著特斯拉狂飆的蓄電池股……「未來價值」爭議〉，《韓國經濟》2020.02.12

　　「○○○今年業績改善，估價極具吸引力」、「○○○估價負擔加重，目標價仍上調」……。

　　證券公司的報告與財經新聞的證券版面上隨時都可以看見估價二字出現，閱讀時把意思轉換成「股價的水準」，幾乎可以通用於大部分的情況。字典上對於估價的定義是，特定資產的目前價值與合理價值的評估作業，經

由這個過程計算出來的股價水準會具有更廣泛的意義。所謂估價具有吸引力，指的是股價被低估；所謂股價有點負擔，指的是股價被高估。

　　估價的方法有非常多種類。證券公司的分析師會透過企業的銷售、利潤、資產、現金流等，還有籌資結構、管理層結構、整體業務狀況、未來成長性等進行綜合分析，說明業績與股價水準的比。他們也會活用本益比（PER）、股價淨值比（PBR）、每股盈餘（EPS）、EV／EBITDA等各種指標。估價不僅適用於個股，也可以針對特定產業或整體股票市場進行分析。

　　由於估價含有個人主觀判斷，因此經常會有同時期、同對象但估價分歧的狀況發生。由於估價大部分仰賴過去與現在的數值，因此在擔心未來的收益性可能惡化的狀態下，估價也可能發生被低估的錯誤，這種狀況被稱為「估值陷阱（valuation trap）」，掉入該陷阱的投資人會將目前下跌的股價誤以為是低價進場的機會，犯下買進股票的錯誤。

201　企業價值倍數 EV／EBITDA

企業價值倍數是企業價值（EV）除以稅息折舊及攤銷前利潤（EBITDA）所得的值。EV／EBITDA 越低代表股價越被低估。

> 　　三星物產與三星 SDI 賣出 24.1% 韓華綜合化學（前三星綜合化學）全數持股。2015 年「三星韓華大交易」，三星集團將旗下的化學與放軍工公司全數賣給韓華集團，預估三星當初留下的剩餘股份出售價格有望超過 1 兆元，三星物產表示會使用這筆錢為新成長動力進行投資。
>
> 　　7 日投資銀行（IB）業界表示，三星物產（持股率 20.05%，約 852 萬股）與三星 SDI（4.95%，約 172 萬股）決定賣出共 24.1%（約 1,024 萬股）的韓華綜合化學持股，已選定一處海外證券公司作為承辦方。
>
> 　　2015 年底稅息折舊及攤銷前利潤（EBITDA）為 2,656 億元的韓華綜合化學，2016 年上漲到 5,753 億元，激增 121%，基於它比一般石油化學公司的總體企業價值（EV）高出 6 到 8 倍，目前計算出來的韓華綜合化學價值為 3 兆 5,000 億～ 4 兆 6,000 億元。考慮到韓華綜合化學今年業績將會進一步改善，預估三星物產持有股份的價值將高達 1 兆～ 1 兆 5,000 億元。
>
> 　　──鄭永孝、左東旭，〈三星物產全數賣出 20% 韓華綜合化學持股〉，《韓國經濟》2017.11.08

　　你是一位超級富豪，下定決心要收購 Apple 或亞馬遜其中一間公司。收購 Apple 的話。五年內可以回收投資額，收購亞馬遜的話要花費十年，你會收購哪一間公司呢？當然是 Apple。證券公司報告書裡一定會出現的企業價

值倍數（EV／EBITDA），就是運用合併與收購（M&A）的原理，幫助投資人判斷企業的合理股價。

作為分子的 EV（Enterprise Value）意指企業價值，將企業的總市值加上負債淨額（貸款－現金性資產）就可以求得企業價值。EV 表示想收購這間公司所需要的資金，加上負債的原因是，若收購該企業就要同時承擔債務。

作為分母的 EBITDA（Earnings Before Interest, Taxes, Depreciation and Amortization）顯示企業透過營業活動賺錢的現金創造能力，原則上來說，會以被扣除利息費用和稅務以前的利潤加上折舊和攤銷費用計算而出。折舊攤銷費不是實質的支出，而是只有被記錄在會計帳簿上的費用，為了更清楚了解公司時值的營業能力，所以才把它加總回去。

若將 EV 除以 EBITDA，就可以得出企業價值是純粹營業活動創造之利潤的幾倍，也就象徵收購企業的時候，要花幾年的時間才能夠回收投資的本金。因此 EV／EBITDA 越低的企業，就表示它越被低估，也就是說股價很低（EV）但是營運狀況良好（EBITDA）。

EV／EBITDA 與本益比（PER）不同，本益比在發生本期淨損時無法計算，但是 EV／EBITDA 就算公司虧損也能夠進行計算，它的另一項優點是扣除掉折舊攤銷、稅金、金融費用等影響，容易與其它國家的企業進行比較。缺點是計算 EV 的時候，對於子公司、庫藏股、非營業資產等有諸多嚴格的要求，忽略掉財務健全性當中重要的利息費用等部分也是 EV／EBITDA 的缺點。

202　每股盈餘 EPS，Earnings Per Share

將本期淨利除以發行股數所獲得的值，EPS 越高表示業績越好，也更有能力發放股息。

> 預估韓國 KOSPI 企業第一季每股盈餘（EPS）將比前年同期下滑 10% 以上，但是汽車與食品股借力產業景氣改善等因素，預計將比前一年增加，走勢出現反彈。
>
> 16 日根據金融資訊業者 FnGuide 指出，KOSPI 中 144 家具有證券公司的市場預估值的企業，今年第一季的 EPS 預估值為 24 萬 8,835 元，比 2018 年第一季（29 萬 8,416 元）減少 16.6%，預計季度 EPS 減少的趨勢將會持續到第二季。
>
> ──金賢一，〈KOSPI「EPS 不景氣」……「汽車、食品股」成滄海遺珠〉，《先驅經濟》2019.04.16

　　以精品貼身內衣褲著名的美國維多利亞秘密，以及大家熟知的韓國貼身衣物品牌 BYC，雖然同樣是內衣公司，但規模卻相差甚遠，而我們有辦法比較這兩間企業之間的投資價值嗎？如果單看淨利的話，維多利亞的秘密雖然略勝一籌，但若以每股盈餘來說，卻是 BYC 取勝。2018 年維多利亞秘密的 EPS 為 3.42 美元；BYC 的 EPS 為 1 萬 833 元。

　　EPS 是將企業賺進來的本期淨利除以企業發行的股票數量所獲得的值，也就是代表每股賺了多少錢。舉例來說，公司發行了 100 股股票，一年內賺到了 100 萬淨利，那該公司的 EPS 就是 1 萬元。一般來說 EPS 越高代表投資價值越高，因為這意味著公司經營業績良好，且具有更多餘力發放股息給股東。

　　專家們認為 EPS 多年來持續上漲的股票是好股票，這意味著該公司不

只是單純因為短期淨利較高，而是長期以來持續進步的公司，屬於穩健的投資標的。景氣不好的時候 EPS 仍增加的公司，不管景氣好壞都具備創造收益的競爭力。不過 EPS 的數值與當前股價無關，所以即便 EPS 呈現增加走勢，但是股價若處在被過度高估的狀態下，那麼針對 EPS 的判斷也會不同。此外，EPS 高並不代表就有高股息。

　　EPS 分為基本 EPS 和稀釋 EPS，兩者都必須公告。基本的 EPS 只反映了一般普通股的數量，而稀釋 EPS 則是將可轉換公司債、可轉換特別股、附認股權證公司債、股票選擇權等全數轉換為普通股計算出來的值。股票數量如果增加的話（分母↑）EPS 就會自動下降，因此提供給投資人進行事前參考。

　　計算本益比（PER）的時候需要運用到 EPS，所以此數值具有重要的意義。PER 是將企業當前股價除以 EPS 所獲得的值，能夠看出當前股價相較於公司收益性屬於昂貴或便宜。

203 本益比 PER，Price Earnings Ratio

現在股價除以每股盈餘（EPS）所求得的值，表示目前市值是盈餘的幾倍，PER 越低表示股價越被低估。

自從 KakaoTalk 在聊天室引進廣告功能後，外界針對業績出現改善 Kakao 股價接連拋出正面期待。分析指出，雖然以去年 Kakao 的業績來看，本益比超過 100 倍，不過考慮到日後的收益性改善，現在股價反而在估價上非常具有吸引力。

11 日根據金融投資業界指出，Kakao 第二季的市場預估值表現亮眼，許多分析預測，日後 Kakao 將正式進入收益區間。有觀測指出，隨著下半季 Talk Biz Board（聊天室窗）廣告正式推出，將會加快利潤改善速度。

FnGuide 指出，Kaokao 於本月 9 號公佈第二季業績隔天，共有 17 家證券公司針對 Kakao 發佈了「買進」報告。

——金大雄，〈Kakao「本益比 168 倍」仍受到證券公司
好評的原因〉，《Edaily》2019.08.12

1992 年 1 月 3 號，這天韓國股票市場首度允許外資直接投資。開放外資的第一年，以買超金額 1 兆 5,000 億元開始，二十五年來外資已經買進價值 500 兆的韓國企業股票。當時國內投資人被外國人所使用的陌生投資手法所震驚，這個被稱為「低 PER 革命」的現象，後來被評價為不仰賴小道消息和感覺，以企業分析為基礎的投資文化深根的起源。

在衡量合理股價與企業價值的各項指標中，最有名的就是 PER，也就是將股價除以 EPS。PER 可以體現出每股賣出的價格高於收益的幾倍。據說 PER 是價值投資之父班傑明‧葛拉漢（Benjamin Graham，1894 ～ 1976）積

極使用的指標。現在不僅是證券專家，連個人投資者也都經常使用 PER，甚至還被形容為「平淡無奇」的指標。

　　PER 越低表示被低估；越高表示被高估，不過沒有一個確切的標準，通常做為比較同產業企業之間的相對指標。大致上來說，歷史較長收益穩定的企業 PER 會較低，高速成長的新創企業 PER 會飆上數十倍。也可以用於比較韓國市場的整體 PER 與其他國家的證券市場相比具有多少吸引力。

　　PER 與產業無關可以被廣泛運用，連在先進國家都被廣泛運用，「受到認可」是它的優點，不過它仍然有缺點，所以不能過度相信。首先，作為分母的 EPS 有沒有加入過去的業績，或是有沒有加入針對未來的預估值，都可能導致結果完全不同。此外，在公司發生淨損時就無法被加以計算。若公司近期雖然收益較高，但是因為日後的營業前景不明導致股價下跌時，PER 也會低於市場平均。如果要挑選出優良企業，除了 PER 以外，必須連同企業成長性、產業前景等，以各個角度進行分析。

204 股價淨值比 PBR，Price on Book value Ratio

現在股價除以每股淨值（BPS）所求得的值，表示要花多少成本去購買 1 元的淨值，越低表示股價越被低估。

> 手頭現金大於總市值的「現金富翁」代表股——大韓紡織，近期因散戶持續「號召買進」，漲勢強勁。專家分析指出：「這是市場期待大韓紡織處份持有的土地、建築等資產所引發的結果。」
>
> 24 日有價證券市場上，大韓紡織上漲 200 元（1.22%）收在 1 萬 6,600 元。大韓紡織從本月 12 日開始，已經連續九天走揚，期間內股價飆漲 20.29%，然而大韓紡織的本業從 2017 至 2018 年以來，連續兩年營業虧損，表現差強人意。
>
> 不過分析指出，近期股價持續上漲源於大韓紡織持有的資產價值。根據金融監督院指出，大韓紡織截至 2018 年底持有 884 億元現金與現金性資產，價值高於今天的市值總額（880 億元），土地、建築等有形資產與非營業投資不動場的帳面價值總共將近 1,000 億元，然而股價淨值比（PBR：股價／每股淨值）卻連 0.5 倍都不到。
>
> 有分析指出，大韓紡織大股東薛范會長（持股率 19.88%）所涉及的特定經濟罪犯加重處罰條例之貪污嫌疑，在大法院上獲判無罪，因此公司資產出售有望獲得動力。
>
> ——李昊基，〈「手頭現金比總市值還多」的大韓紡織……
> 因散戶進場股價飆漲〉，《韓國經濟》2019.04.25

　　企業中，有些公司雖然收益不高但仍然被稱為「精品」。舉例來說，在江南還是一片荒野的時候蓋了公司，結果地價近期扶搖直上，或者是許久之前買進其他公司的股份，結果股價卻大幅飆漲，也就是那些光把資產脫手就

能賺進一筆大錢的公司，而這些公司的特徵就是 PBR 較低。PBR 是與本益比（PER）一起被廣泛應用的指標，PER 是用來找尋股價之於淨利被低估的企業；PBR 是用來找尋股價之於企業所有資產價值被低估的企業。

利用現在股價除以 BPS 就可以計算出 PBR，這裡所謂的 BPS 指企業的淨資產（＝總資產＋負債）除以發行股數所求得的值。舉例來說，股價 5,000 元、BPS 一萬元的股票，PBR 就是 0.5 倍。

PBR 指的是每股賣出的價值是資產價值的幾倍，換句話來說，意味著企業清算整頓所有資產時，股東們持有的每張股票可以拿走的資產。假設 PBR 是 0.5 倍的話，就可以用 5,000 元的價格買到公司倒閉時得以領取 1 萬元的股票。

若想投資大量持有資產的資產股，就要選擇 PBR 未滿 1 倍的股票。如果 PBR 低，且財務狀況與業績都良好的話，那就更錦上添花了。現在也越來越多投資人，在經濟不確定性較高時，會選擇買進低 PBR 的股票，以代替業績難以倍預測的大型股。

但並非所有 PBR 未滿 1 倍的股票都是資產股。若一間公司持有大量未開發的土地，但是卻無法進行用途變更或作為擔保的話則毫無用處。若應收帳款與其它應收帳款等高風險性資產較多的話也是一樣。此外，資產價值會受到利率、物價等因素影響，所以不能完全只相信 PBR，專家建議應該綜合考量 PRB、PER、ROE 等指標。

205 現金殖利率

每股股息除以現在股價 ×100 所求得的值。

水泥製造公司雙龍水泥年初因外界擔憂建設業景氣鈍化，股價無可避免出現跌勢。股價過度下跌，反而增加雙龍水泥的配息吸引力。

21 日有價證券市場上，雙龍水泥的股價下跌 125 元（2.65%），收在 4,590 元，創下 2018 年 4 月 17 日以來最低的收盤價。雙龍水泥的股價今年以來已經下跌 19.04%，分析指出這是由於今年製造業衰退，擔憂水泥需求量將減少而引發的現象。但是雙龍水泥箱比其他競爭者營業利潤率較高，因此證券業者期待即便水泥需求減少，雙龍水泥仍然能體現出持續創造利潤的能力。

由於股價今年以來大幅下跌，也有評價認為雙龍水泥的配息變得更具吸引力。採用季度配息得雙龍水泥，2018 年第四季配息為每股（普通股）110 元，去年一整年總共配息 420 元。宋研究員表示：「雙龍水泥的現金創造能力沒有問題，預估今年應該也會有每股 450 元左右的配息。」以雙龍水泥 21 日收盤價計算，股利殖利率高達 9.8%。

——全范縝，〈「股價直直落」雙龍化學股利值利率 9.8%！〉，

《韓國經濟》2019.02.24

要怎麼知道一間公司的配息是高還是低？假設有兩支面額一樣為 5,000 元的 A 股票與 B 股票。A 的現在股價為 5 萬元，每股配息 1 萬元；B 的股價為 1 萬元，每股配息 2,500 元。如果單看配息金額會認為選擇 A 比較好，但是從現金殖利率來看卻會出現不同的結果。

基本上配息投資要選擇現金殖利率較高的股票。現金殖利率是將每股股息除以現在股價，A 與 B 的現金殖利率分別為 20% 和 25%，也就是說，若

考慮投資金額與配息收益的比例，B 是更好的選擇，選擇配息高但股價低的企業才是明智之選。

　　股息發放率是公司的本期淨利中所之父的現金股利總額的佔比，代表企業一年以來的收益中有多少分配給了股東。假設 C 公司本期淨利為 100 億元，其中 20 億元是股利支出，那麼股息發放率就是 20%。股息發放率越高，代表利潤中股息的佔比越高，就越具有投資吸引力。股息發放率越低，代表利潤的公司內部保留比率較高，保有配息或無償增資的空間。

　　還有一種指標叫作股利率，是用來非常單純用來衡量配息高低的指標。如果以前面 B 公司的案例來說，面額 5,000 元的狀況下配息 2,500 元，所以股利率為 50%。

206　股東權益報酬率 ROE，Return On Equity

本期淨利除以股東權益所求得的值，ROE 越高表示該公司是體質健康的優良企業。

> 　　有聲音指責，韓國銀行相較於美國富國銀行、加拿大 TD 銀行等國際銀行的收益性過低，建議韓國銀行應關注資產管理手續費較高的美國，以及加拿大與將費用效率最大化的澳洲銀行。
>
> 　　9 日由韓亞金融經營研究所發表的「主要國際銀行收益與費用構造分析」報告書中指出，國際資產排名前八十大的銀行中，2016 年～2018 年連續股東權益報酬率（ROE）超過 10% 的銀行，美國有三家、加拿大三家、澳洲兩家等共八家（不包含俄羅斯、中國、巴西銀行）。
>
> 　　其中七家與韓國銀行具有相同投資組合的銀行，2018 年平均 ROE 為 139%。加拿大 RBC 的 ROE 為 16.3%、美國 U.S. Bancorp 為 14.1%，高出韓國銀行平均（8%）的 2 倍。
>
> 　　——權海英，〈韓國銀行 ROE 8%，只有國際銀行的「一半」〉，
> 《亞洲經濟》2019.09.09

　　「投資奇才」巴菲特把投資 ROE 15% 以上的企業視為標的，「傳說級基金管理人」約翰・坦伯頓（John Templeton）說 ROE 三年以上超過 10% 的企業可以無條件買進。為什麼這些投資天才們都要強調 ROE ？

　　ROE 是本期淨利除以股東權益所計算出的比率。舉例來說，若股東權益為 1,000 元的公司，一年之內賺到 100 元淨利，那麼 ROE 就是 10%。這裡所謂的股東權益，是指企業的總資產扣掉負債，也就是指沒有償還義務的公司固有資產。所以說 ROE 意味著公司扣除掉債務後，透過自己的資金可以創造出多少利益。股份有限公司的股東權益屬於股東份額，所以 ROE 高的

企業會為股東帶來大量利潤。

　　ROE 越高表示公司經營得越好，股價也會有偏高的傾向。近期韓國 KOSPI 的上市公司平均 ROE 不到 10%，因為有部分公司虧損，還有許多資本額高但是利潤不高的公司，也就是說當中能夠符合巴菲特或坦伯頓眼光的公司比想像中還少。假如 ROE 沒有變動或者走跌，但是股價卻繼續往上升，就可以解釋為比起經營成果，股價被過分高估。

207 現金管理帳戶 CMA，Cash Management Account

將顧客委託的資金進行債券等投資後，把收益回饋給顧客的證券公司金融商品。與銀行的活存帳戶使用方式相同，但可以獲得更高的利息。

　　找不到投資標的的「迷途鉅款」湧入證券公司的現金管理帳戶（CMA）。

　　30 日金融投資協會公佈，28 日 CMA 餘額為 53 兆 100 億元，寫下史上最高值。帳戶餘額從今年 4 月 18 日的 52 兆 6,000 億元，短短七個月內就攀升到歷史最高值。

　　金融投資協會相關人士分析：「隨著股市成交額減少，觀望的投資人增加，引發市場投資資金湧入 CMA」。史外，最近首次公開發行股票（IPO）活躍，想申請購買 IPO 的閒置資金增加，也是使 CMA 餘額增加的重要因素之一。

　　2003 年引進韓國的 CMA，不僅可以像銀行普通儲蓄一樣隨時提領，也具有匯款和結算功能，是利息相對較高的證券綜合帳戶，由證券公司負責經營。

　　──文英奎，〈「迷途鉅款」湧入 CMA……餘額創下歷史最高 53 兆 1,000 億〉，《先驅經濟》2016.11.30

　　理財族當中，有許多人使用 CMA 帳作為薪資領取後自動轉出生活費的主要帳戶。一般來說，銀行的活期帳戶只會給予接近於 0% 的「超少利率」，由於現金可以隨時轉入轉出，對於銀行收益沒有太大的幫助之外，就算不給利息也還是有許多用戶。由證券公司與綜合金融機構推出的 CMA，通常比一般銀行多出 1 ～ 2% 的利率，除了可以隨時存提以外，也有自動轉帳、金融卡、網路與手機銀行等功能，幾乎等同於銀行帳戶。

　　CMA 從 2000 年代中期開始，在上班族之間廣為流傳，現在已經成為多數人都知道的金融商品了。原本 CMA 是只存於綜合金融機構之間的短期金融商品，後來幾家業者取消了加入金額限制，並改善了存、提款的方式，展開進攻性行銷，才使 CMA 的優點開始展露頭角。2005 年證券公司也推出 CMA，加入了吸引用戶的競爭之中。

　　CMA 會將客戶委託的資金投入國家公共債券、大額可轉讓定期存單（CD）、短期公司債等，如果顧客有提款的需求，就會自動賣出後支付款項給顧客。加入綜合金融公司的 CMA 也適用於儲戶保護法，最多可保障 5,000 萬元以內的本金。但是證券公司的 CMA 則沒有本金保障，不過證券公司只會將資金投入信用優良的債券中，因此實際上虧損的可能性不大。

　　CMA 可以被運用在想從薪資帳戶中獲得稍微高一點的利息，或是用來保管投入定期存款有點尷尬的短期閒置資金，利息是以天為單位計算，可以看到餘額增加的狀況，享受到一點點滿足感所帶來的快樂。雖然存、提款等功能的便利性已經改善許多，不過跟銀行比起來還是有些許落後，還是要斟酌一下。

208　主動型基金／被動型基金 Active Fund ／Passive Fund

主動型基金是以高於市場平均報酬率為目標的基金；被動型基金是以相同於特定市場或指數的報酬率為目標的基金。

> 　　新興國家股市動盪的近三個月內，在中國投資的主動型基金和越南被動型基金相對表現較佳。依據市場主導股、外國人投資規範等市場特性，基金成果有所差異，市場專家建議應根據市場狀況與特性，分別選擇主動與被動型基金。
>
> 　　6 日基金評價公司 FnGuide 指出，最近三個月投資中國股市的主動型基金平均虧損 8.0%。評價指出基金表現優於同時期的中國代表性指數——上海綜合指數（-12.0%）與香港恆生中國企業指數（-10.5%）。
>
> 　　繼中國之後韓國與新國家基金規模第二大的越南基金中，以被動型表現較佳。最近三個月以來，投資越南股票的主動型基金平均虧損 10.15%，虧損幅度高於同時期的越南代表性指數——VN 指數（-6.5%）。
>
> 　　　　　　——羅素芝，〈中國主動型、越南被動型「防守出色」〉，
>
> 　　　　　　　　　　　　　　　　　《韓國經濟》2018.08.07

　　有些人不比別人優秀就不甘心，而有些人只要跟其他人勢均力敵就覺得滿足。這兩種人如果要投資基金，分別會選擇什麼樣的投資策略呢？「不管怎樣都要贏的人」適合主動型基金，「中等水平就好」的一方則比較適合被動型基金。主動型基金與被動型基金不是一種商品的名稱，而是根據追求的投資策略區分基金類型的用語。

　　主動型基金的目標是要創造高於市場平均報酬率的成果，在投資者能夠

承擔的風險程度內追求最大報酬，為了達到目的基金管理人會積極介入，在適當的時間點買賣基金底下的股票，隨時調整基金的結構。主動型基金的成果，很大程度會受到基金管理人與營運公司能力所左右。

被動型基金的特徵是，以達到接近股票指數報酬率為目標，為了達到目標，會以組成 KOSPI 200 和 S&P 500 等指數相同的股票作為基金組合。指數型基金和指數股票型基金（ETF）就是典型的被動型基金。被動型基金報酬率與股價指數相近，所以很容易預測到結果。基金管理人需要進行的操作不多，所以手續費也較低。

「主動型好還是被動型好？」這個問題從 1950 年代開始，一直都是投資業界爭論的焦點。華爾街的傳說級投資人班傑明・葛拉漢（Benjamin Graham）1949 年在《智慧型股票投資人》一書中提出投資被低估之企業的價值投資理論，成為了主動型基金的根基。經濟學家哈利・馬可維茲（Harry Markowitz）1952 年在論文〈現代投資組合理論〉中主張，用最適合的投資組合進行分散投資會比選一支股票更有效益，促成了後續被動型投資的發展。這個問題至今仍沒有正確解答，因為是好是壞都會根據投資人的個性與市場狀況而有所不同。

209　指數型基金 Index Fund

按照相同於構成特定指數的股票比重平均買進，盡可能達到與該指數相同報酬率的基金。

> 波克夏‧海瑟威董事長巴菲特透過媒體訪問、股東大會問答、給股東的信等各種管道推翻了各種投資方法論，他最強調的就是長期投資與複利效果。巴菲特 1965 年 1 月在給股東的信中提到，如果美國印地安人將當初賣掉曼哈頓島所獲得的 24 美元，拿去投資年報酬率 6.5% 的基金，三百三十八年後就會增加到 420 億美元，如果再多賺 0.5% 提升到每年 7% 報酬率的話，現在就有 2,050 億美元的價值。
>
> 巴菲特雖然是親自挑選股票營運基金，不過可以看出他對指數型基金抱持著肯定的態度。與其因為股票投資飽受痛苦，他建議乾脆進行指數投資，他曾說「指數證明了自己普遍來說是很難纏的競爭者」。他還說過，自己如果過世遺產就會留給妻子，他會要求管理人將 90% 的遺產投入指數型基金裡。
>
> 巴菲特說：「如果沒有在大型牛市時進場，長期來看指數型基金報酬率會高於債券。把錢都投進指數型基金裡然後回去上班吧。」
>
> ──姜英妍，〈「把錢都投進指數型基金裡然後回去上班吧」〉，
>
> 《韓國經濟》2019.03.12

　　許多散戶頭人都夢想著「一夜致富」因而踏入股市，不過實際上股票投資需要付出諸多努力並投入許多費用。要隨時掌握無數上市公司的資訊，調整投資的股票，每次交易也要支付手續費。但如果你相信經濟會持續成長，確信股票長期來看會走揚的話，有一個能夠減少這些痛苦的簡單方法，就是把錢投進指數型基金。

　　指數型基金會以對特定股價指數具有影響力的大型股票為主，作為基金的投資標的，也就是盡可能使基金報酬率隨著股價指數波動的產品。舉例來說，如果 KOSPI 市場上只有 3 家上市股票，總市值的佔比為 A 公司 50%、B 公司 30%、C 公司 20%。此時誕生了一支「完全複製」KOSPI 市場的指數型基金，如此一來 KOSPI 指數漲跌的時候，這支股票型基金的報酬率也會跟著相同的方向與幅度波動。目前除了韓國的代表性指數 KOSPI200 以外，目前有各種以美國 S&P 500、日本日經 225 等海外指數作為基礎的指數型基金正在銷售中。

　　指數型基金可以說是降低風險的飽受性投資方法之一，它可以防止資金在特定股市裡「打水漂」，具有在股市震盪時分散投資至優良企業的效果，可以期待它帶來高於市場水平的報酬率。此外指數型基金比起其他資金，營運手續費也更低廉，因為基金管理人只要抽空調整投資標的與比重，不需要付出太多努力，巴菲特就特別強調這項優勢，還自稱是「指數型基金投資傳教士」。

　　指數型基金的投資風險雖然想對較低，但它仍然是不保本的商品，一定要先了解這點再進行投資。指數型基金裡也分為跟指數走勢相近和不相近的，就算追蹤同一個指數，也會因為基金管理人選擇的股票或混合比重導致結果不同。投資指數基金時，最重要的是綜合確認過去基金的營運成果，確認該基金跟追蹤指數有沒有發生過嚴重的誤差。

210　定期定額基金／單筆投資基金

定期定額基金是持續將一定金額投入基金的方式；單筆投資基金是將一大筆錢一口氣投入基金的方式。

> 2000 年代中旬，上班族之間掀起了一陣定期定額基金的熱潮，有很多人每個月固定存 50 ～ 100 萬，年收益可以上看 20 ～ 30%，成為了工薪族非聽不可的理財手段，打著「賺到 1 億元」、「賺到 3 億元」名號的基金大受歡迎。但是 2008 年金融危機以後，公募基金市場開始衰退便出現變化，大眾對於基金的不信任感，連可以穩定積累金融資產的定期定額投資文化都受到排斥。反之，一次投入大筆資金的高風險性商品，如股權連結證券（ELS）、巴西債券、槓桿指數股票型基金（ETF）等搶佔了理財市場。
>
> 　專家們一致認同，每個月投入固定金額積累出鉅款的定期定額基金，在資產形成方面對上班族而言更有效率。Truston Asset Management 退休金教育論壇代表姜昌熙表示：「理財的基本原則是長期、分散投資，定期定額基金是符合原則的商品。」他指責：「不過韓國隨著公募基金沒落，沒有值得投資且具吸引力的定期定額商品是一大問題。」
>
> ──崔萬秀，〈定期定額被認為是過時……ELS、巴西債券鉅款「炒短」〉，《韓國經濟》2019.04.29

　　如果想要每個月在銀行積累資金就會選擇存款，如果是想要一次託付一筆鉅款，就會選擇定儲。定期定額基金和單筆投資基金就跟定儲的原理一樣，想要定期或隨時投資基金就是定期定額，想要一口氣放一筆錢進去的話就是單筆投資。定期定額或單筆投資的產品並沒有區別，只是取決於消費者

所選擇的基金投資方式，不過投資同樣的金額，選擇定期定額或是單筆投資，基金報酬率都可能出現大幅差異。

單筆投資基金的優點是，股價上升時可以大幅見效。舉例來說，A 基金一年可以創造 20% 的報酬率，假設不需要支付手續費的話，一年前選擇以單筆投資買進股票的投資人，可以原封不動獲得 20% 的收益。反之，如果 A 基金虧損 20% 的話，投資者也必須承擔 20% 的虧損。單筆投資基金的關鍵在於抓好買賣的時機，因此比較適合投資經驗豐富且追求高收益的投資人。

專家們都會建議初學者選擇定期定額基金。雖然股價上漲期間沒辦法像單筆投資一樣享受到高收益，但是股價下跌時失敗的風險也較小，因為它可以平均成本（cost averaging），也就是有「平均降低購買單價的效果」。如果每個月投資相同金額的基金，股價貴的月份雖然只能買到較少的股票，但是股價下跌的月份就可以賣到較多的股票，反覆經歷這個過程，長期來看就能夠降低平均購買單價。當股價重新上漲時，本金恢復的速度也比單筆投資快，就算股價沒辦法回漲到當初進場的時間點，也還是可以獲得收益。

倘若股價持續下跌，當然定期定額基金也無法避免虧損，但如果中間停止繼續積累，就等同於放棄了平均成本的效果。所以人們經常說，定期定額的優點是「時間與遺忘的力量」，也就是說不要對股價悲喜交加，而是要堅持不懈等它膨脹。如果達到目標收益的話，先贖回目前的基金再開始投資其他定期定額基金也是不錯的方法。

211　級別 Class

區分加入基金時支付手續費與配息的類別，會以字母形式標記在商品名稱後面。

> 以股票型基金為中心，公募基金表現依然差強人意，而投資者們開始湧入線上專用基金市場，因為除了商品結構跟線下基金一樣以外，購買手續費與管理費較低的線上基金，還至少能夠改善報酬率。線上基金淨資產總額上個月底已經突破 11 兆 5,000 億元，今年以來已上漲近 30%。
>
> 　2 日金融投資協會公佈，線上基金淨資產總額上個月底為 11 兆 5,467 億元，比 2018 年底（8 兆 9,182 億元）增加了 29.5%，線上基金淨資產總額在 2 月底已經突破 10 兆元，並在上半季結束時超越 11 兆。
>
> 　線上基金的手續費與管理費比線下基金低 0.2 ～ 0.5%。未來資產運用的「未來資產策略 TDF2025 基金」整體費用，線下商品（C 級別）為 0.91%，線上專用商品（C 級別）為 0.63%；三星資產運用的「三星中小型 FOCUS」基金線下為 2.28%，線上為 1.68%。
>
> ── 梁秉勳，〈線上基金資產今年增加 2.5 兆〉，
>
> 《韓國經濟》2019.08.03

　　五年前同時期進公司的哲秀與英熙聽到○○證券的╳╳股票型基金很有潛力，便決定一起投資。但是看了近期報酬率發現，哲秀的報酬率比英熙高了 3%，因為雖然他們選擇了一樣的商品，但是「級別」卻不同。哲秀是透過網路申請，選擇了 Ae 級別，英熙是去窗口申請加入了 C 級別，因此造成了差異。

　　金融公司銷售的基金清單上，商品名稱最後都會加上英文字母，在基金

領域裡這類英文字母被稱為級別，將每個商品的手續費、配息制度區分為幾個類別，以個字的類填上英文字母。就算是相同名稱的基金，隨著級別的不同，金融公司收取的金額也不同，就會產生報酬率的差異。

手續費是基金買賣時必須支付的一次性費用，包含購買基金時就支付的前收型銷售手續費、贖回時再支付的後收型銷售手續費，以及提前贖回時所支付的遞延銷售手續費。而管理費是經營、銷售、委託等管理基金的費用，每年都必須支付。

銷售手續費的級別分為 A（手續費前收型）、B（手續費後收型）、C（未收取手續費）、D（手續費前後收型）。A 級別加入時就會先收取手續費，因此管理費相比其他級別較低。C 級別不先收手續費，而是以投資期間比例徵收手續費。一般來說會推薦長期投資時選擇一開始支付手續費，但是管理費較低的 A 級別，短期投資的話則建議選擇沒有銷售手續費但是管理費較高的 C 級別。

如果選擇線上專用商品的 e（線上）或 S（基金超市）級別，就可以節省手續費與管理費。如果 A 級別與 C 級別的商品推出線上專用版，就會以 Ae、Ce 的方式標記。除此之外還有 CDSD（遞延銷售手續費）、G（無權有償費用）、P1（個人年金）、P2（退休年金）等。年金級別為了吸引長期投資，管理費會比其他級別更低。

212　衍生性金融商品 Financial Derivatives

依據股價、利率、匯率等基礎資產的價值波動而決定價格的金融商品，以期貨與選擇權最具代表性。

期貨、選擇權等韓國境內衍生性金融產品市場正在萎縮，投資人開始把目光轉向海外的衍生性金融產品。一度成為世界第一大規模的韓國境內衍生性金融產品市場規模跌致第九位，其中有極大的原因來自於金融當局訂下限制，將衍生性產品視為「投機性交易」。專家認為，比起訂下限制，更需要的是健康的培育這個市場。

20 日金融投資協會公佈，截至今年 3 月韓國投資人的海外衍生性產品交易金額高達月均 4,074 億美元，創下歷史最大規模，月均交易額比四年前增加 2 倍左右。

而韓國境內的衍生商品交易額卻逐年萎縮，2011 年高達 1 京6,442 兆元的規模，2018 年卻只剩下 1 京 982 兆元，減少了 33% 以上。去年韓國投資人的海外衍生商品交易額（5,704 兆元）已經幾乎接近境內交易額的一半。

高強度的限制成為韓國境內投資人排斥韓國衍生商品市場的原因。金融當局以防止投機性交易為由，接連導入 KOSPI 200 選擇權倍數上調（2012 年）、存放基本保證金 3,000 萬元（2014 年）等限制。金融投資協會相關人士表示：「出現交易限制後，散戶紛紛把目光轉往沒有限制的海外衍生商品，目前韓國境內市場是由交易單位較高的外資所佔據。」

——林根浩，〈讓投資人轉往海外衍生商品的「蜘蛛網限制」〉，

《韓國經濟》2019.05.21

　　金融產業裡韓國可以稱霸的地方並不多，但是 2009 年～ 2011 年韓國的衍生金融產品市場曾經是世界第一，2011 年韓國境內衍生商品交易額高達 1 京 6,442 兆元，KOSPI 200 選擇權成為世界上最受歡迎的商品，高風險高收益的股權連結型權證（ELW）也吸引了散戶投資人聚集。但是後來衍生市場規模急速萎縮，跌出十名以外，交易額比全盛時期減少了 30% 以上。

　　衍生性金融產品指為了規避股價、利率、匯率等變動造成資產價值改變之風險而被設計出來的金融產品。只要是有數字上下浮動的東西，都可以被作為基礎資產製作成衍生商品，其中最具代表性的就是期貨與選擇權。期貨是以未來特定時間交出現貨為條件所締結的交易契約，選擇權是交易在特定時間內可以買賣的權利，買進的權利稱作買入選擇權（call option），賣出的權利稱作賣出選擇權（put option）。

　　衍生金融商品具有交易當事人之間風險移轉的特性，為減少價格變動帶來之風險的交易稱作對沖（hedge），但與此同時，衍生金融商品的投機性質較強，想操縱價格的勢力也較多，被視為是擴大金融市場變動性的主要因素。一但出現虧損就會造成巨大的損失，因此是個人投資者難以隨意接近的領域。

　　韓國衍生市場會急遽萎縮，就是政府將投機性質視為問題，強化交易限制而導致。隨著德意志證券的選擇權衝擊、KIKO 投資企業的大規模虧損、檢查機構的 ELW 調查等接連發生，也造成衍生商品的惡性輿論更加惡化。

213 尾巴搖狗 Wag the Dog

「尾巴搖動整個身體」形容一個小部分反過來控制整個主體,指證券市場中期貨市場對現貨市場造成劇烈影響的現象。

> 韓國股市也因為演算法拋售與指數股票型基金(ETF)逆襲脫離了安全地帶。投資韓國股票市場的 ETF 淨資產一年內已經增加了 10 兆元以上,規模擴大逼近主動股票型基金。
>
> 6 日基金評比公司 Zeroin 統計,韓國股票市場 162 支 ETF 的淨資產為 26 兆 7,778 億元(截至本月份 5 日),耗時一年一個月,比 2017 年初的 16 兆 4,792 億元增加 62.49%(10 兆 2,986 億元),高達韓國的主動型公募基金(28 兆 2,680 億元)的 94.72%,這筆資金大部分聚集在「KOSPI 200」與「KOSDAQ 150」指數上。
>
> ETF 淨資產激增後成為了影響整體市場的「大戶」,這也是為什麼有部份聲音認為,日後可能會發生尾巴(ETF)搖動整個身體(指數)的「尾巴搖狗」現象。證券公司若買進 ETF 現貨,其中會有 80 ～ 90% 的資金流入股票市場。當資金流入股市,雖然會以總市值依序推高市場,但反之拋售量也會激增。如果 ETF 贖回引發指數上漲,很可能就會陷入虧損的投資人再度賣出 ETF 的「惡性循環」之中。
>
> ——金宇燮,〈韓國 ETF 一年之間激增 10 兆……
> 提升市場波動性〉,《韓國經濟》2018.02.07

1997 年推出的好萊塢電影《桃色風雲搖擺狗》(Wag the Dog)講述美國總統陷入桃色醜聞,引發了與敵國之間的殘酷戰爭。Wag the dog 的意思是指尾巴搖動了整個身體,也就是指本末倒置的狀況,這句話用在政治上,指為了模糊事情的本質而拋出煙霧彈的行為,用在股票市場上則是指期貨市場動

搖現貨市場的狀況。

　　原本證券市場中，現貨是身體、期貨是尾巴。期貨本身是為了減少現貨交易風險而開發出來的衍生商品。現貨會在締結契約的同時交換商品，而期貨則是約定在未來某個特定的時間點以特定的價格交易商品。投資人為了減少現貨價格劇變造成虧損的可能性，利用期貨作為對沖（hedge）的手段。

　　但是隨著期貨市場規模日益擴大，現在期貨市場已經可能會左右現貨市場，因為只要利用期貨與現貨的價差，就可以賺到錢，不管在哪一個市場，只要買進便宜的物品再高價賣出就可以賺取價差。如果期貨比現貨便宜，那麼購買進期貨賣出現貨的需求就會增加，如此一來現貨市場就會湧入賣出量，形成股價下跌的主因。反之，如果期貨價格高於現貨，購買現貨的需求增加就會將股價往上推。

　　尾巴搖狗現象主要發生在投資心理萎縮與股票體質虛弱的情況下，特別是機構投資人的程序交易比重越高越是嚴重。所謂的程序交易，就是當條件滿足先前在電腦上輸入的條件，就會自動進行交易。電腦根據期貨、現貨價格大量下單，導致股票的波動性變高。當股票市場進入牛市，交易金額增加時，程序交易比重就會下降，尾巴搖狗現象便會消失。

　　以下舉幾個期貨、現貨價格相關專業用語給大家參考。期貨價格中扣除現貨價格，也就是期貨與現貨的價差稱為基差（basis）。當期貨價格更高，基差為正（＋）的時候稱為正價差（contango）；當現貨價格更高基差為負（－）的時候稱為逆價差（backwardation）。這個部分沒必要死記硬背，不過這些詞彙偶爾會出現在比較困難的報導裡，所以希望大家可以先了解。

214　四巫日 Quadruple Witching Day

源自於美股市場，指股市指數期貨、股市指數選擇權、個股期貨、個股選擇權四項衍生商品同時到期的日子。

> 14 日 KOSPI 指數因「巫婆的咒術」尾盤轉跌收場。
>
> 當天期貨與選擇權同時到期，KOSPI 指數從下跌 11.07 點（0.45%），收在 2,469.48 點。開盤上漲 6.02 點（0.24%）開在 2,486.57 的 KOSPI 場中微幅上漲至 2,514.61 點。證券業者解釋，到目前為止美國中央銀行（Fed）12 月在聯邦公開市場委員會（FCMC）會議上決議上調基準利率 1.25 ～ 1.50%，被視為解決了市場的不確定性。
>
> 但是收盤因程序交易賣出勢力大舉湧入，同時間成交指數大幅下跌。韓亞金融投資研究員金龍九解釋：「尾盤主要是以非利差交易為主，機構的程序交易賣出勢力大規模湧入。在利差交易方面上，國家和地方政府也在尾盤加入大量賣超」。
>
> ——金東炫，〈一度突破 2,500 尾盤急殺⋯⋯
> 因「四巫咒術」收跌的 KOSPI〉，《韓國經濟》2017.12.15

　　韓國股市把每年 3、6、9、12 月的第二個禮拜四稱為「四巫日」*，形容這天就像是有四個魔女騎著掃帚在天上飛舞般混亂。四巫日的正式名稱為「quadruple witching day」，雖然這個名字聽起來像是奇幻電影名般浪漫，但對投資人而言卻是充滿了不安的一天。四巫日當天，股市指數期貨、股市指數選擇權、個股期貨、個股選擇權四項衍生商品會同時期滿，因此很難預測股票市場的走勢。

　　期貨和選擇權都是約定未來交易的衍生商品，先事先簽定誓約，但金錢的來往卻是等到期滿時再進行。期滿接近的時候，與股市指數或個股掛鉤的

期貨、選擇權為了從交易上實現利益，買賣現貨股票的交易量就會急遽增加或減少，因此經常發生股價過度波動的情況。

　　大量持有期貨、選擇權的機構投資人可能會選擇延長期滿時效，也可能會將持有數量直接投入市場，當股票供給突然增加，價格就會下跌，當然也不是說股價在這天就一定會崩跌，因為這天也會同時湧入想低價接手機構所拋售之優良股的需求。有時候也會出現與平時沒有不同的平穩走勢。

　　創造出四巫日這個詞彙的地方是華爾街。美國投資人透過親身經歷發現了期貨、選擇權同時期滿的這天，股票市場的波動會特別的大。過去因為交易股市指數期貨、股市指數選擇權、個股選擇權，所以被稱為「三巫日（triple witching day）」，但美國從 2002 年、韓國從 2008 年開始加入個股期貨，因此變成了「四巫日」。不過由於個股選擇權交易並不高，所以實際上跟三巫日並沒有太大的區別。

* 編按：美股亦是。

215　胖手指 Fat Finger

金融商品交易過程中的下單失誤，描述手指頭太胖不小心按錯鍵盤。

> 因衍生商品交易蒙受鉅額虧損的韓脈投資證券最終仍宣告破產。
>
> 17 日首爾中央地方法院破產十二部（審判長李在權）於本月 16 日宣告韓脈投資證券破產，已選定存款保險公司作為破產管理人。
>
> 2013 年 12 月 12 日韓脈投資證券因衍生商品自動下單程序設定錯誤引發大規模錯誤交易，約造成 463 億元交易虧損，導致負債大於資產約 311 億元，並於 1 月 15 日收到金融委員會的不良金融機構決定、終止營業與營業改善命令，由於韓脈投資證券透過增加資本額等方式履行營業改善命令的可能性非常微薄，又於 2014 年 12 月 24 日收到被取消金融投資業營運許可之通知，金融委員會已於上個月 16 日向首爾地方法院申請破產。
>
> ——金蓮荷，〈「463 億錯誤下單」韓脈投資證券最終仍宣告破產〉，《首爾經濟》2015.02.18

　　每個人應該都有過使用電腦或智慧型手機打錯字的荒唐經驗，跟朋友在聊天室裡發生失誤的時候只要笑一笑就過了，不過在金融市場上一但打錯字，就可能引發無法挽回的結果。「胖手指」就是指金融機構的員工在交易過程中打錯字所引發的事故，使用於非出自於本意的失誤時。

　　歷史上著名的胖手指事件是 2010 年 5 月發生在美國的「美國股市閃崩事件（Flash Crash）」。一位投資銀行的員工在下單賣股票的時候，把 m（百萬）失誤按成了 b（10 億），極度異常的訂單出現後，所有金融公司的程序交易演算法立即連鎖運作，道瓊指數在十五分鐘內暴跌了 9.2%，整個市場陷入了混亂之中。

　　韓國也有因為胖手指事件而倒閉的公司。新聞裡所提到的韓脈投資證券旗下的一名員工，把原本是 365 天的選擇權商品期滿日誤植為 0 天，在錯誤發生的那一天裡產生了 463 億元的虧損。這間公司雖然透過與證券公司協商，取回了部分錯誤交易的款項，但是最終仍無法從外國投資人身上要回款項，最終還是宣告破產。韓脈方面委屈地表示：「美國的避險基金瞄準了特定公司的訂單失誤，我們掉入了他們所佈下的陷阱之中。」但是已經潑出去的水仍然無法挽回。

　　衍生商品市場越來越壯大，隨著超短線交易增加，胖手指的詛咒變得隨處可見。雖然政府引進了異常價格所成立之訂單可被取消等補強措施，但效果仍然有限。不管再純粹的失誤，對於涉及投資人重要資金的金融公司來說，胖手指是不可被饒恕的事情，只能靠業者自己打起精神。

第十二章
以企業為中心的資金流動：資本市場

企業需要事業資金時，會選擇向銀行貸款或者將股票上市，除此之外還能直接發行債券從資本市場裡籌資。隨著金融技術越來越發達，CB、BW、ABS、NPL、永久債等大眾生疏的產品，在交易方面也十分活絡。隨著大量資金湧進，透明的會計也變得更為重要。讓我們一起來看看資本市場與企業會計相關的基本知識吧。

216 公司債／商業票據 Corporate Bond／CP，Commercial Paper

公司債市以企業長期資金調度為目的所發行的債券；商業票據（CP）是以短期資金調度所發行的票據。

優良企業的商業票據（CP）發行量日益增加，分析指出這是因為新冠肺炎（COVID-19）擴散後，公司債市場陷入冰點短期貸款變得較為有利所引發的結果。

20 日根據韓國委託結算院指出，韓國最高信用等級（A1）一般 CP 發行餘額高達約 53 兆 4,700 億元，比三個月前（1 月 20 日）的 44 兆 9,700 億元高出 18.9%。據悉本月以來，SK Energy、SK Innovation、GS Retail、KCC 等都發行了代替公司債進行資金調度性質的半年期以上 CP。

企業資金負責人近期對於推動發行長期公司債倍感壓力，因為投資需求萎縮，若支付利率沒有高於債券評級機構所提出的合適利率（民評利率），就會難以達到募資金額。具有「AA 級」優良信用評級的樂天購物、新羅酒店、SK Energy 本月份所推出的三年期公司債預期公募利率，相比民評利率最高多出 0.60% 的附加利率。

——金恩靜、金鎮成，〈「公司債票房不確定」……
透過 CP 調度資金的企業們〉，《韓國經濟》2020.04.21

企業們有各種事業金調度的方法，其中最簡單的方式就是向銀行貸款（間接金融），但是他們也經常使用發行股票、公司債或商業票據（CP）等方式（直接金融）。公司債與 CP 都是直接向投資人借錢，不過期滿與發行方式不同。通常公司債用以調度三年期以上的長期資金，CP 則是一年以下的短期資金。其中最大的差異點是，CP 跟公司債最大的差異在於，CP 的發行

程序較簡單，規範也較少。

公司債是債權的一種，可以說是訂好本金、利息、期限後借錢來使用的借條。政府發行的債券稱作國債；金融機構發行的債券稱作金融債；一般股份有限公司發行的債券稱作公司債。發行公司債與股票的差別在於，公司債必須要定義還款的時間，不管公司賺錢還是不賺錢，都必須要支付確切的利息。持有股票的股東可獲得參與公司經營的權利，但是購買債券的投資人並無法干涉經營權，也不能要求配息，對公司而言這點極具吸引力。

但是天下沒有白吃的午餐，由於公司債是信任企業信用，長時間出借資金的商品，因此發行公司債必須經過嚴格的程序。除了需要董事會決議，還需要接受證券公司的企業審查，並且要向金融當局提交證券申報單。此外，證券公司在發行公司債之前，會先以機構投資人為對象展開需求預估，並在這個過程中決定發行量與利率。投資人會參考信用評級公司所評比的信用等級，如果反應不夠熱烈，公司債的發行將會告吹。

反之，CP 不需要董事會決議，只要代表理事簽字蓋章就可以發行，如果限期在一年以下，也不需要提交證券申報單。CP 的優點在於企業可以輕鬆進行資金調度，對投資者來說則在短時間內可以獲得高於銀行的報酬率。由於 CP 沒有擔保，所以並不是任何公司都可以發行，企業信用評級必須為 A 才得以妥善流通。

就項中小企業會把從客戶身上收到的商業票據拿去銀行兌現（票據貼現）一樣，證券公司會以優惠價格買進企業所發行的 CP，然後拆賣給各個機構投資人與個人。如果倍報酬率迷惑冒然投資 CP 的話，也可能面臨鉅額虧損。2010 年初 STX、LIG、熊津、東洋等接連虧損，購買這些公司 CP 的個人投資者都遭受了鉅額的損失。

217　可轉換公司債 CB，Convertible Bond

具有權力可轉換成發行企業之股票的公司債。

> 　　因身為電視劇《經常請吃飯的漂亮姐姐》主角丁海寅的經紀公司
> 而受到矚目的 FNC 娛樂 2018 年又再次虧損，加上 FNC 娛樂決定發行
> 150 億元規模的可轉換公司債（CB），有分析指出這將對股價造成壓
> 力。
>
> 　　FNC 娛樂去年 4 月藉由丁海寅所主演的《經常請吃飯的漂亮姐
> 姐》竄紅，股價一度飆漲至 1 萬 3,000 元。後來以隊長鄭容和為首，
> CN Blue 的團員接連入伍後，外界對於 FNC 業績的期待大幅下降。某
> 證券公司相關人士表示：「到 CN Blue 歸隊以前，FNC 的音樂與表演部
> 門都很難創造收益。」
>
> 　　大規模發行 CB 也是一項負擔。CB 具有轉換價調整條款，在股價
> 下跌的時候會調降轉換價，以發行更多新股。日後若 FNC 娛樂股價下
> 跌，因轉換價調整而引發新股發行規模增大的話，現有股東的持股價
> 值將會被稀釋。
>
> 　　——吳亨柱，〈業績惡化、發行 CB「雙重利空」……
> FNC 娛樂股價是否將受阻〉，《韓國經濟》2019.03.11

　　企業所發行的公司債，就是約定好「先借我錢，日後再還你」的證據。
但是到期日來臨時，難道公司必須償還現金給投資人嗎？可不可以用股票
來還呢？基於這種思維下所設計出來的公司債，就是所謂的可轉換公司債
（CB）。CB 從「轉換」一詞就可以看出，它被賦予了權力，可選擇以事先
約定的條件將債務轉換成股票的公司債。

　　舉例來說，以限期一年、期滿保障報酬率 10%、轉換價格 1 萬元為條件

所發行的 CB，對投資人而言就有兩種選擇。首先，如果這一年內股價都不到 1 萬元，投資人不將 CB 轉換成股票，以債券型式持有至期滿後領回 10% 利息交易就算結束。但假如股價上漲到 5 萬元，把 CB 轉換成股票之後再賣出，就可以賺到 4 萬元的利差。依據選擇的不同，CB 就像是變色龍一樣，可以是股票也可以是債券。

站在消費者立場來說，CB 的魅力就在於可以同時享有債券的固定利息與股票的市價利差。因為債券本身可以轉換成股票，所以不需要額外花錢買股票，但是因為享有股票轉換權，因此債券利率會低於一般公司債。需要留意的是，信用評級較低的企業也可以發行 CB。

站在企業的立場來說，CB 的優勢在於可以用低於一般公司債的費用進行資金調度。因為附加上股票轉換權，所以即便給予較低的利率一樣會有人願意購買。當 CB 被轉換成股票的話，在會計帳簿上就會從負債（公司債）被轉為資本（股票），負債比率（＝負債÷資本）會下降，因此還可以獲得改善財務結構的效果，不過同時也必須承擔經營權被動搖的風險。如果大量買進 CB 的投資人將 CB 轉換成股票，現有股東的持股率就會下降，極端一點可能會發生大股東換人做的狀況。此外，行使轉換權若使股票數量增加，就會成為股價下跌的主因。

難以透過有償增資調度資金的不良企業，或者新事業在即需要長期資金的新創企業都經常使用 CB。景氣不佳的時候，企業的 CB 發行量也會出現增加的趨勢。這個金融商品曾經引發三星的經營權變相繼承爭議，以 1990 年代的「三星愛寶樂園 CB 事件」為契機受到整體社會的關注。

218　附認股權公司債 BW，Bond with Subscription Warrant

具有認購發行企業股票全力的公司債。

> 有價證券市場上市公司錦湖電機時隔三個月又再度發行 200 億規模公募附認股權公司債（BW），預估將進一步加重日後新股發行所帶來的股權稀釋壓力。
>
> 16 日投資銀行（IB）指出，錦湖電機計畫最快將於本月發行 200 億規模的公募 BW。錦湖電機受韓國信用評價公司評估為「B 級（穩定）」信用等級，已經正式進入發行作業，據悉近期將決定限期、新股認購權行使價格等發行條件。
>
> 也有觀測指出，想透過發行 BW 吸引投資者並不容易。錦湖電機 2018 年 10 月也發行了價值 200 億元的五年期公募 BW，期滿報酬率為 5% 略高於表定利率。接連發行 BW 會加重股價稀釋壓力，去年 10 月發行的 BW 可轉換數量高達當時股票總數的 29.23%，共 288 萬 1,884 股，預估這次的 BW 也會採用類似規模的新股轉換條件。
>
> ──金炳根，〈接連受到 BW 壓制的錦湖電機，
> 擔心可能發生大規模股票轉換〉，《韓國經濟》2019.01.17

　　附認股權公司債（BW）具有介於股票與債券之間的中間性值，因此經常與可轉換公司債（CB）一起被提及。BW 與 CB 是所有企業都經常使用的籌資方式，CB 給予投資人將債券轉換成企業現有股票（普通股）的選擇權；BW 給予投資人可認購企業發行之新股的選擇權。

　　舉例來說，這張 BW 給予投資人以每股 1,000 元認購股票的權力，購買了 BW 的投資人若等到該公司的股價上漲到 2,000 元的時候行使自己的權利，就可以用市場價格的一半買進股票。但若公司股價低於 1,000 元，就可

以不行使新股認購權，以債券型式持有，等到期滿領回約定的本金與利息。

　　BW 另一項魅力是，能夠拆分 B（bond）與 W（warrent），可以把債券與新股認購權分開交易的 BW 稱為「分離型 BW」。投資分離型 BW 的話，就可以只賣出新股認購權以節省投資費用，或者是賣出債券賺取股價的市價利差。有許多人指責，分離型 BW 被惡意利用在擴張企業主支配力之上，2013 年一度被禁止，但是 2015 年又重新准用。

　　企業靈活運用 BW 的話，可以以低於一般公司債的費用進行籌資，因為賦予了新股認購權，所以利息較低。但若投資人大規模行使新股認購權，現有股東的持股率就會下滑。CB 轉換成股票後，會從負債（債券）被轉換成資本（股票），具有改善財務結構的效果，但是 BW 在行使新股認購權後仍依然被列認為負債（債券）。在投資人的立場上，這兩者的差異在於，CB 轉換成股票時不需要支付額外的資金，但是 BW 只有被賦予可購買股票的權利，若實際要取得股票，就必須額外投入資金。

　　投資像 BW 與 CB 一樣同時具有股票和債券性質的商品稱作為「夾層（Mezzanine）」，Mezzanine 是義大利建築用語，指一樓與二樓之間的休息空間，仔細評估發行企業不履行債務的可能性是夾層投資的關鍵。

219　資產擔保證券 ABS，Asset Backed Securities

以放款債權、應收帳款、不動產等各種資產作為擔保所發行的證券，利用難以立刻兌現之資產籌資時使用。

韓亞航空 7,000 億規模資產擔保證券（ABS）投資人們越來越不安。因為新冠肺炎（COVID-19）擴散，機場停飛的班機越來越多。若作為償還 ABS 本息金源的航公營運銷售無法恢復，部分人士擔心 4 月以後「提前還本」啟動的話，將壓迫到公司的財務狀況。

12 日韓國交易所指出，韓亞航空以未來應收帳款作為擔保所發行的彩緞系列 ABS 中「第 22 輯 1-16 號彩緞」的場內交易均價較前日下滑 130 元（1.3%）剩下 9,900 元。從上個月開始一路下跌，相較於 1 月底的最高 1 萬 700 元跌幅超過 7%，其他 70 幾種彩緞系列 ABS 價格開始出現相同的走勢。

信用評等公司表示，上個月韓亞航空的 ABS 相關航空營運銷售與 1 月相比下跌 40 ～ 50%。ABS 參考過去的銷售業績，是以本息 5 倍左右的未來銷售業績作為擔保，所以投資人不必擔心本金會立刻被吞噬，問題取決於 ABS 的提前還本契約。根據 Nice 信用評等指出，若實際銷售額跌至 ABS 本息回收所需金額的 3 倍以下且連續三個月未改善，就可能啟動提前還本條款。在這個情況下，韓亞航空就必須向投資人提供追加擔保。

——李泰浩，〈「飛機不飛」……擔憂的韓亞航空 ABS 投資人〉，

《韓國經濟》2020.03.13

雖然跟過去數千家比起來減少許多，但韓國仍有超過 1,000 家的當舖生意非常興隆。當舖有許多價值連城的物品，是讓現金不足的人用寶石、手

錶、名牌包等物品抵壓借錢的地方。企業中也有資產多、事業經營優良，但是即時流動資金不足的地方，這時候資產擔保證券（ABS）就是企業用於籌資的手段。

ABS 是以放款債權、應收帳款、不動產等未來可產生現金流的資產作為擔保，為了預支資金所發行的證券。舉例來說，有一間製餅公司 A 需要100 億元購買麵粉，A 雖然持有一間 150 億元的大樓，但是想要賣掉這間昂貴的建物需要很長的時間，所以 A 將處分建物的權利轉交給其他公司，以這間建物作為擔保，保證日後會償還本金與利息，賣出了 1,000 張 1,000 萬元的憑據，此時就會吸引認為公司倒閉至少還有 150 億元建物而安心投資的消費者。而 A 公司日後透過銷售餅乾，用賺到的錢償還了本息並贖回建物。以這樣的原理進行發行與流通的憑據就是 ABS。

ABS 會根據擔保的資產分為幾個種類，若是以不動產抵押貸款作為擔保的話，稱為不動產抵押貸款證券（MBS），公司債的話稱為擔保債券憑證（CBO），若為銀行放款債權的話則稱作擔保貸款憑證（CLO）。2019 年韓國ABS 發行額度為 51 兆 7,000 億元，以信用卡公司結帳日從用戶身上收取的卡費、航空公司的預售機票、通信公司兩年內將回收的智慧型手機貸款等，ABS 發行目前非常活躍。向一般民眾提供最長三十年住宅貸款的住宅金融公社會藉由 MBS 提前回收未來的資金作為貸款的金錢來源。

ABS 的魅力在於可以把難以現金化的資產轉換成容易交易的證券，透過「流動化」為資金提供喘息的空間，也可以發行把好幾個 ABS 綁在一起被稱為抵押債務債券（CDO）的另一種債券。2008 年鉅額投資不良 CDO 的雷曼兄弟破產，也為世界金融危機埋下了導火線。

220　永久債券 Perpetual Bond

實際上永遠不會期滿，不用償還本金只要持續支付利息的公司債。它可以被視為一種股權而非債務。

> 儘管永久債券在會計處理方式上飽受爭議，但企業仍接連不斷地發行。即便金融當局表示永久債券在會計上應屬負債，但分析指出企業認為要改變制度仍需要耗費長時間，因此仍繼續使用著永久債券。永久債券可以依據發行企業的決定延長期滿時間，目前在會計上被列認為資本。
>
> 27 日投資銀行（IB 業界）指出，CJ 大韓通運 29 日計劃發行 3,500 億規模的永久債券，滿期為三十年，五年後 CJ 大韓通運將具有行使提前贖回（買權）的權利。2018 年 12 月 CJ 大韓通運就曾發行過 2,000 億元價值的永久債券，透過資本擴充改善財務結構。CJ 大韓通運的負債比率因併購（M&A）與投資增加的關係，從原本 2015 年底的 89.9%，截至去年底已經增加至 150.9%。
>
> E-mart 下個月底也將發行 4,000 億規模的永久債券，E-mart 最近已選定韓國境內兩家證券公司作為主辦方，開始進入發行程序。
>
> ——金鎮成，〈會計處理方式惹議……接連發行永久債券〉，
>
> 《韓國經濟》2019.03.28

　　鬥山集團子公司旗下的機械公司——鬥山工程機械在 2012 年 10 月，成為韓國首位發行永久債券的公司。當事先決定好的限期到來時，一般債券就必須償還本金與利息。鬥山發行的這個債券期滿為三十年，而且可以按照公司的意思任意延長，事實上就是永久的債券，也就是說永遠都只要償還利息就行。繼鬥山之後，五年內韓國企發行了超過 30 兆元的永久債券，將其應

用在籌資方面。

　　永久債券同時具有股票與債券的性值，因此被稱為混合型證券（混合債券），其中最大的特徵是利用債券籌措的資金在國際財務報告準則（IFRS）上不屬於負債而被列認為資本。站在企業的立場上，永久債券不像銀行貸款一樣會增加負債比率，也不像有償增資一樣會造成管理結構的變動，是一舉兩得的債券。五年之後發行企業會被賦予可以提前贖回的買權，因此資金狀況變好的話，就得以輕鬆償還債務。

　　站在投資人的立場上，其優勢在於能夠透過優良企業的債券獲得較高的報酬率。當永久債券發行企業破產時，因為償還順位較為後面，所以利率會高於一般普通公司債，如果企業沒有行使提前贖回，利息還會向上增加。

　　雖然永久債券得優點如此之多，但爭議也很多。許多人質疑永久債券在會計帳簿上不屬於負債而被列認為資本這件事不太恰當，但隨著金融當局承認永久債券屬於資本後，爭議看似稍微平息。然而 2018 年國際會計準則理事會（IASB）表明立場，認為永久債券是企業清算時必須償還的金融商品，應該被視為是負債，基於這項原則下，日後永久債券有可能將會被分類為負債。

221　應急可轉債 Cocos，Contingent Convertible Bond

也稱為 CoCo 債，是一種固定收益產品，如有事件發生，已投資本金可以被強制轉換成股權或被攤銷作為條件的公司債。

> 　　隨著海內外市場利率飆漲（債券價格下跌），利息相對較高的高利率債券需求跟著增加。分析指出，因利率漲幅高於預期而受驚嚇的全球股票市場受到大幅盤整之後，部分市場流動資金快速湧入債券市場。個人投資者以分散投資的角度出發，開始關注可以穩定獲得固定收益，與被視為「風險資產」的股票性值相反的債券。
>
> 　　透過證券公司購買高利率公司債的散戶也正在增加。DGB 金融控股為了發行規模 1,500 億元的應急可轉債（CoCo 債），上個月 31 日展開的需求預測（提前認購）上，湧入了 3,040 億元的購買訂單。DGB 金融控股的 CoCo 債發行仲介 KB 證券相關人士表示：「證券公司為了確保以散戶為對象的零售量，大約下了 2,000 億的訂單」，此債券的表定年利率為 4.47%。上個月 22 日，DGB 金融控股子公司大邱銀行為了發行價值 1,000 億的 CoCo 債，在需求預測時大多數證券公司也都分別下了數百億元的訂單。
>
> 　　——河憲亨、金鎮成，〈金融動盪之下抬頭的安全資產……出現從股票到債券的「資金轉移」跡象〉，《韓國經濟》2018.02.07

　　銀行們為了擴充資本，會發行名為 CoCo 債的有價證券，CoCo 證券是由金融機構所發行的其中一種債券，平常的時候只是普通債券，不過其中有一樣條件是，若發生特定事件，投資人所持有的債券將會強制被轉換成股票，或者是銀行可以不需要還款。這邊所指的「特定事件」，在發行 CoCo 債的時候就會事先約定，如資本適足率跌落至一定水準，或者是銀行面臨需要

政府資金投入等虧損的狀況。

　　CoCo 債依據情況可以被轉換成股票，這方面與可賺換公司債（CB）有點類似，不過 CB 是在投資人願意的情況下進行轉換，而 CoCo 債是由發行企業強制轉換。

　　利用 CoCo 債籌措的資金，在銀行的會計帳簿上不是負債而是資本，因此具有改善財務健全性的效果。萬一公司真的倒閉也不需要償還本金，也可以和永久債一樣實際上不具有期限，一般來說會被認為是只對發行企業較為有利的商品，不過還是一樣賣得很好，因為近年來銀行得財務健全性多半良好，事實上銀行要倒閉的可能性也不高，因此也有許多投資人對 CoCo 債很感興趣。

　　由於 2008 年金融危機時期銀行接連虧損，在全球銀行監管標準「巴塞爾協議 III」被採用後才出現了 CoCo 債，在此之前銀行主要增資的手段為次級債，不過巴塞爾協議 III 中次級債已經不再列認為資本，取而代之的是使用 CoCo 債來滿足強化的資本條件。世界最初的 CoCo 債是 2009 年由英國駿懋銀行所發行，韓國則是 2014 年由 JB 金融控股首度發行。

222   次級債 Subordinated Bonds

發行企業破產時，等到其他債權人的負債全數清算後，最後才能獲得償還的
債券。

> 韓亞金融投資將發行創立以來最大規模的次級債，此舉是為了積
> 極改善在海外不動產投資擴大過程中所下跌的淨資本比率（NCR）。
>
> 20 日投資銀行（IB）業界指出，韓亞金融投資本月 28 日計劃發
> 行價值 3,000 億元的五年六個月期次級債，利率高於民間債券評等公
> 司市價評估五年期「AA」級公司債，將多出 0.9 ～ 1.4%，如果以本月
> 17 日為基準進行推算的話，年利率落在 2.86 ～ 3.36%。韓國信用評等
> 公司對韓亞金融投資這次計劃發行的次級債，給予比韓亞企業信用度
> （AA）低一階的「AA-」。
>
> 韓亞金融投資這次站出來發行史無前例的大規模次級債，是為了
> 改善財務健全性，NCR 從 2018 年底的 1176% 至今年 6 月底已下修到
> 849%。
>
> ——金鎮成，〈韓亞金投發行創立以來最大規模 3000 億次級債〉，
> 《韓國經濟》2019.10.21

　　中世紀的人們事業失敗時會把陳列物品用的木板打碎，表示自己
再也無法繼續做生意，破碎的長椅（banca rotta）就是英文單字裡破產
（bankruptcy）的語源。而韓國人的先祖若無法承擔債務的話，就會舉辦所
謂的債務盛宴，也就是指把家裡僅存的家當全部轉讓給蜂擁而至的債主們，
進行債務的清算。

　　如今企業如果破產的話，就會依法舉辦「井然有序的債務盛宴」，將公
司持有的資產全數清算後，依序分給債權人和股東。首先，持有該公司所發

行之公司債的話就具有優先權，接下來才是股東。把錢都償還給債權持有者後，剩下的資產就會依照持股率均分。

　　不過債權投資人之間也有優先順序，先收到本息償還的債券稱為高級債，排在其後償還的債券稱為次級債。由於次級債的債務償還順位較後面，所以利息會高於一般債券，以「高風險高收益」的原則來說是理所當然的。

　　次級債是由金融控股、銀行、證券公司、保險公司等金融機構發行，目的是為了擴充資產，改善國際結算銀行（BIS）資本適足率、淨資本比率（NCR）、風險資本額（RBC）等各種的財務健全性指標。次級債期滿雖然具有要償還債務的特性，但是在會計處裡上被認為是資產。

　　優良的金融公司經常以次級債作為籌資的手段。但是2010年初部份不良儲蓄銀行所發行的次級債，也曾對個人投資者造成鉅額的虧損，因為次級債具有金融公司倒閉時就會變成壁紙的特性。當時的儲蓄銀行們，在沒有告知次級債不屬於存款人保護對象的情況下，不分青紅皂白地販售給金融知識不足的中老年層，這個事件成為韓國史上情況最糟的不當銷售案例之一。

223　不良債權 NPL，Non Performing Loan

積欠本息超過三個月以上的放款債權。

　　不良債權（NPL）專業投資公司掀起一場總量保衛戰。分析指出，由於景氣衰退，年均 5 兆元規模的 NPL 市場預期將會大幅成長，因此業者們開始搶占市場。

　　7 日根據金融投資業界指出，韓亞銀行旗下的韓亞 FNI（前外匯投資）光是 2018 年就收購了約 5,700 億元（債券本金約 7,000 億元）規模的 NPL。截至今年 3 月底所持有的 NPL 資產總額為 7,787 億元，比起 2016 年的 4,572 億元，在兩年多內急遽增加了 70%。

　　隨著後起業者積極投入市場，原本排名第一個聯合資產管理與排名第二的大信 FNI 佔有率出現減少趨勢。由八家銀行作為股東的聯合資產管理，2018 年在 NPL 市場（投標量）佔有率為 40%，大信 FNI 為 20%。反觀 2008 年兩間公司的市佔率高達 80%，目前的市場支配率多少有些減弱。繼韓亞 FNI 以後，未來資產運用、KB 資產運用、IGIS 資產運用等公司，以 5 ～ 10% 左右的市佔率展開排名爭奪戰。

　　NPL 投資公司發現景氣衰退的情況加劇，期待後續出現大幅度反轉，在銀行積極處份不良債權的時，NPL 市場收益性將會有所提高。過去 2011 年受到金融危機波及，因結構調整導致待售物件激增，當時銀行的 NPL 出售規模高達 7 億元，聯合資產管理 36 名員工賺取了 913 億元的淨利，ROE 高達 15%。

　　——李泰浩，〈景氣衰退……不良債權市場將迎來「巨大市場」〉，

《韓國經濟》2019.08.08

　　銀行們會將積欠三個月以上的貸款列為不良債權，因為他們認為若等了三個月都等不到回應，貸款要取回的可能性就很低。對銀行來說，不良債權就像是腐敗的 Apple，因為若不良債權的比重高達一定水準以上，就會被視為是財務健全性不佳的公司。因此他們會將腐敗的 Apple 在會計帳簿作為虧損處理，或者是累積起來一口氣以低價甩賣。

　　不過腐敗的 Apple 不代表完全「毫無價值」，有些貸款具有良好的擔保，只要認真督促就可能償還。如果買進不良債權後能夠回收債務，或者是以高於買進價格處分的話，就可賺取收益。舉例來說，若以一折價（10 億元）買進積欠 100 億元的放款債權，只要從中回收 20 億元就可以賺到 10 億元。以此為目的交易不良債權的地方稱為 NPL 市場。

　　NPL 市場是依靠不景氣來生存的，韓國的 NPL 市場是從 1997 年外匯危機作為契機而成形。隨著流動性危機發生，大量出現倒閉的公司，不良債權的規模也隨之擴大。當時孤星、高盛、摩根士丹利等國外金融公司靠著收購優良的 NPL 獲得了豐厚的收益。2003 年的信用卡之亂與 2008 年的金融危機等，成為了韓國 NPL 市場養成的誘因。近期韓國本土證券公司與資產運用公司也積極投入 NPL 市場，成為了低利率時代的替代性投資手段。國營企業 Kamco、Uamco 等不良債權專業管理公司的力量也有所增強。

　　NPL 也曾經受過個人投資者的關注，但是這個領域基本上屬於「大戶聯盟」。不過也有聲音指責，現在出現很多私貸業者與儲蓄銀行，以不到本金 5% 的價格買入 NPL 後不斷追討，折磨著債務人的狀況。

224　國際債券 International Bond

企業在非本國的海外地區所發行的債券。若以發行國的當地貨幣發行稱為國際債券；若以其他貨幣發行則稱為歐元債券。

中國第二大航空公司中國東方航空將發行史上最大規模的阿里郎債券。阿里郎債券是外國企業在行國市場發行的韓元債券。兩年前，中國東方航空成為第一個發行阿里郎債券的公司，為了為韓國的營運注力，東航決定擴大韓國境內的籌資規模。

1 日投資銀行（IB）業界指出，東方航空計劃下個月於韓國債券市場發行 3,000 億元的三年期韓元債券。近期已經委託韓國信用評等公司進行債券信用等級評估，正式進入發行準備程序，將由 KB 證券主導發行。

這次是史上最搭規模的阿里郎債券發行，而目前的最高發行金額紀錄也是東航於 2017 年所發行的 1,750 億元債券。就算總括外國企業在韓國發行的人民幣、美金等外國貨幣債券，預計此次發行也將繼海南航空集團（人民幣 3,350 億元）、工商銀行（人民幣 3,090 億元）成為史上第三大規模。

東方航空再度於韓國推動大規模債券發行，是為了籌措韓國境內營運所需的資金。東航除了韓國與中國之間的航線以外，也正在持續擴大美國與歐洲等長途航線，加強對韓國境內的營運。有觀測指出，東航會以此次在債券市場上發行阿里郎基金為契機，定期在韓國市場進行籌資。

——金鎮成，〈中國第二大航空公司東方航空⋯⋯發行史上規模最大阿里郎基金〉，《韓國經濟》2019.10.02

　　泡菜債券、點心債券、洋基債券、熊貓債券、武士債券……閱讀債券的報導時，會出現讓你能聯想到特定國家的趣味名稱。企業在海外發行的國際債券有各式各樣的種類，一般來說企業在發行公司債的時候，會以自己國家的貨幣發行，但隨著我們進入資本移動與企業活動沒有國境限制的時代，經常出現在其他國家以各種貨幣發行債券的案例。

　　國際債券根據標示貨幣與發行國價是否一致，可以大致上分為兩類。以發行國當地的貨幣發行的話稱為國際債券（foreign bond）；以第三國貨幣發行的話稱為歐元債券（Eurobond）。外國企業在韓國以韓元發行的阿里郎債券就是國際債券的例子，只有發行人的國籍屬於海外，以類似於韓國境內其他債券的方式進行交易，且受到韓國金融當局的規範。史上第一支阿里郎債券是 1995 年由亞洲開發銀行（ADB）所發行。當外國人在美國發行美元債券稱為洋基債券；在中國以人民幣發行稱為熊貓債券；在日本稱為武士債券；在澳洲稱為袋鼠債券；在英國稱為鬥牛犬債券。

　　外國企業在韓國以美元或歐元等發行的泡菜債券屬於歐元債券的案例。史上第一支泡菜債券是 2006 年由美國投資銀行貝爾斯登所發行。為什麼標示貨幣與發行國家不一致的債券要被稱為歐元債券呢？ 1960 年代美國企業因規範的因素，導致在美國境內發行債券難度增加，便開始在美元流通性活躍的歐洲發行美元債元，當時的名字就一直沿用至今，現在有很多跟歐洲完全無關的歐元債券。外國人在日本以日圓以外的貨幣發行的債券稱作將軍債券，在香港以人民幣發行的話就稱為點心債券。

　　2008 年金融危機以後，韓國企業的海外法人在韓國積極發行泡菜債券，並將泡菜債券所借來的美元立即兌換成韓元，實際上是為了籌措韓國境內資金，而這是因為先進國家大幅下調利率，以外匯標示的債券利率比韓元標是的債券更便宜，所以才產生此現象。但是販售泡菜債券的時候，會引發短期外債增加、韓元匯兌過程中匯率下跌等大量副作用，因此 2011 年開始便禁止以該目的發行泡菜債券。

225　垃圾債券 Junk Bond

信用度不佳的企業或國家所發行的非投資等級債券。

> 　　今年以來，曾經繁榮的美國垃圾債券市場近期刮起陣陣冷風。垃圾債券是由信用等級不佳的企業所發行的高風險高收益債券，而垃圾債券市場的動向，被用作是判斷一般金融市場有無泡沫化的指標。
>
> 　　華爾街日報（WSJ）12 日報導，垃圾債券與美國國債之間的利率差距，截至本月 9 日已擴大到 3.79%。兩種債券之間的利率差距今年以來一值持續縮短，上個月 24 日為 3.38%，寫下全球金融危機後的最低數值。利率差距縮短表示金融市場的風險因子較少，投資人正在積極投資垃圾債券。然而垃圾債券與美國國債之間的利率差距從上個月 24 日以後便迅速拉開。
>
> 　　　　——金東潤，〈投資者撤離垃圾債券……美國「危險派對」
> 　　　　　　結束了嗎〉，《韓國經濟》2017.11.13

　　速食通常被稱為垃圾食物，junk 的就是垃圾的意思，雖然知道垃圾食物傷身，但還是會因為好吃而吃。債券市場上將信用度不佳的企業或國家所發行的債券稱作垃圾債券，雖然知道有風險，但還是會因為預估報酬率高而選擇投資。

　　發行債券是企業和國家籌資的主要方法之一，投資人在判斷債券發行人的信用度高低時，會參考信用評等公司所標記的等級。垃圾債券所指的就是「非投資等級」或「投機」等級的債券，每間信用評等公司的等級體系不太一樣，標準普爾（S&P）將 BB+ 以下；穆迪將 Ba1 以下；惠譽將 BB+ 以下等級的債券列認為垃圾債券，等同於韓國信用評等公司 BB 以下的意思。

　　垃圾債券因為會給予高收益（high yield）因此又稱為「高收益債券」。

如果信用不佳的話，就必須給予更多利息才能賣出債券，站在投資人的立場來說，屬於高風險高收益的商品。但近期垃圾債券的含意又放寬成由信用等級不高，但是技術能力與成長能力卓越的中小、新創企業所發行的債券。現在還有將持有資產集中投入垃圾債券的「高收益基金」。

美國券商麥可·米爾肯（Michael Milken）使垃圾債券受到世界觀注。1980年代米爾肯投資了不被任何人所理睬的垃圾債券賺到了數十億，他透過分析財務報表，從信用等級較低的企業中挑選優良債券而大獲全勝。

景氣好的時候，投資垃圾債券的風險就會降低，因此而形成具有吸引力的投資標的，但是景氣不佳的時候，就必須要有面對不履行債務的最壞打算。2010年代初期，陷入財政危機的希臘與匈牙利，曾經受過國債被降級為垃圾債券的恥辱。

226　可轉換可贖回優先股
RCPS，Redeemable Convertible Preference Shares

可轉換可贖回的優先股，經常作為新創公司吸引投資的手段。

> 　　調查結果顯示，韓國 VC 投資新創公司時一半以上採用 RCPS 方式進行投資。RCPS 投資風險較小，是國內 VC 業者偏好的方式，不過這會成為新創公司想獲得其他 VC 投資的絆腳石，此外 RCPS 在新創公司面臨困境的時候可以回收資金，因此被稱為「有毒的聖杯」。
>
> 　　26 日韓國風險投資協會統計指出，韓國 VC 截至今年 8 月底所新增的 1 兆 2,785 億元投資中，RCPS 投資額為 6,529 億元，高達普通股投資額（2,255 億元）的 3 倍，佔整體新增投資中的 51.1%。
>
> 　　韓國 VC 的新增投資中，RCPS 的比重從 2012 年 39.6% 開始出現持續上漲的趨勢，2015 年為 42.1%，今年 8 月底已經擴大至 51.1%。韓國 VC 業者投資時經常採用 RCPS 的方式，預先安排好安全措施的傾向越來越強烈。
>
> 　　——權海英，〈股票皮債券骨，讓新創哭笑不得的 RCPS 投資陷阱〉，《亞洲經濟》2016.10.26

　　大型演藝經紀公司 YG 娛樂 2014 年獲得路易威登旗下的投資公司 610 億元投資，引發了話題。2019 年捲入「Burning Sun 事件」的 YG，最後必須連本帶利償還路易威登 670 億元。雖然股價崩跌公司陷入困境，但為什麼卻可以一口氣掏出鉅款？答案是因為路易威登的投資是 RCPS。

　　RCPS 基本上屬於「優先股」，並且是附有特定時間點可以行使取回投資金額的「贖回權」及轉換成普通股的「轉換權」，是同時具有股票與債券性質的混合型證券。

　　路易威登對 YG 進行 RCPS 投資，五年後可以用每股 4 萬 3,000 元轉換成普通股，或是選擇以年利率 2% 贖回。碰巧期滿的時候，YG 的股價因為 Burning Sun 事件跌至 2 萬元左右，當然沒有理由選擇轉換成普通股。

　　RCPS 經常被用作新創公司吸引投資的手段，由於可以根據狀況調整收益及風險，因此是對身為投資人的創投公司（VC）較為有利的方式。如果新創公司經營狀況良好，就可以取得普通股，等公司上市後賺取市價利差，但如果經營狀況不佳，就可以行使贖回權保障本金。

　　在非上市公司的會計處理準則──韓國會計準則（K-GAAP）中，RCPS 屬於資本，但是如果公司上市的話，就必須採用國際會計準則（IFRS），而 IFRS 中將 RCPS 列認為負債。因此即將公開發行的公司，必須要進行事前整頓，例如將 RCPS 事先轉換成普通股等，若是一口氣將獲得投資的 RCPS 轉換成負債，可能會使一間正常的公司陷入資本蠶蝕的狀況。

　　與 RCPS 不同，只具有贖回權的優先股被稱為「可贖回優先股」；只具有轉換權的優先股被稱為「可轉換優先股」。

227　群眾募資 Crowd Funding

提供需要資金的個人或企業在線上公開事業企劃，向不特定多數人募集資金的服務。

> 　　提供個人小額投資者投資新創與中小企業的群眾募資市場正在快速成長，每年以 2 倍以上的速度增加，成為為新創與中小企業新的募資窗口。
>
> 　　7 日最大群眾募資業者 Wadiz 表示目前公司今年募資金額已經突破 1,000 億元，回顧 2013 年至 2018 年為止累積募資金額 1,000 億元，成長幅度非常之大。Wadiz 預估今年底群眾募資金額將達 1,600 億元，明年增長更將高達 5,000 億元。推測群眾募資業者 Wadiz 的市場佔有率將達到 50% 左右。
>
> 　　──羅素芝，〈「群眾募資」每年 2 倍速以上增長……成為新創、中小企業募資窗口〉，《韓國經濟》2019.10.08

　　2009 年在美國開啟群眾募資之門的網站「Kickstarter」被稱為「網購御宅們的遊樂場」，裡頭除了資訊技術（IT）以外還有遊戲、食品、生活用品、藝術作品，充滿了在其他地方非常少見的獨特商品。2012 年比三星和 Apple 更早開發出智慧型手錶的新創業者 Pebble 也是在這裡向 27 萬人募資高過 100 億元，引發廣泛討論。

　　群眾募資結合了群眾（Crowd）與募資（Funding）二字，是提供平台讓中小企業、個人創業、藝術家等上傳自己構想的企劃，並面向多數人以積少成多的方式取得資金援助的服務。這筆資金會在商品、作品、事業完成後返還給投資人。這是一個很好的點子，成為了難以透過金融機構募資的新創公司的新募資窗口。世界第一個群眾募資平台為 2008 年美國的 Indiegogo，過

幾年後韓國也出現了 Wadiz 與 Tumblbug。

群眾募資可以分為「回饋型」與「投資型」，回饋型是收下資金後，以產品進行回饋，實際上跟網路商城很類似，對企業來說在預測新商品的效費者需求方面也頗有助益。投資型是透過仲介公司投資新創持股，近似於非上市股票投資。一間企業每年可以取得 15 億元的群眾募資，雖然投資人也許能夠賺到市場價差或配息收益，不過還是屬於高風險投資。

群眾募資的投資對象持續不斷地擴大。《仁川著陸》、《你的名字》、《82年生的金智英》等電影製作費，就是透過群眾募資募得後成功上映的案例。群眾募資目前也被廣泛應用在展覽、表演、慶典等文化活動或自營業者、中小企業等招商投資之上。

不過投資者保護機制還不完善，因此需要區分標的好壞。彭博社指出，Kickstarter 募資上 IT 產品中有 75% 都以失敗收場，就連被稱為「群眾募資界傳說」的 Pebble 也沒有大舉獲得成功，在 2016 消聲匿跡。當發生投資爭議的時候，群眾募資業者會表示自己只是「仲介者」，大部分情況都不會給予過多的幫助。

228　特斯拉上市（未實現利益企業上市）

赤字企業若發展前景良好的話便可以在 KOSDAQ 上市的制度，取自於美國特斯拉於 NASDAQ 上市的案例。

> 　　以未來發展潛能作為保證，透過特例上市進軍股市的企業「成功神話」搖搖欲墜。9 月以成長性模範特例第三號上市的 PASS 和本月 11 日以第四號上市的 Raphas 股價雙雙跌破公開發行價，14 日以赤字企業上市特例（即「特斯拉條件上市」）第二號進軍 KOSDAQ 的杰特碼上市第一天股價就急速跌破公開發行價。
>
> 　　部分人士擔心，這些特例上市股的股價若日後一段時間內仍無法回到公開發行價，公募股投資人可以行使資產回售權，將股票賣回給主辦方，將會導致這些證券公司面臨為數不小的虧損。
>
> 　　到今年夏天以前，投資銀行（IB）業界都將特斯拉條件上市與成長性模範特例上市視為「成功公式」。作為特斯拉條件上市第一號的 Cafe24，2018 年 2 月以 5 萬 7,000 元公開發行價進軍 KOSDAQ，並在同年 7 月股價飆漲至 20 萬 4,600 元。
>
> 　　作為成長性模範特例第一號的 Cellivery，去年 11 月以 2 萬 5,000 元公開發行價上市，今年 3 月已上漲至 8 萬 2,000 元。生技業界還一度傳出「為了『討好』擔任 Cellivery 公開發行（IPO）主辦方的 DB 金融投資而展開一場你爭我奪」的傳聞。
>
> 　　——李禹尚，〈奔跑的「特斯拉特利上市」企業盛宴結束了嗎？〉，《韓國經濟》2019.11.15

　　美國電動車業者特斯拉於 2003 年創立，透過 Paypal 海撈一筆的伊隆‧馬斯克（Elon Musk）認為「未來電動車將會像手機一樣普及」，便抱持著雄

心壯志創立了特斯拉。特斯拉直到 2013 年第一季才首度出現盈餘，也就是說它整整虧損了十年。特斯拉之所以可以撐過黑暗時期，要多虧於 2010 年的納斯達克上市，當時特斯拉一年虧損超過 2 億美元，但是納斯達克卻同意讓它上市。特斯拉以透過股市籌措的資金為基礎繼續研發電動車，一躍成為「創新的標誌」。

韓國一直到幾年前為止，上市的條件都非常嚴格，必須透過銷售與利潤審核才能夠進入 KOSPI 與 KOSDAQ。2005 年出現了針對持有獨家技術的企業給予例外許可的「技術特例上市」制度，但是除了幾家生技業者符合以外，門檻還是非常之高。韓國政府參照特斯拉的成功案例，於 2017 年追加了被稱為特斯拉上市的「未實現利益企業上市」制度。

特斯拉上市的標準是外在規模，只要滿足市值總額 500 億元、銷售額 30 億元、連續兩年銷售增加率 20% 等條件即可，如果總市值夠大或是自有資本夠多，即便其他條件略為不足也依然可以上市。不過這些企業並非所有人都能安心投資的標的，因此主導上市的證券公司必須承擔部分責任，倘若上市後股價下跌 10% 以上，上市主辦公司將必須以公開發行價 90%的價格買回投資者的股票。

同時期政府也導入了「成長性特例上市」制度，不以外在規模為主，只要自有資本 10 億以上、資本蠶蝕未滿 10% 即可上市。除此之外，韓國政府還導入了不以技術為主，而是以事業模型的獨特性為主要判斷依據的「事業模型基礎特例上市」。這些都與特斯拉上市相同，可以說是為有潛力新創業者拓展籌資管道所成立的制度。

229　未上市股票

沒有在公開市場（證券交易所）上供買賣的公司股票。

> 　　即便處在新冠肺炎（COVID）事態下，場外市場仍舊持續升溫。部分人士擔心，景氣衰退會引發場外企業公開發行（IPO）時機推延，不過受到高度「關注」的生技企業，交易反而持續增加。
>
> 　　20 日金融投資協會調查指出，於 K-OTC 市場登錄的 Osang Healthcare 場外股票價格（加權平均股價）當天飆漲了 30% 來到 1 萬 6,250 元。傳聞指出由 Osang Healthcare 所開發的新冠肺炎檢驗試劑獲得美國食藥署（FDA）緊急授權，買進勢力就隨之湧入，年初 Osang Healthcare 的場外股價為 4,375 元，相隔約一百一十天就上漲了 271%。
>
> 　　專家指責，雖然時能耳聞透過場外股市「發財」的情況，但是因此「傾家蕩產」的事情也比比皆是。彩色鋼板生產業者 AJMCM 2019 年 6 月場外價格為 1 萬 5,000 元左右，但是不到一個月股價就崩跌至 1,705 元。
>
> 　　──朴在元，〈「生技股在哪裡」……連場外股票都不放過的散戶們〉，《韓國經濟》2020.04.21

　　2017 年槍戰遊戲《絕地求生》在海內外掀起一陣炫風，遊戲製作公司 PUBG 的股價當年飆漲至 78 萬。PUBG 是沒有在正規股市交易的未上市公司。但是認為這間公司「將成大器」的人們，為了提前買進股票湧入了場外市場。

　　如果想在韓國交易所旗下的 KOSPI、KOSDAQ、KONEX 正式上市的話，就必須滿足資本額、銷售額、利潤等各種條件。無法具有上市條件的公司股票，就只能在場外交易。透過私營仲介業者或是個人協議進行非上市股

票交易是合法的行為，只不過沒有辦法擁有像交易所一樣具有公信力的機構保護機制。

　　預計要上漲或是上漲前景光明的未上市股票，會非常受到歡迎。偶爾也會出現為了「發財」而熱衷於未上市股票投資的人，不過想要高收益就必須承擔高風險。因為投資人很難以獲得企業的資訊，也很容易被捲入未證實的傳聞之中，虛假訂單、不履行結算、逃稅等也被批評為是場外交易的副作用。

　　為了改善這些問題，金融投資協會於 2014 年成立了場外股票市場「K-OTC」，是效仿了美國納斯達克的場外市場 OTCBB。K-OTC 的前身為 2000 年開始營運的「Freeboard」，雖然是出於活化未上市股票交易而成立，不過可以交易的企業並不多，交易也不夠熱絡，屬於有名無實。K-OTC 擴大可交易股票，包含中小企業、中堅企業、大企業子公司等，2019 年累積交易金額已經突破 2 兆元。三星 SDS、Cafe24 在正式上市之前都是在 K-OTC 裡進行交易，充分扮演了活絡 K-OTC 交易的角色。

230 槓桿效應 Leverage Effect

積極利用債務將報酬率極大化的投資策略。

> 消息指出年金、互助會、證券公司、保險公司等韓國境內機構投資人 2019 年買進的歐洲不動產高達 125 億歐元，規模高出 2018 年投資金額（54 億歐元）3 倍之多，因為預期負利率將導致房地產價格上升，韓國境內機構紛紛增加對歐洲不動產的投資。
>
> 韓國機構因高報酬率，去年大幅增長歐洲不動產投資。歐洲市中心大樓的租賃報酬率近似於首爾市中心的辦公大樓，不過若考量到槓桿（負債調整）的話，因為歐洲當地金融機構提供年利率 1% 左右的低利率貸款，所以歐洲的投資報酬率會比韓國高出 2 ～ 3%。如果歐洲不動產價格上漲的話，投資回收時還能獲得銷售價差。
>
> Savills Korea 海外投資諮詢組長尹在元預估：「歐洲今年將延續去年，預估將可以從低利率所產生的槓桿效應與歐洲兌韓元的溢價中，獲得額外的收益。」此外，「今年不只歐洲，美國等地區也將實現多元化。」
>
> ——李鉉一，〈「K-money」也買進歐洲不動產……
> 光去年就超過 16 兆元〉，《韓國經濟》2020.01.13

　　即便政府掀起一場「投機之戰」人們還是不斷貸款買房，原因就出於對不動產價格繼續看漲的期待。特別是這種時候，借越多錢的人越能受惠。舉例來說，我用自身持有的 2 億元加上向銀行貸款的 3 億元，共 5 億元買進一間公寓大樓，如果房子價格漲到 6 億元的話，房價上漲率為 20%，不過我真實的報酬率為 50%，因為扣掉貸款的話，我實際的資金只有 2 億元。利用負債將自我資本報酬率（ROE）最大化就是槓桿效應。在金融圈裡「leverage」

就等同於「貸款」的意思。

　　企業們也會適當利用負債作為槓桿，如果以 10 億元的股東權益做生意，賺到了 1 億元的話，ROE 是 10%。但是如果 10 億元中有 5 億元是透過負債籌資，ROE 就會翻倍成為 20%。也就是說，如果預估收益高於利息費用的話，引進他人資本（負債）進行投資更加有利可圖。企業的貸款、公司債等所支付的利息會被列認為費用，可以減少稅金。如果堅持「無貸經營」，就等同於效率上無法獲得保障。韓國大企業 2018 年的平均負債比率（＝負債÷股東權益）為 67%。

　　槓桿效應僅限於「具有債務償還能力時」，而負債比率幾 % 才算合理並沒有正確答案，根據每個產業的特性都不一樣。但是過度貸款導致連利息都無法償還的公司，在使用槓桿之前就會先面臨到破產的問題。企業若因為負債導致虧損的話，虧損率將會大於股東權益，這也是槓桿效應被比喻為雙面刃的原因。1997 年外匯危機爆發當時，大企業平均負債比率高達 400%，2008 年金融危機發生，也是因為美國房屋買家與金融機構過份負債。

　　減少負債與貸款稱為「去槓桿（deleverage）」，去槓桿可以適用在個人、企業與國家，槓桿多半出現在景氣良好的時候，去槓桿則是景氣不佳的時候。

231　售後回租 Sale and Lease Back

企業將持有的不動產、機器、設備等賣出後支付租金繼續使用，是利用持有資產確保現金流的方法。

> 　　E-mart、樂天購物、Homplus 三間大型超市同時開始進行不動產流動化，都選擇採用將不動產資產賣給外部人士後，再重新租用的「售後回租（sale & leaseback）」方式，不過在確保投資資金、改善財務結構、財務投資者（FT）回收投資金額等目的方面各家略有不同。
>
> 　　14 日投資金融（IB）業界指出，E-mart 與 KB 證券簽訂了業務協議，今年內欲推動 1 兆元的資產流動化，今年內將會完成出售店鋪選定與投資人募集，據悉出售給公開募集的外部不動產基金方案最為有利。
>
> 　　樂天購物也正在進行百貨公司、暢貨中心、超市的綜合不動產流動作業。
>
> 　　　　──崔俊善，〈賣店籌資三間大型超市「同床三夢」〉，
> 　　　　　　　　　　　　　　　　　　　《先驅經濟》2019.08.14

　　韓國最大零售業者樂天是有名的「地產大亨」，已故的創始人兼名譽會長辛格浩對房地產格外熱愛，他從 1960 年代開始，為了建設百貨公司、超市、工廠，就開始在韓國各地購買土地與建物。但是 2010 年由兒子辛東彬會長接手經營後策略便開始轉變，為了籌措進軍新產業的資金，他利用售後回租的方式將核心店面的不動產流動化。

　　Sale and lease back 以中文來說就是「賣出後再承租」，也就是將持有的建物、機械、設備等賣出，所有權轉讓的同時再簽訂長期租賃合約，繼續以借貸的方式使用該資產。優點在於大筆資金流入，小筆資金流出，可以優化

財務結構又不影響目前的營業活動。買方大多是金融、投資機構，因為不需要另外找租賃方，又可以穩定獲得租金收益，對他們也非常具有吸引力。

　　其他公司也採用了與樂天相同的方式，SK 的加油站、KT 的電信局、SC 第一銀行的營業據點、KT&F 的菸草倉庫建築物，都使用售後回租的方式進行處份，改為持有現金流。這種契約通常都會納入條款，在經過一段時間後，給予原本所有人優先購買的權利，也就是說資金持有狀態變好的話，就可以買回該建物。

　　妥善運用售後回租的話，可以在沒有營業場所轉移的狀態下持有現金流，可以用來應對不動產景氣不佳時所引發的資產價值下跌。不過每年要支出的租金也不是一筆小數目，因此若沒有穩定的營業活動做支撐，很可能會帶來其他的負擔。

　　政府也將原本作為企業結構改組手段的售後回租應用於一般民眾的居住政策之上。若有人因無法償還房屋擔保貸款而要被驅趕出屋時，Kamco 會購買那間房子，讓原住戶可以支付租金繼續住在原本的房子。

232　國際財務報告準則

IFRS，International Financial Reporting Standards

為了提升企業會計處理與財務報表的國際統一性，由國際會計準則委員會
（IASB）所訂定的會計準則。

> 「國際財務報告準則（IFRS）的故鄉歐洲非常重視會計專家的
> 判斷，不會針對會計錯誤進行制裁。韓國 2011 年全面導入 IFRS，但
> 是卻仍然無法擺脫過去韓國一般企業會計準則（K-GAAP）的監督體
> 系。」
>
> 　10 日首爾世宗大路大韓工商協會所舉辦的韓國會計資訊學會研討
> 會中，有部分聲浪指責韓國的會計監督體系與著重原則的 IFRS 準則不
> 相容。
>
> 　漢陽大學會計稅務系教授金鍾現以「IFRS 時代會計專家的角色與
> 責任」為主題進行演說，他表示「英國與德國等使用 IFRS 的歐洲地
> 區，不是由公務員，而是由會計公司、會計學者等民間會計專家擔任
> 會計監督的重要角色」。
>
> 　演討會當天有許多意見認為，韓國也應該著手開始討論符合 IFRS
> 時代的監督改制。啟明大學會計系教授表示「監察委員可以對會計判
> 斷提出意見進行制裁，使得企業還是像過去 K-GAAP 時期一樣要看監
> 察委員的臉色」，他認為「監督當局應該擔負建立正確會計處理準則的
> 『促進者』一角，而非『制裁者』」。
>
> 　　——何秀晶，〈IFRS 實施第九年，韓國緊盯監督當局的臉色〉，
> 　　　　　　　　　　　　　　　　　　　　《韓國經濟》2019.04.11

會計從人類有商業交易往來以來便同時存在，歷史非常悠久。從古希臘、古羅馬開始，人們就會記錄金錢一來一往的明細，商業快速發展的中世紀歐洲就已經有複式簿記的出現。產業革命創造出了成本計算、會計期間、發生制、實現制等各種會計理論與方法。高麗時代的開城商人也發明了名為「四介松都治簿法」的會計處理方法。

進入跨國際時代後，擁有國際標準對於作為「經營語言」的會計而言也變得更加重要，其中最被廣為使用的是包含韓國在內 150 幾個國家所採用的 IFRS。

IFRS 是會計專家們，將設立於英國倫敦的民間團體 IASB 1973 年所發表的國際會計準則（IAS）改名後而來，分別於 1995 年和 2001 年建議歐盟（EU）的跨國企業與全世界的企業使用此準則。2000 年美國爆發的超大型會計弊案「安隆醜聞案」成為契機，主要國家們開始紛紛導入。韓國也借鑒 IFRS 的原理，完成了韓國國際財務報告準則（K-IFRS），並於 2011 年開始適用於所有的上市公司，最近我們在財經新聞上所看到的大部分韓國企業業績都是根據 IFRS 製作的。

IFRS 的核心在於合併財務報表，如果有子公司的話，必須要將子公司的銷售額、利潤、資產、負債等合計反映於母公司的業績之上。此外最重要的特徵是，評價資產、負債的時候不是以發生當時的價格為主，而是要反映出當前市價（公允價值）。

韓國採用 IFRS 是為了要解決以韓國企業以韓國方式所製作而成的財務報表，無法在受到海外承認的「韓國折價」情況。不過建設、保險等部分產業中，出現了因為會計標準轉換而產生副作用的情況，原本正常的公司變成帳面上債務沈重的不良企業，引發企業叫苦連天。由於 IFRS 並沒有強制性，所以美國、日本、中國等還是堅持使用自己的會計準則，韓國也還是有部分公司依然持續使用韓國舊版的會計準則（K-GAPP）。

233　外部審計 External Audit

由與企業無利害關係的外部會計專家執行的審查制度。

> 　　三星電子的外部監察人時隔四十年將從 PwC 會計師事務所更換為德勤會計師事務所。金融監度院選定了 220 間公司，從明年開始實行「週期性監察人指定至」，並於 15 日事前通知了指定監察人。
>
> 　　週期性監察人指定制度是企業在六年內可以自由挑選監察人，接下來的三年須由政府指定監察人的制度，為的是藉由「強制替換」外部監察人防止企業與會計公司之間互相勾結。但是隨著主要企業的外部監察人大換血，部分人士擔心可能會引發會計相關的紛爭。
>
> 　　德勤被指定為三星電子的新任監察人，然而三星電子從 1970 年代開始就一直委託 PwC 進行審計。預計 SK 海力士的監察人將會更換為 PwC，而 PwC 和安永將分別被指定為新韓金融控股與 KB 金融控股的新任監察人。
>
> ——李基勳，〈PwC 換成德勤……三星電子四十幾年來首次更換監察人〉，《朝鮮日報》2019.10.16

　　當公司規模達到一定程度後，就必須由註冊會計師審查公司自行整理的會計帳簿是否有如實記載。企業要透過股票、債券、貸款等方式募資的時候，對方就會先查閱該公司的財務報表，如果財務報表不正確的話，投資者或金融公司就會身受其害。當然公司內部也有會計部和監察部，但是員工必須遵從上級指示，因此難以百分之百避免掉隱瞞不實的可能性。如果能夠由沒有利害關係的外部人士二度進行確認，就可以更進一步提升會計資訊的可信度，而這種制度就稱為外部審計。

　　在韓國資產或銷售額超過 500 億以上的股份有限公司與有限公司都必須

接受外部審計，為了避免給予中小企業過度壓力會有部分例外。股份有限公司若滿足資產未達 120 億、負債未達 70 億、銷售額未達 100 億、從業人員未達一百名其中三樣條件，就不須接受外部審計。而有限公司則是基於上述條件下，再追加員工數量為達 50 人的標準，只要五項中滿足三項就不須接受外部審計。

外部審計指的就是會計師事務所，他們會在審查完財務報表等各種會計資料後，完成包含無保留意見、保留意見、否定意見、無法表示意見內容的審計意見報告書。會計師事務所不是只坐在上看資料，還要到訪辦公室與工廠進行對造，因此大企業的會計審計業務量非常的大，要由數十名會計公司工作好幾個月，並收取高達上億元的報酬。

外部審計是為了防止會計業務上的道德敗壞，但基本上是由企業挑選會計師事務所進行委託，契約上仍屬「甲方與乙方的關係」，因此難以完美防治有會計不實的可能性發生。對於財報窗飾睜一隻眼閉一隻眼的會計公司將會面臨刑責，其中最具代表性的案例就是「大宇造船海洋的會計醜聞」。

為了補足缺陷，韓國政府於 2020 年引進「週期性監察人指定制」，企業六年內可以連續自律性委任會計師事務所，接下來的三年則必須接受由政府指定的會計師事務所擔任外部審計。1990 年代開始，韓國政府就引進了「外部監察人指定制」並營運至今，是針對具有未委任監察人、違反會計準則、指定列管項目等經歷的公司，由政府指定會計師事務所的制度。

234 審計意見 Auditor's Opinion

由負責審查企業財務報表有無正確記載的註冊會計師所提出的意見，會針對財報給予無保留意見、保留意見、否定意見、無法表示意見中的其中一項意見。

> 會計審查越來越嚴格，2018 年審計報告中一共有 43 間上市公司收到「不適當意見」，此外有 85 家企業勉強收到無保留意見，但是基於對公司未來的擔憂，審計報告強調事項上被記載了「公司續存具不確定性」。
>
> 金融監督院 13 日公佈 2,230 家上市公司 2018 年度審計報告分析結果，指出有 43 間上市公司收到不適當意見，相比去年增加了 11 間。會計師事務所會針對企業的財務報表有無根據合法會計準則記載進行審計，並提出含有無保留意見、保留意見、否定意見、無法表示意見四種意見之一的審計報告，上述四項除了無保留意見以外，其他都屬於不適當意見。本次收到不適當意見的企業中，有 8 間公司收到保留意見，另外有 35 間公司收到無法表示意見，沒有任何一家公司收到否定意見。
>
> ——張允貞，43 間上市公司審查結果「不適當」……
>
> 一年之間增加 11 間《東亞日報》2019.08.14

　　韓國第二大航空公司兼 KOSPI 上市公司韓亞航空因無法承擔持續增長的債務，2019 年 12 月錦湖集團決定將韓亞航空賣給 HDC 現代產業開發。韓亞航空於該年 3 月公告自家審計報告取得的「保留意見」後，加劇了市場對於韓亞航空流動性的擔憂。大企業無法取得「無保留意見」是非常罕見的事情，被認為是公司內部有問題的信號彈。

　　負責企業外部審計的會計師事務所會仔細評估財務報表，接著針對該財務報表有無正確記載給予①無保留意見、②保留意見、③否定意見、④無法表示意見其中之一的意見，這個意見被稱為審計意見。

　　無保留意見表示該公司遵守會計處理準則，每年韓國上市公司中 99% 都可以取得無保留意見，出現無保留意見才是正常的情況，是理所當然的結果。不過要注意的是，這只代表了公司有沒有根據財務報表準則記載，不是對公司財務狀態好壞的評價。保留意見表示因該公司違反會計準則，或是審查範圍受限（公司無法確切提供足夠證據以供審計），雖然難以提出適當的意見但並無重大問題。若因審查範圍受限而獲得保留意見，在 KOSPI 會被列管，在 KOSDAQ 則會成為退市原因。

　　如果被評價為否定意見或無法表示意見情況就會變得很嚴重，在 KOSPI 與 KOSDAQ 都會成為下市原因。否定意見表示不符合財務報表會計處理準則，不具有資訊參考價值。無法表示意見出現在審查範圍受限情節嚴重，或發現重大缺陷對企業存續持有疑慮時，會計上認為有無給予意見都不具備意義，因此乾脆標示為「no comment」。

　　每年 3 月上市公司會紛紛公佈審計報告，屆時將被踢出股市的企業才會現形，投資時一定要特別注意在審計意見上無法獲得適切結果的企業。審計報告必須在定期股東大會前一週進行公告，如果遇到超出提交期限仍猶豫不決的公司也應該保持懷疑。非上市公司即便無法獲得合理的審計意見也不會受到制裁，不過在吸引投資人等情況下會面臨到困境。

235　影子銀行 Shadow Banking

泛指具有類似於銀行服務的中介機構，但是與銀行不同，不受到嚴格規範的金融機構與金融商品。

統計指出全世界的影子銀行規模已超過 45 兆美元。

當地時間 5 日英國金融時報（FT）引用了由各 G20 財務首長與中央銀行總裁所成立的金融穩定委員會（FSB）所公佈的資料，報導指出截至 2016 年底全世界的影子銀行規模保守估計已經增加 8%，規模超過 45 兆美元。FSB 表示影子銀行佔比全世界金融資產大約 13%。

FSB 指出中國影子銀行規模佔全世界影子銀行的 15.5%，規模為 7 兆美元，為世界佔比最高。作為投資銀行與基金聚集地的盧森堡佔比 7.2%，規模為 3 兆 2,000 億美元。

——朴善美，〈全世界影子金融規模高達 45 兆美元〉，

《亞洲經濟》2018.03.06

　　警告國內外金融市場風險性的新聞報導中，經常提到「影子銀行」。影子銀行指雖然具有類似於銀行的信用仲介服務，但是因為不是銀行，不用受到金融當局嚴格管理與監督的非銀行金融機構，含有位在死角地帶「陰影（shadow）」的意思，以投資銀行、私募基金、結構性投資工具（SIV）最具代表性。

　　銀行為了應對存戶提款需求，必須準備好一筆一定程度以上的現金，還必須維持國際清算銀行（BIS）所制定的資本適足率，限制非常多。但是規模較小的影子銀行非常多，而且沒有保障本金的義務，規範強度較低。

　　影子銀行同時意味著由他們所經營的各種金融商品，例如貨幣市場基金（MMF）、債券附買回交易（RP）、信用衍生產品、資產抵押證券（ABS）、

資產基礎商業本票（ABCP）。靈活運用各種資產與債券的金融手法越來越發達，才驅動了影子行誕生的可能性。

　　銀行是串聯存戶與貸款人的單純結構體，但是影子銀行的資金仲介渠道卻非常複雜。以資產運用公司銷售的 MMF 舉例來說，當消費者投資 MMF 的時候，資產運用公司會將這筆資金拿去投資商業票據（CP）、可轉讓定期存單（CD）等短期金融商品，而投入 CP 的資金會流入企業被作為事業資金使用。雖然串聯供給者（投資人）與需求者（企業）的服務與銀行相似，但是過程相較之下非常複雜。

　　雖然這個詞彙給人的感覺比較陰暗，但影子銀行並不是不好的東西，因為它可以滿足銀行無法提供的高報酬率與各種資金的需求。影子銀行內部的企業競爭非常激烈，具有提高消費者便利性的效果。但影子銀行若管理不當的話，成為「虧損地雷」的風險很高。影子銀行在追求高風險高收益的過程中，經常動用貸款或投資衍生產品，但由於健全性規範較鬆散，損益公開不夠透明，有聲音指責美國金融會週期性陷入風險，影子銀行就是背後的因素之一。

236 另類投資 Alternative Investment

在股票、債券等傳統投資商品以外的投資標的，包含私募基金、不動產、社會間接資本（SOC）、原物料等範圍極廣。

證券公司與資產運用公司的另類投資商品就像黑洞般大量吸取市場資金，出現不少聲音警告要小心「羊群效應」，指出這些投資商品中大多數是流動性較低的海內外不動產，日後景氣衰退所帶來的風險正在增加。

14 日金融投資協會指出，不動產基金在基金資產總額（614 兆元）中的佔比，從 2014 年底的 7.8%，截至本月 12 日已經激增至 13.6%。不動產在基礎設施特殊資產基金及不需要公開投資組成費用的混合型資產基金裡，也佔了相當大的比重，若一起考量的話，基金資產內的不動產佔比推估已超過 20%。金融投資協會相關人士表示：「特殊資產基金裡，道路、港口、鐵道等基礎設施投資佔比將近 60%」且「每年資本都以 2 倍在增長的混合資產基金中，也混合了大量的不動產相關資產」。

不動產羊群效應所帶來的副作用也引發各界擔憂。實際上 2007 年，韓國首屈一指的商業銀行與資產運用公司曾聯手投資數百億元進入俄羅斯高爾夫球場建設計畫，但當時因為全球金融危機而陷入膠著，最終蒙受鉅額虧損。

——李昊基，〈全民參與不動產另類投資……失血競爭、過度投資引發虧損憂慮〉，《韓國經濟》2019.06.15

金融危機後低利率已延燒超過十年，對貸款的人來說不是壞事，但對投資人而言卻是「死亡的滋味」，因為低利率使提升報酬率變得非常困難。作

為可以多少賺一點利息得投資標的，使另類投資受到投資人的注目。

另類投資統稱除了股票與債券以外的所有資產投資，其中最具代表性的是私募基金、避險基金、不動產、新創企業、原物料、SOC 等，另類投資的優點是風險性低於股票，可能可以獲得比儲蓄或債券更高的報酬率，此外也有人會投資船舶、藝術品、知識產權、油田等。市場也出現了以另類投資商品為主的另類共同基金與指數股票型基金（ETF）。

另類投資的受歡迎的秘訣在於預估報酬率高，以及分散投資的效果。金融危機前後，機構投資人在股票和債券上大失血，親身經歷了在傳統資產內進行分散投資並沒有效果這件事。根據顧問業者 PwC 預估，全世界另類投資市場將從 2013 年的 7 兆 9,000 億元，於 2020 年增長至 15 兆 3,000 億元。已開發國家的機構投資人的另類投資比例，低的話有 20%，多的話則超出 50%。隨著這種趨勢發展，韓國的另類投資也在 2010 年以後，以年平均 15% 的速度成長，成為基金市場的主流，不過只佔全世界市場的 2%。

當然另類投資也不是一件簡單的事。另類投資的資產不像股票一樣標準化，流動性較低，而且大部分都會利用槓桿（舉債投資），因此市場冷卻的時候風險可能反而更高。過去將股票專家視為核心人才給予特別優待的韓國境內證券公司和資產運用公司，正竭盡全力爭取具有另類投資經驗的人才，顯示此領域的專業人才非常不足。

第十三章
為了讓明天比今天更好：革新與規範

　　雖然我們歷經許多辛苦與黑暗，但韓國經濟的未來仍十分光明。在以嚴苛著稱的限制環境下，仍持續誕生著次世代的新創公司。新創業整仍對於 AI、5G、金融科技、大數據、生技等各種領域躍躍欲試，傳統大企業也開始將開放與創新視為話題。這個章節收錄了未來新產業與規範改革相關的用語。

237　新創公司 Start-up

剛創業沒多久的新生風險企業。

　　　　新創公司在產業生態界中處處扮演著「新血」的角色,不僅改革了複雜的物流結構,衰退的商圈與老舊的建築,也因為新創企業的聚集而注入了生氣。

　　　　畜產品零售新創業者 MeatBox,主要運營串聯肉類進口、加工業者與餐廳、肉舖直接進行交易的 APP,由於沒有中盤商,肉品會價格便宜 10%～30%,消息傳出後 APP 的交易金額便從 2015 年的 89 億元,於 2016 年增加至 352 億元,2017 年更一舉躍升 875 億元。隨著各種市場行情以免費公開後,首爾馬場洞的畜產市場業者也經常使用此平台。

　　　　幾年前還屬於落後地區的首爾益善洞韓屋區,如今年輕人熙熙攘攘,帶來這項變化的不是首爾市廳和鐘路區廳,而是一間名為 IKSUNDADA 的新創業者。這間公司從 2014 年開始就透國群眾基金募資,在益善洞內開了 10 幾家特色商店,讓益善洞搖身一變成為擁有上億元權利金的「熱門地區」。

　　　　食品、物流、金融、傳統製造業也大量出現在尋找新機會的新創公司。Fabric time 將固守線下銷售的東大門批發市場布料販售給海外設計師,收到了來自 80 幾個國家的購買諮詢。2015 年創業的海鮮食品配送新創公司 Market Kurly,僅花了兩年就吸收 40 萬名會員,年交易額飆漲至 530 億元。

──林賢宇、裴泰雄,〈讓馬場洞牛市、東大門不市

改頭換面的新創業者〉,《韓國經濟》2018.01.17

　　新創公司指剛創業不久還位於起步階段的風險企業。1990 年代後期，美國稱之為「網際網路泡沫」的資訊技術（IT）創業潮時期，首度出現了這個詞彙。韓國在 2010 年代以後，以智慧型手機大眾化與人工智能普及化為契機掀起創業潮，新創公司這個詞彙便成為大眾熟悉的用語。

　　新創公司裡多半屬於 IT 產業，但不代表它必須是 IT 公司。乍看之下，很難區分新創企業與一般新設公司有什麼不同。專家認為新創公司的核心在於「找出造成人們不便的因素，抱持著藉由技術解決問題的精神」。如果只是生產以前別人做過的東西來賣，那就指是普通的中小企業。新創公司的命脈在於產品與服務的創新，未來價值比現在價值更重要。

　　新創公司雖然有創新的技術與想法，但屬於人力和資金較為緊張的公司，必須持續吸引外部投資才能夠快速成長生存下來。新創公司的募資階段依序為種子輪→ A 輪→ B 輪→ C 輪等。種子（Seed）輪就是先確保初期開發所需要的第一桶金，等到事業正式展開之後，追加募資再劃分為 A、B、C 輪。

　　新創公司是一種「高風險高收益」的挑戰，容易成立也容易倒閉。如果短期內無法做出成果的話，經常就會面臨資金問題而陷入困境。一般在創業後第三到第五年面臨的難關，被比喻成死亡峽谷（death valley）。

　　世界各國正在拚命活絡新創領域，由於傳統大企業都接連進入了成熟期、衰退期，需要有未來性的次世代企業。被稱為「新創搖籃」的美國矽谷、中國的深圳、以色列的特拉維夫等，熱烈的創業潮加上政府與投資人的大力支持，產生了加乘效應。而韓國的新創業者則多半聚集在首爾江南的德蘭黑路與京畿板橋一帶。

238　獨角獸 Unicorn

企業價值超過十億美元的未上市新創公司。

> 韓國誕生了第 11 間獨角獸企業 —— 生物相似藥製造公司 Aprogen，成為了韓國首例生技企業成長為獨角獸的案例。
>
> 中小風險企業部 10 日公佈，Aprogen 已經被美國市場調查公司 CB Insight 登載為獨角獸企業。Aprogen 正在開發生物相似藥與雙重抗體新藥。中小風險企業部相關人士表示「這段時間被列為獨角獸企業的公司主要都集中在資訊通訊科技（ICT）領域。生命科學領域首度出現了獨角獸企業，表示企業領域越來越多樣化，所以非常具有意義」。
>
> 隨著 Aprogen 成為第 11 間獨角獸企業，韓國的獨角獸企業排名曾與德國並駕齊驅同列第五，韓國獨角獸企業排名從 2018 年 6 月排名第七，在今年 5 月已上升至第五名，但是 7 月德國又新增了獨角獸企業，所以目前排名降到第六名。
>
> 韓國獨角獸企業誕生的速度有加快的趨勢，過去要出現一間新的獨角獸企業需要耗費一年以上的時間，但是去年有 3 間公司、今年有 5 間公司加入了獨角獸企業的行列。
>
> ——羅秀智，〈Aprogen 成為生技業界第一間獨角獸企業〉，
>
> 《韓國經濟》2019.12.11

Coupang、外送民族、Toss、Yanolja、Musinsa……，這些公司不僅是大韓民國的標誌性新創企業，還同時具有其他無數新創業者無法擁有的榮耀頭銜，也就是「獨角獸」行列裡的新創企業。*

獨角獸指非上市的新創公司中，企業價值超過 10 億美元（在韓國通常指超過 1 兆）的公司，形容它們就像神話裡的獨角獸，在現實中難以遇見。

這個詞彙首度出現在 2013 年美國創投公司 Cowboy Ventures 創辦人艾琳・李（Aileen Lee）在 IT 媒體 TechCrunch 所投稿的文章上，後來被廣為使用。

當新創公司的企業價值超過百億美元的時候，就會被稱為「十角獸（decacorn）」，原本獨角獸的獨（uni）代表數字一的意思，十角獸就是把前面的 uni 改成意味著十的 deca。如果企業價值超過千億美元的話，就被稱為「百角獸（hectocorn）」，取自於意指數字一百的「hecto」。

我們可以用總市值估算上市公司的價值，但是很難客觀判斷非上市公司的身價，就算創辦人再怎麼高喊「我們是獨角獸」，也不能完完全全相信他。新創公司的企業價值，要透過創業後數字向外部募資的過程中，經過投資人冷靜地判斷後才能計算出來，因為它們必須決定好投資金額以及要從中獲得多少股份。如果身價進階成以兆為單位計算，就意味著該公司是已經達到一定水準以上成果的「成功新創」。

從市調公司 CB Insight 所公佈的「全球獨角獸企業清單」上可看到，2020 年 3 月一共有 452 間企業被公認為獨角獸，其中大部分是美國（49%）與中國（37%）公司，韓國企業如先前所述，總共有 11 間。但成為獨角獸並不代表前景無處，也有很事業衰退最後被剔除獨角獸身份的案例，還有些公司維持著獨角獸的地位，但實際上卻飽受「獨角獸泡沫」之苦。

---

* 編按：台灣有沛星互動科技與 Gogoro 兩隻已上市的獨角獸。

239 創業投資／天使投資 Venture Capital／Angel Investment

風險投資是為有潛力的新創提供資金專業投資公司，同時也指稱創投公司所持有的資本。天使投資指個人投資者或他們所持有的資本。

> 2019 年創投金額突破 4 兆元，創下史上最高數值。中小風險企業部、韓國創投協會、韓國天使投資協會 29 日公佈，去年創投金額為 4 兆 2,777 億元。
>
> 創投金額從 2017 年 2 兆 3,803 億元至 2018 年增加到 3 兆 4,249 億元，持續不斷增長。去年的投資額相較前一年增長 25%，與 2017 年相比，兩年內增長了 1.8 倍。其中純民間基金投資金額為 1 兆 4,768 億元佔比 35%，這個比重從 2015 年 21.4% 開始，2016 年 24.6%、2017 年 32.3%、2018 年 33.8%，直到去年為 34.5%，呈持續增加的趨勢。
>
> 去年超過 4 兆元的創投績效，使風險投資佔 GDP 的比重上升了 0.22%。根據 OECD 最新統計，2017 年的比重美國為 0.40%、中國 0.38%、以色列 0.27%，當時韓國為 0.13%，兩年內就上漲了 0.09%，排名躍升為世界第四名。
>
> ——都賢珍，〈創投「突破四兆」刷新歷史紀錄〉，
>
> 《先驅經濟》2020.01.29

新創公司不論擁有多傑出的技術和發展前景，想要從銀行取得貸款還是不太容易，因為韓國本土銀行長久一直以來的慣例都要求貸款要具有房地產等確切的擔保品。而創業投資與天使投資就是看好這些創投公司的「高風險高收益」，積極向他們提供資金的資本方。

新創投資指專門投資具有高度技術與發展前景，但資金能力不足之新創公司的金融公司或他們所持有的資本。他們不要求擔保品，以獲得股票等替

代方式為新創公司提供資金。除了提供創業者資金以外，也會綜合協助他們了解經營、技術等技巧。如果投資的企業成功，他們所持有的股票就會「飆漲」，就得以從中賺取高額的報酬率。

韓國 2000 年初期借力於新創朝，創投公司也非常活躍，但是幾年後由於新創公司泡沫化擴散，一度導致投資萎縮。但隨著 IT 新創再度復活，人們對於「第二波新創潮」的期待日益漸增。根據創投協會指出，2019 年的創投金額史上第一次突破 4 兆元。

還有另一種方式稱為天使投資，他們不打算成立創投公司，以個人的方式組合成投資俱樂部，為創投公司提供資金。天使投資可以追朔至 1920 年代的美國百老匯，當時用來形容為首創歌劇提供資金，幫助他們成功完成表演的「天使支援者」，現在成為了新創產業的用語。韓國的天使投資規模，在政府的減稅優惠支持下，已經擴大至每年 5,000 億元。

天使投資人之中有很多著名藝人，艾希頓・庫奇（Ashton Kutcher）在初期就投資了 Skype、Uber、Airbnb 等公司，是著名的「獨具慧眼的天使投資人」。韓國境內，除了持有 Market Kurly 的李帝勳以外，裴勇俊、崔始源、李同國等藝人也都以個人名義投資新創公司，曾經一度引發話題。

240　出場 Exit

創辦人或投資人回收資金的出場策略。

> 　　去擔任直屬於總統之下的第四次產業革命委員會長的魁匠團（前Bluehole）理事會議長張炳圭，透過自己所創立的創投公司（VC）Bon Angels，參與了 2011 年由金奉鎮代表所創立的優雅的兄弟們初期出資，金額共 3 億元。
>
> 　　過了八年之後，本月 13 日優雅的兄弟公佈，德國快遞英雄已經收購了自家公司 87% 的海內外投資人持股。快遞英雄認為優雅的兄弟公司價值 40 億美元，持有 6.3% 優雅的兄弟股份的 Bon Angels 總共可回收 2,993 億元，先前 2017 年的時候，Bon Angels 處份了 7.8% 中 1.5% 的持股，約回收了 67 億元，Bon Angels 兩次共回收了 3,060 億元，僅投資八年就賺取了本金 1,020 倍的投資收益。
>
> 　　優雅的兄弟創下韓國新創公司史上最高出售金額，海內外 VC 皆有望「中頭彩」。
>
> 　　　　──金彩燕，〈「外送的民族」賣出，創投公司「中頭彩」〉，
> 　　　　　　　　　　　　　　　　　　　　《韓國經濟》2019.12.19

　　成功的新創公司創辦人何投資人要如何滿載而歸？雖然可以將薪水或分紅一點一滴慢慢存下來，但是大部分人都會「一鼓作氣」，等企業價值達到一定水準後，將持股轉賣給他人變現。創辦人與投資人像這樣將資金回收後退出稱作為出場。

　　新創的出場策略有很多種，最具代表性的是透過併購（M&A）將公司賣給競爭對手或大企業，或者是透過公開發行（IPO）讓公司上市。成功出場是新創公司的創辦人們共同想完成的夢想。

曾經有一陣子，很多人認為出場是類似「吃霸王餐」的行為，不過現階段這個形象已經改善許多。觀察成功出場後的企業家們，幾乎沒有人會遊手好閒，其中大部分人都會繼續構思新事業，或者是搖身一變成為投資人，繼續尋找其他有前景的新創公司。出場在促進二度創業或是二度投資上，對新創業界的良性循環做出了極大的貢獻。

不過可惜的是，韓國一直以來都被指責創業後很難出場。根據韓國貿易協會的分析指出，2013 ～ 2015 年獲得早期投資的韓國新創業中，成功出場的案例只有 5.8%，連美國（12.3%）的一半都不到。2019 年被德國業者收購的外送的民族，被認為是首屈一指的成功案例，但是若真的與國外比其來，規模其實並不算大。

造成這個現象的原因有幾種。部分人士指出，新創業者在韓國很難持續獲得大規模的投資，大多數情況下都會陷入成長停滯期，此外，由於各種規範所造成的負擔，導致大企業對於併購新創態度消極也造成了影響。也就是說，創業者的力量、風險資本持續的供給、大企業與新創之間的合作等，唯有整體環境共同成熟了，出場才能夠活躍起來。

241　FAANG

美國 IT 業界的代表性企業：Facebook、Apple、Amazon、Netflix、Google。

> 美國電動汽車業者特斯拉的股價連日飆漲，總市值一度超越 Netflix。甚至有觀測指出，引領美國股市的「FAANG」可能會被改制為「FAAGT」，也就是說特斯拉將取代 Netflix 成為核心技術股。
>
> 當地時間 4 日紐約股市上，特斯拉股價比前一天大漲 13.73%（107.06 美元），每股收在 887.06 美元，場中還一度飆漲 24% 每股高達 968.99 美元。特斯拉前一天也上漲了 19.89%，今年以來漲幅已經高達 112%。CNN 當天還形容特斯拉「不是這世界上的股票」。
>
> 特斯拉的總市值當天一度上漲到 1,700 億美元，收在 1,598 億美元，與 FAANG 中的 Netflix（1,619 億美元）只相差 21 億美元，盤中甚至一度超越 Netflix。
>
> 華爾街日報指出，特斯拉股價的漲勢比 2000 年的網際網絡泡沫、2008 年的油價飆漲、2017 年的比特幣泡沫更加陡峭。
>
> ——金賢碩，〈特斯拉「瘋狂股價」超越 2017 年的比特幣……FAANG 會變成 FAAGT 嗎〉，《韓國經濟》2020.02.06

　　財經界出現以當時受到矚目的國家與企業字首所組成的新詞彙，最近股市裡經常提及代表美國五間大資訊技術（IT）企業的 FAANG 一詞，取自於 Facebook、Apple、Amazon、Netflix、Google 的字首。

　　雖然它們偶爾會因為「泡沫化爭議」股價反覆漲跌，但是 FAANG 企業們不斷創下佳績，被認為橫跨美國主導了世界股市的走勢。隨著第四次產業革命成為話題，預計 IT 技術股短時間內會非常火熱。

　　美國有 FAANG，亞洲則有 STAT。STAT 是亞洲標誌性 IT 企業，指三星電子（Samsung）、中國騰訊（Tencent）、阿里巴巴（Alibaba）與台灣半導體企業台積電（TSMC）。英國投資公司 Seven Investment 將 STAT 形容為「亞洲四小龍」，還提出分析認為 STAT「比美國大型 IT 企業更具魅力」。他們以能比已發展國家更快吸收新技術的亞洲消費者為基礎，而亞洲地區整體的經濟成長率高於已開發國家，因此被認為更具潛力。

　　日本股市裡，把擺脫長期停滯股價飆漲的軟銀（Softbank）、任天堂（Nintendo）、瑞可利（Recruit）、索尼（Sony）稱為 SNRS。

　　最近海外投資門檻降低，韓國個人投資人中，也有很多透過直、間接方式持有 FAANG 的股票。全球股市持續活絡，除了 FAANG、STAT、SNRS以外，期待這些明星企業們可以創造出更多新詞彙。

242　開放式創新 Open Innovation

企業為了取得所需的技術或點子，與其他企業或研究組織建立有機合作關係的創新策略。

> 　　以牙膏 SirinMED 著名的富光藥品，近期因投資海內外生技企業賺取了 1,400 億元，同時引發製藥業界的羨慕與嫉妒。雖然柳韓洋行、韓獨、第一製藥等韓國大型製藥公司也透過投資生技領域獲得不少收益，但是仍無法和富光製藥相提並論。光是以目前回收的金額計算，富光製品用 75 億元轉取 1,385 億元，整整賺了 18 倍的利差。沒有值得推出的新藥、沒有熱門藥品的中小型製藥公司因成為「投資之神」而備受關注。
>
> 　　這間小公司能夠賺到相當於一年銷售額的投資秘訣，首先就是「開放創新」。富光製藥的開放創新徹底以外包為基礎，一般來說要投入數十億元之前都會仔細考慮被投資方的產線（候選物質），但實際上卻恰恰相反，富光國際把選擇投資對象的業務果斷外包。
>
> 　　雖然公司會從初期調查開始參與但只做基本的討論，如果看見可能性就外包給顧問公司或研究所，因為員工不夠一一分析數百間公司，就算知道分析結果，有無市場性和能不能成功又是另外一回事。
>
> 　　──全藝真，〈賣牙膏的富光製藥成為「生技投資鬼才」的秘訣〉，《韓國經濟》2019.05.18

　　公司如果想要成長，持續推出創新的新產品與新技術非常重要。過去企業們想透過投資得以培養公司內部能力的研究開發（R&D）解決這樣問題，也就是所謂的「封閉式創新」。但是現在每天都有大量新技術不段推陳出新，環境上已經不利於一間公司單靠自己的力量完成。

2003 年亨利・錢斯布羅（Henry Chesbrough）的著書《開放創新》（Open Innovation）引發話題，他指出要果斷打破企業內外的界線，主張從其他企業或外部研究機構取得創新所需的技術與點子，並且將內部資源向外開放，讓其他人也可以使用。「開放式創新」已經成為企業經營的核心關鍵字。

開放式創新市多個組織互相分享自己的強項，專注於做出最佳成果的「團隊合作」。就像在學校上課時，小組作業總是比個人作業更令人頭疼，開放式創新也不是一件簡單的事情。韓國企業在垂直組織文化方面具有強烈的血統主義，還不熟練於和外部組織合作與結合，也無法拋開若將自己辛苦開發的知識財產權四處公開，可能會被競爭對手追趕的擔憂。

即便如此，還是有很多企業正在嘗試開放式創新，因為可以減少新所投入的費用，提高成功的機率。汽車業者正在與外部資訊及通訊科技（ICT）專家合作，提升人工智能（AI）與自動駕駛等能力。製藥業者為了開發新藥，也開始與國內外有前景的生技新創公司聯手。

243 敏捷式組織 Agile Organization

打破部門之間的界線，根據需求組成小型團隊執行業務的組織文化。

> OrangeLife（前 ING 生命）今年 4 月成為保險業界第一個引進敏捷式組織的公司，成為了韓國企業效仿的標桿。敏捷式組織中負責不同職務的員工會以業務為中心組合成一個小組，它的特點是透過水平決策迅速進行業務處理。
>
> OrangeLife 將營運、行銷、產品企劃、資訊技術（IT）等來自各部門的九名員工聚集在一起，成立了 18 個「分隊」。組織改組後，OrangeLife 先前需要耗費兩個月左右的新產品準備期間大幅縮短至三到四週，保險理財顧問（FC）渠道的保險契約維持率也比三個月前平均改善了 2%。
>
> ——徐廷桓，〈認真學習「OrangeLife 敏捷式組織的企業們」〉，
> 《韓國經濟》2018.12.03

「這個不在我們組的管轄範圍內，我幫你轉交給負責的人」、「這個是隔壁部門負責的，你問他們看看吧。」

在公家機關或是客服中心辦事的時候，大家應該都有過為了找「負責人」而鬧得不愉快的經驗。長期以來企業在組織經營上都會明確區分各部門的界線，但是最近越來越多公司開始嘗試整合大單位的組織，使公司組織能夠更加靈活，也就是所謂的敏捷式組織。

Agile 這個英文單詞具有「敏捷、機靈」的意思，所謂的敏捷式組織，就是打破各部門間的界線，根據需求組織小型團隊執行業務的組織文化，它的特色是賦予小型團隊決策權，追求敏捷快速的應對，重點在於打破上命下服從的垂直組織結構，擴大個人的角色的作用。

　　敏捷式組織是 1990 年代以後，Google、Facebook、Amazon 等美國資訊技術（IT）創新企業主要活用的營運方式。韓國幾年前開始以銀行、信用卡、保險等金融業者為中心開始引進此制度，近期製造業、建設業等保守的傳統產業也開始關注敏捷式組織。

　　就算名字不被稱作敏捷式組織，為了防止企業規模擴大時所出現的官僚現象，各個公司也開始大量進行試驗。Naver、Kakao、NCsoft 等公司都持續致力把現有部門切格成獨立性較強的小單位組織，成果不錯的話還可以成立為子公司，雖然每間公司用的名稱不太一樣，例如內部創業、公司內部獨立企業（CIC）、種子（seed）、營地（camp）等，但是在提升組織效率的目的上卻是一脈相通。

244　開源軟體 Open Source

公開軟體的原始碼，開放讓任何人都可以自由修改使用。

> 　　微軟（MS）收購世界最大開源社群 Github。微軟於本月 4 日公開發表「以相當於 75 億美元的微軟股票收購了 Github，今年底前將完成所有收購作業」。
>
> 　　2008 年成立的 Github 是世界著名的資訊技術（IT）業開發者們日常所使用的平台，被形容為是「開發者樂園」、「工程師的 Facebok」。目前共有 2,400 萬名軟體開發用戶，持有高達 8,000 萬個軟體原始碼。軟體開發者可以透過 Github 儲存自己的開發代碼，也可以與其他開發者共享。在公開的開發原始碼上各個使用者可以添加自己的創意，共同創造出更棒的成果。
>
> 　　過去以封閉式操作系統（OS）Window 為基礎快速成長的微軟，最近對持有開源軟體業界主導權表現出興趣，據悉這次的協商將由微軟執行長（CEO）薩蒂亞・納德拉（Satya Nadella）帶頭指揮，微軟為了收購 Github，從 2017 年開始雙方就已經展開協商。CNBC 收購協商消息來源人士表示「微軟光是在與 Github 簽訂共同行銷合作協議就考慮要投入 3,500 萬美元，由此可見微軟對 Github 非常感興趣」。
>
> 　　——林賢宇，〈微軟收購「開發者樂園」Github，加快確保持有開源軟體主導權〉，《韓國經濟》2018.06.12

　　美食名店的廚師不會輕易公開自己下苦功所開發出來的食譜，資訊技術（IT）業者也一樣，原始碼就等同於能夠一眼望穿軟體結構的設計圖，是絕對保密的。不過現在有越來越多對外公開原始碼，讓任何人都能自由更改代碼的案例，這種類型的軟體稱為開源軟體，PC 時期被視為是微軟 Windows

勁敵的 Linux 就是代表性案例。

　　開源軟體最成功的案例，就是 Google 的智慧型手機操作系統（OS）Android。Google 的開始比 Nokia 的 Symbian、微軟的 Window Mobile、黑莓的 RIM 還晚，但是 Google 透過任何人都可以不需要負擔費用就能夠使用的開源軟體策略，瞬間席捲了智慧型手機的 OS 市場。現在 Andorid 成為除了 Apple 以外，三星、LG、華為、小米等所有智慧型手機選用的 OS 系統，佔有率高達 70 ～ 80%。

　　Google 利用免費的方式讓 Android 普及，同時引導使用者使用 Google 體系的 APP 藉此提升廣告銷售，他們也會向收費 APP 收取銷售額 30% 的手續費抽成。不過其中最大的收穫就是，把全世界的智慧型手機製作業者、使用者、APP 開發者綁在了 Google 的生態體系之下。雖然曾經有幾個企業為了擺脫「從屬於 Google」的狀態，企圖獨立開發 OS 系統，但是幾乎不可能扭轉整個局勢。

　　隨著 IT 業界開始認知到與其透過軟體獲得短期收益，更重要的是建構使用者生態系，開源軟體的熱潮也逐漸升溫。開源軟體另一項優點在於，大量用戶參與開發、編輯、修正的過程中，可以進一步提升軟體的完成度。

245　共享經濟 Sharing Economy

透過共享物品、知識、經驗等，追求合理消費與價值創造的新概念經濟，與過去以個人持有為基礎的傳統經濟形成對比。

中國的共享經濟市場規模一年內成長了 2 倍。有分析指出，在快速成長的狀態下共享經濟的內容擴大至知識和醫療等領域，體現出符合中國國情的事業型態。也有部分人士主張，共享經濟的成長提升了就業率並促進創業，從這點來看韓國也應該積極參考中國的經驗。

從 14 日由韓國貿易協會成都分部所公佈的「近期中國共享經濟的發展現況與啟示」報告書中提到，2016 年底中國共享經濟的市場規模為 3 兆 4,520 億人民幣，相較 2015 年增加了 103%。從產業類型來看，知識與內容共享事業規模從 2015 年的 200 億人民幣，去年增加至 610 億人民幣，共增長 205%，成長幅度最大。住宅共享事業一年內成長了 131%，而醫療共享事業增加 121%。

2016 年中國的共享經濟服務使用者數量預估已超過 6 億人，比前一年增加 1 億人以上。隸屬於共享經濟平台公司底下的就業人口高達 585 萬人，相比前一年增加 85 萬人。

——韓宇信，〈共享經濟模範生中國，一年內成長 2 倍〉，

《東亞日報》2017.05.15

「我兒子也不想考駕照。千禧世代所希望的不是持有汽車而是共享，只要轉換事業方向，就可以找到解決辦法。」

這是現代汽車集團首席副會長鄭義宣 2019 年 5 月在某場會議上的發言，當時世界汽車銷量十年來首次出現減少趨勢。專家們認為這不是因為不景氣而出現的暫時性衰退，而是因為世代變化所發生的結構性衰退。就像鄭

副會長的發言一樣，汽車業者開始煩惱比起「持有」更重視「共享」的消費趨勢。

　　共享經濟出現於 2008 年美國金融危機席捲全球之後。哈佛教授勞倫斯・雷席格（Lawrence Lessig）創造了共享經濟這個詞彙，和以大量生產與大量消費為特徵的二十世紀資本主義形成強烈對比，被美國《時代雜誌》票選為 2011 年「改變世界的十大思維」之一。

　　隨著 Uber、Airbnb、WeWork 等全面推動共享經濟的企業快速成長，把共享經濟的概念傳向了大眾。車輛與住宿空間、辦公空間、人力、資金、內容等有形及無形的所有財產與服務都成為了共享經濟的適用對象，也就是包含了所有可以租賃或是共同使用的東西。共享經濟提供了比個人更多的收益創造機會，它的優點在於活絡個人之間的合作，提供共同體之間的信賴。

　　但是問題在於，遇到問題的時候法律責任規範不夠明確。發生在 Uber和 Airbnb 的暴力犯罪，降低了人們對於共享經濟的整體信賴度。在中國因為ofo、摩拜單車等共享自行車業者陷入經營困難，也發生腳踏車被胡亂廢棄在城市各處的爭議。

246 零工經濟 Gig Economy

在自由市場中，企業與短期工作者簽訂短期合約，這樣的產業生態稱為零工經濟。

> 　　由外送的民族、Yogiyo 等 150 位外送從業人員所成立的外送員勞動協會「Rider Union」，本月 18 日收到了首爾市政府所頒發的勞動組織成立申報認證，「Rider Union」成為外送平台從業人員的第一個合法勞動組織。
>
> 　　隔天 19 日，針對代駕司機是否列認為勞工一事，法院首次判決結果出爐，法院承認代駕司機得以行使集體談判、罷工等「勞動三權」，屬於工會法上的勞工。
>
> 　　被分類為非正式勞動市場的「零工經濟（Gig economy）」市場正面臨動盪。隨著零工經濟領域結合 IT 技術進化成「數位平台產業」並開始擴大，將正式進入市場成熟期，勞動問題也開始面臨考驗。
>
> ──朴世靜，〈「零工經濟」市場動盪〉，《先驅經濟》2019.11.25

　　1920 年代美國爵士俱樂部經常舉辦名為「gig」的表演，指不提前安排樂團成員，而是在表演場地附近即時邀請演奏者進行的即席演奏。過了一百年後的今天，因為共享乘車、食物外送等 O2O（online to off-line）平台而急速成長的零工經濟，又使 gig 再度在全球各地掀起話題。

　　零工經濟是利用資訊技術（IT）平台，在需要的時候可以自由締結契約，使勞動人口增加的經濟現象。

　　像 Uber 或 TADA 的司機、外送的民族或 Yogiyo 負責配送預定餐點的外送員，都是頗具代表性的案例。最近媒合設計、翻譯、行銷等專業領域自由工作者的智慧型手機 APP 也非常受到歡迎，這些人不像一般上班族，必須早

上 9 點上班下午 6 點下班，而是在想工作的時間工作，簡單來說就是利用 IT 平台工作的「自發性非正式員工」。

2018 年波士頓諮詢公司（BCG）訪問了 11 個國家中擁有零工經濟經驗的勞工，結果顯示在美國、英國、德國等已開發國家中，把平台上的工作機為視為正職的人只有 1 ～ 4%，也就是說擁有正職但是把這些工作機會視為副業，提升額外收入的人口比例較高。中國、印度等已開發國家中，利用零工經濟賺取第二分收入的比重超過 30%。零工經濟最棒的功能性就在於，任何人都可以活用自己的才能賺取更多的所得。

但是也有不少人主張，零工經濟不但會搶走原有勞工的工作，還會引發「低質量工作」量產的現象。有人指責，計程車司機之所以誓死抵制 Uber 或 TADA 就是害怕乘客減少，而零工經濟也會導致企業養成不僱用或培養專業人才，需要的時候再找個人來用就好的習慣。為勞工提供保障的「勞動三權」和「四大保險」在零工經濟中要認定到哪個程度也是爭論的焦點之一。

247　電裝品

汽車搭載的所有電氣、電子設備，隨著汽車結合資訊技術（IT）成為各界矚目的高成長產業。

> 三星電子 2018 年發表的半導體品牌「Exynos Auto」將為汽車品牌奧迪提供產品，正式進軍電裝市場。隨著半導體景氣「高點論」成為現實，2019 年擁有 180 兆規模急速成長的車用半導體市場成為繼 PC 與智慧型手機之後的新興市場需求，因而備受矚目。
>
> 三星電子 3 日宣佈，2021 年將為奧提提供車用半導體「Exynos Auto V9」，這個產品是 2018 年 10 月三星電子發表車用半導體品牌 Exynos Auto 後，首度亮相的娛樂系統專用高性能、低功耗處理器。 Exynos Auto 是擔任汽車「大腦」的系統半導體，搭配個別運用場景可以細分為資訊娛樂系統（IVI）用的「V 系列」、先進駕駛輔助系統（ADAS）用的「A 系列」與車載資訊系統用的「T 系列」等三大系列。
>
> ──權度京，〈奧迪搭載三星車用半導體……「進軍電裝市場」〉，
> 《文化日報》2019.01.03

以前的汽車是「奔馳的機器」而現在的汽車比較像是「奔馳的電子產品」。汽車所搭載的各種電氣、電子裝備統稱為電裝品，其中以車用半導體、顯示器、電池、馬達、相機模組最具代表性，包含了防止車道偏離系統、安全氣囊等安全裝置與為乘客帶來各種視聽覺內容體驗的資訊娛樂系統裝置等。

顧問公司麥肯錫預估，汽車製作成本中電裝零件所佔的比重，將從 2004 年的 19% 於 2030 年達到 50% 以上。互聯汽車與自動駕駛汽車的時代即將來臨，預估電裝產業將出現更猛烈的成長。

三星電子於 2016 年以 80 億元收購美國 Harman 公司，創下韓國企業海外史上最大併購（M&A）規模。Harman 起家於高級音響設備，接著在結合導航、車載資訊系統、保險設備等資訊技術的汽車設備領域上取得領先。三星電子下定決心併購 Harman，就是為了培養電裝產業做部署。

除了三星以外，LG 與 SK 等韓國主要大企業也開始大舉走入電裝領域。在電子、石油化學等傳統主力事業成長進入停滯期的狀態下，各家公司找尋新生機的意志非常強烈。LG 電子的電裝事業部銷售額從 2015 年落在 1 億元左右，於 2018 年已經成長到 4 兆元。而 SK 海力士正在進攻以半導記憶體為基礎的車用半導體市場。

電裝的優勢在於只要培養得當，就可以確保長期穩定的供應數量。從汽車零件的特性上來說，大部分情況會從開發階段就會開始與汽車零件製造業者合作，一但締結了契約，在這台車種銷售的期間都可以保障供應鏈。

248　生物相似藥 Biosimilar

仿製專利期滿的原廠生技醫藥品。

> 　　據悉，獲得美國食藥署（FDA）品項許可證的韓國醫藥品中，三個就有一個是仿製生技藥品的「生物相似藥」。特別是賽特瑞恩和三星Bioepis一直在你爭我奪，搶佔進軍美國先鋒的地位。
>
> 　　1日韓國製藥生技協會的「2019製藥產業數據書」中顯示，LG化學的抗生素「Factive」在2003年4月成為第一個獲得美國FDA許可的藥物，統計至2019年11月為止，通過FDA許可的K-生技醫藥品總共有22個，其中共有8個（36%）為生物相似藥，佔比最高。此外還包含了Dong-A ST的抗生素「Sivextro」等化學合成新藥與SK化學的失智症藥物等非專利藥物（複製藥）共5個（23%），以及大熊製藥的肉毒桿菌產品「Jeuveau」等生技新藥與韓美製藥的抗潰瘍藥物「Esomeprazole」等改良新藥共2個（9%）。
>
> 　　——盧熙俊，〈生物仿製藥果然是K-生技的「發動機」，美國FDA承認韓國新藥中佔比「最高」〉，《Edaily》2020.01.02

　　製藥業裡新藥開發被比喻為是「傳說」或者「神話」，因為製造一萬個候補物質，最終能夠成功產品化的僅有一個。美國統計指出，從開發新藥到獲得許可至少要花費十二年，並投入最少1,300億元。

　　近期韓國企業利用生物仿製藥作為武器，提高在海外市場的存在感。所謂的生物相似藥是指複製專利期滿的既有生技醫藥品，所製作而成的醫藥品。意味著以生物（bio）技術為基礎，製造出與原本藥物幾乎相似（similar）的藥品。利用任何人都可以使用的「配方」，因此在法律上不會有問題，定價會比原廠藥物最高降低50%左右，現在世界知名的「暢銷藥」專

利都逐一開始期滿。

　　生物相似藥為了證明自己的效果，必須經過包含臨床實驗在內的複雜程序。臨床一般來說會分為一到三個階段，第一階段為穩定性、第二階段是為了驗證有效性，第三階段則是以數百名患者為對象，綜合評估藥品的效果。若沒有問題成功通過臨床實驗，就可以向各國政府申請銷售許可。

　　過去有很多單純複製以化學物質製成的合成藥產品，但是仿照生物醫藥所製作而成的生物相似藥和一般化學醫藥品不同，在開發上需要投入數千億元，因為生物相似藥是利用活體細胞製作藥物，實際上需要投入和新藥開發不相上下的努力。韓國的生技業者很早就開始投入生物相似藥開發，其中以賽特瑞恩的 Remsima、三星 Bioepis 的 Benepali 為代表，在美國、歐洲各處都有銷售。近期也越來越多韓國生技業者略過複製藥，近一步挑戰革命性的新藥開發。

　　「百歲時代」對某些人而言是祝福，對某些人而言卻是磨難。希望乘著世界高齡化的趨勢而快速成長的生技產業，能成為韓國企業的一大祝福。作為未來產業而備受矚目的生技產業，各個領域都有一個顏色，例如醫藥品與醫療保健為「紅色生技」、主要針對農業與環境問題則稱為「綠色生技」、解決地球暖化與氣候變遷問題領域稱為「白色生技」。經濟合作暨發展組織（OECD）預測，隨著生物科技結合各個領域，經濟版圖將會大幅改變。

249　遠距醫療 Telemedicine

患者不需要到訪醫院，利用連結至通訊網的醫療設備接受醫生診療的服務。

　　新冠肺炎蔓延加劇「醫療大亂」憂慮，韓國政府暫時允許遠距醫療。最快下週開始全國所有醫院都可以透過電話諮商、診療與電子郵件取得藥物處方。外界批評，美國、中國、日本等大多數國家早就引進的遠距醫療，在韓國爆發緊急事態後，卻只被用來「緊急滅火」。

　　衛生福利部長朴凌厚當天在新冠肺炎中央災難應變中心發佈會上表示「將暫時開放遠距醫療，讓患者可以不用到醫療機構也可以透過電話諮詢及領取處方簽」。

　　政府將會盡可能在包含中央醫院在內的所有醫院實施遠距醫療，並且不限制諮詢內容。衛福部相關人士表示：「不管是什麼疾病，醫生都可以酌情判斷與患者對談。不過重症疾病難以透過電話診療，遠距醫療很可能會以感冒等輕微疾病為主。」藥物處方籤也可以不需要親自到訪醫院，透過傳真或電子郵件等方式取得，至於是否開放藥品寄送仍須討論後決定。

　　　　　　——徐敏俊，〈終於⋯⋯暫時開放遠距醫療的政府〉，

　　　　　　　　　　　　　　　　　　《韓國經濟》2020.02.22

　　「主婦 A 小姐早上發現小女兒發著高燒的同時還冒著冷汗，她拿了一支綁定手機的智慧型體溫計為女兒量體溫，透過遠距聽診器和視訊對話，負責診療 A 小姐女兒的小兒科醫生，開出了 10 分鐘就可以配送到府的藥物處方，整個過程花費不到 30 分鐘。」

　　LG 經濟研究院 2003 年的報告書中曾假設「未來醫療保健將以遠距服務為中心」。A 小姐所接受的遠距醫療已經在海外各國實現，不過在韓國卻仍

僅止於想像之中。

　　遠距醫療指醫療人員使用資訊技術（IT）為遠方的患者提供疾病管理、診斷、處方等醫療服務。不止是醫療設施不足的偏遠山區民眾，包括高齡化而不斷增加的老年人，以及忙於職場及育兒的 30、40 歲雙薪夫婦等，各個階層都能受惠其中。韓國是 IT 強國，也有許多優秀的醫生，早就被認為是執行遠距醫療的「合適地區」了，然而這一切僅止於 2000 年所開始的江原道示範事業，後續卻寸步難行。

　　原因是醫生團體與市民團體非常反對，他們擔心不完整的醫療行為會增加，中小型醫院將會難以生存，也有人主張這是為了將「醫療民營化」而推出的事前準備。不過考量到世界趨勢與成長動力的可能性，也有越來越多聲音認為應該放寬限制。

　　在韓國推延遠距醫療的期間，除了美國、日本、歐洲等已開發國家以外，中國、東南亞也都正在擴展遠距醫療相關事業。美國的遠距醫療市場 2012 年～ 2017 年，出現年平均 45% 的成長趨勢。2016 年開放遠距醫療的中國市場規模，預計在 2020 年將達到 900 億人民幣。2019 年韓國衛生福利部表示，遠距醫療這個字彙長期備受爭議，導致人們對其產生既定印象，要將其更名為「智慧醫療」後重新推動。

250　人工智能 AI，Artificial Intelligence

使用電腦執行與人類思維相同之過程的研究領域。

全世界搶佔人工智能（AI）領域技術的競爭越演越烈，據說引領 AI 研究開發的頂尖人才幾乎一半都左右都集中在美國。

日本財經新聞 2 日引用加拿大人工智能企業「Element AI」所公佈的資料，報導內容指出 AI 領域的世界頂尖人才共有 2 萬 2,400 人，其中有將近一半，也就是 1 萬 295 人（46%）都位於美國，而排名僅次於美國的中國大幅落後，共有 2 千 525 人（11.3%），英國（1 千 475 人，6.6%）、德國（935 人，4.2%）及加拿大（815 人，3.6%）、日本（805 人，3.6%）則緊追在後。

Element AI 調查 2018 年在 21 個主要國際協會中公開發表的論文與作者背景，計算出了 AI 頂尖人才的分佈現況。

日本擁有的 AI 世界頂尖人才比率佔不到全世界 4%，日本政府與企業面對落後中國與英國一事提高警惕，正著手計劃挽回情勢的對策。

—— 朴世鎮，〈世界頂尖 AI 人才幾乎一半位於美國〉，

《聯合新聞》2019.06.02

「人類的大腦屈服於人工智能之下。」

2016 年 3 月 10 日的新聞頭版都是圍棋九段棋士李世乭，在與 Google 人工智能（AI）的第一次對戰中吃下敗仗的消息，當時整個韓國社會都震驚不已，因為當時就連研究 AI 的工程學者也大多數都預測李世乭將拿下勝利。雖然是一場頗具衝擊的敗仗，但是也成為了加深全韓國人民對於 AI 與技術投資關注的契機。

　　人類從許久以前就開始想像有一台能夠像人類一樣思考的機器，這個想法在 1950 年代被具體化歸納為 AI 一詞。經過一段停滯期後，借力於機器學習，AI 現在正以令人為之一亮的速度發展。機器學習是讓電腦在龐大的數據中學習，進而自行找出規律的方法。比起過去由專家逐一輸入無數規則所打造出來的 AI，機器學習的速度只能說是大幅超前。打敗李世乭的 AlphaGo 也是採取讓電腦學習大量的圍棋比賽資料，讓它自行從中找出致勝的策略。

　　AI 被尊崇為第四次產業革命核心技術的同時，成為了破壞人類工作機會與尊嚴的危險對象。AI 大致上可以區分為弱 AI 與強 AI。弱 AI 是將人類的智能勞動自動化並進行大量生產，一般日常上我們所接觸到的大部分 AI 基礎服務都屬於弱 AI。強 AI 則具有自由意志，行為和電影裡出現的機器人類似，普遍被認為實現可能性非常低。關於 AI 導致工作機會減少的方面，有人預估「除了部分專業人士以外，大部分的工作都將 AI 被取代」，但也有人站出來反駁認為「這種想法過於悲觀」。

　　海內外的主要企業都拚了命在爭奪 AI 人才。騰訊分析指出，世界所需的 AI 人才超過 100 萬人，但供給方面卻只有 30 萬人。有人認為韓國幾乎不可能聘用到這些被稱為 S 級的 AI 專業人才，因為美國、中國等知名 IT 企業提供過億年薪及最高待遇聘請這些頂尖人才，導致人才不斷外流。

251 虛擬實境／擴增實境／混合實境／延展實境
VR／AR／MR／XR

VR 是虛擬的世界；AR 是結合現實與虛擬世界，讓使用者可以多元體驗的新技術；MR 與 XR 是融合 VR 與 AR 的優點發展而成的技術。

> 分析指出韓國的擴增、虛擬實境（VR、AR）技術落後先進國家，中國正緊追在後。部分人士指出，應該在 AR、VR 時代開啟前，盡快開發出韓國型產品。
>
> 15 日韓國科學技術企劃評價院（KISTEP）最近在報告書「技術動態概述之 AV ／ VR 技術」中提出，預估 AR、VR 產業 2022 年前，將在全球形成 1,050 億美元的巨型市場。
>
> 調查指出，雖然市場規模正在擴大，但韓國的技術能力和主要國家之間具有落差。以 2016 年為例，韓國比美國落後一年七個月，與歐洲和日本之間分別落後十個月、七個月。中國則落後五個月，以極小的差異正在追趕韓國。
>
> 報告書上指出，特別是虛擬影像即時渲染技術、使用者與機器之間相互的作用相關的互動與介面技術上差距非常大，因此報告書上建議「應該要盡快開發獨立的韓國式設備並將其商用化」。
>
> ——柳成烈，〈「2020 年世界 AR 市場成長將高出 VR 6 倍」〉，
> 《國民日報》2018.07.16

　　十幾二十年前，人們還認為虛擬實境（VR, Virtual Reality）與擴增實境（AR, Augmented Reality）是遙遙未來才會出現的技術，但是現在已經在生活周遭四處可見。職業棒球已經開始利用 5G 通信網絡進行 AR 立體轉播，城市裡也隨處可見 VR 體驗館，吸引著年輕階層，完善 VR 與 AR 缺點的混

合實境（MR, Mixed Reality）相關研究也活躍了起來。以未來社會為題材的電影《關鍵報告》中出現的場景一樣，現實與虛擬的界線將會消失。

VR 是將不存在於現實的狀況，讓使用者感覺像身歷其境般具體呈現的技術。VR 會完全阻隔調使用者的視線，讓使用者的眼前只看得見虛擬世界。AR 是以現實世界為背景，在這個基礎上加上各式各樣的形象和附加資訊，提供使用者全新的體驗，AR 與 VR 不同，可以說是介於虛擬世界與現實世界之間。

這兩項技術都可以與人工智能（AI）、區塊鍊、雲端、大數據等各種技術進行結合，人們期待它們成為擴大第四次產業革命基盤的「催化劑」。2010 年開始智慧型手機迅速普及，以大型 IT 企業為首開始正式推出 VR、AR 相關產品，使它們正式進入成長階段。

後來受到關注的 MR 完善了 VR 與 AR 的缺點，是更進一步體現虛擬世界的技術，它的特色是精密計算實際空間與事物，再加上 3D 虛擬影像提高真實感。現在還出現了延展實境（XR, xtended reality）結合了 VR、AR、MR 的所有概念，其中 X 代表變數，意味著它可以概括未來出現的所有相關技術。

市調業者 Digital Capital 預估 2022 年全世界 AR、VR 的市場規模將達到 1,050 億美元左右，預期 AR 成長幅度將比 VR 高出 6 倍，AR 的市場規模預估為 900 萬美元，而 VR 市場規模則落在 150 億美元。目前除了遊戲、表演、旅行等娛樂用內容以外，也開始結合醫療、製造、國防、教育等各種產業。

252 第五代行動通訊技術 5G，Fifth Generation

具有最高 20Gpbs 最低 100Mbps 以上數據傳輸速度的行動通訊服務。

> 　　5G 用戶超出預期快速增加，預估 2025 年全球 5G 用戶將會高達
> 26 億人，預期今年底用戶將超過 1,300 萬人。韓國 2018 年 4 月成為第
> 一個提供 5G 商用服務的國家，後來美國、歐洲、中國等都紛紛加入
> 5G 行列，全球 5G 用戶正快速增加。
>
> 　　19 日全球網路設備業者愛立信在首爾中區 Signature Tower 召開記
> 者會，表示今年全球 5G 用戶將超過 1,000 萬人，超出今年 6 月的預估
> 數值。
>
> 　　根據當天愛立信所公開發表的行動報告指出，2025 年預估 5G 用
> 戶將達到 26 億人，佔全世界行動用戶的 29%，覆蓋率將高達世界人口
> 65%。截至目前全球已經有約 50 家通訊公司建構了 5G 系統。
>
> 　　　　——鄭允熙，〈「2025 年地球村將有 26 萬人」成為超高速
> 　　　　　　　5G 用戶〉，《先驅經濟》2019.12.19

　　帶起「LTE 級速度」這個流行語的 4G 也不過才出現幾年，然而現在比
4G 更快的 5G 已經開始普及化了。根據國際電信聯盟（ITU）的定義，5G 數
據指傳送數度最高可達 20Gpbs、最低在 100Mbps 以上的行動通訊服務。

　　5G 的特性可以歸納為「超高速」、「超低延遲」。首先 5G 的速度比 4G
快了 20 倍以上，只需要六秒就可以下載完 15GB 左右的 UHD 電影。因為
5G 擷取的數據用量非常高，因此原本不活躍的虛擬實境（VR）、擴增實境
（AR）、3D 視訊電話都可以在 5G 網絡下輕鬆實現。

　　5G 在傳輸過程中所產生的延遲時間在 0.001 秒以內，根據這項特性，
5G 在機器人、自動駕駛、智慧工廠等重視即時反應的服務上特別能夠發揮

作用。舉例來說，若有障礙物出現在時速 100km 的自動駕駛車輛前方，4G 網絡底下車子必須行駛 1m 之後才會收到緊急剎車的命令，但是若在 5G 網絡底下，只需要 3cm 就能收到停止前進的訊號，因此可以大幅降低事故發生機率。

此外 5G 網絡還具備在半徑 1km 以內可以同時連接 100 萬台物聯網（IoT）機器的容納能力，這是容納各種智慧型機器與生活家電產品，如水表、瓦斯表、汽車與人行道感應器等，以等比級數增長的 IoT 機器的要素。5G 的特性讓原行動通訊往難以實現的新型服務變得具有可行性。

韓國創下了世界第一個將 5G 商用化的紀錄，韓國三大通訊公司 2018 年 12 月 1 日首度推出企業用 5G 服務，並於 2019 年 4 月 3 日推出個人用 5G 服務。

253　亞馬遜化 Amazoned

當世界最大電商業者亞馬遜在拓展業務範圍時，對該領域的傳統企業造成劇烈衝擊的現象。

> 亞馬遜已經不再純粹是電商業者，而是改變所有產業認知的「規則改變者（game changer）」。CNBC 指出公佈 7～8 月第二季業績時，標準普爾（S&P）500 企業中有 67 家公司的執行長（CEO）對亞馬遜感到擔憂，其中不止零售業，還包含了消費者用品、汽車零件、製藥等各種產業，因為一旦亞馬遜進駐，該產業的企業將面臨銷售額銳減等各種劇烈衝擊。
>
> 其中衝擊最大的就是零售業。今年以來，美國境內申請破產的零售業除了玩具反斗城，還有瑋倫鞋業、BCBG Max Azria 集團、Limited-Assortment Stores 等共 25 間，比 2016 年同期（11 間）增加了 2 倍以上。
>
> 零售業者為了生存卯足全力。他們所採取的策略包羅萬象，有向亞馬遜「投降」的公司，也有選擇來一場「血戰」的公司，還有選擇以不變應萬變結果「自我毀滅」的公司。
>
> ——金賢碩，〈美國零售業的「亞馬遜叢林」生存法〉，
> 《韓國經濟》2017.09.21

　　網路企業高速成長，對地球村的產業版圖造成劇烈變化，從美國電商業者亞馬遜延伸而來的「Amazoned」現象，成為了最具象徵性的新字彙，這個字直譯過來叫作「亞馬遜化」，但我認為更貼切的翻譯應該是「被亞馬遜擊潰」、「被亞馬遜搞到破產」。

　　1994 年在美國草創的亞馬遜，起初是銷售書籍和 CD 的網路書店，後來

漸漸加入更多樣化的商品，使亞馬遜成長為世界最大的網路購物商城。亞馬遜2018年的銷售額為2,329億美元，掌握了美國線上消費支出的40%。隨著所有東西都在亞馬遜上購買的人口持續增加，接連出現因生意蕭條而倒閉的零售商家。大部分的分析認為，玩具專賣店「玩具反斗城」倒閉、電子產品專賣店「百思買」業績衰退、大型百貨公司「西爾斯」與「美斯百貨」縮減事業規模等，全部都是因為顧客被亞馬遜搶走所造成的直接衝擊。

亞馬遜擴張事業版圖甚至被批評為「八爪章魚」。在無人商店「亞馬遜GO」的帶領之下，亞馬遜的線下商店持續增加，還收購了有機食品專賣店「全食超市」以及醫藥品銷售新創公司「PillPack」，此外還透過亞馬遜網路服務公司（AWS）掌握了IT雲端服務市場的主導權，也正在著手開發機器人、無人機、自動駕駛技術。亞馬遜的創辦人兼執行長（CEO）傑夫·貝佐斯（Jeffrey Preston）一舉躍升成為世界首富。

亞馬遜化現象除了公司名稱不一樣以外，韓國也在上演相同戲碼。Coupang、G-Market、11 Street等網路購物商城持續以超高速成長，反之E-mart、樂天超市、Homeplus等昔日的傳統零售霸權業績正在下滑。以Coupang的例子來說，它扛著以兆為單位的虧損，連續幾年不停進行攻擊性行銷，其他企業為了應對這個情況，也大舉開始投資IT系統與物流網。企業為了佔領線上購物的主導權所展開的腥風血雨，對消費者來說總歸是好事一樁，因為消費者能夠從中獲得更多的機會，以更方便、更便宜的方式買進更多樣化的商品。

254　會展 MICE

作為觀光產業新商機而受到矚目的企業會議、獎勵旅遊、會議、展覽等活動的統稱。

因香港示威成為活動替代舉辦地點的韓國「身價」持續飆高。香港是亞州最大的 MICE 國，MICE 產業佔整體觀光業高達 15%。但是今年 6 月香港因反對《逃犯條例》（送中條例）展開示威，隨著示威長期化，MICE 需求急速湧向韓國。

「曇花一現的特殊需求」引發首爾市區內主要特級酒店預訂率增加。首爾 COEX 濟州酒店與帕納斯洲際酒店明年上半季的宴會廳預訂率相比今年增加 50% 以上，光化門廣場傲途格精選酒店同時期的預訂率，從銷售額看來飆升了 20% 左右。

飯店業者說明，雙數年由於兩年一次的活動需求集中，一般來說預訂需求都會增加，因此 2020 年的預訂率增加幅度較大。濟州酒店相關人士表示：「從規定上來看，特定企業難以將地點從香港更改至韓國，但是我們確實迎來了史無前例的需求。」格蘭德華克酒店、希爾頓大酒店等宴會廳與大型會議室預訂率仍維持往年水準，不過預計遲早也將湧入訂單。

本次特殊需求主要是由日程變更相對容易的企業會議、團體獎勵旅遊活動所主導，而非業界利害關係較複雜的國際會議、展覽、博覽會。除了中國與東南亞企業以外，全球製藥與保險公司、零售、製造公司等也都集中選擇前往韓國。

—— 李善宇，〈多虧香港和東京而合不攏嘴的 MICE 產業〉，
《韓國經濟》2019.12.27

　　瑞士的達佛斯是人口僅有一萬多人的小型地方城市，從蘇黎世機場南下必須搭三個小時左右的火車才能到達的偏鄉地區。1970 年代舉辦世界經濟論壇（WEF），成為讓這個偏鄉小鎮聲名大噪的契機。每年 1 月召集世界政經界的知名人士齊聚一堂的 WEF，又被稱為「達佛斯論壇」。達佛斯同時具有適合國際會議的最新型場地、便利的交通網、美麗的阿爾卑斯山風景等條件，是非常受歡迎的會議舉辦地。經常被拿來作為成功培育 MICE 產業，提高都市品牌的代表性案例。

　　會展（MICE）全名取自企業會議（Meeting）、獎勵旅遊（Incentive Travel）、會議（Convention）、展覽（Exhibition）的字首，狹義上指以國際會議與展覽為主軸的潛力產業，廣義則包含了以參加者為中心所舉辦的獎勵旅遊與大型活動等複合型產業。

　　MICE 不但能活絡地方經濟，還具有創造工作機會與附加價值的效果，作為「無廢氣的黃金產業」而受到矚目，只要回想我們去國外旅行時，在住宿、飲食、觀光、購物等方面大量消費就很容易理解。

　　MICE 所吸引的海外觀光客大部分都是大規模團體，人均消費明顯會高於個體觀光客，而且吸引而來的都是各國社會地位活躍的階層，也可能會產生「口碑效應」。領土不大、資源不足的新加坡與香港，早就將 MICE 作為主力產業進行培育。包括首爾在內的許多城市也開始將 MICE 視為新的成長動力，對它寄予厚望。

255　金融科技／科技金融 Fintech／Techfin

結合金融與 IT 提升消費者便利與創新性的新型態金融服務。

> 　　韓國兩大入口企業 Kakao 與 Naver 正式宣布加入金融科技領域的戰局。
>
> 　　Kakao 共同代表呂民秀 13 日公佈完第四季與年度業績後，在電話會議上，表明打算正式進軍金融科技領域的想法，特別要以金錢 2.0 策略推動以保險科技（保險＋科技）為基礎的創新思維，他提出的計畫是要成立在商品開發、行銷等所有領域上結合科技與數據的數位損害保險公司。
>
> 　　在此之前，Naver 也在上個月 30 日所舉辦的電話會議中，發表要拓展科技金融的宣言。韓聖淑代表表示「將透過 2019 年 11 月分社後獲得未來資產 8,000 億投資額的 Naver Financial，正式著手全面加強『科技金融』領域的力量」，此外「今年上半季以『Naver 帳戶』為起點，主要著力於讓使用者在結算時體驗到信用卡推薦、證券、保險等各種金融服務」。
>
> 　　──申東潤，〈Kakao vs Naver 的「金融戰爭」已開局〉，
>
> 　　《先驅經濟》2020.02.13

　　2015 年以智慧型手機匯款為起點的「Toss」，一眼就能查詢到散落在各金融公司的帳戶資訊，還將服務領域擴充到銷售國內外投資商品的綜合金融服務。Toss 每個月訪問數量於 2019 年突破 1,000 萬人，超過了銀行的手機銀行用戶數量。Toss 目前正在挑戰成立保險銷售公司、證券公司、網路銀行，成為金融圈的關注焦點。

　　金融結合資訊技術（IT）正在快速改變市場的秩序。傳統金融公司利

用線下店面、安全與穩定、傳統數據為基礎所建立的信用評等作為武器，而金融科技業者則將創新創意結合尖端技術，推出強調便利消費者的新型態金融模式正面迎戰，他們不止單純提供付款和匯款的功能，還開始拓展業務範圍，提供利用個人資訊、信用評等、消費傾向等大數據分析為基礎的資產管理服務。

金融與技術結合後稱為金融科技（finance+techonology），現在已經是普遍民眾熟知的用語。而近期與金融科技稍有不同的創新科技金融（technology+finance）也開始受到關注。金融科技與科技金融在邁向金融創新的大框架下一脈相通，但是概念上會根據以誰主導創新作區分。

首度提出科技金融這個字彙的是中國阿里巴巴創辦人馬雲，他認為金融科技具有強烈銀行、證券、信用卡等傳統金融公司結合 IT 的特性，而科技金融則是由原本就從事 IT 企業的公司所主導的創新金融服務，馬雲認為這個出發點與金融科技有所區別。隨著這個新字彙流行於全球，成為了 IT、金融產業所關注的話題。

現在擁有數億消費者的巨型 IT 企業也開始正式進軍金融業，成為了現有銀行的威脅。Google 開始在智慧型手機上發行銀行帳戶，Apple 則開始發行信用卡。部分人士指責，若 IT 企業甚至能持有金融資訊，後續產生的副作用將不容小覷。儘管有這方面的擔憂存在，但無法否認的是，金融結合 IT 已成為不可逆轉的大趨勢。

256　產金分離

限制產業資本持有或掌控銀行的原則。

「Naver 為什麼要在日本開立 Line Bank？」許多人批評第三方純網路銀行成立受挫是產金分離限制所致，他們認為限制產業資本進駐銀行的規範，成為金融改革的絆腳石。在選擇進行產金結合的日本，十幾間純網銀之間早已展開一場創新戰爭。韓國成長標誌企業 Naver 也選擇日本作為網路銀行的事業基地。

韓國現行法規規定，產業資本只能最多持有 34% 網路銀行股份，這個數字是 2018 年放寬後的數字，先前甚至低於 10%。反之，日本比韓國早了十幾年，在 2008 年的時候由金融廳主導，早就放寬了產業資本持有銀行股份的限制。如果放寬產業資本的出資限制，網路銀行就能夠積極擴充資本額。與現行銀行不一樣的部分在，網路銀行可以串聯大股東的事業從中開發新的產業領域，這也是為什麼各個不同產業的日本企業都紛紛成立網路銀行。

業界認為，2018 年傳出要進軍網路銀行消息的 Naver，最後放棄了韓國境內事業跟產金分離限制擺脫不了關係，雖然大股東持股限制已經放寬至 34%，但外界認為，可能是因為對於成立獨資企業而言資金仍不夠充足。Naver 去年底宣佈，將透過日本子公司 Line 與日本瑞穗銀行聯手成立「Line Bank」。

——鄭素蘭，〈產金分離成阻礙……Naver 選擇轉戰日本〉，
《韓國經濟》2019.06.14

從製造業到服務業，韓國大企業有很多公司都同時經營著多項事業，但是卻不曾存在「三星銀行」或「LG 銀行」。金融控股公司雖然也有很多子

公司，但是卻沒有「新韓電子」或「KB 化學」這樣的公司，這些都是基於「財閥不得擁有銀行」的產金分離原則，也就是指金融資本與產業資本必須分離。

現行法規限制主業非金融業的公司不得參與銀行經營，而依據銀行法規定，產業資本不得持有 4% 以上具表決權的銀行股份，在不行使表決權為前提之下，可以向金融委員會申請，最高可擁有 10% 的持股。

不過有部分銀行，如 Kakao Bank、K Bank、Toss Bank 等純網路銀行，相較於其他銀行所適用的產金分離原則較為寬鬆。配合網路銀行讓資訊技術（IT）企業嘗試提供創新金融服務的宗旨，產業資本持股最高可達 34%。

政府為了防止大企業持有銀行，可能將銀行資金挪用成為個人金庫，或是被惡意利用來維持經營權、繼承權等，因此導入了產金分離制度，目的是防止因裁閥的貪婪導致基於信任銀行而將資金託管的個人或企業顧客受害、避免任何影響整體金融安全性的事件發生。反之，也有人指責韓國本土產業資本受到限制不得參與金融市場，卻只有外國資本得以受惠其中。歐盟（EU）持股限制為 50%、日本為 20%，皆高於韓國規定，它們若獲得金融當局許可就可以持有更多股份。主張「應該放寬」產金分離的保守派與認為「應該加強限制」的進步派之間依然為此爭執不下。

257　積極條件／消極條件

條件限制適用的兩種相對原則，積極條件下除允許條件以外其他一率禁止；消極條件下除受限制事項以外其餘皆允許。

> 韓國新創公司剛進軍市場就會受到天羅地網般的限制阻礙，現存體系會阻礙新創業者開發新的商業模式。新創業者也為了避開限制而採取防禦性經營，連帶投資人也開始關注韓國的規範現況。在這種市場環境下新創將難以出現革命性成長，連帶驅使危機意識開始高漲，許多人認為在競爭激烈的全球市場上，韓國的新創產業能夠存活的「黃金時機」已所剩不多。
>
> 資訊技術（IT）專業法律事務所 TEK&LAW 2018 年模擬結果指出，世界百大新創企業當中，有 13 家公司無法在韓國開展事業，其中有 44 間為有條件允許。如 Uber 與 Grab 等汽車共享業者就違反了《旅客汽車運輸事業法》，住宿共享業者 Airbnb 違反了《公共衛生管理法》，遠距醫療業者 Wee Doctor 甚至不可能通過《醫療法》。
>
> ——金靜恩，〈天羅地網的限制……世界百大新創業過半無法在韓國經營〉，《韓國經濟》2019.06.26

　　2015 年加盟連鎖業者 BBQ，為了炸雞外送引進了 1 到 2 人用的超小型電動車，也就是在歐洲賣超過一萬台的「Twizy」。但由於無法獲得政府的駕駛許可，必須將他們停放在停車場超過一年。為什麼會發生這種事情呢？

　　依照當時的規範，車種的分類非常尷尬，電動車管理法將電動車區分為兩輪車、乘用車、巴士、貨車、特殊車輛共五個種類。Twizy 跟乘用車的結構差異非常大，但是又有四個輪子，也無法被歸納為兩輪車。乍看之下會覺得這是荒唐的特殊案例，不過其實時常往來管制局的韓國企業經常經歷類似

的事件。

　　政府限制規範的方式大致可分成兩種，將允許的事情羅列下來，禁止允許事項以外的所有事情稱為「積極條件」，除了禁止的事項以外，允取其他所有事項稱為「消極條件」，積極條件當然比消極條件更嚴格，限制性也更強。

　　韓國的規費大部分採用積極條件，但問題就出在無法隨著時代變遷改變，數十年如一日的法律和規定隨處可見。在目前的產業現況下，共享經濟、大數據、醫療保健等創新技術傾巢而出，但是也出現了很多因為「沒有適用的根據條例」而被禁止的案例。歷代政權都曾公開表示要將積極條件改為消極條件，但最後都沒能遵守約定。

　　以中國為例，他們放任新技術在市場自由上市，發現副作用的時候再事後進行介入。當然中國是花一個早上就能強制一間公司倒閉的社會主義國家，難以直接和韓國進行比較，不過顯而易見的是，韓國若不改變陳舊的積極條件限制，將很難跟上第四次產業革命時代瞬息萬變的腳步。

258　日落條款

法律或規範的效力若超出規定期限將自動終止的制度。

> 　　LG U+ 決定收購第一大有線電視公司 CJ Hello，SK Telecom 也確定要將網路電視（IPTV）子公司 SK Broadband 與第二大有線電視公司 T-broad 進行合併。
>
> 　　在這個狀況下，國會打算重新引進防止包含 IPTV、有線電視、衛星電視在內的收費廣播業界聯手的市佔率合計限制，因而引發爭議。若合計限制重新復活，韓國業者們將會受限而無法擴張規模，難以抵抗正在加強進軍韓國市場的國際過頂服務（OTT）Netflix 等平台。
>
> 　　國會科學技術資訊廣播通信委員會本月 25 日將召開法案審查第二小組委員會，決定是否要重新導入收費廣播合計限制，限制內容是收費廣播市場上，特定業者合計市佔率不得超過三分之一（33.3%），這個法條是 2015 年 6 月針對持有 KT SkyLife 的 KT 所制定的法律，這項法條雖然已於 2018 年 6 月日落，但國會正在討論是否重新導入。
>
> 　　　　——李勝宇，〈應該要擴大規模對抗 Netflix……但國會卻再度推動有線電視合併計算制〉，《韓國經濟》2019.02.19

　　2014 年 10 月實施的終端機流通結構改善法（終通法）出發點雖然是好的，但卻帶給消費者不便，因此被評價為「失敗的規範」。終通法的核心是終端機補助金上限制度，也就是限制電信公司不得給予推出十五個月以內的最新型智慧手機一定金額以上的補助金。業者便以此條款為藉口，減少手機補助金，導致消費者負擔增加，而非法補貼營運反而以巧妙的方式猖獗了起來。終端機補助金上限制度在三年後，也就是在 2017 年 9 月底悄悄地被廢止，因為終通法實施的時候就是以「三年日落條款」的方式導入。

　　日落條款源自於形容太陽下山的日落，指法律或規定的效力經過一定期限後會自動廢止的制度。韓國政府於 1997 年導入日落條款，為的是防止社會經濟現況改變，妥當性不足的過時規定持續產生副作用，除終端法以外也套用在許多政策之上。

　　不管過去還是現在，一但建立的規定都具有無法輕易消失的傾向。因為規定一但消失，政府或國會的力量就會降低，因此公務員與政治人物對於規定改革通常都抱持著消極的態度。日落條款會在導入該規定的時候就先設定好存續期間，能夠引導政府有週期性的重新檢討該制度的妥當性。

　　但是有部分制度總是延長再延長，成為「表面上的日落條款」，其中最具代表性的案例就是信用卡所得抵免制度。這個制度於 1999 年首度被導入，在年末精算的時候會針對部分信用卡消費金額給予所得稅優惠。當時信用卡的使用率不像現在這麼普及，該制度確實對稅務來源良性化做出了貢獻。但是這項條款總共延長了九次，到目前為止仍在實施中。若廢除所得抵免就會加重稅務負擔，因為擔心引起選民反彈，政府與國會便不斷持續延長日落條款的效期。

259　氣球效應 Balloon Effect

為了解決某項問題推出的規範引發其他副作用的現象。

調查發現 2018 年法定最高利率調降後，私人金融市場上仍存在著高於最低利率的貸款行為。

雖然非法私人金融的使用人數相比 2018 年有所減少，但是個人貸款金額卻反而增加。該現象被認為是因為最高利率調降，引發貸款業者收益率減少因而將貸款門檻提高，導致信用度較低的民眾被迫尋求非法私人金融所導致的結果，等同於調降法定最高利率所產生的氣球效應。

9 日金融監督院所公佈的「2018 年非法私人金融市場實際狀態調查結果」指出，截至去年底非法私人金融使用餘額規模高達 7 兆 1,000 億元，相較前一年的 6 兆 8,000 億元增加了 3,000 億。

但是非法私人金融使用人數量比前一年（52 萬人）減少 11 萬人，共為 41 萬人。以整體成人人口（4,100 萬人）比例計算的話，代表 100 個人當中仍有 1 人會向非法私人金融進行借貸。

——李熙真，〈貸款業者門檻調升……被逼向非法私人金融的 40、50、60〉，《世界日報》2019.12.09

出於好意所制定的規範並不一定就能帶來好的結果，「氣球效應」就是主要的原因之一。氣球效應指被政府所限制的行為可能會地下化反而更加猖獗，或者是在其他地方產生新的問題點，形容擠壓氣球的一邊，另一邊就會凸起的樣子。

1970 年代因大麻走私增加而傷透腦筋的美國政府，最後決定執行嚴格管制。以國家邊境相鄰的墨西哥為首，對幾個疑似毒品進口國的幾個國家嚴

格加強了通關程序。美國政府期待這項政策能夠減少走私，但事實卻大相逕庭。走私者便開始從哥倫比亞進口大麻，當美國政府加強對哥倫比亞的管制後，從其他南美國家走私的毒品數量又急遽增加。

　　氣球效應在韓國也很常見。最代表性的案例就是政府為了控制江南房價，加強對都更的規定，導致首爾其他地區的大樓售價也跟著水漲船高。正常來說，如果想要讓房價下跌就應該增加供給，就是因為政府試圖從其他地方尋找解套，所以引發這樣的狀況。除此之外，非典型就業法中規定約聘職位雇用期間不得超過兩年以上，該規範實施後正職工作不增反減，反而派遣、兼職此類的間接雇用工作崗位增多。

　　氣球效應一般出現在政府沒有仔細分析政策所帶來的波及，只為了「先行阻止」表面現象的時候，從這點我們就能夠得知，光靠法律和公權力等人為規範並無法戰勝市場。

260　監管沙盒

對計劃開發創新產品或服務的企業進行審查之後,在一定範圍內放寬規範的制度。

政府在規範改革上採用積極條件原則,決定將每年適用於監管沙盒的案例擴大至兩百件以上。當規範改革出現利害關係衝突時,將由主管部門組織衝突調節委員會,在社會對話框架下尋找替代方案與共識。

政府 23 日由國家總理丁世均主持,在政府世宗大樓舉辦國政懸案檢查調整會議,針對「監管沙盒實施一年評估與日後完善對策」進行討論,提出了包含上述內容的監管沙盒發展方案。

根據方案指出,政府將會採取「先採用積極條件,後採用監管沙盒」的原則。企業在申請監管沙盒制度時,負責部門將會優先討論基於積極條件上,在沒有特例的形況下能否從現有制度框架立即進行改善。另外將加強針對類似或相同的案件的快速處理制度,若申請內容與現有特例事業或事業模式相同時,從申請到核准花費的時間將縮短至一個月內。

—— 朴燦九,〈「監管沙盒將擴大至一年兩百件以上」……
創新企業得以扎根〉,《首爾新聞》2020.01.24

　　每個人小時候應該都有在遊樂園或海水浴場玩沙的經驗吧,在沙坑裡孩子們可以畫畫、築塔盡情地玩耍。文在寅政府重點政策之一的監管沙盒就起源於沙坑遊戲,建立限制範圍以外的沙盒(sandbox),讓企業可以自由嘗試,目的是為了活化具創意性地研究開發(R&D),加速新產業的發展。

　　監管沙盒是以「實證特例」、「臨時許可」、「快速處理」等程序所組成。

實證特例是指產品與服務檢驗的過程中，解除限制部分規範的措施；臨時許可是產品上市時，臨時給予許可的制度。快速處理則是企業向政府詢問是否有限制規範時，若政府三十天內沒有給予回覆，一率視為沒有規範的制度。

韓國政府從 2019 年開始大量准許企業所提出的監管沙盒申請。首爾市中心允許設立氫燃料充電站、透顧民間企業擴大機金檢測範圍、透過 Kakao Talk 或簡訊收取各種行政、公共機關通知的服務，都是借力於監管沙盒才得以在市場推出。

英國、日本、新加坡等國早在韓國之前就已經引進監管沙盒，並達到起初期望的效果，因此韓國產業界都在關注監管沙盒能不能成為新的「突破口」。隨著申請監管沙盒的企業持續增加，預估未來適用對象也會繼續擴大。

不過監管沙盒依然比較偏向暫時適用例外條款的臨時方案，因此有不少人點出，政府應該找出改革整體規範系統的根本解決之道。被列為管制沙盒的服務從各方面看來，還是容易給人「這項服務到目前為止仍因規範限制而無法實行」的感覺。韓國的規範屬於事前約束較強，事後約束較弱的結構，與美國等先進國家的事前約束弱、事後縝密約束的體制正好相反。

G 高寶書版集團
gobooks.com.tw

RI 357
財富關鍵字：看財經新聞學知識，股票、納稅、資產管理等 260 個幫你賺錢的必懂術語
부자는 매일 아침 경제기사를 읽는다

作　　者　林賢禹　임현우
譯　　者　蔡佩君
主　　編　吳珮旻
編　　輯　鄭淇丰
校　　對　吳珮旻
封面設計　林政嘉
內文編排　賴姵均
企　　劃　鍾惠鈞
版　　權　蕭以旻

發 行 人　朱凱蕾
出　　版　英屬維京群島商高寶國際有限公司台灣分公司
　　　　　Global Group Holdings, Ltd.
地　　址　台北市內湖區洲子街 88 號 3 樓
網　　址　gobooks.com.tw
電　　話　（02）27992788
電　　郵　readers@gobooks.com.tw（讀者服務部）
傳　　真　出版部（02）27990909　行銷部（02）27993088
郵政劃撥　19394552
戶　　名　英屬維京群島商高寶國際有限公司台灣分公司
發　　行　英屬維京群島商高寶國際有限公司台灣分公司
初版日期　2022 年 3 月

國家圖書館出版品預行編目（CIP）資料

財富關鍵字：看財經新聞學知識，股票、納稅、資產管
理等 260 個幫你賺錢的必懂術語 / 林賢禹著；蔡佩君譯.
-- 初版. -- 臺北市：英屬維京群島商高寶國際有限公司
臺灣分公司, 2022.03
　　面；　　公分 .--（致富館；RI 357）
譯自：부자는 매일 아침 경제기사를 읽는다

ISBN 978-986-361-731-0（平裝）

1. 財務金融　2. 術語

494.7　　　　　　　　　　　　　110022505